高等化工热力学

Advanced Chemical Engineering Thermodynamics

刘德春　著

中国原子能出版社

图书在版编目（CIP）数据

高等化工热力学 / 刘德春著. -- 北京 ：中国原子
能出版社，2024. 8. -- ISBN 978-7-5221-3609-7

Ⅰ. TQ013.1

中国国家版本馆 CIP 数据核字第 2024LT7195 号

高等化工热力学

出版发行	中国原子能出版社（北京市海淀区阜成路 43 号　　100048）	
责任编辑	王齐飞	
责任印制	赵　明	
印　　刷	北京厚诚则铭印刷科技有限公司	
经　　销	全国新华书店	
开　　本	787 mm×1092 mm　1/16	
印　　张	19.75	
字　　数	360 千字	
版　　次	2024 年 8 月第 1 版　2024 年 8 月第 1 次印刷	
书　　号	ISBN 978-7-5221-3609-7	**定　价　88.00 元**

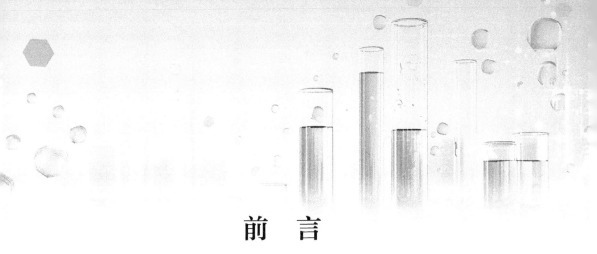

前　言

　　高等化工热力学课程为化工和化学类各专业研究生开设的专业课，具有典型化工类专业的工科特点。在教材撰写过程中，充分考虑高校目前有关化工热力学和高等化工热力学的理论课程教学内容、研究生的理论基础等实际情况，以"必需"和"够用"把握基础理论，以应用为目的，拓展和优化了课程的内容，强调化工过程研究、工业生产和相关科学研究中具有广泛应用价值的前沿基础知识，培养学生能熟练应用化工热力学理论去分析和解决工程实践和日常科学研究中的有关热力学问题。在理解经典热力学理论基础上，能够从微观结构推算系统的宏观性质；掌握化工过程的热力学分析方法及物性估算方法，注重数据估算和设备热力学计算、化工过程热力学分析及热力学理论在化工设备及工艺过程放大等实际应用问题的解决。同时，培养学生工科的科学思维方法、严谨的科学态度、探索精神及理论应用能力。

　　本书是根据作者多年为化学工程技术、材料与化学工程及应用化学等专业研究生讲授高等化工热力学的课程基础上而编写的，可以作为相关专业研究生教材，也可以作为大学相关专业高年级学生和有关科技人员的参考书。高等化工热力学涉及的知识面较为宽泛，由于编者水平所限，书中难免有不妥或疏漏之处，敬请广大读者和同仁批评指正，以期再版时得以改正及完善，编者不胜感激！

编　者

2024 年 3 月于西南科技大学

目 录

第1章　基础化工热力学

1.1　热力学的发展及高等化工热力学的研究对象

诞生于 19 世纪的热力学是热产生动力，它起源于热机的研究，是为了提高热机效率而建立起来的科学。热力学是研究能量、能量转换与能量转换有关的物性之间需要相互所遵循的规律性，以及化学变化的方向和限度的学科。它主要分为工程热力学、化学热力学和化工热力学。

热力学学科是建立在四大热力学定律的基础上发展起来的，包括热力学第零定律指两个热力学系统中的每一个都与第三个热力学系统处于热平衡（温度 T 相同），则它们彼此也必定处于热平衡。它给出了温度的定义及测量温度的方法。热力学第一定律指能量守恒定律，指能量有各种不同的形式，可以相互转变，但能量的总量不变。利用热力学第一定律可解决各种变化过程中的能量衡算问题。热力学第二定律指功可以全部转换为热，但热不能全部转换为功。表明混乱是自发进行的，恢复次序是需要条件和一定代价的。利用热力学第二定律可判断过程变化的方向和限度问题。热力学第三定律是对熵的论述，指绝对零度不能达到。即当封闭系统达到稳定平衡时，熵值具有最大值；也可以说，在任何自发的过程中，熵值总是增加的；且在绝热可逆过程中，熵增等于零。最常见的表述为：在绝对 0 K 时，任何完美（或完整）晶体的熵值为零。因此，利用热力学第三定律可以计算物质在一定状态下的规定熵。

热力学四大基本定律充分反映了自然界、生活和生产中的各种有关客观规律。以此四大热力学定律为基础，能通过严格的逻辑推理和演绎可得到各种热力学的关系与结论，且明显它们具有高度的普遍性、可靠性及实用性，可以将之应用于机械工程、化学、材料化学工程、化学工业过程等领域中，因此形成了各学科的工程热力学、化学热力学、化工热力学等重要的分支。其中化学热力学主要涉及热化学、化学平衡和相平衡等相关理论。工程热力学则主要研究各热能动力装置的工作介质的基本热力学性质、各种装置的工作过程及怎样提高能量转化效率的各种途径。化工热力学是基于二者理论，结合化学工业各种实际过程而逐步形成的学科，它是化工过程研究、开发及设计的理论基础。

高等化工热力学是基于化工热力学理论基础，进而研究在化学工业过程中各种能量的相互转化及其有效利用的规律性，研究及预测物质状态变化和物质的性质之间的关系及物理变化或化学变化能达到平衡的理论极限、条件及状态，化学工业设备及工艺的放大问题。高等化工热力学是一门理论性、工程应用性皆较强的学科，它的目的是要为增强化工过程能量的合理有效利用、减少能量损耗及如何才能达到节能目标提供相关的理论。因此能够解决：① 化学工业过程进行的可行性分析及涉及能量的有效利用问题；② 基础化工热力学和多组分热力学能详细表达、推算与关联流体的热力学性质如内能、熵及逸度等与温度、压力、热容等可测量参数间的关系，并对计算结果进行准确性判断。能计算新兴动力装置、制冷（热）循环、气体液化工艺相关热力学性质，还能判断怎样提高热机制冷、气体液化循环效率的途径和设备操作工质的选用等问题。③ 相平衡和化学反应平衡问题，它不但能描述和计算在化工生产中涉及的诸多单元操作如蒸馏、吸收、萃取、结晶、吸附等设备分离过程极限的计算、操作条件及产品质量的控制问题，还能计算和分析化学反应中的物理变化或化学变化达平衡的生产理论极限、条件及状态问题；④ 能基于相关的物理和热力学参数对化工工艺和设备进行放大分析与计算，是实验走向工业规模的必经之路。

1.2 研究体系与环境、状态与状态函数和过程、途径与循环之间的关系

要进行热力学计算，则要先掌握相关的基本概念才能灵活地解决实际问题。

1. 体系与环境

热力学中，研究的对象物质称为体系（也叫系统）。体系之外的那部分与之相联系的物质为环境（也称外界）。

体系是一种宏观系统，占有空间，且是多种多样的，可以是气-液-固三相或多相。它与环境之间可以有或无确定的界面，此界面也可以是想象的。二者之间的关系可以根据研究的需要而产生变化。根据二者之间的关系，体系可分为敞开体系（此体系与环境之间既有物质交换，又有能量交换）、封闭体系（此体系与环境之间没有物质交换，只有能量交换）和孤立系统（又叫隔离系统，它

与环境之间既无物质交换又无能量交换）。

2. 状态与状态函数

如果 n 摩尔的 O_2 为研究的体系，则当体系的 p、T、V 参数性质确定后（叫状态参数），热力学用体系所具有的性质来描述它所处的**状态**，则体系就处于确定的状态。反之，体系状态确定后，体系的状态参数则有确定的值。意味着体系的热力学性质随状态的确定而定，与具体的变化途径无关。这种热力学性质就为状态函数。在化学工程中常用的状态函数有压力 p、热力学温度 T、体积 V、热力学能 U、焓 H、熵 S、Gibbs 函数 G、Helmholtz 函数 A 等。

状态函数在数学上具有全微分的性质，只与始态和末态有关，与具体的途径没有关系，它是应用热力学解决实际问题的基础。状态函数分为广度量（也叫广延性质）和强度量（也叫强度性质）。广度量是指与物质的数量成正比的性质，比如体积 V、热力学能 U、焓 H、熵 S、Gibbs 函数 G、Helmholtz 函数 A 等；而强度量指与物质的量无关的性质，强度量 = 广度量/物质的量，如温度 T，压力 p 和密度 ρ。

这里讨论的状态指的是平衡态，指在一定条件下，系统中各个相的热力学性质不再随时间的变化而变化，将系统与环境隔离后，系统的性质仍不改变的状态，它是一种稳态变化。系统要保持以下四个条件，才能满足处于平衡态：

（1）系统内要保持热平衡，即 $T_1 = T_2 = \cdots = T_k$；

（2）系统内要保持力平衡，即 $p_1 = p_2 = \cdots = p_k$；

（3）系统内要保持相平衡，即各相组成和数量不再随时间的改变而改变；

（4）系统内要保持化学平衡，即宏观上反应物和生成物的量不再随时间变化而变，呈现一种稳定的状态。

3. 过程、途径与循环

系统的热力学过程指由某一开始的平衡态到达另一个平衡态的变化。而从始态到终态的平衡态变化的具体经历过程就是反应的途径。按热力学过程中状态函数的变化过程可分为等温过程（$T_1 = T_2 = T_{环境}$，这里的 1、2 指过程的始末态，后同）、等压过程（$p_1 = p_2 = p_{环境}$）、等容过程（$dV = 0$）、绝热过程（$Q = 0$）和环状过程（$\oint dU = 0$）。

热力学过程也可分为可逆过程和不可逆过程。可逆过程是指在经某一热力学过程后，过程的中间态从正、逆方向均可到达，且体系与环境经一循环过程后均能恢复原始状态，此过程均无能量的耗散。此过程的推动力与阻力相差无限小，体系与环境始终无限接近平衡态。如液体在其饱和蒸汽压下的蒸发、系统与环境在压力几乎相等时的压缩或膨胀等为接近可逆过程的例子。而热力学

不可逆过程指从始态到末态的发生过程一定会给环境留下不可消除的痕迹。实际发生的过程皆为不可逆过程。

环状过程指从始态到末态后，再回到最初的状态，也称为整个变化过程的循环。它分为正、逆向循环。在化工热力学中，使热力学能转变为机械能为热力正向循环，如工程上的热机为正向循环；反之为逆向循环过程，如制冷和热泵为逆向循环工作过程。

1.3 四大热力学定律

1.3.1 热与功

热（Q，单位 J）本质上是大量质点进行无规则运动的一种表现，它指系统与系统间（或系统与环境）由于温差而传递的那部分能量。通常规定，系统吸热时，则系统的 $Q>0$；系统放热时，则系统的 $Q<0$。

而功（W，单位 J）是大量质点的有序运动的一种表现，指除热之外，系统与环境间传递的其他能量。系统对外做功，则系统的 $W<0$；反之，系统的 $W>0$。功分为膨胀功 W_e 和非膨胀功 W'（如机械功、电功、表面功）。在热力学中膨胀功 $W_e = -\int_{V_1}^{V_2} p_e \mathrm{d}V$，式中 p_e 为环境对体系的压力；V_1 和 V_2 分别指过程的始态和终态的体积值。

特别要注意：

热和功皆不是状态函数，二者与具体的反应途径有关；

热和功在数学上皆不可进行积分，如果产生了微小的变化，则分别以 δQ 和 δW 表示。

1.3.2 热力学第零定律

热力学第零定律指与第三个系统处于热平衡状态的两个系统之间，必定处于热平衡状态。即若两个处于热平衡的热力学系统中的每一个皆与第三个热力学系统处于热平衡（温度相同）。

由于物质在引力场中会自发产生一定的温度梯度，因此热力学第零定律是不考虑引力场作用的情况。利用热力学第零定律可以建立一个温度函数，它是进行体系温度测量的基本依据，能制造温度计。因此通过两个相接触体系的性质是否发生了变化，再判断二者是否已达到了热平衡；当外界条件为稳定的状态时，已达热平衡状态的体系的内部温度不但分布均匀，且其温度值确定而不会产生变化；具有相同温度的互相达到平衡的体系，其中一个体系的温度可以另一与之平衡体系的温度或第三个体系的温度来表示。

1.3.3 热力学第一定律

热力学第一定律即能量守恒定律，它是在热现象领域内所具有的特殊形式。指自然界一切物质皆具有能量，其能量的总值是不变的，它只能从一种能量形式转化成另一种能量形式。

如果令 E（单位 J）表示为体系的内能（U）、动能（E_k）和势能（也叫位能，E_p）之和，即

$$\Delta E = U + E_k + E_p \tag{1-1}$$

则体系经一个过程从始态（E_1）到终态（E_2）的能量变化（ΔE）应该等于该过程传递的总热量（Q）和功（W）之和。则有

$$\Delta E = Q + W \tag{1-2}$$

此式即为热力学第一定律的数学表达式。

对于敞开体系可利用热力学第一定律得出具有普遍实用的能量平衡方程。因为敞开体系与外界既有物质交换又有能量交换，则要同时考虑质量平衡和能量平衡。

如图 1-1 所示的一敞开体系。考虑流体通过设备从截面 1 流到截面 2。在截面 1 处，流体处距离基准面的高度为 z_1，单位质量流量的总能量用 E_1 表示、内能为 U_1、单位质量流体动能为 $E_k = 1/2u^2$ 和单位质量流体势能为 $E_p = gz$（g 为重力加速度），压力为 p_1，比容为 V_1，流体流动的平均速度为 u_1 等表示。截面 2 处流体所有的状况以下标 2 来表示。

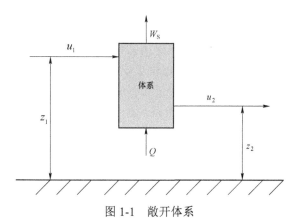

图 1-1　敞开体系

因此对于上图的敞开体系，如果不考虑化学变化，则根据质量衡算和能量衡算，则有

进入体系的质量（或能量）＝离开体系的质量（或能量）＋
体系内积累的质量（或能量）

因此，可以写出系统产生微量变化的微分方程

$$d(mE)_{体系} = (U_1 + E_{k1} + E_{p1})\delta m_1 - (U_2 + E_{k2} + E_{p2})\delta m_2 + \delta Q + \delta W \quad (1-3)$$

而总功（δW）包括轴功（δW_s）和流体流入、流出的流动功（δW_f），即

$$\delta W = \delta W_s + \delta W_f = \delta W_s + (pV\delta m)_1 - (pV\delta m)_2 \quad (1-4)$$

结合焓的定义式 $H = U + pV$，将式（1-4）代入式（1-3），则可得到具有普遍化关系式的微分能量平衡方程

$$d(mE)_{体系} = \left(H_1 + \frac{u_1^2}{2} + gz_1\right)\delta m_1 - \left(H_2 + \frac{u_2^2}{2} + gz_2\right)\delta m_2 + \delta Q + \delta W_s \quad (1-5)$$

对于一个具体的过程进行能量分析，利用式（1-5）根据实际应用于不同过程而变化。

（1）封闭系统

对于一个封闭系统，系统与界面之间只有能量交换，而没有物质交换（$\delta m_1 = \delta m_2 = 0$），且通常不存在动能和势能变化，只能引起内能变化，且其流动功为零。结合式（1-1）则有

$$d(mE)_{体系} = mdE = mdU = \delta Q + \delta W_s \quad (1-6a)$$

由于质量 m 为常数，则上式可变化为

$$dU = \delta Q + \delta W_s = \delta Q + \delta W \quad (1-6b)$$

如果系统产生了宏观的变化，式（1-6b）则可写为

$$\Delta U = Q + W \quad (1-7)$$

式（1-7）在物理化学课程中所述封闭系统的热力学第一定律的数学表达式。物理化学中内能即为热力学能（U，单位 J），它的本质指系统内分子运动的平动能、转动能、振动能、电子和核的能量和分子相互间作用的势能等能量的总和。它具有：①内能为状态函数，只与系统的始、末态有关，与中间具体的途径没有关系，因此在数学上是可以进行积分的；②它的绝对值不能测量，只能计算其变化值；③它是系统的广度性质（又称广延性质），但其摩尔热力学能却是强度性质。

（2）稳态流动系统

稳态流动系统指进入体系的质量（或能量）＝离开体系的质量（或能量），每

一点皆不随时间的变化而变化,体系内没有积累的质量(或能量),即 $\mathrm{d}(mE)_{体系}=0$,且 $\delta m_1=\delta m_2=\delta m$ 则式(1-5)变化为

$$(U_1+E_{k1}+E_{p1})\delta m_1-(U_2+E_{k2}+E_{p2})\delta m_2+\delta Q+\delta W=0,$$

积分上式可得稳态流动体系的单位质量的能量平衡方程

$$\Delta H+1/2\Delta u^2+g\Delta z=Q+W_s \tag{1-8}$$

使用式(1-8)按照 SI 单位制,要注意其单位须一致,单位皆为 $J\cdot kg^{-1}$。**此式为稳流过程热力学第一定律数学表达式**。它的应用条件为稳流体系,且不受过程是否可逆及流体性质的影响。

(3)流动平衡方程的应用

① 在化工机器膨胀机、压缩机中的应用

对于化工中常见的压缩机、膨胀机等,流体在进、出口之间流动的动能和位能相对于体系焓值的变化量或与流体与环境交换的热和功相比较,由于流体的动能、位能的变化量较小,皆可以忽略掉,即有 $1/2\Delta u^2\approx0$ 和 $g\Delta z\approx0$。则式(1-8)变为

$$\Delta H=Q+W_s \tag{1-9}$$

② 在反应器、热交换器、混合器、阀门、管道及吸收与解析、气体膨胀与压缩等化工设备及化工过程中的应用

当流体流经化工设备反应器、混合器、热交换器、阀门及管道中时,系统并没有与环境有功的交换,因此有 $W_s=0$。且进、出口的动能和位能变化可以忽略不计,即 $1/2\Delta u^2\approx0$ 和 $g\Delta z\approx0$。则式(1-8)变化为

$$\Delta H=Q \tag{1-10}$$

此式的物理意义:当体系的状态发生了化学反应、相变化、温度变化等变化时,系统与环境交换的热量(化学反应热、相变热和显热)值等于该体系始末态的焓变。

③ 在化工机器中绝热过程的应用

在化工机器的绝热过程中系统与外界没有能量交换,即 $Q=0$。则流体的动能、位能可以忽略掉($1/2\Delta u^2\approx0$,$g\Delta z\approx0$),此时机器的轴功为

$$W_s=\Delta H \tag{1-11}$$

此式表明在绝热情况下,当动能及位能变化较小时,系统与环境交换的功量等于体系始末态的焓变。

④ 可压缩性流体急速变化的流动

像喷管、扩大管、蒸汽喷射泵及汽轮机喷嘴这样的设备是通过改变流体截面以使流体的动能与内能发生变化的一类装置。在绝热情况下,气体密度小,

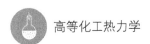

管道高度变化小位能忽略不计 $g\Delta z\approx0$，系统并不做轴功，此时有 $W_s=0$，但流体流动的动能不能忽略（$1/2\Delta u^2\neq0$）。则式（1-8）变为

$$\Delta H = -1/2\Delta u^2 \qquad (1\text{-}12)$$

此式表明气体在绝热不做功下的稳态流动，过程焓值的减小等于系统动能的增加。

如果对于节流过程如节流膨胀，由于流速变化小，则动能变化可忽略 $1/2\Delta u^2\approx0$。则上式可变为

$$\Delta H = 0 \qquad (1\text{-}13)$$

此式表明，节流膨胀过程是一个等焓过程。

⑤ 机械能平衡方程

由式（1-8）可进一步导出机械平衡方程。

根据式（1-8），稳态流动的微分方程为

$$\mathrm{d}H + u\mathrm{d}u + g\mathrm{d}z = \delta Q + \delta W_s \qquad (1\text{-}14)$$

由于在化学工业生产中，大多数的过程为稳态流动过程，因此皆可利用式（1-8）和式（1-14）稳态流动体系的能量平衡方程进行分析和应用。

根据 $H = U + PV$，得 $\mathrm{d}H = \mathrm{d}U + \mathrm{d}(pV) = \delta Q - p\mathrm{d}V + V\mathrm{d}p + p\mathrm{d}V$，代入式（1-14），则有

$$V\mathrm{d}p + u\mathrm{d}u + g\mathrm{d}z = \delta W_s \qquad (1\text{-}15)$$

对于不可压缩和无黏性流体，当流体与环境无轴功时，由式（1-15）可得化工原理中著名的 Bernoulli 方程

$$V\mathrm{d}p + u\mathrm{d}u + g\mathrm{d}z = 0 \qquad (1\text{-}16)$$

其定积分式可写成

$$\frac{\Delta p}{\rho} + \frac{1}{2}\Delta u^2 + g\Delta z = 0 \qquad (1\text{-}17)$$

ρ 为流体的密度。

Bernoulli 方程在化工中应用非常广泛。如果考虑了摩擦力 δF 的作用，则此方程式（1-17）会增加一项为

$$\delta F + \frac{\Delta p}{\rho} + \frac{1}{2}\Delta u^2 + g\Delta z = 0 \qquad (1\text{-}18)$$

例 1-1 某厂使用功率为 3 W 的泵将 80 ℃水从地面贮水罐抽到换热器，水的流量为 3.5 kg·s⁻¹。而换热器以 720 kJ·s⁻¹ 的速率冷却水，冷却水送入地面

高 20 m 的第二贮水罐。求解送入第二贮水罐后的水的温度。已知水的比等压热容为 $C_p = 4.184\,kJ\cdot(kg\cdot℃)^{-1}$。

解： 此过程的示意图如下图所示。

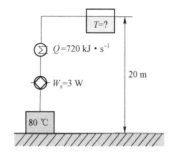

根据题意忽略动能的影响，以 1 kg 为例，根据式（1-8）有

$$\Delta H + g\Delta z = Q + W_s \qquad ①$$

根据题中的已知条件，有

$$\Delta H = c_p(t_2 - t_1) = 4.184\times(t_2 - 80) \qquad ②$$

$$g\Delta z = 9.81\times(20 - 0) = 196.2\,(J\cdot kg^{-1}) = 0.1962\,kJ\cdot kg^{-1} \qquad ③$$

$$Q = \frac{-720}{3.5} = -205.7\,kJ\cdot kg^{-1} \qquad ④$$

$$W_s = \frac{3}{3.5} = 0.857\,kJ\cdot kg^{-1} \qquad ⑤$$

将式②～式⑤代入式①有

$$4.184\times(t_2 - 80) + 0.196\,2 = -205.7 + 0.857$$

解之得

$$t_2 = 31.0\ ℃$$

1.3.4　热力学第二定律

热力学第一定律关心的是在过程中能量转换的关系和应该遵循的规律性，没有阐明过程发生的方向，只说明能量守恒。对于判断在某条件下的热力学过程变化的方向和最大限度问题，则需要应用热力学第二定律来判断。它判断某过程能否发生和向什么方向发生，仅指发生的可能性，不考虑时间性质。如热由高温物体传递给低温物体，溶液中的溶质由高浓度向低浓度方向进行扩散。这种在一定条件下，不需要环境对体系做功就能自发发生的过程叫**自发过程**，

反之为**非自发过程**。自发过程具有单向不可逆性，这种不可逆性归于热功交换的不可逆性；同时其逆过程是不能自发进行的，这是自发过程的特征，也是热力学第二定律的基础。热力学第二定律是建立于热机效率上的，热功的转换是有方向性的，功可以全部转化为热，热不可能全部转化为功；同时它是有一定的热机效率的。

热机效率（η）是指热机从高温热源吸收热量（Q_1）后对外做的功（W）与吸收的热量之比，可表达为

$$\eta = \frac{-W}{Q_1} \qquad (1\text{-}19)$$

热机的效率实践证明达不到 100%，它存在理论的极限，法国工程师 Carnot（卡诺）于 1824 年提出了可逆热机，即经过卡诺循环提出了热机效率有一个极限。

热力学第二定律有两种被后人公认的明确表述。

Clausius（克劳修斯）说：不可能把热从低温物体传到高温物体，而不引起其他变化。

Kelvin（开尔文）说：不可能从单一热源取出热使之完全变为功，而不引起其他变化。

前者表明热自发从高温物体传递到低温物体的不可逆性，后者表明有秩序的功向无序能热转换的不可逆性，但二者实质上是等价的。利用热力学第二定律可以计算热功转换的最大转化率，同时引入熵（S）的概念，熵（S）代表质点的混乱程度。根据卡诺循环可得出热功转换的效率公式为

$$\eta = 1 + \frac{Q_2}{Q_1} = 1 - \frac{T_2}{T_1} \qquad (1\text{-}20)$$

这里，Q_1 值为正，指从高温热源 T_1 吸收的热量；Q_2 值为负，指对外做功后传递给低温热源 T_2 的热量。

可见工作于同温热源和同温冷源之间的可逆热机的效率最大，且是相等的，这就是著名的卡诺定理及其推论。因此工作于同温热源和同温冷源之间的不可逆热机的效率 $\eta_I \leqslant \eta_R$ 可逆热机的效率，它解决了热力学判断变化的方向和限度问题。由式（1-14）可知，系统经一可逆热循环后，$Q_2/T_2 + Q_1/T_1 = 0$，即其热效应与温度之商的加和等于零。因此对于系统经不可逆热循环后，则有 $Q_2/T_2 + Q_1/T_1 \leqslant 0$。将系统的一不可逆循环过程进行热机分析，即可得出热力学第二定律的数学表达式，即克劳修斯不等式

$$dS \geqslant \frac{\delta Q}{T} \qquad (1\text{-}21)$$

克劳修斯不等式解决了热力学判断变化的方向和限度问题。

对于孤立体系，由于 $Q=0$，根据式（1-21），即有 $dS_{iso} \geqslant 0$。这里，大于号表示过程不可逆，是自发过程；等号表示过程为可逆过程。因此，在隔离系统中，任何变化都是向着可能发生熵增加或熵不变的过程，不可能发生熵减小的过程。这就是熵增加原理。因此判断一个过程的方向要用隔离系统的熵变，需分别对系统和环境的熵变进行计算，系统的熵变用可逆过程的热温商计算，不方便，有时实验无法测量。体系经一过程后，产生的熵变化，可通过建立的熵平衡关系式进行分析。

对于敞开体系，如图 1-2 所示。对其进行熵衡算，可知

$$熵积累 = 熵流入 - 熵流出 + 熵产生$$

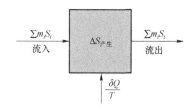

图 1-2　敞开体系的熵平衡示意图

因此，可写出熵平衡方程为

$$\Delta S_{积累} = \sum_{流入} m_i S_i - \sum_{流出} m_i S_i + \Delta S_{产生} + \int \frac{\delta Q}{T} \qquad （1-22）$$

这里 $\int \delta Q/T$ 为随 δQ 的热流动而产生的熵流动，流入系统为正，流出系统为负。式（1-22）适用于任何系统。

比如封闭体系，无物质的流入和流出，因此式（1-22）可简化为

$$\Delta S_{积累} = \Delta S_{产生} + \int \frac{\delta Q}{T} \qquad （1-23）$$

如果系统为可逆，则 $\Delta S_{积累} = \int \delta Q/T$。

如果系统为稳态流动系统，则其熵平衡方程为

$$\sum_{流入} m_i S_i - \sum_{流出} m_i S_i + \Delta S_{产生} + \int \frac{\delta Q}{T} = 0 \qquad （1-24）$$

熵平衡方程的几种特殊形式。

（1）绝热过程

对于绝热过程有 $\int \delta Q/T = 0$，根据式（1-22）可得

$$\Delta S_{积累} = \sum_{流入} m_i S_i - \sum_{流出} m_i S_i + \Delta S_{产生} = \Delta(\sum m_i S_i) + \Delta S_{产生} \qquad （1-25）$$

（2）可逆过程

对于可逆过程有 $\Delta S_{产生}=0$，根据式（1-22）可得

$$\Delta S_{积累}=\sum_{流入}m_iS_i-\sum_{流出}m_iS_i+\int\frac{\delta Q}{T}=\Delta(\sum m_iS_i)+\int\frac{\delta Q}{T} \tag{1-26}$$

（3）稳流过程

对于稳流过程有 $\Delta S_{积累}=0$，根据式（1-22）可得

$$\Delta(\sum m_iS_i)+\int\frac{\delta Q}{T}+\Delta S_{产生}=0 \tag{1-27}$$

（4）封闭体系

对于封闭体系有 $\Delta(\sum m_iS_i)=0$，根据式（1-22）可得

$$\Delta S_{积累}=\int\frac{\delta Q}{T}+\Delta S_{产生} \tag{1-28}$$

例 1-2 有人设计了一种稳流程序，将 1 kg 温度为 373.15 K 的饱和蒸汽经此程序后能向温度为 450.15 K 的高温热源输送 1 836 kJ 的热量，同时自身冷却为 1 atm、273.15 K 的冷凝水离开。用于冷却蒸汽的天然水的温度为 273.15 K。请用热力学分析该装置是否可行？

解：根据题中条件查出水的相关焓和熵的数据，其程序条件如下图所示。

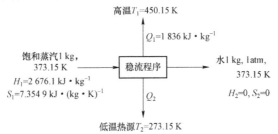

所有的任何可能的装置或程序是不能违背热力学第一定律和热力学第二定律的。该程序将 1 kg 温度为 373.15 K 的饱和蒸汽冷凝成 1 atm、273.15 K 的水，同时达到环境的温度 273.15 K，并没有 100% 将热量传递给温度为 450.15 K 的高温热源，还将 Q_2 传递给低温热源。同时此过程是一个稳流过程，此过程同时忽略动能和位能的变化（$1/2\Delta u^2\approx0$ 和 $g\Delta z\approx0$），由于无轴功 $W_s=0$，根据式（1-8）有

$$\Delta H=Q=Q_1+Q_2$$

数据代入上式有

$$Q_2=0-2676.1-(-1836)=-840.1 \quad kJ\cdot kg^{-1}$$

根据稳流过程熵平衡方程 $\Delta(\sum m_iS_i)+\int\frac{\delta Q}{T}+\Delta S_{产生}=0$，将数据代入可得

$$\Delta S_{产生} = -\Delta\left(\sum m_i S_i\right) - \int \frac{\delta Q}{T}$$

$$= (S_2 - S_1) - \frac{Q_1}{T_1} - \frac{Q_2}{T_2}$$

$$= (0 - 7.3549) - \frac{-1\,836}{450.15} - \frac{840.1}{273.15}$$

$$= -6.4 \ \text{kJ} \cdot (\text{kg} \cdot \text{K})^{-1} < 0$$

因此，此过程的熵值小于 0，不能自发进行，此程序是不合理的。

1.3.5　理想功、损失功、热力学效率及有效能

化工过程的热力学分析方法有两种，功损失和有效能（㶲）分析法。前者是基于热力学第一定律，用实际功与理想功进行比较得出热效率进行评价。后者是基于热力学第一定律和热力学第二定律，对化工过程的每一股物料进行分析，是用有效能（㶲）效率进行评价。

1. 理想功、损失功、热力学效率

（1）理想功

当反应体系从一个过程达到另一过程时，所能产生或消耗的功是不同的，产生的可逆功为产出最大功，而可逆的需要功的过程需要消耗的为最小功。理想功是理论的极限值，以之作为实际功的比较标准。它指体系以可逆状态变化之后理论上可产生的最大功（对产功过程），或理论上必须消耗的最小功（耗功过程）。这里的可逆指体系内部所有变化皆为可逆的，系统与温度为 T_0 的环境进行可逆的热交换。

非流动体系过程的可逆功可以利用热力学第一定律写为

$$W_R = \Delta U - T_0 \Delta S \tag{1-29}$$

而可逆功 W_R 包括可用的功及系统对抗大气压 p_0 的膨胀功 $p_0 \Delta V$，而后者没法使用，在计算理想功时要去掉这部分。而在压缩过程中，却需要这部分。因此理想功可用下式计算

$$W_{id} = \Delta U - T_0 \Delta S + p_0 \Delta V \tag{1-30}$$

而对于稳流过程的理想功则要运用式（1-8）来计算，即

$$W_{id} = \Delta H + 1/2 \Delta u^2 + g \Delta z - T_0 \Delta S \tag{1-31}$$

由于化工过程的动能和位能变化不大，则可略去，因此上式变为

$$W_{id} = \Delta H - T_0 \Delta S \tag{1-32}$$

所以对于稳流过程的理想功只与过程的始末态和环境温度 T_0 有关，与具体

途径无关。系统产生任何状态变化的每一实际过程皆有其对应的理想功。

特别要注意要区别可逆轴功 W_{sR} 与理想功 W_{id} 这两个概念。可逆轴功 W_{sR} 仅要求系统变化为可逆的；而理想功要求系统状态变化是可逆的，且系统与环境间的能量交换也须是可逆的。

可逆轴功 W_{sR} 指无任何摩擦损失时的轴功，在忽略过程的动能和位能变化的基础上，由式（1-8）有

$$W_{sR} = -\int_{p_1}^{p_2} V \, \mathrm{d}p \tag{1-33}$$

（2）损失功

由于实际化工过程的不可逆性，导致不可逆的实际功 W_{ac} 与产生相同变化的理想功 W_{id} 之间产生了差值，这种差值即为损失功，即

$$W_l = W_{id} - W_{ac} \tag{1-34}$$

将 $W_{id} = \Delta H - T_0 \Delta S$ 和 $W_{ac} = W_{sR} = -\int_{p_1}^{p_2} V \, \mathrm{d}p$ 代入上式，得

$$W_l = T_0 \Delta S_{体系} - Q \tag{1-35}$$

Q 为系统与环境交换的热量，其值为 $-T_0 \Delta S_{环境}$。因此代入式（1-35）为

$$W_l = T_0 \Delta S_{体系} + T_0 \Delta S_{环境} = T_0 \Delta S_{总} \tag{1-36}$$

根据热力学第二定律，$\Delta S_{总} > 0$，故 $W_l > 0$。

（3）热力学效率

实际过程的效率可以用损失功来体现，也可用热力学效率 η_T 来表达。

对于产生功的过程，$W_{id} > W_{ac}$，热力学效率为

$$\eta_T = \frac{W_{ac}}{W_{id}} = \frac{W_{id} - W_l}{W_{id}} < 1 \tag{1-37}$$

对于耗功的过程，$W_{id} < W_{ac}$，热力学效率为

$$\eta_T = \frac{W_{id}}{W_{ac}} = \frac{W_{id}}{W_{id} - W_L} \leqslant 1 \tag{1-38}$$

对于化工具体过程的分析，要搞清楚每一步的各种功，尤其是损失功 W_l 的大小，从而指导化工过程节能减排的改进。

2. 有效能（㶲）

根据能量转化为有用功的价值，可以把能量分为高质能量（如电能、机械能等理论上能完全转化为有用功的能量）、僵态能量（如海水、地壳的能量理论上不能转化为功的能量）及低质能量（能部分转化为有用功的能量）三类。为了度量能量中可利用度或比较不同状态下转换为功能量的大小，Keenen（凯南）提

出了有效能图标称为概念，以 E_x 来表达。反之，不能从理论上转化为有用功的能量则称为无效能。

因此高品质能 = 有效能 E_x（㶲），僵态能量 = 无效能，而低质能量 = 有效能 + 无效能。因此化工过程的有效能根据过程而计算为不同值的 E_x。

对于稳态流动体系，根据理想功式（1-32）$W_{id} = \Delta H - T_0 \Delta S$，从任意状态 (p,T) 基态变化到 (p_0, T_0) 时候，则入口状态的有效能为理想功的负值为

$$E_x = (H - H_0) - T_0(S - S_0) = T_0 \Delta S - \Delta H \qquad (1\text{-}39)$$

无效能为

$$A_N = H_0 + T_0(S - S_0) \qquad (1\text{-}40)$$

由于系统的总能量为有效能与无效能之和，即

$$E = E_x + A_N \qquad (1\text{-}41)$$

所以有

$$dE_x = -dA_N \qquad (1\text{-}42)$$

由此可见，化工上节能的正确意义在于节约有效能。

（1）以功传递的能量为有效能本身

比如功、电能和机械能，其有效能为

$$E_x = W \qquad (1\text{-}43)$$

（2）物理有效能

物理有效能指系统的温度、压力等状态不同于环境的温度和压力而具有的有效能。在化工生产过程中凡是与热量传递有关（加热、冷却、冷凝）过程，及与压力变化有关的（压缩、膨胀等）过程，皆只考虑物理有效能。

① 等温热源热量的有效能

根据卡诺循环有 $\eta = -W/Q = 1 - T_0/T$，此时有效能为

$$E_{xQ} = -W_{Carnot} = Q - Q\frac{T_0}{T} = Q\left(1 - \frac{T_0}{T}\right) \qquad (1\text{-}44)$$

此式表明，热量是一种低品位的能量，当 T 越接近环境温度时，其有效能就越小。由此式也可得出无效能的计算式

$$A_N = Q\frac{T_0}{T} \qquad (1\text{-}45)$$

当温度与环境温度一样时，则无效能为

$$A_N = Q \qquad (1\text{-}46)$$

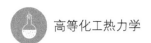

② 变温热源的有效能

如果过程并不是一个等温过程，而是一个变温过程，则其有效能要用式（1-39）来计算。由于 $\Delta H = \int_T^{T_0} C_p \mathrm{d}T$，$\Delta S = \int_T^{T_0} \dfrac{C_p}{T} \mathrm{d}T$，代入式（1-39）得

$$E_{xQ} = T_0 \Delta S - \Delta H = T_0 \int_T^{T_0} \frac{C_p}{T} \mathrm{d}T - \int_T^{T_0} C_p \mathrm{d}T = \int_{T_0}^{T}\left(1 - \frac{T_0}{T}\right) C_p \mathrm{d}T \qquad （1-47）$$

此式表示在等压过程中的温度不同于环境温度时对有效能作出的贡献。

③ 压力有效能

根据热力学关系，在等温过程中有

$$E_{xp} = T_0 \Delta S - \Delta H$$

$$= T_0 \int_p^{p_0} -\left(\frac{\partial V}{\partial T}\right)_p \mathrm{d}p - \int_p^{p_0}\left[V - T\left(\frac{\partial V}{\partial T}\right)_p\right]\mathrm{d}p \qquad （1-48）$$

$$= \int_{p_0}^{p}\left[V - (T - T_0)\left(\frac{\partial V}{\partial T}\right)_p\right]\mathrm{d}p$$

又因为对于理想气体有 $pV = RT$，代入上式可得每摩尔理想气体的压力有效能为

$$E_{xp} = \int_{p_0}^{p}\left[V - (T - T_0)\left(\frac{\partial V}{\partial T}\right)_p\right]\mathrm{d}p = \int_{p_0}^{p}\left[V - (T - T_0)\frac{R}{p}\right]\mathrm{d}p = RT_0 \ln \frac{p}{p_0} \qquad （1-49）$$

根据上两式皆可计算系统因压力不同于环境的压力而对有效能作出的贡献。

（3）化学有效能

化学有效能指处于环境温度与压力下的系统与环境之间进行物质交换（即物理扩散或化学反应）后，最终达到与环境平衡的过程所能做的最大功。在计算化学有效能时不仅要确定环境的温度与压力，还要指定基准物和浓度。在化工上常指定基准状态的物理条件为 1 atm、298.15 K，而不是物理化学中热力学中的标态 100 kPa；化学物质的基准物指规定大气物质元素的基准物。

对于化学有效能的计算主要采用基准反应法、焓及熵数据计算法，通过计算系统与环境之间状态的焓差和熵差来进行计算，即采用式（1-39）进行计算。这里不再详细介绍。

通过以上所述，可见理想功与有效能是有区别的。

① 理想功与有效能的终态不一定是相同的，理想功的终态可以不确定，但有效能的终态为环境的状态。

② 二者的研究对象是不同的，理想功针对的始末两个状态的值可正可负，但有效能对某一状态是与环境有关的，其值只能为正值。

例 1-3　请比较 1.013 MPa、6.868 MPa、8.611 MPa 的饱和蒸汽，以及 1.013 MPa，573 K 的过热蒸汽的有效能大小，对计算结果讨论蒸汽的合理利用。环境压力为 101.325 kPa、温度为 298.15 K。

解：根据公式（1-39）可计算有效能大小，即

$$E_x = (H - H_0) - T_0(S - S_0)$$

水蒸汽相关热力学数据可查附录一，计算结果列于下表中。

物质	p/MPa	T/K	$(H-H_0)$ /kJ·kg^{-1}	$(S-S_0)$ /kJ·(kg·K)$^{-1}$	E_x/kJ·kg^{-1}
环境水	0.101 3	298.15			
过热蒸汽	1.013	573	2 948	6.76	934
饱和蒸汽	1.013	453	2 671	6.215	818
饱和蒸汽	6.868	557.5	2 670	5.46	1 042
饱和蒸汽	8.611	573	2 678	5.474	1 038

由计算结果可知，同样压力的过热蒸汽的有效能是大于饱和蒸汽的，且过热蒸汽提供的温度更高；同时发现随饱和蒸汽压力的增大，其有效能是增大的。

3. 有效能（㶲）损失

由于一切化工生产过程或运行过程皆具有不可逆性，在此过程中存在如流体阻力、热阻、化学反应阻力和扩散阻力等各种不可逆因素，要使过程能顺利进行，势必要克服这些阻力，必然导致体系的有效能损失。这种损失功在一定环境温度下是与熵的产生成正比，因此熵值越大，无效能就越大。有效能并不是守恒量，系统的有效能的内部损失是由于系统内部各种不可逆因素造成的有效能损失；而其外部损失为通过各种途径散失及排放到环境中去的有效能损失。

特别注意化工过程的能量是守恒的，实际工作中不能将能量概念和有效能概念区别对待。因为能量损失实际仅指化工过程中某一系统的有效能和无效能总量的损失，而不是指有效能或无效能的单一损失。

根据式（1-40）在始（p_1，T_1）、末（p_2，T_2）态时的有效能差就为理想功 W_{id}

$$W_{id} = E_{x2} - E_{x1} = \Delta E_x = (H_2 - H_1) - T_0(S_2 - S_1) \tag{1-50}$$

又因为 $W_{id} = W_L + W_s$，代入式（1-50）得

$$\Delta E_x = W_L + W_s = W_s + T_0 \Delta S_{总} \tag{1-51}$$

由此在不可逆过程中有部分有效能变为无效能而不做功，其总的有效能的损失即为损失功 $T_0\Delta S_\text{总}$，因此有效能（㶲）损失为

$$E_\text{L}=T_0\Delta S_\text{总} \qquad (1\text{-}52)$$

利用此式可分析化工过程的有效能损失，即能量变质问题。

4. 有效能（㶲）衡算及其效率

（1）有效能（㶲）衡算方程

任何一个化工过程皆是不可逆的，故建立的有效能衡算是与能量衡算不同的。后者的输入各项能量之和＝输出各项能量之和，前者的输入与输出能量只有在过程可逆时相等，在不可逆过程中需要加上有效能损失一项。

对于稳态流动体系（见图 1-3），根据热力学第一定律有 $\Delta H = (H_2 - H_1) = \int_1^2 \delta Q + W_\text{s}$，而经过一个总过程后其总熵是大于或等于零的（$T_0\Delta S_\text{总} \geqslant 0$），因此后者代入前者后得

$$(H_2 - T_0 S_2) - (H_1 - T_0 S_1) \leqslant \int_1^2 \left(1 - \frac{T_0}{T}\right)\delta Q + W_\text{s}$$

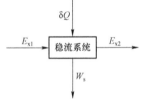

图 1-3　稳流系统有效能衡算示意图

将此式变化一下为

$$[T_0(S_0 - S_2) - (H_0 - H_2)] - [T_0(S_0 - S_1) - (H_0 - H_1)] \leqslant \int_1^2 \left(1 - \frac{T_0}{T}\right)\delta Q + W_\text{s}$$

即上式为

$$E_\text{x1} + E_\text{xQ} \leqslant E_\text{x2} - E_\text{xW}$$

可写为通式为

$$\sum E_{\text{xi}\lambda} \geqslant \sum E_{\text{xi}出} \qquad (1\text{-}53)$$

式中，"入"和"出"代表流体能量的输入和输出；下标 i 代表第 i 股能量流或物流；＝号表示有效能守恒，过程可逆；不等号代表有有效能损失。

如果用 E_L 代表有效能损失，则上式可改写为

$$\sum E_{\text{xi}\lambda} = \sum E_{\text{xi}出} + \sum E_\text{L} \qquad (1\text{-}54)$$

此式为有效能衡算方程，式中如果 $\sum E_L = 0$，表示过程可逆；$\sum E_L > 0$ 代表过程不可逆；$\sum E_L < 0$ 表示过程不可能自发进行。

（2）有效能（㶲）效率

利用有效能（㶲）效率利用等价的能量比较可以确切衡量能量利用的程度。理论上不管任何过程只要其具有相同数量的有效能，则其能量的品位、价值和数量皆是等同的。基于热力学第一和第二定律，有效能（㶲）效率有两种计算方式。

① 目的有效能效率 η'_{E_x}

$$\eta'_{E_x} = \frac{\sum \Delta E_{x获得}}{\sum \Delta E_{x失去}} \qquad (1\text{-}55)$$

通常说得有效能（㶲）效率就指的是目的有效能效率。

② 普遍有效能（总有效能）效率 η_{E_x}

$$\eta_{E_x} = \frac{\sum E_{xi出}}{\sum E_{xi入}} \qquad (1\text{-}56)$$

此式称为第二定律效率。式中 $\sum E_{xi出}$ 和 $\sum E_{xi入}$ 分别指离开和投入过程或设备的各种能流和物流的有效能之和。

式（1-56）结合式（1-54），则普遍有效能（总有效能）效率 η_{E_x} 可改写为

$$\eta_{E_x} = 1 - \frac{\sum E_L}{\sum E_{xi入}} \qquad (1\text{-}57)$$

式中，$\sum E_L / \sum E_{xi入}$ 为有效能损失系数或不可逆度。如果 $\sum E_L = 0$，则 $\eta_{E_x} = 1$，表示过程可逆；$\sum E_L = \sum E_{xi入}$，$\eta_{E_x} = 0$，代表过程不可逆；如果过程部分可逆，则 $0 < \eta_{E_x} < 1$。

当对化工、热力过程等进行过程热力学分析时，目的有效能效率 η'_{E_x} 和普遍有效能（总有效能）效率 η_{E_x} 有共同特点，皆可用于其分析，且是一项重要的指标。化工过程能量的合理利用要确定具体每一步过程中能量损失或有效能损失的大小、产生原因及其分布，再确定此化工过程的效率，减少化工过程不可逆性带来的有效能的损失，按需要用能、按质量供能，最终才能合理利用能量，达到节能减排的目的。

1.3.6 热力学第三定律

热力学第三定律是 Nerst 在 1906 年在观察大量实验的基础上提出来的，指在绝对 0 K 时，任何完整（或完美）的晶体的熵值为零。数学上表达为

$\lim_{T \to 0} (\Delta S)_T = 0$。它主要应用于化学平衡的研究。

实际上熵值的绝对值是不知道的，根据热力学第三定律规定的相对标准计算的熵为规定熵。其计算式为

$$S(T) = S(0\ \text{K}) + \int_{0\ \text{K}}^{T} \frac{C_p}{T} dT \tag{1-58}$$

对于任意化学反应

$$aA + bB + \cdots = cC + dD + \cdots$$

在 298 K 和标准压力下进行的反应熵变为

$$\Delta_r S_m^{\ominus}(298\ \text{K}) = \sum_B \nu_B S_m^{\ominus}(\text{B}, 298\ \text{K}) \tag{1-59}$$

这里，ν_B 是物质 B 的化学计算系数，规定对于反应物为负、生成物为正。若反应在任意温度 T 和 $p^{\ominus}$ 下进行，则熵变为

$$\Delta_r S_m^{\ominus}(T) = \Delta_r S_m^{\ominus}(298\ \text{K}) + \int_{298\ \text{K}}^{T} \frac{\sum_B \nu_B C_{p,m}(\text{B})}{T} dT \tag{1-60}$$

利用反应的标准熵变 $\Delta_r S_m^{\ominus}(T)$ 和焓变 $\Delta_r H_m^{\ominus}(T)$，由 $\Delta_r G_m^{\ominus}(T) = \Delta_r H_m^{\ominus}(T) - T\Delta_r S_m^{\ominus}(T)$ 式，可以方便计算化学反应的标准 Gibbs 自由能变 $\Delta_r G_m^{\ominus}(T)$，进而可以计算标准平衡常数 $K^{\ominus}$，分析化学平衡和最大转化率。

1.4　蒸汽动力循环与制冷循环

热能变为机械能或制冷机必须通过循环才能完成，根据机械中所用工质的不同，热力循环分为以蒸汽为工质的蒸汽动力循环和以气体为工质的气体循环。本节以蒸汽动力循环为主要对象，其研究对象是工质所经历的状态及变化过程。相反的，制冷循环是一种逆向循环，目的在于把热量从低温物体传到高温物体去。根据克劳修斯热力学第二定律的描述，必须额外提供机械能或热能才能使热量从低温物体传递到高温物体。

制冷循环目的是从低温物体（如冷库）取走热量来维持物体的低温；热泵循环目的是给高温物体（如供暖的房间）连续地提供热量，以保证高温物体需要的温度。通常制冷温度高于 −100 ℃为普冷，低于 −100 ℃者称深冷。冷量提供在化工生产中的低温化学反应、工业结晶、气体液化及冰箱、空调、冷库等各方面应用广泛。

1.4.1　蒸汽动力循环

蒸汽动力循环过程通常由锅炉的蒸汽发生器、蒸汽轮机、冷凝器和水泵所

组成。工质在这些设备中周而复始地流过，组成（绝热）压缩、（等温）膨胀、等温压缩、绝热膨胀四步骤的热力循环，将热量从高温热源传递到低温热源，同时部分热能转变成有用功输出，进行热功转换。工业中的高温热源通常为温度较高的工业废热、太阳的辐射热、地热、矿物燃料燃烧产生的高温烟气的热能及核裂变产生的热能。本节讲解的蒸汽动力循环有卡诺蒸汽循环和 Rankine（郎肯）循环，后者是第一个具有实际应用意义的动力循环，蒸汽动力循环通常用的工质为水。

　　1. 卡诺蒸汽循环

　　卡诺热机是工作于高温和低温两个热源之间循环，它由两步理想条件下的等温（等温膨胀和等温压缩）和两步绝热（绝热膨胀和绝热压缩）过程所组成（见图 1-4）。此循环以水蒸气为工作的介质可以实现等温吸热和等温放热过程。这种循环的过程是可逆的、效率最高的热力循环，能最大限度地从高温热源吸入的热量转变为最大的有用功。

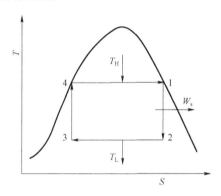

图 1-4　卡诺循环的 T-S 图

　　卡诺循环对外所做的最大的功为

$$W_{sc} = Q_H - Q_L = Q_H\left(1 - \frac{T_L}{T_H}\right) \tag{1-61}$$

　　卡诺循环效率为

$$\eta_c = \left|\frac{W_{sc}}{Q_H}\right| = \left|1 - \frac{T_L}{T_H}\right| \tag{1-62}$$

　　卡诺循环虽然产功很大，但现实却难于实现。因为一方面湿蒸汽对汽轮机及水泵产生浸蚀作用，汽轮机带水量小于 10%，且蒸汽不能进水泵；另一方面绝热可逆过程在实际过程中是难于实现的，现实中的过程皆是不可逆的。

2. 郎肯循环

郎肯循环是第一个实际应用的最简单的蒸汽动力循环，它由蒸汽发生器、过热器、蒸汽轮机、冷凝器及水泵所组成（见图1-5 a）。

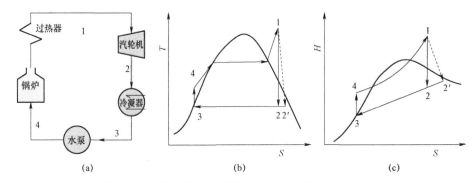

图1-5 （a）郎肯循环示意图、（b）T-S图及（c）H-S图

理想的郎肯循环中每个过程皆是可逆的，同卡诺循环一样是由四步组成，如图1-5（b）T-S图及（c）H-S图所示的1→2→3→4→1循环。此过程忽略工质的流动阻力与温差传热、膨胀前后流体的位差与速度，对于单位质量的流体的稳流循环过程则符合式（1-8）的能量平衡方程为$\Delta H = Q + W_s$，利用此式可对郎肯循环作热力学分析。

（1）过程4→1：高压水从锅炉中吸热进行预热、汽化成过热水蒸汽（$W_s = 0$），过程存在相变，则单位质量工质在锅炉中的吸热量为

$$Q_h = H_1 - H_4 \quad \text{kJ} \cdot \text{kg}^{-1}（工质） \tag{1-63}$$

（2）过程1→2：汽轮机中过热水蒸汽作等熵（可逆绝热）膨胀变成湿蒸汽（$Q = 0$），此过程降压、降温，同时单位工质对外输出轴功

$$W_s = H_2 - H_1 \quad \text{kJ} \cdot \text{kg}^{-1}（工质） \tag{1-64}$$

（3）过程2→3：低压湿蒸汽在冷凝器内等压、等温冷凝相变成饱和液体水（$W_s = 0$），单位工质冷凝热量为

$$Q_2 = H_3 - H_2 \quad \text{kJ} \cdot \text{kg}^{-1}（工质） \tag{1-65}$$

（4）过程3→4：饱和水在水泵中等熵（可逆绝热）压缩（$Q = 0$），升压升温无相变进入锅炉。水在压缩过程中的体积变化极小，它是不可压缩流体，因此水泵压缩单位工质的压缩功为

$$W_p = H_4 - H_3 = V_{水}(p_4 - p_3) \quad \text{kJ} \cdot \text{kg}^{-1}（工质） \tag{1-66}$$

因此，对整个郎肯循环可计算出其热效率η，它表示锅炉所供给的热量中转化为净功的分率，即

$$\eta = \frac{-(W_S + W_p)}{Q_h} = \frac{(H_1 - H_2) + (H_3 - H_4)}{H_1 - H_4} \quad (1\text{-}67)$$

由于在整个蒸汽动力循环中的水泵的耗功远小于汽轮机的做功量（$W_S \gg W_p$），水泵的耗功常忽略不计（$W_p \approx 0$），则上式改写为

$$\eta = \frac{-W_S}{Q_h} = \frac{H_1 - H_2}{H_1 - H_4} \quad (1\text{-}68)$$

同时，在循环的蒸汽动力装置中，输出 1 kW·h 的净功所消耗的蒸气量，即汽耗率（SSC）可表示为

$$\text{SSC} = \frac{3\ 600}{-W_S} \ \text{kg·(kW·h)}^{-1} \quad (1\text{-}69)$$

可见热效率越高，则汽耗率越低，表明此循环也就越完善，它是评价蒸汽动力装置的一项重要指标。

而实际的郎肯循环，与理论上的郎肯循环是不同的。

实际郎肯循环中的工作介质是水蒸汽，它不是理想气体，因此其性质不能用理想气体状态方程进行计算，需要通过相关的热力学图、表或能代表此实际流体体系的状态方程求得。另外工作介质在实际流动过程中存在摩擦、散热及涡流等因素，导致汽轮机及水泵不能进行等熵膨胀及等熵压缩，且膨胀过程是不可的，则蒸汽在汽轮机中的绝热膨胀不可能是等熵变化（见图 1-5），出口蒸汽由 2 而实为 2′。因此实际郎肯循环过程路线为 1→2′→3→4→1。实际作功为 $-W_S = H_1 - H_{2'}$，它比等熵膨胀功 $-W_{SR} = H_1 - H_2$ 要小。二者之比为等熵效率 η_S。通常用 η_S 来表示工程上的不可逆性。

$$\eta_S = \frac{-W_S}{-W_{SR}} = \frac{H_1 - H_{2'}}{H_1 - H_2} \quad (1\text{-}70)$$

故实际郎肯循环的热效率为

$$\eta = \frac{(H_1 - H_{2'}) + (H_3 - H_4)}{H_1 - H_4} \approx \frac{H_1 - H_{2'}}{H_1 - H_4} \quad (1\text{-}71)$$

蒸汽参数严重影响到郎肯循环的热效率，其吸热及放热过程的温度和压力决定了循环的热效率 η。① 如果吸热温度比高温燃气的温度小得多，则热效率低，导致传热不可逆的损失极大。② 对于放热过程，虽然降低冷凝的温度也能提高郎肯循环的热效率 η，但是冷却介质温度及冷凝器尺寸的限制导致其严重受限。

例 1-4　有一理想的郎肯循环，其锅炉的压力为 4 MPa，经锅炉后产生 500 ℃过热蒸汽，蒸汽汽轮机出口压力为 4.246 kPa，蒸汽流量为 62 t/h，求过热蒸汽从

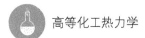

锅炉每小时吸收的热量；乏气的湿度及其在冷凝器中放出的热量；蒸汽汽轮机做的理论功率及水泵消耗的理论功率；郎肯循环的理论热效率。

解：（1）查附录一的水蒸汽表，以确定郎肯循环中 $1 \rightarrow 2 \rightarrow 3 \rightarrow 4$（参考图 1-5）各点的热力学参数

1 点（过热蒸汽）：根据已知条件 $p_1 = 4 \text{ MPa}$、$t_1 = 500 \text{ ℃}$，查过热水蒸气表查得 $H_1 = 3\,445.3 \text{ kJ} \cdot \text{kg}^{-1}$，$S_1 = 7.090\,1 \text{ kJ} \cdot (\text{kg} \cdot \text{K})^{-1}$。

2 点（湿蒸汽）：已知 $p_2 = 4.246 \text{ kPa}$，$S_2 = S_1 = 7.090\,1 \text{ kJ} \cdot (\text{kg} \cdot \text{K})^{-1}$，查饱和水蒸气表查得 $H_g = 2\,556.3 \text{ kJ} \cdot \text{kg}^{-1}$，$H_L = 125.79 \text{ kJ} \cdot \text{kg}^{-1}$，$S_g = 8.453\,3 \text{ kJ} \cdot (\text{kg} \cdot \text{K})^{-1}$，$S_L = 0.436\,9 \text{ kJ} \cdot (\text{kg} \cdot \text{K})^{-1}$，$V_L = 1.004\,3 \text{ cm}^3 \cdot \text{g}^{-1}$。

2 点处的干度为 x：

根据 $S_2 = S_g x + (1 - x) S_L$ 查算得 2 点处的干度为 x，即

$$7.090\,1 = 8.453\,3 x + (1 - x) 0.436\,9$$

得 $x = 0.829\,9$

因此

$$H_2 = H_g x + (1 - x) H_L = 2566.3 \times 0.829\,9 + (1 - 0.829\,9) \times 125.79 = 2\,151.3 \text{ kJ} \cdot \text{kg}^{-1}$$

3 点的饱和液体：

$p_3 = 4.246 \text{ kPa}$，$H_3 = H_1 = 125.79 \text{ kJ} \cdot \text{kg}^{-1}$，$S_3 = S_1 = 0.436\,9 \text{ kJ} \cdot (\text{kg} \cdot \text{K})^{-1}$。

4 点的未饱和水：

$$H_4 = H_3 + W_p = H_3 + V_{\text{水}}(p_4 - p_3)$$
$$= 125.79 + 0.001\,004\,3 \times (4\,000 - 4.246)$$
$$= 129.80 \text{ kJ} \cdot \text{kg}^{-1}$$

（2）计算

过热蒸汽每小时从锅炉吸收的热量

$$Q_h = m(H_1 - H_4)$$
$$= 62 \times 10^3 \times (3\,445.3 - 129.80)$$
$$= 205.6 \times 10^6 \text{ kJ} \cdot \text{h}^{-1}$$

乏汽在冷凝器放出的热量

$$Q_2 = m(H_2 - H_3)$$
$$= 62 \times 10^3 \times (2\,151.3 - 129.80)$$
$$= 125.3 \times 10^6 \text{ kJ} \cdot \text{h}^{-1}$$

乏汽的湿度为

$$1 - x = 1 - 0.829\ 9 = 0.170\ 1$$

汽轮机作出的理论功率

$$P_T = mW_S = m(H_2 - H_1) = \frac{62 \times 10^3}{3\ 600}(2\ 151.3 - 3\ 445.3)$$

$$= -22\ 285.8\ \text{kW}$$

水泵消耗的理论功率

$$N_p = mW_p = m(H_4 - H_3) = \frac{62 \times 10^3}{3600}(129.80 - 125.79)$$

$$= 69.1\ \text{kW}$$

热效率

$$\eta = \frac{-3\ 600(P_T + N_P)}{Q_h} = \frac{-3\ 600(22\ 285.8 - 69.1)}{205.6 \times 10^6} = 0.389\ 0$$

3. 提高郎肯循环的方法

（1）郎肯循环的热效率的提高

实际过程怎样提高郎肯循环的热效率，这就要用到式（1-68），有

$$\eta = \frac{-W_S}{Q_h} = \frac{H_1 - H_2}{H_1 - H_4}$$

根据上式，可知要提高郎肯循环的热效率主要方法如下。

① 改变蒸汽参数，提高汽轮机进口蒸汽的压力或温度来使即 H_1 值增加，进而提高郎肯循环的热效率 η。

相同的蒸汽压力 p 下，蒸汽的过热 T 提高会提高平均吸热 T，做功量会增大，热效率 η 会提高，汽耗率 SSC 会降低。乏汽的干度增大会使透平机的内部效率提高。但是受到金属材料性能的限制，蒸汽的最高 T 不能无限地提高，通常最高温度低于 873 K。

另一种方法是提高蒸汽压力，会导致热效率 η 提高，汽耗率 SSC 下降。同时，随着蒸汽 p 的提高，乏汽干度会下降，湿含量的增加会引起透平机相对内部效率降低，且透平机中最后几级的叶片磨蚀而缩短寿命。乏汽的干度通常大于 0.88。且蒸汽压力不能超过水的临界压力，同时设备的制造费用也会大幅增加。

② 降低汽轮机出口蒸汽压力 p_2，减小 H_2 值，提高郎肯循环的热效率 η。

③ 参考式（1-62），使郎肯循环的吸热过程尽量靠近卡诺循环过程，以提高热效率 η。

（2）郎肯循环的改进方法

经上述分析可知，对于郎肯循环的改进，主要是对过程循环中吸热过程的改进以使得循环的平均吸热温度得到提高。实际中，主要采用再热循环、回热循环和热电循环等方法来改进郎肯循环，这里重点介绍前两种方法。

① 再热循环

再热循环可以提高郎肯循环的热效率，它是把在汽轮机中做功的工作介质在中途抽出经再热器加热，后再次送回汽轮机中去继续膨胀做功直至达到终压的热力循环。它分为在不同的中间压力下的多次再热循环。实际过程通常再热次数小于等于两次，图 1-6 是系统的一次再热郎肯循环原理图。

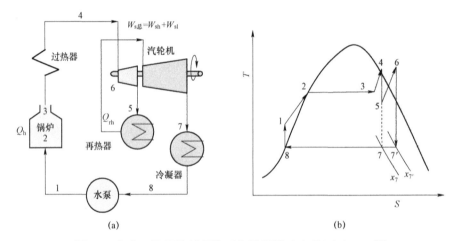

图 1-6 郎肯一次再热循环的工作原理图（a）和（b）T-S 图

与理想的郎肯循环相比（见图 1-5），再热循环多了从汽轮机中中途抽出工作介质后经再热器加热这一步，其他步骤是一样的。因此其热力学比理想的郎肯循环的汽轮机的做功不是一项而是二项做功，即 $W_{s总} = W_{sh} + W_{sl}$，这里 W_{sl} 和 W_{sh} 为汽轮机中的两步做功。而总输入热量也增加了一项，即 $Q_{总} = Q_h + Q_{rh}$。

因此，整个再热循环的热效率 η 为

$$\eta = \frac{-(W_{sh} + W_{sl} + W_p)}{Q_h + Q_{rh}} \approx \frac{-(W_{sh} + W_{sl})}{Q_h + Q_{rh}} \tag{1-72}$$

由于再热循环有两级透平，经再热后其热效率 η 会提高。同时由图 1-6（b）可知，经再热后工质的干度会提高，乏汽含湿量减少了。目前，超高压（蒸汽初压可达 13 MPa 或 24 MPa 或更高）大型电厂几乎都要采用再热循环以提高其热效率。

② 回热循环

所谓的回热循环是抽取汽轮机中部分蒸汽给锅炉供水预热，使压缩水的低温预热由锅炉中转向锅炉中的回热器中进行，提高循环中等压加热过程的平均温度。图 1-7 为一级抽汽回热循环的工作原理图和 T-S 图。

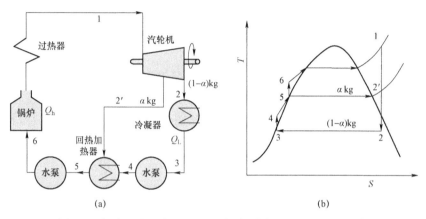

图 1-7　郎肯一次回热循环的工作原理图（a）和（b）T-S 图

以回热器中的抽气量 α 对回热器作能量衡算，这里以 1 kg 进入透平机的蒸汽为基准，设回热器保温性能良好，则进、出回热器中的焓 $dH=0$，即

$$H_5 = \alpha H_{2'} + (1-\alpha)H_4 \tag{1-73}$$

则抽气量为

$$\alpha = \frac{H_5 - H_4}{H_{2'} - H_4} \tag{1-74}$$

则郎肯一级回热循环的热效率为

$$\eta = \frac{-(W_s + W_p)}{Q_h} = \frac{Q_h + Q_L}{Q_h} = 1 + \frac{(1-\alpha)(H_3 - H_2)}{H_1 - H_6} \tag{1-75}$$

这里 $H_3 < H_2$，Q_L 为负。

郎肯回热循环与郎肯循环相比，其热效率得到提升，但其优点和缺点同样是明显的。优点在于① 水在锅炉中吸热的温度得到提高，进而蒸汽的有效能量增加会导致做功能力明显变大。② 工质在整个循环中仅一部分通过冷凝器，故减少了排往自然环境的有效能。③ 降低了锅炉热负荷及减少了冷凝器的换热面积，节省材料。

其缺点在于① 由于在加热器中的中压蒸气与水产生的不可逆混合会损失部分有效能。② 增加了设备，投资会增大。

当然回热循环也可以根据需要而采取多组回热，现代蒸汽动力循环普遍采

用回热循环这种方式。

1.4.2 节流膨胀与作外功的绝热膨胀

1. 节流膨胀

节流膨胀指高压流体经过节流阀后迅速膨胀到低压过程，当流体进行节流膨胀后而产生的压力变化引起的温变即为节流效应或 Joule – thomson（焦耳 – 汤姆逊）效应。

1852 年焦耳和汤姆逊设计了一个节流实验过程：在一圆形绝热筒的中部有一个使气体不能很快通过的多孔塞，在维持多孔塞两边压差的基础上，从始态 p_1、V_1、T_1 膨胀变化到终态 P_2、V_2、T_2（见图 1-8）。实验发现此节流过程是个等焓过程。因此，以 T 和 p 为变量来推导节流膨胀效应（即 Joule-Thomson 系数 $\mu_{J-T} = (\partial T/\partial p)_H$ 值的变化），并解释 μ_{J-T} 值何时为正、为负和为零。

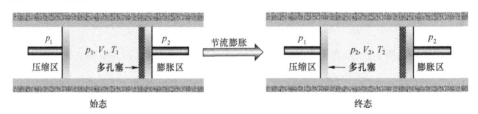

图 1-8　节流膨胀实验示意图

对于气体经一节流膨胀过程，来不及传热 $Q = 0$，无轴功 $W_s = 0$，无位能变化 $g\Delta z = 0$，忽略了动能变化 $1/2\Delta u^2 \approx 0$。结合式（1-8）$\Delta H + 1/2\Delta u^2 + g\Delta z = Q + W_s$ 可知，节流膨胀过程是一个等焓过程。由于真实气体 $H = H(T,p)$，即节流膨胀过程可写成 $\mathrm{d}H = (\partial H/\partial T)_p \mathrm{d}T + (\partial H/\partial p)_T \mathrm{d}p = 0$。

则节流效应或焦耳 – 汤姆逊效应系数为

$$
\begin{aligned}
\mu_{J-T} &= \left(\frac{\partial T}{\partial p}\right)_H = -\frac{\left(\dfrac{\partial H}{\partial p}\right)_T}{\left(\dfrac{\partial H}{\partial T}\right)_p} = -\frac{\left(\dfrac{\partial (U + pV)}{\partial p}\right)_T}{C_p} \\
&= -\frac{\left(\dfrac{\partial U}{\partial p}\right)_T}{C_p} - \frac{\left(\dfrac{\partial (pV)}{\partial p}\right)_T}{C_p} \\
&= \frac{1}{C_p}\left[V - T\left(\frac{\partial V}{\partial T}\right)_p\right]
\end{aligned}
\tag{1-76}
$$

可见，μ_{J-T} 值的正或负是由上式第一项和第二项数值的大小来决定的。

（1）当气体为理想气体时

根据焦耳实验，理想气体等温变化后，有$(\partial(pV)/\partial p)_T = 0$ 和$(\partial U/\partial p)_T = 0$。则经过焦耳–汤姆逊节流膨胀后，$\mu_{J-T} = 0$，即理想气体经节流膨胀后的温度是不会变化的。

（2）实际性气体

对于真实气体，分子间存在范德华力，当d$p<0$，则 V 增大、分子间作用距离会增大，分子需要吸收能量以克服分子间的引力，导致势能增加，此时必有d$U>0$。因此导致$(\partial U/\partial p)_T<0$，使得真实气体第一项始终大于零。

第二项的符号是由$(\partial(pV)/\partial p)_T$ 来决定的，其数值可从 pV_m-p 等温线求出，此等温线是由真实气体自身的性质来决定的。如图 1-9 所示，对于气体 1（典型代表 H$_2$），可见在整个 p 变化范围内有第一项大于零和$(\partial(pV)/\partial p)_T>0$，则第二项是小于零且远大于第一项，故 μ_{J-T}（273 K，气体 1）<0，因此此类气体经节流膨胀后是一个升温过程。对于气体 2（典型代表 CH$_4$），在 E 点之前，式（1-76）μ_{J-T} 的第一项和第二项皆大于零，故此时 μ_{J-T}（273 K，气体 1）>0，因此此类气体经节流膨胀后是一降温过程；但 E 点之后，μ_{J-T} 的第一项大于零，但第二项却小于零。可见 μ_{J-T} 的值符号决定于第一、二项的绝对值大小，只有在第一段压力较小时，才有可能将气体 2 液化。

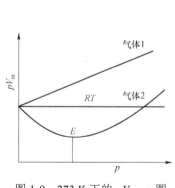

图 1-9　273 K 下的 pV_m-p 图

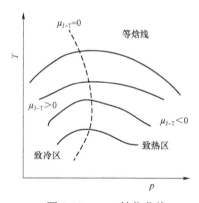

图 1-10　μ_{J-T} 转化曲线

换言之，结合图 1-10 μ_{J-T} 转化曲线可知，当 $\mu_{J-T}>0$ 时，$V - T(\partial V/\partial T)_p>0$，表示气体经节流膨胀后会导致压力下降，因此温度也会下降，即节流后起致冷作用。

当 $\mu_{J-T}<0$ 时，$V - T(\partial V/\partial T)_p<0$，表示气体经节流膨胀后压力会下降，而温度会上升，此时气体经节流后起致热作用。

当 $\mu_{J-T}=0$ 时，$V - T(\partial V/\partial T)_p=0$，表示气体经节流膨胀后压力下降，但温度

不变，此种情况下节流后没有温度效应。

2. 做外功的绝热膨胀

在化工中，气体经过膨胀机由高压向低压作绝热膨胀时可对外做功。根据热力学第二定律可知，绝热膨胀过程是一个等熵过程，对外做功后温度必定降低。这种作等熵膨胀过程，由于压力的减少导致温度变化的微分则称为等熵膨胀效应。数学上可表示为

$$\mu_{\mathrm{S}}=\left(\frac{\partial T}{\partial p}\right)_{\mathrm{S}}=-\frac{\left(\dfrac{\partial S}{\partial p}\right)_{\mathrm{T}}}{\left(\dfrac{\partial S}{\partial T}\right)_{\mathrm{p}}}=\frac{T\left(\dfrac{\partial V}{\partial T}\right)_{\mathrm{p}}}{C_{\mathrm{p}}} \tag{1-77}$$

由此式可知，对于任何的气体皆有 $V>0$、$C_{\mathrm{p}}>0$ 和 $T>0$，所以等熵膨胀效应 $\mu_{\mathrm{S}}>0$。表明气体进行绝热膨胀对外做功后气体的温度会下降，产生了制冷效应。

结合图 1-11 所示来比较式（1-76）和式（1-77）的两种效应的区别，发现在相同条件下，$\mu_{\mathrm{S}}>\mu_{\mathrm{J-T}}$，等熵膨胀效应 ΔT_{S} 值是大于节流膨胀效应 $\Delta T_{\mathrm{J-T}}$ 的，故气体作等熵膨胀获得比节流膨胀更优的制冷效果。这两种过程是制冷和气体进行液化的依据。

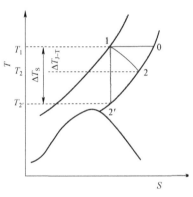

图 1-11　节流膨胀效应及等熵膨胀效应在 T-S 图中的体现

节流膨胀效应 $\Delta T_{\mathrm{J-T}}$ 和等熵膨胀效应 ΔT_{S} 可分别利用式（1-76）和式（1-77）分别进行积分求取，也可查相关手册或文献的 T-S 图来求解。

实际上，气体作绝热膨胀过程对外做功，过程总是有冷损失、泄漏等，真实过程是熵增大的不可逆过程。对于节流膨胀机，通常热效率 $\mu_{\mathrm{S}}=0.8\sim0.85$；对活塞式膨胀机，当温度 $t\leqslant30\ ℃$ 时，$\mu_{\mathrm{S}}=0.65$；当 $t>30\ ℃$ 时，$\mu_{\mathrm{S}}=0.7\sim0.75$。不可逆对外做功的绝热膨胀的温度效应实际上位于 $\Delta T_{\mathrm{J-T}}$ 和 ΔT_{S} 之间。

1.4.3　制冷循环

热力学第二定律指出，如果要将热由低温物体传向高温物体，需要做额外的功，即要消耗能量。制冷循环是利用功把热量从低温物体向高温物体转移的过程。其目的有二，一为制冷，如冰箱；二是加热，利用热泵使得所需的空间的温度比环境温度高。这种冷的深度分为普通冷度（冷冻温度大于 100 K）和深度冷度（小于 100 K）。

1. 逆卡诺循环制冷

逆卡诺循环的工作介质吸热温度小于工作介质的放热温度，卡诺制冷循环由两步等温过程与两步等熵过程组成，压缩和膨胀过程皆是可逆的。

其工作原理如图 1-12 所示。

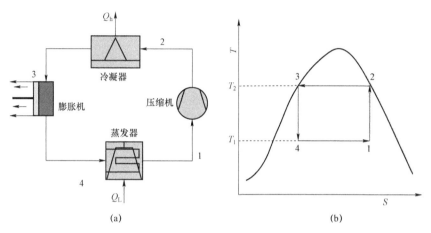

图 1-12　逆卡诺循环制冷（a）原理图和（b）T-S 图

（1）过程 1→2：制冷剂作等熵（可逆绝热）压缩。此时 $S_1 = S_2$，消耗外功 W_s，制冷剂温度由 T_1 升到 T_2，压力由 p_1 提高到 p_2。

（2）过程 2→3：在温度 T_2 下，制冷剂作可逆等温、等压放热（饱和的高压蒸汽冷凝相变为饱和的高压液体），即热量 $Q_h = -mT_2(S_1 - S_4)$。

（3）过程 3→4：制冷剂进行等熵（可逆绝热）膨胀对外作功，此时 $S_3 = S_4$，制冷剂的温度由 T_2 降低到 T_1，压力由 p_2 降低到 p_1。

（4）过程 4→1：在温度 T_1 下，制冷剂作可逆等温、等压吸热后恢复到始态 1，此过程的低压湿蒸汽中的部分液体在定温、定压下进行蒸发吸热，热量为 $Q_L = mT_1(S_1 - S_4)$。

由于逆卡诺循环始、末态的温度皆为 T_1，理想气体等温变化热力学能 $\Delta U = 0$。根据热力学第一定律和焦耳实验可得

$$W_S = Q_h + Q_L = -m(T_2 - T_1)(S_1 - S_4) \tag{1-78}$$

则逆卡诺循环制冷系数 ε_C 为

$$\varepsilon_C = \frac{低温下吸收的热}{净功} = \left|\frac{Q_L}{W_s}\right| = \frac{T_1}{T_2 - T_1} \tag{1-79}$$

特别要注意制冷系数是衡量机器制冷效果好坏的一项重要技术指标。

逆卡诺循环中的高温物体来自制冷剂的热量大于制冷剂从低温物体所吸收

的热量，二者之差等于压缩功 W_s 所转化的热量。另一方面，逆卡诺循环制冷系数 ε_C 仅取决于高温物体（载冷体）温度 T_1 与低温物体（冷却温度）的温度 T_2，其值与制冷剂的性质没有关系。如果由工艺决定的制冷温度 T_1 不变，若 T_2 越小，则制冷系数 ε_C 越大。若冷却介质（水或空气）的温度 T_2 恒定，则制冷系数 ε_C 随 T_1 的上升而变大，为了满足工艺条件应该尽可能提高 T_1。若 T_2 为 $-20\ ℃$，则通常选取 T_1 为 $-25\ ℃$，过冷度为 $5\ ℃$ 就行，不能超过太多。

2. 蒸汽压缩循环制冷

逆卡诺循环制冷难于应用实际，一方面，其在湿蒸汽区域，压缩及膨胀行为皆会在压缩机及膨胀机汽缸中形成液滴而造成"汽蚀"，极其容易损坏机器；另一方面，压缩机汽缸里液滴的快速蒸发会导致机器的容积效率进一步降低。

实际制冷循环的机器同逆卡诺循环制冷的机器是一样的，由于实际制冷循环过程皆是不可逆的，它与逆卡诺循环制冷不一样的地方在于：

① 逆卡诺循环中用的介质为湿气、现实制冷用的是干气；

② 逆卡诺循环的压缩为等熵压缩，实际制冷为不可逆的绝热过程；

③ 逆卡诺循环的冷却为等温冷凝，实际过程为不可逆过程，且沿着等压线进行；

④ 逆卡诺循环中出制冷器的为饱和液体，而实际出冷凝器的是过冷液体；

⑤ 逆卡诺循环中的膨胀机的膨胀过程为等熵膨胀过程，而实际膨胀过程为节流阀中的等焓膨胀过程。

蒸汽压缩循环制冷（见图 1-13）与逆卡诺循环制冷的路线是不同的，逆卡诺循环制冷的路线是 $1'2'3'4'1'$；理想蒸汽压缩循环制冷路线为 $12''3'4''1$，而实际制冷路线为 12341，它是对逆卡诺循环的改进。

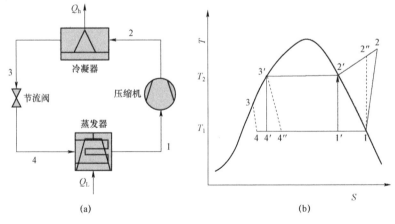

图 1-13 蒸汽压缩循环制冷（a）原理图和（b）T-S 图

因此，实际压缩制冷循环，经历了：1→2 过程的等熵压缩过程；2→3 过程发生了相变的等压冷却和冷凝过程，它指在冷凝器中的冷却水（或空气）将工质的热量带走，使高压气体转变成高压液体；3→4 过程为节流膨胀（等焓过程）过程；4→1 过程为等压、等温相变的蒸发过程。

对实际压缩制冷循环过程进行热力学分析。

① 单位制冷量 q_L 和冷却介质循环量 m

单位制冷量 q_L 指 1 kg 制冷剂在压缩制冷循环过程中所能提供的冷量，即

$$q_L = H_1 - H_4 \quad \text{kJ} \cdot \text{kg}^{-1} \tag{1-80}$$

如果制冷装置的制冷能力 Q_L 为制冷剂在给定的操作条件下，每小时从低温空间吸取的热量，其单位为 kJ·h⁻¹。则冷却介质循环量 m 为

$$m = \frac{Q_L}{q_L} \quad \text{kg} \cdot \text{h}^{-1} \tag{1-81}$$

冷冻机的制冷能力通常用冷冻容量标准来衡量。冷冻机的冷冻能力（冷冻容量）的标准指 1 冷冻吨＝每天把 273.16 K 温度的 1 吨水凝固为相同温度的冰所需移走的热量为准。而 1 kg 水凝结为冰放出的热量为 334.5 kJ，则 1 冷冻吨＝$1 \times 10^3 \times 334.5/24 = 1.394 \times 10^4$ kJ·h⁻¹。

② 冷凝器的单位热负荷

冷凝器的单位热负荷 q_h，即冷凝器的放热量包括显热和潜热量部分，由式（1-82）进行计算

$$q_h = \Delta H_{2 \to 4} = (H_3 - H_2) + (H_4 - H_3) = H_4 - H_2 \quad \text{kJ} \cdot \text{kg}^{-1} \tag{1-82}$$

则冷凝器的热负荷 Q_h 为

$$Q_h = m q_h \quad \text{kJ} \cdot \text{h}^{-1} \tag{1-83}$$

Q_h 为设计冷凝器的依据。

③ 压缩机的单位耗功量

$$W_S = H_2 - H_1 \quad \text{kJ} \cdot \text{kg}^{-1} \tag{1-84}$$

④ 制冷系数 ε

制冷系数 ε 指制冷装置提供的单位制冷量除以压缩单位质量制冷剂所消耗的功量，即

$$\varepsilon = \frac{q_L}{W_S} = \frac{H_1 - H_4}{H_2 - H_1} \tag{1-85}$$

工程上为了提高制冷效能系数，常采用过冷。

⑤压缩机的轴功率 P_T

$$P_T = \frac{mW_S}{3\,600} = \frac{mq_L}{3\,600\varepsilon} = \frac{Q_L}{3\,600\varepsilon}\ \text{kW} \tag{1-86}$$

这里就不再对多级压缩制冷和复迭式制冷过多阐述,如果感兴趣,可参考相关文献和著作。

3. 制冷剂选择

制冷剂的选择原则。

(1)制冷剂的汽化潜热要大,因此其循环量 m 小,机器就会制造得小。

(2)制冷剂要具有较高的 T_c 与较低的凝固温度 T_f,才能使得大部分的放热过程在两相区内进行。

(3)操作的压力要合适。即冷凝压力(高压)不要过高,应尽量低,满足冷凝器的密封和耐压要求;蒸发压力(低压)不要过低,防止空气进入制冷装置。

(4)具有良好的化学稳定性,不易燃、无腐蚀性,且不分解。

(5)制冷剂对周围环境应该无公害。

(6)制冷剂的价格要低。

在化工行业中常用的制冷剂有① 传统的制冷剂,如 NH_3、CH_3Cl、C_3H_8 和 CO_2,而液 NH_3 饱和蒸汽压大,汽化潜热合理,是最常用的制冷剂;② R-11($CFCl_3$)、R-12(CF_2Cl_2)、R-21($CHCl_2F$)、R-123($CHCl_2CF_3$)、R-14(CF_4)、R-23(CHF_3)、R-116(CF_3CF_3)、R-123a(CHF_2CHF_2)等氟氯烃或氟碳烃化合物。

而氟氯烃类的 R-11、R-12、R-113、R-114 和 R-115 制冷剂破坏大气层中的臭氧层而限制生产和使用。因此,开发无环境污染的高效制冷剂就起着重要的现实意义。

1.5 四个热力学基本方程和 Maxwell 关系式

热力学状态函数分为可直接测量的状态函数(如 T, p, V 等)和不可直接测量的函数(如热力学能 U,焓 H,Helmholtz 自由能、Gibbs 自由能和熵 S)两大类。不可直接测量的五大函数可以通过直接测量的函数而求得,其中利用 A, G 和 S 可判断过程的方向和限度问题。解决化工、化学和材料制备的实际问题时,要找出各函数之间的关系,利用可测量函数来求取不能直接测量的函数。下面利用热力学第一、二定律和函数的定义式导出各状态函数之间的关系式。

1.5.1　四个热力学基本关系式

四个热力学基本关系式适用于组成恒定且不做非膨胀功的封闭系统。下面导出四个热力学基本关系式。

根据热力学第一定律有 $dU = \delta Q + \delta W = \delta Q - pdV$

由热力学第二定律有 $\delta Q = TdS$，将其代入上式可得

（1） $dU = TdS - pdV$ (1-87)

此式是最基本的公式，适用于可逆或不可逆过程。

根据 $H = U + pV$ 定义式，有 $dH = dU + pdV + Vdp$，将式（1-87）代入此式，则有

（2） $dH = TdS + Vdp$ (1-88)

同理根据定义式 $A = U - TS$ 和 $G = H - TS$（在化工中 A 常称为自由能、G 常称为自由焓，但在《物理化学》学科及其相关参考文献和科学研究中通常称为 Helmholtz 自由能 A 和 Gibbs 自由能 G），可推导出

（3） $dA = -SdT - pdV$ (1-89)

（4） $dG = -SdT + Vdp$ (1-90)

根据式（1-87）和式（1-88）得

$$T = \left(\frac{\partial U}{\partial S}\right)_V = \left(\frac{\partial H}{\partial S}\right)_p$$ (1-91)

根据式（1-87）和式（1-89）得

$$p = -\left(\frac{\partial U}{\partial V}\right)_S = -\left(\frac{\partial A}{\partial V}\right)_T$$ (1-92)

根据式（1-88）和式（1-90）得

$$V = \left(\frac{\partial H}{\partial p}\right)_S = \left(\frac{\partial G}{\partial p}\right)_T$$ (1-93)

根据式（1-89）和式（1-90）得

$$S = -\left(\frac{\partial A}{\partial T}\right)_V = -\left(\frac{\partial G}{\partial T}\right)_p$$ (1-94)

式（1-91）～式（1-94）右边的函数可以通过易测得 p，V，T 等数据来测量求取，在推导其他热力学方程中有重要的应用。

1.5.2　Maxwell 关系式

1. 点函数的全微分性质

点函数指通过自变量在图上以点表示出来的函数，它在数学上具有全微分

的性质。设全微分函数 z 的独立变量为 x，y，即 $z = z(x, y)$。

将其展开成全微分形式

$$\mathrm{d}z = \left(\frac{\partial z}{\partial x}\right)_y \mathrm{d}x + \left(\frac{\partial z}{\partial y}\right)_x \mathrm{d}y = M\mathrm{d}x + N\mathrm{d}y$$

故，M 和也是 x，y 的函数，因此有

$$\left(\frac{\partial M}{\partial y}\right)_x = \frac{\partial^2 z}{\partial x \partial y} \text{ 和 } \left(\frac{\partial N}{\partial x}\right)_y = \frac{\partial^2 z}{\partial x \partial y}$$

所以有

$$\left(\frac{\partial M}{\partial y}\right)_x = \left(\frac{\partial N}{\partial x}\right)_y \tag{1-95}$$

同时当 z 恒定时，$\mathrm{d}z = 0$，根据 z 的全微分性质有

$$\left(\frac{\partial z}{\partial x}\right)_y \left(\frac{\partial x}{\partial y}\right)_z \left(\frac{\partial y}{\partial z}\right)_x = -1 \tag{1-96}$$

式（1-96）叫循环公式。

2. Maxwell 关系式

利用式（1-95）全微分的性质，对应式（1-87）～式（1-90），则分别有

$$\left(\frac{\partial T}{\partial V}\right)_S = -\left(\frac{\partial p}{\partial S}\right)_V \tag{1-97}$$

$$\left(\frac{\partial T}{\partial p}\right)_S = \left(\frac{\partial V}{\partial S}\right)_p \tag{1-98}$$

$$\left(\frac{\partial S}{\partial V}\right)_T = \left(\frac{\partial p}{\partial T}\right)_V \tag{1-99}$$

$$\left(\frac{\partial S}{\partial p}\right)_T = -\left(\frac{\partial V}{\partial T}\right)_p \tag{1-100}$$

式（1-97）～式（1-100）就是 Maxwell 关系式。当然有的教科书上称此四式为第一 Maxwell 关系式，且四个热力学基本关系式中函数 U，H，A，G 与其变量之间符合循环公式；式（1-91）～式（1-94）常称为 Maxwell 第二关系式，因此 Maxwell 关系式就有 16 个。

Maxwell 关系式也可采用式（1-101）来记忆

$$\left(\frac{\partial \text{热变量1}}{\partial \text{力学变量1}}\right)_{\text{热变量2}} = \left(\frac{\partial \text{力学变量2}}{\partial \text{热变量2}}\right)_{\text{力学变量1}} \tag{1-101}$$

式中，热变量指 S 和 T；力学变量指 p 和 V。当（ ）中有 S，p 时，加负号"－"。

1.5.3　Maxwell 关系式的应用

根据相律公式有

$$F\,(自由度数，也叫独立变量数)=C\,(组分数)-P\,(相数)+2$$

对于单组分的均相系统，其 C（组分数）$=1$，P（相数）$=1$，则 F（自由度数）$=2$，即只需有要两个独立变量如 T、V，T、p 或 p、V 就可求得如 U，H，A，G 和 S 等各种热力学状态函数。由于在工程上 H 和 S 的计算较多，以 16 个 Maxwell 关系式计算其变量，以 p、V、T，C_p 或 C_v 来表示。

（1）H 的计算

当以 T，p 为变量时，有 $H=f(p,T)$。将之写成全微分式，则有

$$dH=\left(\frac{\partial H}{\partial T}\right)_p dT+\left(\frac{\partial H}{\partial p}\right)_T dp \tag{1-102}$$

因为 $C_p=(\partial H/\partial T)_p$，$(\partial H/\partial p)_T=T(\partial S/\partial p)_T+V$ 和 Maxwell 关系式 $(\partial S/\partial p)_T=-(\partial V/\partial T)_p$，将之代入式（1-36）有

$$dH=C_p dT+\left[V-T\left(\frac{\partial V}{\partial T}\right)_p\right]dp \tag{1-103}$$

当等压时，式（1-103）可简化为

$$dH=C_p dT \tag{1-104a}$$

当等温时，式（1-103）可简化为

$$dH=\left[V-T\left(\frac{\partial V}{\partial T}\right)_p\right]dp \tag{1-104b}$$

当流体为液体时，根据体积膨胀系数 $\alpha=1/V(\partial V/\partial T)_p$，代入式（1-103）式有

$$\left(\frac{\partial H}{\partial p}\right)_T=V-\alpha VT \tag{1-104c}$$

（2）S 的计算

当以 T，p 为变量时，有 $S=f(p,T)$，写成全微分式有

$$dS=\left(\frac{\partial S}{\partial T}\right)_p dT+\left(\frac{\partial S}{\partial p}\right)_T dp \tag{1-105}$$

根据 Maxwell 关系式有 $\left(\dfrac{\partial S}{\partial T}\right)_p=\left(\dfrac{\partial S}{\partial H}\cdot\dfrac{\partial H}{\partial T}\right)_p=\left(\dfrac{\partial S}{\partial H}\right)_p\left(\dfrac{\partial H}{\partial T}\right)_p=\dfrac{C_p}{T}$ 和 $\left(\dfrac{\partial S}{\partial p}\right)_T=$ $-\left(\dfrac{\partial V}{\partial T}\right)_p$，将之代入式（1-105），可得

$$\mathrm{d}S = \frac{C_p}{T}\mathrm{d}T - \left(\frac{\partial V}{\partial T}\right)_p \mathrm{d}p \qquad (1\text{-}106)$$

当等温时，式（1-106）可简化为

$$\mathrm{d}S = -\left(\frac{\partial V}{\partial T}\right)_p \mathrm{d}p \qquad (1\text{-}107\mathrm{a})$$

当等压时，式（1-106）可简化为

$$\mathrm{d}S = \left(\frac{C_p}{T}\right)\mathrm{d}T \qquad (1\text{-}107\mathrm{b})$$

当流体为理想气体时，有

$$\mathrm{d}S^* = \frac{C_p^*}{T}\mathrm{d}T - \left(\frac{\partial V}{\partial T}\right)_p \mathrm{d}p = \frac{C_p^*}{T}\mathrm{d}T - \frac{R}{p}\mathrm{d}p \qquad (1\text{-}108)$$

当流体为液体时，根据 Maxwell 关系式$(\partial S/\partial p)_T = -(\partial V/\partial T)_p$，因此

$$(\partial S/\partial p)_T = -(\partial V/\partial T)_p = -\alpha V \qquad (1\text{-}109)$$

这里体积膨胀系数 $\alpha = 1/V(\partial V/\partial T)_p$。

式（1-105）和式（1-106）在化工热力学计算中非常重要，可根据使用条件进行删减和变化，非常方便应用。有了 H 和 S 的值，再根据 $H = U + pV$、$A = U - TS$ 和 $G = H - TS$，就能方便地计算其他函数问题。

例 1-5　在定温下，求 H 随 p 的变化关系。

解：根据式（1-88）有

$$\mathrm{d}H = T\mathrm{d}S + V\mathrm{d}p \qquad ①$$

定温下式①对 p 求偏微分

$$\left(\frac{\partial H}{\partial p}\right)_T = T\left(\frac{\partial S}{\partial p}\right)_T + V \qquad ②$$

根据 Maxwell 关系式$\left(\dfrac{\partial S}{\partial p}\right)_T = -\left(\dfrac{\partial V}{\partial T}\right)_p$，代入式②有

$$\left(\frac{\partial H}{\partial p}\right)_T = V - T\left(\frac{\partial V}{\partial T}\right)_p \qquad ③$$

因此，利用式③结合各种状态方程，可求得定温时 H 随 p 的变化值。

例 1-6　求 C_p 与 C_V 之间的关系

解：因为 $C_p = \left(\dfrac{\delta Q}{\partial T}\right)_p = \left(\dfrac{\partial H}{\partial T}\right)_p$，$C_V = \left(\dfrac{\delta Q}{\partial T}\right)_V = \left(\dfrac{\partial U}{\partial T}\right)_V$

且 $H=U+pV$，因此有

$$C_p - C_V = \left(\frac{\partial H}{\partial T}\right)_p - \left(\frac{\partial U}{\partial T}\right)_V = \left(\frac{\partial U}{\partial T}\right)_p + p\left(\frac{\partial V}{\partial T}\right)_p - \left(\frac{\partial U}{\partial T}\right)_V \qquad ①$$

设热力学能 $U=U(T, V)$，写成全微分形式

$$\mathrm{d}U = \left(\frac{\partial U}{\partial T}\right)_V \mathrm{d}T + \left(\frac{\partial U}{\partial V}\right)_T \mathrm{d}V \qquad ②$$

定 p 下，式②两边各除以 T，可得

$$\left(\frac{\partial U}{\partial T}\right)_p = \left(\frac{\partial U}{\partial T}\right)_V + \left(\frac{\partial U}{\partial V}\right)_T \left(\frac{\partial V}{\partial T}\right)_p \qquad ③$$

将式③代入式①，有

$$C_p - C_V = \left[p + \left(\frac{\partial U}{\partial V}\right)_T \right]\left(\frac{\partial V}{\partial T}\right)_p \qquad ④$$

根据式（1-87），可得 $\left(\dfrac{\partial U}{\partial V}\right)_T = T\left(\dfrac{\partial p}{\partial T}\right)_V - p$，代入式④得

$$C_p - C_V = T\left(\frac{\partial p}{\partial T}\right)_V \left(\frac{\partial V}{\partial T}\right)_p \qquad ⑤$$

由于体积膨胀系数 $\alpha = \dfrac{1}{V}\left(\dfrac{\partial V}{\partial T}\right)_p$ 和压缩系数 $\beta = -\dfrac{1}{V}\left(\dfrac{\partial V}{\partial p}\right)_T$，代入式⑤可得

$$C_p - C_V = \frac{\alpha^2 TV}{\beta} \qquad ⑥$$

如果知道真实状态下的状态方程，则利用式⑤可求得 C_p 与 C_V 的关系，理想条件下 $C_p - C_V = nR$；如果测得流体的体积膨胀系数和压缩系数，通过⑥式可求得二者之间的关系。

同时，由于压缩系数 β 总是 >0，所以 $C_p \geqslant C_V$。当温度 T 接近于 0 时，$C_p = C_V$。

如果流体为液态水，且处于 273.15 K、压力为 $p^{\ominus} = 100$ kPa 时，V_m 有极小值，此时 $(\partial V/\partial T)_p = 0$，导致体积膨胀系数 $\alpha = 0$，故此时有 $C_p = C_V$。

例 1-7　如果某一真实气体忽略分子间的作用力，其状态方程符合 $p(V-nb) = nRT$，问该真实气体能否进行制热？

解：真实气体能否有制热的能力，可以计算其焦耳－汤姆逊系数 $\mu_{J-T} = (\partial T/\partial p)_H$ 的值来进行判断。

因为

$$\mu_{J-T} = \left(\frac{\partial T}{\partial p}\right)_H = -\frac{\left(\dfrac{\partial H}{\partial p}\right)_T}{C_p} \qquad ①$$

根据例 1-5 可知，$\left(\dfrac{\partial H}{\partial p}\right)_T = V - T\left(\dfrac{\partial V}{\partial T}\right)_p$，将之代入式①可得

$$\mu_{J-T} = \frac{T\left(\dfrac{\partial V}{\partial T}\right)_p - V}{C_p} \qquad ②$$

根据状态方程 $p(V - nb) = nRT$，可得

$$\left(\frac{\partial V}{\partial T}\right)_p = \frac{nR}{p} \qquad ③$$

将式③代入式②，有

$$\mu_{J-T} = \frac{\dfrac{nRT}{p} - V}{C_p}$$

$$= -\frac{nb}{C_p}$$

$$< 0$$

结果表明，该真实气体的节流膨胀是升温过程。

习　题

1-1　热力学理论起什么作用？热力学学科分为哪几大学科？它是建立在哪四大热力学定律基础上发展起来的？

1-2　高等化工热力学的理论能解决化学工业及化工过程哪方面的问题？

1-3　状态函数与过程的始态和末态有关，还是与具体的每一反应的途径有关？

1-4　为何要提出平衡态的概念？系统怎样的状态才称为达到平衡态？它是一种动态平衡，还是静态平衡？

1-5　如何利用热力学第一定律测量湿蒸汽的干度？

1-6　在化学工程上，应用较多的函数是 H，S，而且多为 H，S 的变化量，H 和 S 的基本计算式的推导应该遵循什么原则？

1-7 1 mol 单原子理想气体，从始态 273 K，100 kPa 经绝热可逆膨胀至压力减少一半，求此过程的 Q，W，ΔU，ΔH，ΔS，ΔA 和 ΔG。已知该气体在 273 K，100 kPa 的摩尔熵 $S_m = 100$ J·(mol·K)$^{-1}$。

（答案：$Q = 0$，$\Delta S = 0$，$W = -824.33$ J，$\Delta U = 824.33$ J，$\Delta H = -1\,373.89$ J，$\Delta A = 5\,785.67$ J，$\Delta G = 5\,236.11$ J）

1-8 某物质的等温压缩系数和膨胀系数的定义分别为 $k_T = -\dfrac{1}{V}\left(\dfrac{\partial V}{\partial p}\right)_T$，$\alpha_V = -\dfrac{1}{V}\left(\dfrac{\partial V}{\partial T}\right)_p$。试推导出理想气体的 k_T、α_V 与温度 T 和压力 p 之间的关系。

1-9 试证明 $\mathrm{d}U = nC_{V,m}\mathrm{d}T + \left[T\left(\dfrac{\partial p}{\partial T}\right)_V - p\right]\mathrm{d}V$。

1-10 将室温 25 ℃的空气由常压 1 atm 压缩至 0.6 MPa，试计算此过程的有效能。

（答案：$E_x = 4\,439.2$ J·mol^{-1}）

1-11 功率为 2.4 W 的泵将 90 ℃的水以流量为 3.2 kg·s^{-1} 从贮罐中压到换热器，再以 720 kJ·s^{-1} 的冷却速率将水冷却，之后冷却水进入比第一贮罐高 20 m 的第二贮罐，试求进入第二贮罐的水温？

（答案：$t_2 = 36.4$ ℃）

1-12 在环境温度为 27 ℃下，水经与高温燃气交换热后相变为 260 ℃的等温蒸气，同时燃气的温度由 1 375 ℃降至 315 ℃。试计算 1 kg 气体经过此热交换后的有效能损失，此气体的比热容为 1 kJ·(kg·K)$^{-1}$。

（答案：$E_L = -750.7$ kJ·kg^{-1}）

1-13 用如下图所示的简单林德循环液化流量为 0.9 m^3·h^{-1}（按标准状态计）的空气。空气初温为 17 ℃，节流膨胀前、后压力分别为 10 MPa 和 0.1 MPa。求：（1）理想操作条件下，空气的液化率及单位小时的液化量；（2）换热器热端温差为 10 ℃，由外界传入的热量为 3.3 kJ·kg^{-1}，问对液化量的影响如何？空气的比热 C_p 为 1.0 kJ·(kg·K)$^{-1}$。其中空气在每点的热力学性质如下表所示。

状态点	性状	T/K	p/MPa	$H/\mathrm{kJ·kg^{-1}}$
1	过热蒸汽	290	0.1	460
2	过热蒸汽	290	10	435
0	饱和液体		0.1	42

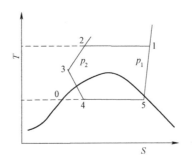

[答案：（1）$x = 0.06$ kg 液体/kg 空气，液化量 70 g·h^{-1}；（2）$x_{实际} = 0.028$ kg 液体/kg 空气，实际液化量 32.6 g·h^{-1}]

1-14 某以氨作制冷剂的蒸汽压缩制冷装置作可逆绝热压缩提供冷量，其制冷能力为 105 kJ·h^{-1}，其蒸发温度为 -15 ℃、冷凝温度为 30 ℃。试求：

（1）单位 kg 制冷剂所消耗的压缩功；

（2）该制冷装置所提供的单位 kg 制冷量；

（3）制冷剂单位 h 时间的循环量；

（4）制冷装置循环的制冷系数；

[答案：（1）$W_s = 216$ kJ·kg^{-1}；（2）$q_L = 1\,093.5$ kJ·kg^{-1}；（3）$m = 90.6$ kJ·h^{-1}；（4）$\varepsilon = 5.1$℃]

1-15 换热器是化工生产中应用最广的传热设备，若有 50 kg 的空气以 5 m·s^{-1} 的速率流过一垂直安装的高度为 3 m 的换热器，空气在换热器中从 30 ℃ 被加热到 150 ℃，试求空气从换热器中吸收的热量。空气可看成理想气体，并忽略进、出换热器的压力降，空气的平均等压热容 $\overline{C_p}$ 为 1.005 kJ·$(kg·K)^{-1}$。

（答案：$Q = m\Delta h + mg\Delta z + m\Delta u^2/2 = 6.03 \times 10^3 + 0.593 + 1.472 = 6.03 \times 10^3$ kJ）

第2章　分子间力与势能函数

2.1　物质的热力学性质与分子间作用力的关系

　　纯物质、混合流体的各种热力学性质取决于自身分子的天然本性，实际上还受到分子间力的严重影响。如果各物质的热力学性质的假设标准状态为理想状态，则其性质只取决于分子的自身特性，它与分子间的力是无关的。比如理想气体模型规定组成理想气体的分子间无作用力、本身又不占有体积，因此理想气体的热力学行为仅取决于体系分子的自身特性，而与分子间的力无关。但真实流体（不管纯流体还是混合流体）分子间不但存在着相互作用力，其本身又占有体积，且微观形貌又不同，因此流体的热力学或物理特性严重受到分子间力和距离（位能）的影响。

　　正因为流体体系的分子内部相互间既存在着引力，又因某一瞬间距离太近导致分子间存在相互的斥力，使得各物质的热力学、物理特性和物理现象不一样。由于流体分子间存在引力，气体才能凝结成液体；有斥力的存在使得液体不能无限制地压缩，表现出对压缩的抗拒性。可见各种纯流体及其混合物的热力学性质取决于该体系内部分子间的分子间力。由于混合物要考虑同种分子间和不同种分子间的相互作用，因而混合物的热力学性质更为复杂，对其各种性质的估算或估算模型的发展，即阐明和关联溶液的热力学性质，必须要了解流体分子的分子间力的本质。

　　实际上，人们对分子间力的认知为半定量及半定性的，只能对实际流体提出简单而理想的数学模型（如利用统计力学分析分子间力与物质宏观物性之间的定量关系），只能近似地运用分子间力的理论去解释和总结相平衡。分子间力的理论为深入了解物质各相的行为特性提供了一定的基础，它对理解和关联相关热力学实验结果具有重大的价值。当流体中两个分子距离由远到近时，表现出距离较远时彼此相互吸引，距离过近时又互相产生排斥。因此，利用位能函数从理论上使得人们更易理解这种吸引力或排斥力（负的位能函数梯度等于这些力，即力 $F = -\mathrm{d}\Gamma/\mathrm{d}r$，$\Gamma$ 为位能，r 为分子间的距离），分子间力和分子间位能就能间接相互关联了。流体中的某一个具体的分子会受到邻近分子的吸引力和排斥力的强烈影响，物质的位形性质是流体中分子间力相互妥协的结果，这就是分子间的位形性质。实际气体、液体、固体的纯态或混合态的情况更加复杂。纯物质或混合物的热力学性质，比如气体的 p-V-T 性质、相变中热力学性质的变化、混合过程中热力学性质的变化及对应的超额函数及剩余性质等皆是受流体中分子间的作用力或相互作用而致。

2.2 分子间的作用力

2.2.1 分子间力的类型

化工流体是由大量的同种或不同种分子所构成，其各种物理和热力学性质受到分子的内部转动、振动、电子运动等运动影响较小，其性质主要决定于分子间的各种力。

分子间力（见图 2-1）主要包括范德华力和弱化学作用力。Van der Waals（范德华）力包括取向力、诱导力和色散力。取向力存在于带电粒子（或离子）之间，以及固有偶极子、四极子和高阶多极子之间；诱导力存在于固有偶极子（或四极子）与诱导偶极子之间；而在非极性分子之间存在吸引力（色散力）和排斥。同时，分子间的缔合和络合，会形成弱化学键的化学力，即氢键。

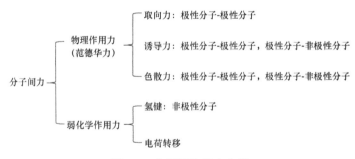

图 2-1　分子间作用力分类

范德华力不同于化学作用力（相邻原子间的相互作用，键能常在 120～800 kJ·mol⁻¹），它具有键能比正常的共价键和离子键的弱，易受到其他因素的干扰，能量通常在几到几十 kJ·mol⁻¹ 之间；范德华力具有加和性，但不具有饱和性；范德华力为各向异性力，宽无方向特性，主要决定于分子间的相对取向；

范德华力是短程力，而不是一种长程力，因此不需要考虑所有粒子的作用，只需要考虑最近（短程）粒子间的相互作用。它要随分子间距离的接近而变大，又随分子间相互作用距离的变远而迅速消失；范德华力除了偶极-偶极相互作用之外，它的大小与温度是无关的。

2.2.2　范德华力

三种范德华力，即取向力、诱导力和色散力的物理意义和位能是不一样的。

1. 取向力

取向力是一种静电力。

（1）离子与离子之间的相互作用力

设有两个带电荷的球形点电荷 e_i 和 e_j，其所带电量依次表示为 $q_i = z_i e$ 和 $q_j = z_j e$（z_i 和 z_j 为离子价，电子电量 $e = 1.602\ 18 \times 10^{-19}$ C），两点电荷在真空中相互距离为 r。则二者之间的静电作用力 F 为（库仑定律）

$$F = \frac{q_i q_j}{4 \pi \varepsilon_0 r^2} \tag{2-1}$$

式中真空介质的介电常数 $\varepsilon_0 = 8.854\ 19 \times 10^{-12}$ C$^2 \cdot$ J$^{-1} \cdot$ m。

根据式（2-1）可知，若两点电荷 e_i 和 e_j 值同号，则 $F > 0$，表示斥力为正；若 e_i 和 e_j 值为异号，则 $F < 0$，此时吸引力才为正。二者的位能为 d$\Gamma = -F dr$，式中的负号表示当 $F < 0$ 时，在吸引力的作用下，随着点电荷质点间的距离增加，则位能增加。反之，如果 $F > 0$ 时，即在斥力的作用下的位能随着质点间的距离增加而降低。

设 $r = \infty$ 时，位能 $\Gamma = 0$。将 $F = -\mathrm{d}\Gamma / \mathrm{d}r$ 代入式（2-1）并进行积分，得

$$\Gamma_{ij} = -\int_{\Gamma_{ij}}^{0} \mathrm{d}\Gamma_{ij} = \int_{r}^{\infty} F \mathrm{d}r = \int_{r}^{\infty} \frac{q_i q_j}{4 \pi \varepsilon_0 r^2} \mathrm{d}r = \frac{z_i z_j e^2}{4 \pi \varepsilon_0 r} \tag{2-2}$$

如果是在非真空介质中，则式（2-2）改写为

$$\Gamma_{ij} = \frac{z_i z_j e^2}{4 \pi \varepsilon r} \tag{2-3}$$

式中，$\varepsilon = \varepsilon_0 \varepsilon_r$ 为绝对介电常数，单位为 C$^2 \cdot$ J$^{-1} \cdot$ m；ε_r 是相对于真空的无量纲介电常数。

由式（2-2）和式（2-3）可见，离子间的作用力与两点之间距离的平方成反比，其他分子间力却要取决于距离倒数的高次幂，前者是一种长程力，它比后者的作用距离要长得多。

（2）离子与偶极分子间的相互作用力

偶极（Dipole）表示的是分子的极性，其极性大小由偶极矩（$\mu_j = el$，l 为两个原子之间的距离，单位为 Debye，符号为 D，$1\,D = 3.335\,67 \times 10^{-30}$ C·m = 1×10^{-30} esu·cm）来表示的。偶极包括固有偶极、诱导偶极和瞬间偶极。由于物质的分子由不同元素组成，元素吸引电子的能力有差异导致分子中有电子偏移，就产生了极性。如果这种偶极持续存在，称为固有偶极。非极性分子在电场中或有其他极性分子在较近距离时，由于核带正电，而电子带负电，它们之间产生的偏移现象称为诱导偶极。物质的一切分子（极性和非极性分子）中的核每时每刻都在其平衡位置进行震动，某一瞬间离开平衡位置后的正、负电荷中心不重合而产生了极性，由于此过程持续时间很短，故称为瞬时偶极。因此离子遇着偶极分子会产生相互作用力，这种力也属于静电力。由于非对称分子的原子的电负性是不同的，故其具有固有偶极。对称分子的偶极矩一般为零，稍不对称分子具有很小的偶极矩。

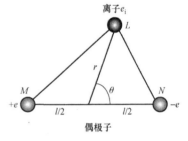

图 2-2　离子与偶极分子间的相互作用示意图

当离子 e_i 距离电荷密度分布不均匀的偶极分子 j 为 r，中心线与极轴夹角为 θ 时（见图 2-2），根据库仑定律，可得二者之间的位能为

$$\Gamma_{ij} = \frac{e_i e}{LM} - \frac{e_i e}{LN} \tag{2-4}$$

$$LM = \left(r^2 + rl\cos\theta + \frac{1}{4}l^2\right)^{1/2} = r\left[1 + \left(\frac{l}{r}\cos\theta + \frac{l^2}{4r^2}\right)\right]^{1/2} \tag{2-5a}$$

$$LN = \left(r^2 - rl\cos\theta + \frac{1}{4}l^2\right)^{1/2} = r\left[1 - \left(\frac{l}{r}\cos\theta - \frac{l^2}{4r^2}\right)\right]^{1/2} \tag{2-5b}$$

将式（2-5）代入式（2-4），若 $l \ll r$，利用二项式展开并略去 l/r 相关项，将 $\mu_j = el$ 代入后有

$$\Gamma_{ij} = -\frac{e_i \mu_j \cos\theta}{r^2} \tag{2-6}$$

由此可见，离子与偶极分子之间的位能不但取决于距离，还与空间的取向有关。应用此式探讨溶液中离子与偶极溶剂分子间的相互作用时，式（2-6）还要除以介电常数 ε。

2. 诱导力

存在于固有偶极子（或四极子）与诱导偶极子之间的作用力为诱导力，其诱导偶极矩 $\mu' = aE = el$（这里 E 为电场强度，α 为极化率）。极化率 α 表达了分子中的电子在电场 E 中发生离域的难易程度，它是衡量电子云在外 E 作用下的变形能力。α 计算途径非常多，但对非对称性分子，极化率不是一个常数，取决于分子相对于 E 方向的取向。

对于一个位于极性分子 j 所建立的电场中的非极性分子 i，Debye 计算出其二者之间的平均位能为

$$\overline{\Gamma_{ij}} = -\frac{\alpha_j \mu_i^2}{(4\pi\varepsilon_0)^2 r^6} \tag{2-7}$$

极性和非极性分子都能在 E 中产生瞬时偶极，此时的平均位能为

$$\overline{\Gamma_{ij}} = -\frac{\alpha_j \mu_i^2 + \alpha_i \mu_j^2}{(4\pi\varepsilon_0)^2 r^6} \tag{2-8}$$

实际上永久四极矩也能产生 E，非极性分子 i 与四极子 j 间的平均位能是吸引能。若两者皆有永久四极矩，则其平均位能可表示为

$$\overline{\Gamma_{ij}} = -\frac{3(\alpha_i Q_j^2 + \alpha_j Q_i^2)}{2(4\pi\varepsilon_0)^2 r^8} \tag{2-9}$$

式中，Q 为四偶极矩，定义式为 $Q = \sum_i e_i r_i^2$，r_i 为电荷 e_i 与任意指定的原点距离，所有的电荷都在同一直线上。

此式表明四偶极分子的力为极短程力，它对物质的热力学性质影响远远小于偶极分子或离子的影响。

3. 色散力

色散力存在于非极性分子之间。由于电子的绕核运动，某一瞬间正负电荷中心不重合，排列产生了畸变而产生的这种力为诱导力，称为诱导偶极-诱导偶极作用力。

London（1930 年）运用量子力学证明了两个简单球形分子 i 和 j 间的间距较大时的位能为

$$\Gamma_{ij} = -\frac{3}{2} \frac{\alpha_i \alpha_j}{(4\pi\varepsilon_0)^2 r^6} \left(\frac{h\nu_{0i} h\nu_{0j}}{h\nu_{0i} + h\nu_{0j}} \right) \tag{2-10}$$

$$n - 1 = \frac{C}{\nu_0^2 - \nu^2} \tag{2-11}$$

式中的 h 为 Planck 常数，v_0 为分子在非激发态的电子特征频率，v 为光频率，n 为折射率，C 为常数。

由于式（2-11）表达了折射率和特征频率之间的关系，所以非极性分子间的吸引力因而称为色散力。

对于分子 i，hv_{0i} 非常接近于第一电离势 I，因此色散力的位能式（2-10）可改写为

$$\Gamma_{ij} = -\frac{3}{2}\frac{\alpha_i \alpha_j}{(4\pi\varepsilon_0)^2 r^6}\left(\frac{I_i I_j}{I_i + I_j}\right) \tag{2-12}$$

如果两分子相同，则上式可缩写为

$$\Gamma_{ij} = -\frac{3}{4}\frac{\alpha_i^2 I_i}{r^6} \tag{2-13}$$

可见，非极性分子之间的位能 Γ_{ij} 与温度无关，它与分子间距离的 6 次方成反比，极化率与分子大小成比例关系，大多数的电离势值差别不大。

2.2.3 弱化学相互作用力

分子间除了存在物理作用力之外，还有各种特殊的化学力，即弱化学相互作用力。二者的区别在于力是饱和还是不饱和，化学力是饱和力，而范德华力是非饱和力。弱化学作用分为同类分子间的化学缔合作用和不同类分子间的交叉缔合或溶剂化学作用，这种力指氢键和电荷转移作用力。

1. 氢键

溶液热力学中最常见的化学作用力为氢键，它的形成离不开 H 原子，它以 H 原子为中心形成了 X—H…Y 键，其中 X 与 Y 皆为电负性足够高的原子（X 与 Y 可以相同），通常为如 O、N、F 等原子。分子中若有和电负性原子相连的氢（如在有机化学中的醇、酸、胺），就会相互缔合及与其他具有可接近的电负性原子的分子生成溶剂化物，如乙醇之间、H_2O 之间能形成氢键。氢键变化趋势是随原子电负性的减小而降低。其键能通常远小于化学键的键能如表 2-1 所示。

表 2-1　常见氢键的键长与键能

化合物	氢键	键长/Å	键能/kcal·mol^{-1}
$(HF)_n$ n≤5	F—H…F	2.55	6.7
冰		2.76	4.5
C_2H_5OH	O—H…O	2.70	6.2
$(HCOOH)_2$		2.67	7.0
$(CH_3COOH)_2$		2.55	8.2

续表

化合物	氢键	键长/Å	键能/kcal·mol^{-1}
NH$_4$F	N—H···F	2.68	5
CH$_3$CONH$_2$	N—H···O	2.86	
NH$_3$	N—H···N	3.88	1.3
NH$_2$NH$_2$·2HCl	N—H···Cl	3.10	
O-C$_6$H$_4$(OH)Cl(气)	O—H···Cl		3.9
(HCN)$_2$ (HCN)$_3$	C—H···N		3.28 4.36

氢键具有以下几个特点：

① X–H···Y 间距显著小于此两个原子的范德华半径之和；

② 形成的氢键会增强 X–H 键的极性；

③ 在傅立叶变换红外吸收光谱上，氢键会导致 X–H 的拉伸振动转移向较低波数方向，且由于参与氢键形成的质子外的电子云密度的减小导致氢键中质子的核磁共振化学位移值显著小于孤立分子。

分子间形成氢键的能力，Pimentel 等将之分为了四类（见表 2-2）。氢键通常会在Ⅰ–Ⅱ、Ⅰ–Ⅲ、Ⅱ–Ⅲ和Ⅲ–Ⅲ之间形成，Ⅰ–Ⅱ、Ⅰ–Ⅲ及Ⅱ–Ⅲ间的缔合属于交叉缔合或溶剂化或络合物及交叉缔合，而Ⅲ–Ⅲ之间的缔合属于自缔合。除了能形成分子间氢键外，第Ⅲ类化合物在某些特定结构中会形成分子内氢键，它严重影响此分子的物理性质，如沸点，在有机化学中最典型的例子是邻硝基苯酚和间硝基苯酚，由于邻硝基苯酚分子内会形成氢键，导致其沸点下降，小于无分子内氢键的间硝基苯酚。

表 2-2　分子按形成氢键的能力分类

类型	示例	特征
Ⅰ	炔烃，卤仿，多卤化物竺	无质子受体，有一个或多个质子授体
Ⅱ	烯，芳烃，酮，醚，酯，叔胺，腈等	无质子授体，有一个或多个质子受体
Ⅲ	水，醇，酚，羧酸，无机酸等	有质子授体和质子受体
Ⅳ	饱和烃，四氯化碳，二硫化碳等	无质子授体和质子受体

影响氢键强弱的因素有：

① 氢键中 X、Y 原子的电负性越大，则氢键越强。常见体系顺序有 F—H···F＞O—H···O＞N—H···N 和 N—H···F＞N—H···O＞N—H···N；

②氢键随 Y 原子的半径的减小而降低，但其键能却增大，如 O—H⋯N>O—H⋯Cl；

③空间结构的排列会影响到氢键的强弱，比如邻硝基苯酚和间硝基苯酚；

④有机化学中吸电子基（又称为拉电子基）是否存在会导致分子间是否存在氢键；

⑤温度会影响到氢键的强度，因为温度的升高会破坏氢键，故工业中常在低温进行萃取，高温时却进行反萃取。

2. 电荷转移力

在溶液热力学中除了形成氢键的化学作用，也会在电子授体和电子受体间形成弱络合的电荷转移力，这是形成络合物的重要原因，常称为"电荷转移络合"。作用模式为电荷由电子授体 D（支付）—电子受体 A 络合物（接纳），形成 D→A 键。在有机化学中 D 有非键孤对电子的路易斯结构碱，A 为有空轨道的路易斯结构酸。这种电荷转移的弱化学作用力会导致混合物中各组分的热力学性质和化学性质产生明显的变化，同时子的结构发生变化会在它的表征谱 NMR、IR、拉曼、UV 等上体现。

2.2.4 分子间力与物性的关系

目前，在研究中结合量子化学计算，将物质分子的结构性质联系其宏观的热力学性质和化学性质成为学术前沿，也表明特定的（化学的）分子间力会严重影响物质的宏观热力学性质。实际上，化学键理论还难于在分子间的特定分子间力和热力学性质间建立起成熟的基本定量关系。但在诸多情形下，可应用相应的化学现象来阐明物质的热力学性质的变化。

1. 分子间力对物质的沸点 T_b 及熔点 T_m 的影响

由于非球形分子的分子间力取决于质点间的距离和分子的相对取向，当 T 较低及分子间距较小时，分子形状对物质的沸点 T_b 及熔点 T_m 影响非常大。如开链烷烃的沸点要随碳原子数的增多而变大，因为分子量越大，气化所需要的能量就越高；同样多碳原子的烷烃的异构体的熔点 T_m 却随支链的增多，结构的对称性增加而变大，但其沸点 T_b 却越低。这是因为随着分子的支化作用增大，旋转自由度就会降低，会减小耗于分子内部运动的部分外加热能，因而其沸点就降低，即极性决定了物质的沸点。但是有机物质的同分异构体的极化率却差别不大，偶极矩大的分子的静电作用与诱导作用较强，其沸点就比同样多的碳链要高。

总之，分子间力越大会导致物质越不易被气化，则需要的汽化热就越高，导致物质的沸点变高；而熔化也要部分克服分子间力，对称性高的分子间力较大，熔化时所需要的汽化热更高，其熔点也会变高。

2. 分子间力对溶质溶解度的影响

非极性气体溶解于溶剂中取决于与溶剂分子间的色散作用。气体分子的极化率 α 增大会导致溶质在溶剂中的溶解度变大。当溶剂的极化率 α 增大时，虽然有利于二者之间的相互作用，但同时溶剂分子间的相互作用也增强了，故此时不利于溶解。通常，极性物质难以溶解在非极性溶剂中，而易溶解在极性溶剂中。反之，非极性物质则易溶解于非极性溶剂中，而难于溶解在极性溶剂中。这就是化学中所讲的相似相溶原则（经验规则）。极性与非极性物质之间形成的溶液在相图上其蒸汽压高于理想溶液值，因此导致其沸点会降低。

3. 氢键对溶质溶解度的影响

如果溶质与溶剂间能生成分子间的氢键，则会增加溶质的溶解度。例如，水和乙醇能任意互溶是因为二者间形成了氢键；氯仿能溶解于乙醚、丙酮中，实质上它们之间形成了络合物会导致蒸汽压降低，会形成最高恒沸混合物。两分子的乙醇会形成氢键，当其溶解于四氯化碳，会降低乙醇的缔合度，导致溶液的蒸汽压升高，所以溶液会形成最低恒沸点。水却难于与乙醚形成氢键，故水与乙醚互不相溶。

同时溶质分子内如果生成分子内氢键，则会降低其在极性溶剂中的溶解度，但会增加其在非极性溶剂中的溶解度。

至于分子间力对渗透压、电化学性能的影响可参考物理化学，这里不再介绍。

2.3 位能（或称为势能）函数

溶液的热力学和物理性质严重受到分子间作用力的影响，但是分子间的作用力是相当复杂的，难于用精确的公式对其作定量分析，也难于反映分子的几何结构对其性质的影响。为了得到具有应用价值的定量关系，可借助位能函数的各种数学模型来分析分子间的吸引力或排斥力（$F = -\mathrm{d}\varGamma_p/\mathrm{d}r$，习惯上规定**吸引力为负，排斥力为正**），进而推导出一些有参考价值的结果。

位能函数模型必须是合理的，在一定程度上能客观反映实际本质的东西。另外，为了方便数学处理模型，需引入某些假设。本节介绍几个简单的位能函数模型供参考，特别要注意的是由于理想气体分子互相之间没有作用力，本身又不占有体积，因此对所有间距 r，其位能都假设为 0。

2.3.1 硬球位能函数

此模型是将分子看成是相互间无吸引力的硬球如图 2-3（a）所示，硬球的直径为 δ，则位能函数可表达为

$$\Gamma_{\mathrm{p}} = \begin{cases} 0 & r > \delta \\ \infty & r \leqslant \delta \end{cases} \tag{2-14}$$

式（2-14）表明，当 $r > \delta$ 时表示两质点间无作用力，$r \leqslant \delta$ 表示质点间的作用力为排斥力。

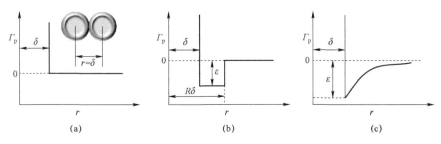

图 2-3　（a）硬球位能（b）方阱位能（c）萨日兰位能曲线图

硬球位能模型是简单的函数模型，它只能粗略地反映质点之间强的超短程排斥力。在高温时，分子间的吸引力变得不重要，这种数学模型的近似是适合于高温状态下的。此模型的精确结果意义虽然不能直接应用于实际气体，但它可以检验各种位能函数近似理论和方法的可靠性，也能应用于微扰理论中作为参考。

2.3.2 方阱位能函数

方阱位能模型同硬球模型一样是将分子视为直径为 δ 且相互间无吸引力的硬球，吸引力只能在分子间距为 $R\delta$ 处起作用（R 为对比阱宽），当两分子接近至 $R\delta$ 处时的吸引力使其位能降至 $-\varepsilon$；在 $R\delta$ 内则质点间无吸引力，位能不再随 r 的变化而变，它只能在分子周围的一个为 ε 阱深里变化如图 2-3（b）所示。其位能函数模型为

$$\Gamma_{\mathrm{p}} = \begin{cases} 0 & r > R\delta \\ -\varepsilon & \delta < r \leqslant R\delta r \leqslant \delta \\ \infty & r \leqslant \delta \end{cases} \tag{2-15}$$

方阱位能模型充分考虑了吸引力和排斥力，虽然不太符合实际，但此数学模型表达简单，有 ε、δ 和 R 三个参数可调，是应用较为广泛的一个模型。但此位

能函数模型不适合用于高温气体（不能表达分子高能碰撞时的相互贯穿行为）。

2.3.3　Sutherland（萨日兰）位能函数

萨日兰位能模型也是将分子视为直径为 δ 的无吸引力的硬球，但其吸引力却与 r 成反比，位能曲线如图 2-3（c）所示。其位能函数为

$$\Gamma_{\text{p}} = \begin{cases} -\varepsilon\left(\dfrac{\delta}{r}\right)^{6} & r > \delta \\ \infty & r \leqslant \delta \end{cases} \tag{2-16}$$

萨日兰位能模型比方阱位能模型和硬球模型更合理，此模型对吸引力的考虑与色散力作用一致；同时，实际位能在斥力起作用时随 r 缩小而迅速升高。

2.3.4　Lennard-Jones（兰纳-琼斯）位能函数

位能函数模型应该包括吸引力和排斥力两项的贡献，因此 Mie 提出对于非极性分子、分子对的位能与分子间距 r 的函数为

$$\Gamma_{\text{p}} = \Gamma_{\text{p吸引力}} + \Gamma_{\text{p排斥力}} = \frac{A}{r^{n}} - \frac{B}{r^{m}} \tag{2-17}$$

式（2-17）结合图 2-4 所示，位于低位能 $-\varepsilon$ 处的分子间距为 r_{e}，则 $\mathrm{d}\Gamma_{\text{p}}/\mathrm{d}r = 0$，对上式求导后有

$$r_{\text{e}}^{\text{n-m}} = \frac{nA}{mB} \tag{2-18}$$

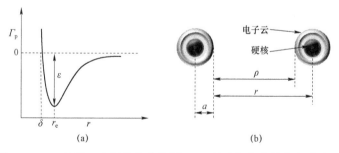

图 2-4　（a）兰纳−琼斯位能曲线图（b）基哈拉位能的位能曲线图

将式（2-18）代入式（2-17）得

$$-\varepsilon = \frac{A}{r_{\text{e}}^{\text{n}}} - \frac{B}{r_{\text{e}}^{\text{m}}} = \frac{A}{r_{\text{e}}^{\text{n}}}\left(1 - \frac{B}{A}r_{\text{e}}^{\text{n-m}}\right) = \frac{A}{r_{\text{e}}^{\text{n}}}\left(1 - \frac{n}{m}\right) = \frac{B}{r_{\text{e}}^{\text{m}}}\left(\frac{m}{n} - 1\right) \tag{2-19}$$

将上式代入式（2-17），有

$$\Gamma_{\mathrm{p}} = \frac{\varepsilon}{n-m}\left[m\left(\frac{r_{\mathrm{e}}}{r}\right)^{\mathrm{n}} - n\left(\frac{r_{\mathrm{e}}}{r}\right)^{\mathrm{m}}\right] \tag{2-20}$$

同时，由于当 $r=\delta$ 时，有 $\Gamma_{\mathrm{p}}=0$，则代入式（2-20）有

$$\Gamma_{\mathrm{p}} = \delta\left(\frac{n}{m}\right)^{\frac{1}{n-m}} = \delta \cdot 2^{\frac{1}{6}} = 1.123\delta \tag{2-21}$$

把式（2-21）代入式（2-20），则有

$$\Gamma_{\mathrm{p}} = \frac{\varepsilon}{n-m}\left(\frac{n^{\mathrm{n}}}{m^{\mathrm{m}}}\right)^{\frac{1}{\mathrm{n-m}}}\left[\left(\frac{\delta}{r}\right)^{\mathrm{n}} - \left(\frac{\delta}{r}\right)^{\mathrm{m}}\right] \tag{2-22}$$

式（2-22）与式（2-20）都表达了分子对的位能与分子间距的关系，二者是相等的，前者采用的分子参数为 ε 和 r_{e}，后者用的是 ε 和 δ。根据式（2-10）可知，吸引力对位能的贡献 $\Gamma_{\mathrm{p}吸引力}$ 反比于 r^6 成反比，故 $m=6$，排斥能中 $n=12$，代入式（2-20，2-22），得

$$\Gamma_{\mathrm{p}} = \varepsilon\left[\left(\frac{r_e}{r}\right)^{12} - 2\left(\frac{r_e}{r}\right)^{6}\right] \tag{2-23a}$$

$$\Gamma_{\mathrm{p}} = 4\varepsilon\left[\left(\frac{\delta}{r}\right)^{12} - \left(\frac{\delta}{r}\right)^{6}\right] \tag{2-23b}$$

此两式皆称为兰纳-琼斯位能函数。

式（2-23b）的超短程相互作用排斥项 $4\varepsilon(\delta/r)^{12}$ 在很小距离时才会增长显著。当排斥项与吸引项相当时，即 $\Gamma_{\mathrm{p}}=0$、$\delta=r$ 和 $\delta/r=1$ 时，吸引与排斥项对位能的贡献相互的距离可视作分子的直径。在位能曲线的最低点处 $\mathrm{d}\Gamma_{\mathrm{p}}/\mathrm{d}r=0$，吸引力等于排斥力，此低点相当于平衡点；该点为最低位能 $-\varepsilon$，ε 为键的离解能，据式（2-21），有 $\Gamma_{\mathrm{p}}=\delta(n/m)^{1/(n-m)}=1.123\delta$。

兰纳-琼斯位能函数的两个特征参数可用气体的第二维里系数或粘度求取。它具有兰纳-琼斯位能函数有吸引力与排斥力两项贡献，位能的吸引力贡献是与 r^6 成反比；此函数模型与实际情况略有差别；此模型适用于简单非极性分子；由于此模型的分子外围包围着球形电子云，电子云可以被穿透，且两分子质心可以无限制的接近，是不符合现实的。

基哈拉提出来把分子视作一个由软的电子云包围着的一个硬核，它的位能取决于核间的最短距离 ρ（见图 2-4b）。其位能可表达为

$$\Gamma_{\mathrm{p}}(\rho) = \varepsilon_0\left[\left(\frac{\rho_0}{\rho}\right)^{12} - 2\left(\frac{\rho_0}{\rho}\right)^{6}\right] \tag{2-24}$$

ρ_0 对应于平衡的分子间距 r_e。如果核是为半径 a 的球形，则上式改写成

$$\Gamma_p = \varepsilon_0 \left[\left(\frac{r_e - 2a}{r - 2a} \right)^{12} - 2 \left(\frac{r_e - 2a}{r - 2a} \right)^6 \right] \qquad (2\text{-}25a)$$

$$\Gamma_p = 4e \left[\left(\frac{\delta - 2a}{r - 2a} \right)^{12} - 2 \left(\frac{\delta - 2a}{r - 2a} \right)^6 \right] \qquad (2\text{-}25b)$$

以上三式皆是基哈拉位能模型，实质上就是兰纳-琼斯式。后者认为其分子是完全由泡沫橡皮所构成的软球，而后者则将分子视为带有泡沫橡皮外壳的硬球。两种模型有相同的位能，基哈拉位能模型的分子间距取得是分子核表面之间的最小距离，而不是指分子中心的距离。

2.3.5　Stockmeyer（斯托克迈尔）位能函数

前面四种模型皆是针对非极性分子的，以色散作用力为基础。对于极性分子，则还要考虑偶极分子的静电作用与诱导作用，即偶极-偶极作用力（以偶极矩 μ 表示）。两个极性分子间的位能既是分子间距的函数，还与相对取向有关系。若两个极性分子 A 和 B 的偶极矩以球极坐标表示，则 θ_A、θ_B 和（$\phi_A - \phi_B$）三个角决定了两个分子间的相对位置。斯托克迈尔位能函数由下式给出

$$\Gamma_p = 4\varepsilon \left[\left(\frac{\delta}{r} \right)^{12} - \left(\frac{\delta}{r} \right)^6 \right] - \frac{\mu^2}{r^3} [2\cos\theta_A \cos\theta_B - \sin\theta_A \sin\theta_B \cos(\phi_A - \phi_B)] \qquad (2\text{-}26)$$

式中，μ 为两分子间的偶极矩；δ 为碰撞直径，指除了偶极-偶极力之外的力引起的 $\Gamma_p = 0$ 的分子间距。

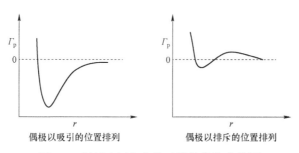

图 2-5　斯托克迈尔位能函数的位能曲线图

斯托克迈尔位能函数模型除了 ce 表达上述非极性分子的位能模型如基哈拉位能模型、兰纳-琼斯模型等的诱导、色散作用，还多了一项能表达分子间的偶极-偶极作用的贡献，且三个特征参数 ε、μ、δ 中偶极矩 μ 能独立测定。式（2-26）能较好地描述简单结构的极性分子（曾用于计算稀薄气体的性质和第二

维里系数），不适用于描绘复杂的极性分子。

习　题

2-1　物质的热力学性质与分子间作用力有什么关系？极性流体与非极性流体之间的分子间作用力有何不同？

2-2　范德华力和弱化学作用力有何不同的特点？

2-3　静电力、诱导力和色散力之间有何区别？

2-4　分子间力是怎样影响物质的沸点 T_b、熔点 T_m 及溶解度的？分子间力和氢键影响物质的溶解度的规律性有何不同？

2-5　硬球位能函数、方阱位能函数、萨日兰位能函数、兰纳-琼斯位能函数及斯托克迈尔位能函数是否皆可应用于极分子或非极性分子？试列出其应用的对象。

第 3 章　气体状态方程及应用

在众多热力学性质，如热力学能 U、焓 H、熵 S、Gibbs 函数 G、Helmholtz 函数 A、体积 V、温度 T 和压力 p 中，只有体积 V、温度 T 和压力 p 是可以通过实验测定的，前面几个热力学数据采用易测的 p、V、T 数据须通过相关的热力学关系式来进行计算。因此研究气体的状态方程（Equation of State，即 EOS）就显得尤为重要，它是物质 p-V-T 关系的数学解析式，通过有限的实验数据去预测纯流体和其混合物的气-液两相平衡数据、预测在极低压力和高压下的两相气-液平衡数据，还能进行化学反应平衡的计算。目前有一百几十种状态方程，在工程应用范围内没有一个状态方程能完全描述全部气体的性质。状态方程的参数决定了方程的可靠性，且参数越多，虽然准确性越高，但计算却越复杂。本章介绍几类常用的重要状态方程。

3.1　理想气体及理想气体状态方程

理想气体指质点（泛指分子、原子等）之间没有作用力，且本身又不占有体积的气体。因此理想气体是不能够压缩的。最简单的状态方程就是理想气体状态方程（$pV = nRT$），它可表示为 $pV_m = RT$，这里 V_m 为气体的摩尔体积。

此方程计算的值通常为真实气体状态方程的迭代计算提供初始值；且能判断真实气体状态方程的极限情况的正确程度，当 $p \to 0$（或 $V \to \infty$）时，任何真实气体状态方程都应能还原为理想气体方程；理想气体状态方程还可计算高温和低压下的气体，因为真实状态下只有高温、低压下的气体近似可以看成是理想性气体。

3.2　立方型状态方程

立方型状态方程是指方程可展开为体积或密度的三次方方程。常用的有 Van

der Waals 状态方程、Redlich-kwong 状态方程、Soave-Redlich-Kwong 状态方程和 Peng-Robinson 状态方程。

3.2.1 Van der Waals 状态方程

Van der Waals 状态方程是范德华在其论文"关于气态和液态的连续性"中提出的第一个具有实际应用意义的状态方程，是第一个同时能计算汽-液两相和临界点的方程。

$$\left(p+\frac{a}{V_{\mathrm{m}}^2}\right)(V_{\mathrm{m}}-b)=RT \tag{3-1}$$

a、b 称为 Van der Waals 常数。常数 a（Pa·m⁶·mol⁻²）为引力修正项，代表的是分子间的相互作用力；b（m³·mol⁻¹）为体积修正项，代表分子本身所占有的体积，为斥力参数。在流体超临界点处，有 $\left(\dfrac{\partial p}{\partial V_{\mathrm{m}}}\right)_{T_{\mathrm{c}}}=0$ 和 $\left(\dfrac{\partial^2 p}{\partial V_{\mathrm{m}}^2}\right)_{T_{\mathrm{c}}}=0$，因此可求得两参数 $a=\dfrac{27R^2T_{\mathrm{c}}^2}{64p_{\mathrm{c}}}$ 和 $b=\dfrac{RT_{\mathrm{c}}}{8p_{\mathrm{c}}}$，从而可计算流体的 $p\text{-}V\text{-}T$ 性质。

临界点处 Van der Waals 方程给出临界压缩因子 $Z_{\mathrm{c}}=p_{\mathrm{c}}V_{\mathrm{c}}/RT=3/8=0.375$，实际上对于大多数流体 Z_{c} 在 0.23～0.29 范围内变化；Z_{c} 与实际 Z_{c} 因子越接近，则方程计算的精度就越高。

Van der Waals 状态方程可展开成体积的三次方形式

$$V^3-(b+\frac{RT}{p})V^2+\frac{a}{p}V-\frac{ab}{p}=0 \tag{3-2}$$

V 有三个根，如图 3-1 所示，当 $T>T_{\mathrm{c}}$ 时，式（3-2）仅有一个实根，对应于超临界流体和气体的摩尔体积。当 $T=T_{\mathrm{c}}$ 时，有三个重实根 $V=V_{\mathrm{c}}$；而 $T<T_{\mathrm{c}}$ 时，有三个不同实根，发生于两相区。$V_{\mathrm{大}}$ 对应于饱和汽摩尔体积，$V_{\mathrm{小}}$ 对应于饱和液摩尔体积，$V_{\mathrm{中}}$ 无物理意义。因为在此线段上 $(\partial p/\partial V_{\mathrm{m}})_{T_{\mathrm{c}}}>0$，与实际相违背。

Van der Waals 状态方程的两项修正简单、准确度低，不能在任何情况下都能精确描述真实气体的 $p\text{-}V\text{-}T$ 关系，实际上不常应用。在 Van der Waals 状态方程基础上发展了诸多工程广泛应用的立方型状态方程，典型的有 Redlich-Kwong

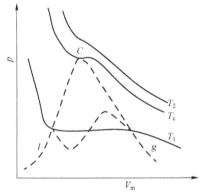

图 3-1 纯物质的 $p-V_{\mathrm{m}}$ 图

状态方程、Soave-Redlich-Kwong 状态方程和 Peng-Robinson 状态方程。

3.2.2 Redlich-Kwong 状态方程

$$p = \frac{RT}{V-b} - \frac{a}{T^{1/2}V(V+b)} \tag{3-3}$$

1949 年建立的 Redlich-Kwong 状态方程较为成功地应用于气相非极性和弱极性化合物的 p-V-T 的计算。它考虑了温度对分子间作用力的影响，改进了方程的引力项。用同于 Van der Waals 状态方程的方法，利用其在等温线在临界点的条件得到常数 a、b 值为

$$a = 0.427\,48\frac{R^2 T_c^{2.5}}{p_c} \tag{3-4a}$$

$$b = 0.086\,64\frac{RT_c}{p_c} \tag{3-4b}$$

Redlich-Kwong 方程是真正实用的状态方程，适用于非极性和弱极性物质的 p-V-T 性质的计算，尤其是计算气相体积准确性有了很大提高，其计算精度明显优于 Van der Waals 状态方程。其 $Z_c = 0.333$，但 Redlich-Kwong 方程计算液相体积的准确性不够，不能同时用于汽、液两相。Redlich-Kwong 方程用于烃类、氮、氢等非极性气体时，即使在几百大气压精度都较高（误差在 2%左右）；但对于如氨、水蒸气等多数强极性流体的计算精度却较差（误差在 10%~20%）。

3.2.3 Soave-Redlich-Kwong 状态方程

索阿韦对 Redlich-Kwong 方程进行了修正，对 Redlich-Kwong 方程的改进是将常数 a 作为温度的函数，引入了偏心因子 ω。虽然降低了 Redlich-Kwong 的简便性和易算性，但其对极性物质和流体的 p-V-T 计算准确度却有了明显的提高。

$$p = \frac{RT}{V-b} - \frac{a(T)}{V(V+b)} \tag{3-5a}$$

$$a(T) = a_c \alpha(T) = 0.427\,48\frac{R^2 T_c^2}{p_c}\alpha(T) \tag{3-5b}$$

$$b = 0.086\,64\frac{RT_c}{p_c} \tag{3-5c}$$

$$\alpha(T) = [1 + (0.48 + 1.574\omega - 0.176\omega^2)(1 - T_r^{0.5})]^2 \tag{3-5d}$$

与 Redlich-Kwong 方程相比，Soave-Redlich-Kwong 方程可应用于极性物质，尤其是可计算其饱和液体密度，使之能用于混合物的汽-液两相平衡的计算，拓

宽了状态方程的应用范围，故在化学工业上获得了广泛应用。

3.2.4　Peng-Robinson 状态方程

$$p = \frac{RT}{V-b} - \frac{a(T)}{V(V+b)+b(V-b)} \tag{3-6a}$$

$$a(T) = a_c\alpha(T) = 0.457\ 24\frac{R^2T_c^2}{p_c}\alpha(T) \tag{3-6b}$$

$$b = 0.077\ 80\frac{RT_c}{p_c} \tag{3-6c}$$

$$\alpha(T) = [1 + (0.374\ 64 + 1.542\ 26\omega - 0.269\ 92\omega^2)(1 - T_r^{0.5})]^2 \tag{3-6d}$$

Peng-Robinson 状态方程预测液体摩尔体积的准确度较 Soave-Redlich-Kwong 有明显改善，而且也可用于极性物质。能同时适用于汽-液两相的饱和蒸汽压、液体密度的计算，与 Soave-Redlich-Kwong 方程一样在工业中得到广泛应用。

3.3　多参数状态方程

3.3.1　Virial 方程

最初的 Virial（维里）方程是以经验式提出的，之后由统计力学得到证明。维里方程有压力多项式和体积多项式两种表达式。

压力多项式

$$Z = \frac{pV}{RT} = 1 + B'p + C'p^2 + D'p^3 \cdots\cdots \tag{3-7a}$$

体积多项式

$$Z = \frac{pV}{RT} = 1 + \frac{B}{V} + \frac{C}{V^2} + \frac{D}{V^3} \cdots\cdots \tag{3-7b}$$

式中

$$B' = \frac{B}{RT}$$

$$C' = \frac{C - B^2}{R^2T^2}$$

$$D' = \frac{D - 3BC + 2B^3}{R^3T^3}$$

B、C⋯（或 B'、C'⋯）为维里系数，微观上，它反映了分子间的相互作用。第二维里系数（B 或 B'）反映了两分子间的相互作用；第三维里系数（C 或 C'）则反映了三分子间的相互作用。宏观上，维里系数仅为温度的函数。很多气体的第二维里系数 B 有实验数据，第三维里系数 C 较少，第四维里系数 D 难于查找；维里方程不适用于更高的压力，它只能计算气体，不能同时用于汽、液两相性质的计算。但维里方程已超出 $p\text{-}V\text{-}T$ 性质估算的应用，它还能计算气体的黏度、声速和热容。

维里系数值的获取来源于：

（1）通过统计力学进行理论计算，目前应用很少；

（2）由实验测定，精度高；

（3）根据普遍化关联式计算，方便、但是计算精度比实验测定的数据差些，这是目前常采用的方法。

理论上，任何状态方程都可以通过幂级数展开成为维里方程的形式。

实际计算常用维里舍项式：

当压力 $p<1.5\,\mathrm{MPa}$ 时，用两项 Virial 方程进行计算，即

$$Z=\frac{pV}{RT}=1+\frac{B}{V} \tag{3-7c}$$

当压力 $p<5\,\mathrm{MPa}$ 时，用三项 Virial 方程进行计算，即

$$Z=\frac{pV}{RT}=1+\frac{B}{V}+\frac{C}{V^2} \tag{3-7d}$$

3.3.2　Benedict-Webb-Rubin 方程

贝内 Benedict-Webb-Rubin 方程属于维里型方程，是第一个能在高密度区表示流体 $p\text{-}V\text{-}T$ 关系及计算汽-液两相平衡的多参数状态方程。

$$p=RT\rho+\left(B_0RT-A_0-\frac{C_0}{T^2}\right)\rho^2+(bRT-\alpha)\rho^3+a\alpha\rho^6+\frac{c}{T^2}\rho^3(1+\gamma\rho^2)\exp(-\gamma\rho^2)$$

$$\tag{3-8}$$

Benedict-Webb-Rubin 方程中 a、b、c、α、γ、A_0、B_0 和 C_0 8 个常数是根据烃类纯组分的 $p\text{-}V\text{-}T$ 和蒸汽压数据拟合而得，该系列常数物理量纲一致，特别要注意的是不同来源的 8 个参数值不能混用。后人为了提高此方程对高密度流体估算的准确性，对 Benedict-Webb-Rubin 方程的常数进行了进一步的修正及普遍化处理，能根据纯物质的临界参数及偏心因子来估算常数。

3.3.3　马丁-侯方程

马丁-侯方程是一种计算精度较高，常数确定比较简便，使用范围较广的解析型状态方程。

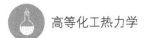
通式为

$$p = \sum_{i=1}^{5} \frac{f_i(T)}{(V-b)^i} = \frac{f_1(T)}{(V-b)} + \frac{f_2(T)}{(V-b)^2} + \frac{f_3(T)}{(V-b)^3} + \frac{f_4(T)}{(V-b)^4} + \frac{f_5(T)}{(V-b)^5} \quad (3\text{-}9)$$

$$f_i(T) = A_i + B_i T + C_i \exp\left(-\frac{kT}{T_c}\right) \quad (3\text{-}10)$$

其中，$k = 5.475$。

表 3-1 马丁-侯方程中的常数

$A_1(=0)$	A_2	A_3	A_4	$A_5(=0)$
$B_1(=R)$	B_2	B_3	$B_4(=0)$	B_5
$C_1(=0)$	C_2	C_3	$C_4(=0)$	$C_5(=0)$

方程中有 9 个常数，但却只需临界值和某一温度下的蒸汽压两组数据就可以得到。该方程计算误差对于气相为 1%、液相<5%；也可应用于极性气体 $p\text{-}V\text{-}T$ 性质和液相性质的计算；但此方程对液相极性物质的计算误差比较大，最大误差可达 16%。

候虞钧教授把该方程扩大到液相、相平衡及混合物的计算，即马丁-侯 81 型方程。它在 55 型方程的基础上增加了常数 B4 就得到了 81 型马丁-侯方程。其气体计算流体的 $p\text{-}V\text{-}T$ 性质精度与 55 型马丁-侯方程方程差不多。

3.4 对应状态原理及应用

3.4.1 对应状态原理

对应状态原理（Theorem of Corresponding States，又称为对比状态原理）：在相同的对比温度和对比压力下，任何气体或液体的对比体积（或压缩因子）是相同的。或者说在相同的对比状态下，组成、结构、分子大小相近的物质表现出相同的性质。

若 T_r、p_r、V_r 分别为对比温度、对比压力和对比体积，则两种流体的 $T_r = T/T_c$ 和 $p_r = p/p_c$ 相同或相近，则其 $V_r = V/V_c$ 必定相同或相近。则此两种流体在对应的情况下可以互换。

对于对比参数间的关系，可用下式来表达

$$V_r = f(p_r, T_r) = \frac{V}{V_c} = \frac{ZT_r}{Z_c p_r} \quad (3\text{-}11)$$

这里 Z_c 在 0.22～0.33 之间。两参数对应状态原理适合用于非极性的球形分子及组成、结构、分子大小相近的物质。

如果将 T_r、p_r、V_r 代入范德华状态方程，则范德华状态方程就成为对任何气体都适用的普遍化方程了。

$$\left(p_r + \frac{3}{V_r^2}\right)(3V_r - 1) = 8T_r \tag{3-12}$$

其他状态方程也有类似的变化。

3.4.2　以偏心因子 ω 为第三参数的对应状态原理

由于两项对应方程只能适用于简单的球形分子流体，为了提高其计算的精度和应用范围，又须在方程中引入灵敏的第三参数。人们先后提出最灵敏反映物质分子间相互作用力的第三物性参数，如键长、偶极矩、蒸发热和 Z_c 等。但比较成功的为 Pitzer（1955）提出的偏心因子 ω 作为第三参数。ω 为偏心度，指分子与简单的球形流体分子在形状和极性方面的差值，其值 $0 < \omega < 1$；它能灵敏反映物质分子间的相互作用力，当分子间作用力稍有不同时，ω 值越大，分子间偏离程度愈大。

根据克拉伯龙方程

$$\frac{\mathrm{d}p}{\mathrm{d}T} = \frac{\Delta H_v}{T \Delta V} \tag{3-13}$$

ΔH_v 为液相蒸发为气相的汽化热。

将式（3-13）写出其积分式为

$$\lg p = -\frac{\Delta H}{2.303R} \times \frac{1}{T} + c \tag{3-14}$$

根据上式，即饱和蒸汽压与温度之间的关系可重新表达为

$$\lg p = a_1 - b_1 \frac{1}{T} \tag{3-15}$$

这里，$a_1 = c$，$b_1 = \Delta H/(2.303R)$。

把饱和蒸汽压 p^s 和温度 T 用对比参数 T_r 代入式（3-15）有

$$\lg(p_r^s) = a - b \frac{1}{T_r} \tag{3-16}$$

根据式（3-16）发现物质的蒸汽压的对数 $\lg p_r^s$ 与 $1/T_r$ 成直线关系（见图 3-2）。Pitzer 发现① 对球形分子（非极性，如 Ar、Kr 和 Xe）作 $\lg p_r^s \sim 1/T_r$ 图，其斜率相同，且 $[\lg P_r^s（简单流体）]_{T_r=0.7} = -1.000$。② 而非球形分子的 $\lg p_r^s \sim 1/T_r$ 线皆

位于球形分子之下，且随物质极性的增加，其线的斜率偏离程度也就愈大。即以球形分子在 $T_r = 0.7$ 时的对比饱和蒸汽压的对数作标准，任意物质在 $T_r = 0.7$ 时，对比饱和蒸汽压的对数与其标准的差值，就称为该物质的偏心因子 ω。所以，对于球形分子的 $\omega = 0$；非球形分子的 $\omega \neq 0$，且 $\omega > 0$。因此，在数学上 $\omega = [\lg(p_r^s)_{T_r=0.7}]_{标准物} - [\lg(p_r^s)_{T_r=0.7}]_{任何物}$。

故 ω 值可由下式进行求取

$$\omega = -\lg(p_r^s)_{T_r=0.7} - 1.00 \tag{3-17}$$

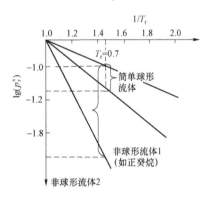

图 3-2　对比蒸汽压 $\lg(p_r^s)$ 与 $1/T_r$ 的近似关系

所以，如果知道任何物质在 $T_r = 0.7$ 时的饱和蒸汽压、p_c 和 T_c 值就能确定偏心因子 ω。则流体的 ω 相同，在相同的 T_r 和 p_r 下的压缩因子 Z 必相等。流体分子的偏心因子 ω 也可查相关的文献或资料，也可通过 Edmister 经验关联式方程进行估算，表达为

$$\omega = \frac{3}{7} \left\{ \frac{\lg p_c (\text{atm})}{(T_c / T_b) - 1} \right\} \tag{3-18}$$

这里，T_b 为物质的正常沸点，K。

Pitzer 以偏心因子 ω 为第三参数的对应状态方程 $Z = f(p_r, T_r, \omega)$ 可表示为多项式

$$Z = Z^{(0)} + \omega Z^{(1)} + \omega^2 Z^{(2)} + \cdots \tag{3-19}$$

但在工业中常用两项式，其计算就能达工程的需求了。此两项式即为普遍化压缩因子法

$$Z = Z^0(p_r, T_r) + \omega Z^1(p_r, T_r) \tag{3-20}$$

Z^0 和 Z^1 的表达式非常复杂，常用图和表来表示，在应用时需要去查相关的化学工程手册或各种数据手册。常见纯物质的物性如 ω 可查附录二或相关的化工

手册；利用 T_r 和 p_r 值可查 Z^0 和 Z^1 的普遍化关系图（由于查图精度不太高，这里不再列出相关的普度化关系图）或附录三而得其值，再代入式（3-20）即可求得 Z 值。此普遍化压缩因子法方程对非极性流体和弱极性流体的计算误差＜3%；极性流体计算误差在 5%～10% 之间；但其对缔合性气体的计算误差较大。

普遍化第二维里系数法是 Pitze 提出的，它以 T_r、p_r 和 V_r 代替方程中的变量 T，p，V，将状态方程中反映气体特征的常数消去而得到的普遍化方程。即

$$Z = 1 + \frac{Bp}{RT} \tag{3-21}$$

将临界参数代入式（3-21），有

$$Z = 1 + \frac{B(p/p_c) \cdot p_c}{R(T/T_c) \cdot T_c} = 1 + \frac{Bp_c}{RT_c} \cdot \frac{p_r}{T_r} \tag{3-22}$$

这里，无因次数群 Bp_c/RT_c，是 T 的函数，称为普遍化第二维里系数。对此，Pitzer 提出了下面的计算方程式

$$\frac{Bp_c}{RT_c} = B^0 + \omega B^1 \tag{3-23}$$

其中有经验的关联式为

$$B^0 = 0.083 - \frac{0.422}{T_r^{1.6}} \tag{3-24a}$$

$$B^1 = 0.139 - \frac{0.172}{T_r^{4.2}} \tag{3-24b}$$

对于具体的体系，采用多参数普遍化维里方程计算物质的相关状态性质时，如图 3-3 所示，当对比参数 $V_r > 2$ 时采用普遍化维里系数法来计算；当 $V_r < 2$ 时，采用普遍化压缩因子法来计算，Z^0 和 Z^1 值可查附录三而得。

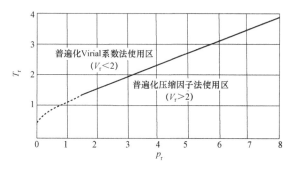

图 3-3　三参数普遍化系数式的适用区域

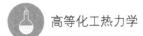

例 3-1 请用理想气体状态方程和多参数普遍化维里方程计算在 323.15 K 和 18.745 MPa 条件下，一个 125 cm³ 的刚性容器贮存甲烷的克数（文献值为 16 g）。

解： 查附录二可得甲烷的 $T_c = 190.56$ K，$p_c = 4.599$ MPa，$V_c = 98.6$ cm³·mol^{-1}，$\omega = 0.11$。

（1）理想气体方程

$$m = 16n = \frac{16pV}{RT} = \frac{16 \times 18.745 \times 10^6 \times 125 \times 10^{-6}}{8.314 \times 323.15} = 13.95 \ g$$

$$百分比误差 = (16 - 13.95)/16 \times 100\% = 12.79\%$$

（2）多参数普遍化 Virial 方程

由已知条件可计算得

$$T_r = \frac{323.15}{190.56} = 1.70，\quad p_r = \frac{18.745}{4.599} = 4.08，\quad V_r = \frac{125}{98.6} = 1.27 < 2$$

因此根据图 3-3 可知，应该采用多参数普遍化维里方程中的普遍压缩因子法来计算。

根据 T_r 和 p_r 值查附录三可得

$$Z^0 = 0.889 \ 7，\quad Z^1 = 0.254 \ 7$$

将之代入式（3-20），得

$$Z = Z^0(P_r, T_r) + \omega Z^1(P_r, T_r) = 0.889 \ 7 + 0.11 \times 0.254 \ 7 = 0.917 \ 7$$

$$m = 16n = \frac{16pV}{ZRT} = \frac{16 \times 18.745 \times 10^6 \times 125 \times 10^{-6}}{0.917 \ 7 \times 8.314 \times 323.15} = 15.21 \ g$$

$$百分比误差 = (16 - 15.21)/16 \times 100\% = 4.97\%$$

根据以上计算结果可知，采用多参数普遍化维里方程计算液相体积优于理想气体状态方程。

习 题

3-1 理想气体有何特征？真实气体在什么情况下可近似视为理想性气体？

3-2 应用状态方程可以计算纯物质哪些性质？

3-3 何为对应状态原理？常用的多参数对应状态原理方程有几种？何种情形下使用普遍化 Virial 系数法和普遍化压缩因子法？

3-4 何为混合规则？常用的混合规则有哪些？

3-5 将 1 kmol 甲烷压缩贮存于容积为 0.125 m³，温度为 323.16 K 的钢瓶内，试分别用理想气体状态方程、RK 方程、普遍化压缩因子法计算此时甲烷产生的压力多大？与实验值的误为多少？其实验值为 1.875×10^4 kPa。

（答案：$p_{理想} = 2.15 \times 10^4$ kPa，$E_{r,理想} = 14.67\%$；$p_{RK} = 1.898 \times 10^4$ kPa，$E_{r,RK} = 1.27\%$；$p_{普压法} = 1.885 \times 10^4$ kPa，$E_{r,普压法} = 0.53\%$）

3-6　试分别以 RK、SRK 和 PR 状态方程计算异丁烷在 300 K、3.704×10^3 kPa 时的摩尔体积 V_m 及与实验值之间的误差。实验值为 $V_m = 6.081$ m³·mol⁻¹。

（答案：$V_{m,RK} = 6.140$ m³·mol⁻¹，$E_{r,RK} = 0.97\%$；$V_{m,SRK} = 6.101$ m³·mol⁻¹，$E_{r,SRK} = 0.32\%$；$V_{m,PR} = 6.068\,5$ m³·mol⁻¹，$E_{r,PR} = -0.20\%$）

3-7　试计算异丁烷在 273.15 K 时的饱和蒸汽压和饱和液体摩尔体积（实验值分别为 152.56 kPa 和 100.1 cm³·mol⁻¹），并估算其饱和汽相摩尔体积。

（答案：$p = 153.47$ kPa，$V_{ml} = 104.3$ cm³·mol⁻¹，$V_{ml} = 1.4 \times 10^4$ cm³·mol⁻¹）

3-8　试用理想气体状态方程、普遍化 Virial 方程和 RK 状态方程计算在 10.79 MPa、593 K 下水蒸汽的比容（文献值 $V = 0.016\,87$ m³·kg）。

（答案：$V_{理想} = 0.025\,38$ m³·kg，$V_{Virial} = 0.019\,42$ m³·kg，$V_{RK} = 0.018\,62$ m³·kg）

3-9　试定性地画出单一纯物质的 p-V 相图，并在图上标出（a）汽-液-固三相平衡线；（b）气相线及液相线；（c）汽液两相共存区、液固两相共存区；（d）$T > T_c$、$T = T_c$ 及 $T < T_c$ 时的等温线。

第 4 章　流体的热力学性质

流体的热力学性质，包括纯流体和流体混合物的热力学性质，涉及流体的热容、温度、压力、焓、熵、Helmholtz 和 Gibbs 自由能、热力学能（内能）和逸度等。它们是进行化学工程过程计算、装置设计、化工分析和工程放大必不可少的重要依据。因此怎样根据易测的 p、V、T 和热容等来求取流体的各种不能直接测量的热力学函数就显得尤其重要。

4.1　纯流体的热力学性质

纯流体的热力学性质虽然可以应用第一章中四个热力学基本关系式[（1-87）～（1-90）]、16 个 Maxwell 关系式、式（1-103）和式（1-106）来进行计算。在理想条件下 C_p 是 T 的函数，但在真实条件下，C_p 却是 T、p 的函数，即还必须考虑压力对它的影响。因此需要引入新的概念剩余性质，方便对真实流体的热力学性质进行计算。

4.1.1　剩余性质法

剩余性质（M^R）（Residual properties）是为了计算真实状态的气体的热力学性质服务而提出来的。它指在相同的 T，p 下，真实气体的热力学性质与理想气体的热力学性质的差值。在数学上可表达为

$$M^R = M - M^*　　　　　　　　(4-1)$$

这里，M^* 与 M 分指在相同 T 和 p 下，理想状态气体与真实状态气体的某一广度热力学性质（如 H、S、U、A 和 G）的摩尔值。上标*号指理想流体，后面内容皆相同。

对于真实状态的气体，因此计算其热力学性质，如 H 和 S，式（4-1）可改写为

$$M = M^R + M^*　　　　　　　　　　　　(4-2)$$

为了得到真实气体的热力学性质 M，需要分别计算理想状态气体的某一广度热力学性质 M^* 和剩余性质（M^R）。

1. 理想气体的热力学性质 M^*，可采用理想气体的简单热力学方程进行计算

对于理想性气体，计算基准态通常选择物质的某些特征状态作为计算的基准。化工学科中，气体常选取 1 atm（101.325 kPa），25 ℃（298.15 K）为基准态；特别要注意无论基准态的 T 为何值，其压力须足够低才可视为理想气体，实际过程中只有高温、低压时的真实气体才可视为理想气体。

根据第 1 章的理论，可写出 H^* 和 S^* 的数学表达式

$$dH^* = C_p^* dT　　　　　　　　　　　　(4-3)$$

$$dS^* = \frac{C_p^*}{T} dT - \frac{R}{p} dp　　　　　　　　(4-4)$$

分别为上两式从基准态积分到任意的末态，有

$$H^* = H_0^* + \int_{T_0}^{T} C_p^* dT　　　　　　　　(4-5)$$

$$S^* = S_0^* + \int_{T_0}^{T} \frac{C_p^*}{T} dT - R\ln\frac{p}{p_0}　　　　　(4-6)$$

这里 H_0^*、S_0^* 指理想气体的基准态（T_0，p_0）所对应 H 和 S。因此对于真实气体有

$$H = H^* + H^R = H_0^* + \int_{T_0}^{T} C_p^* dT + H^R　　　(4-7)$$

$$S = S^* + S^R = S_0^* + \int_{T_0}^{T} \frac{C_p^*}{T} dT - R\ln\frac{p}{p_0} + S^R　　(4-8)$$

2. 剩余性质（M^R）的计算

剩余性质（M^R）的计算取决于 p，V 和 T 数据，它是对理想气体的热力学函数的修正。

根据剩余性质方程式（4-1），可写出

$$H^R = H - H^*　　　　　　　　　　　(4-9)$$

$$S^R = S - S^*　　　　　　　　　　　(4-10)$$

在定 T 下，方程式（4-9）对压力 p 进行微分后有

$$dH^R = \left[\left(\frac{\partial H}{\partial p}\right)_T - \left(\frac{\partial H^*}{\partial p}\right)_T\right]dp　　　(4-11)$$

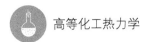

再对上式进行积分，有

$$\int_{H_0^R}^{H^R} dH^R = \int_{p_0}^{p} \left[\left(\frac{\partial H}{\partial p} \right)_T - \left(\frac{\partial H^*}{\partial p} \right)_T \right] dp \tag{4-12}$$

但是，当 p 趋近于 0 时，真实气体相当于理想气体，此时 $H_0^R = 0$，因此有

$$H^R = \int_0^p \left[V - T \left(\frac{\partial V}{\partial T} \right)_p \right] dp \quad （定 \ T） \tag{4-13}$$

同理，可推出

$$S^R = \int_0^p \left[\frac{R}{p} - \left(\frac{\partial V}{\partial T} \right)_p \right] dp \quad （定 \ T） \tag{4-14}$$

将式（4-13）和式（4-14）分别代入式（4-7）和式（4-8）就可计算真实气体的 H 和 S

$$H = H^* + H^R = H_0^* + \int_{T_0}^{T} C_p^* dT + \int_0^p \left[V - T \left(\frac{\partial V}{\partial T} \right)_p \right] dp \tag{4-15}$$

$$S = S^* + S^R = S_0^* + \int_{T_0}^{T} \frac{C_p^*}{T} dT - R \ln \frac{p}{p_0} + \int_0^p \left[\frac{R}{p} - \left(\frac{\partial V}{\partial T} \right)_p \right] dp \tag{4-16}$$

如果研究的系统从始态（T_0，p_0）变化到末态（T，p），则在分别计算理想气体的 ΔH 和 ΔS 时，理想气体的热容可用平均等压热容来分别计算。

$$\overline{C_{pH}^*} = \frac{\int_{T_0}^{T} C_p^* dT}{T - T_0} \tag{4-17}$$

$$\overline{C_{pS}^*} = \frac{\int_{T_0}^{T} C_p^* \frac{dT}{T}}{\ln \frac{T}{T_0}} \tag{4-18}$$

则将式（4-17）和式（4-18）代入式（4-15）和式（4-16）有

$$H = H^* + H^R = H_0^* + \overline{C_{pH}^*}(T - T_0) + \int_0^p \left[V - T \left(\frac{\partial V}{\partial T} \right)_p \right] dp \tag{4-19}$$

$$S = S^* + S^R = S_0^* + \overline{C_{pS}^*} \ln \frac{T}{T_0} - R \ln \frac{p}{p_0} + \int_0^p \left[\frac{R}{p} - \left(\frac{\partial V}{\partial T} \right)_p \right] dp \tag{4-20}$$

可见如果知道基准态（T_0，p_0）下的 H_0^*、S_0^*，理想气体的 C_p^* 和真实气体的 p，V 和 T 数据，就可利用第 3 章的状态方程来计算真实气体的 H 和 S。故 H^R

和 S^R 和的求解可采用状态方程法、普遍化关系法和 $p\text{-}V\text{-}T$ 实验数据来进行计算。

4.1.2　H^R 和 S^R 的计算

1. 状态方程法

状态方程法的关键在于将相关的热力学性质先转化为 $(\partial p/\partial V)_T$、$(\partial^2 p/\partial V^2)_T$ 或 $(\partial p/\partial T)_V$、$(\partial^2 p/\partial T^2)_V$ 的偏导数，再利用第 3 章所述的状态方程进行求导，再把上述导数代入求解。可以采用等温、等压或等温、等容条件下的状态方程来求解 H^R 和 S^R，下面以 RK 方程为例。

根据方程 $H = U + pV$，两边对 V 求微分，有

$$\left(\frac{\partial H}{\partial V}\right)_T = \left(\frac{\partial U}{\partial V}\right)_T + \left[\frac{\partial (pV)}{\partial V}\right]_T \tag{4-21}$$

根据式（1-85），有 $\left(\dfrac{\partial U}{\partial V}\right)_T = T\left(\dfrac{\partial p}{\partial T}\right)_V - p$，代入式（4-21）可得

$$\left(\frac{\partial H}{\partial V}\right)_T = T\left(\frac{\partial p}{\partial T}\right)_V - p + \left[\frac{\partial (pV)}{\partial V}\right]_T \tag{4-22}$$

积分后得

$$(H_2 - H_1)_T = \int_{V_1}^{V_2}\left[T\left(\frac{\partial p}{\partial T}\right)_V - p\right]\mathrm{d}V + \Delta(pV) \tag{4-23}$$

将式（3-3）的 RK 方程两边对 T 进行微分后得 $\left(\dfrac{\partial p}{\partial T}\right)_V = \dfrac{R}{V-b} + \dfrac{0.5a}{T^{1.5}V(V+b)}$，并将之代入式（4-23），则有

$$(H_2 - H_1)_T = \frac{1.5a}{bT^{0.5}}\left(\ln\frac{V_2}{V_2+b} + \ln\frac{V_1+b}{V_1}\right) + \Delta(pV) \tag{4-24}$$

对于从理想状态"1"变化到末态"2"，则有

$$\lim_{V_1 \to \infty}\left[\ln\frac{V_1+b}{V_1}\right] = 0$$

又因为 $\Delta(pV) = p_2V_2 - p_1V_1 = ZRT - RT = (Z-1)RT$（因为理想气体压缩因子 $Z=1$）

将以上结果代入式（4-24），则有

$$\frac{H-H^*}{RT} = \frac{1.5a}{bRT^{1.5}}\ln\frac{V}{V+b} + Z-1 \qquad \frac{H^R}{RT} = Z-1-\frac{1.5a}{bRT^{1.5}}\ln\left(1+\frac{b}{V}\right)$$

将之代入焓剩余性质式（4-9），则可得

$$\frac{H^R}{RT} = Z - 1 - \frac{1.5a}{bRT^{1.5}} \ln\left(1 + \frac{b}{V}\right) \qquad (4\text{-}25)$$

此式为剩余焓性质的计算式。

采用同样的推导方式，可求得剩余熵的计算式为

$$\frac{S^R}{R} = \ln\frac{P(V-b)}{RT} - \frac{a}{2bRT^{1.5}} \ln\left(1 + \frac{b}{V}\right) \qquad (4\text{-}26)$$

这里 a、b 分别为对分子间作用力和分子本身所占有体积的修正系数（即范德华常数）。

采用以上相同的分析计算法，任何合适的状态方程皆可用于计算流体的 H^R 和 S^R。

例如 SRK 方程

$$\frac{H^R}{RT} = Z - 1 - \frac{1}{bRT}\left[a - T\left(\frac{\mathrm{d}a}{\mathrm{d}T}\right)\right]\ln\left(1 + \frac{b}{V}\right) \qquad (4\text{-}27\text{a})$$

$$\frac{S^R}{R} = \ln\frac{P(V-b)}{RT} + \frac{1}{bR}\left(\frac{\mathrm{d}a}{\mathrm{d}T}\right)\ln\left(1 + \frac{b}{V}\right) \qquad (4\text{-}27\text{b})$$

PR 方程

$$\frac{H^R}{RT} = Z - 1 - \frac{1}{2\sqrt{2}bRT}\left[a - T\left(\frac{\mathrm{d}a}{\mathrm{d}T}\right)\right]\ln\frac{V+(\sqrt{2}+1)b}{V-(\sqrt{2}-1)b} \qquad (4\text{-}28\text{a})$$

$$\frac{S^R}{R} = \ln\frac{P(V-b)}{RT} - \frac{1}{2\sqrt{2}bRT^{1.5}}\left(\frac{\mathrm{d}a}{\mathrm{d}T}\right)\ln\frac{V+(\sqrt{2}+1)b}{V-(\sqrt{2}-1)b} \qquad (4\text{-}28\text{b})$$

2. 普遍化关系法

普遍化关系法是基于压缩因子提出来的，根据 $pV=ZRT$，体积 V 对温度 T 求导，可得

$$\left(\frac{\partial V}{\partial T}\right)_p = \frac{R}{p}\left[Z + T\left(\frac{\partial Z}{\partial T}\right)_p\right] \qquad (4\text{-}29)$$

将式（4-29）代入式（4-13）和式（4-14）得

$$H^R = RT^2\int_0^p -\left(\frac{\partial Z}{\partial T}\right)_p \frac{\mathrm{d}p}{p} \quad（定 T） \qquad (4\text{-}30)$$

同理，可推出

$$S^R = R\int_0^p\left[-(Z-1) - T\left(\frac{\partial Z}{\partial T}\right)_p\right]\frac{\mathrm{d}p}{p} \quad（定 T） \qquad (4\text{-}31)$$

而普遍化关系法分为普遍化压缩因子法（普压法）和普遍化维里系数法（普

维法），因此基于普遍化关系法求解流体的 H^R 和 S^R 有两种方法。与普遍化压缩因子相对应，当 $V_r<2$ 时，采用普压法来进行计算；反之则采用普维法计算。但这两种方法仅适用于弱极性、非缔合性物质，不适用于强极性和缔合性物质的计算。

根据式（3-20）$Z=Z^0(p_r,T_r)+\omega Z^1(p_r,T_r)$，方程两边对对应状态参数 T_r 求偏导，则可得

$$\left(\frac{\partial Z}{\partial T_r}\right)_{p_r}=\left(\frac{\partial Z^0}{\partial T_r}\right)_{p_r}+\omega\left(\frac{\partial Z^1}{\partial T_r}\right)_{p_r} \tag{4-32}$$

将式（4-32）代入式（4-30）和式（4-31），可得

$$\frac{H^R}{RT_c}=\frac{(H^R)^0}{RT_c}+\omega\frac{(H^R)^1}{RT_c}=-T_R^2\int_0^{p_r}\left(\frac{\partial Z^0}{\partial T_r}\right)_{p_r}\frac{\mathrm{d}p_r}{p_r}-\omega T_r^2\int_0^{p_r}\left(\frac{\partial Z^1}{\partial T_r}\right)_{p_r}\frac{\mathrm{d}p_r}{p_r} \tag{4-33}$$

$$\frac{S^R}{R}=\frac{(S^R)^0}{R}+\omega\frac{(S^R)^1}{R}=-\int_0^{p_r}\left[T_r\left(\frac{\partial Z^0}{\partial T_r}\right)_{p_r}+Z^0-1\right]\frac{\mathrm{d}p_r}{p_r}-\omega\int_0^{p_r}\left[T_r\left(\frac{\partial Z^1}{\partial T_r}\right)_{p_r}+Z^1\right]\frac{\mathrm{d}p_r}{p_r}$$
$$\tag{4-34}$$

根据式（4-33）和式（4-34），若要求解 H^R 和 S^R，则利用不同 p_r、T_r 下的 Z^0、Z^1 进行图解或数值解而求得。

当 $V_r>2$ 时，低压下求解 H^R 和 S^R 可采用普遍化维里系数法来进行计算。

普遍化维里系数法是以两项 Virial 方程为基础来求解 H^R 和 S^R 的。

根据 Pitzer 的两项为力方程（3-21），方程对温度 T 求导有

$$\left(\frac{\partial Z}{\partial T}\right)_p=\frac{p}{R}\left[\frac{\partial(B/T)}{\partial T}\right]_p=\frac{p}{R}\left[\frac{1}{T}\left(\frac{\partial B}{\partial T}\right)_p-\frac{B}{T^2}\right] \tag{4-35}$$

将式（4-35）代入式（4-30）及式（4-31），并等温积分后有

$$\frac{H^R}{RT}=\frac{p}{R}\left(\frac{B}{T}-\frac{\mathrm{d}B}{\mathrm{d}T}\right) \tag{4-36}$$

和

$$\frac{S^R}{R}=-\frac{p}{R}\frac{\mathrm{d}B}{\mathrm{d}T} \tag{4-37}$$

根据式（3-23），有

$$B=\frac{RT_c}{p_c}(B^0+\omega B^1)$$

将上式方程两边对 T 求导，得

$$\frac{\mathrm{d}B}{\mathrm{d}T} = \frac{RT_c}{p_c}\left(\frac{\mathrm{d}B^0}{\mathrm{d}T} + \omega\frac{\mathrm{d}B^1}{\mathrm{d}T}\right) \tag{4-38}$$

将式（4-38）代入式（4-36）及式（4-37）有

$$\frac{H^R}{RT_c} = -p_r T_r \left[\left(\frac{\mathrm{d}B^0}{\mathrm{d}T_r} - \frac{B^0}{T_r}\right) + \omega\left(\frac{\mathrm{d}B'}{\mathrm{d}T_r} - \frac{B^1}{T_r}\right)\right] \tag{4-39}$$

和

$$\frac{S^R}{R} = -p_r\left[\frac{\mathrm{d}B^0}{\mathrm{d}T_r} + \omega\frac{\mathrm{d}B^1}{\mathrm{d}T_r}\right] \tag{4-40}$$

B^0 和 B^1 分别由式（3-24a）和式（3-24b）计算，并由二式可得

$$\frac{\mathrm{d}B^0}{\mathrm{d}T_r} = \frac{0.675}{T_r^{2.6}} \tag{4-41a}$$

$$\frac{\mathrm{d}B^1}{\mathrm{d}T_r} = \frac{0.722}{T_r^{5.2}} \tag{4-41b}$$

因此，可根据 H^R 和 S^R 的普遍化关系式，结合理想热容、式（4-19）和式（4-20），可以求出任何 T 和 p 下的焓和熵值。

当任何的反应由真实始态"1"（T_1, p_1）变化到真实末态"2"（T_2, p_2）时，其焓变 ΔH 和熵变 ΔS 的计算分为三步进行，其变化过程如图 4-1 所示。

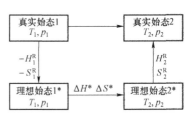

图 4-1　ΔH 和 ΔS 的计算路径

因此，从真实状态的始态变化到末态的焓变 ΔH 和熵变 ΔS 就可计算为

$$\Delta H = \overline{C_{pH}^*}(T - T_0) + H_2^R - H_1^R \tag{4-42}$$

$$\Delta S = \overline{C_{pS}^*}\ln\frac{T}{T_0} - R\ln\frac{p}{p_0} + S_2^R - S_1^R \tag{4-43}$$

3. 根据 p-V-T 实验数据进行计算

如果有大量 p-V-T 实验数据，可利用图解法来求解 H^R 和 S^R。根据所用方程不同，其参数也不同，方法也不同。

（1）利用式（4-13）和式（4-14），以图解积分法求取

根据式（4-13）$H^R = \int_0^p\left[V - T\left(\frac{\partial V}{\partial T}\right)_p\right]\mathrm{d}p$ 和式（4-14）$S^R = \int_0^p\left[\frac{R}{p} - \left(\frac{\partial V}{\partial T}\right)_p\right]\mathrm{d}p$，

用图解积分法可求解 H^R 和 S^R。

以求解 H^R 为例，其解析过程可分为两步：先作 $V\text{-}T$ 的等压线，并计算给定 T 下的等压线斜率 $(\partial V/\partial T)_p$（见图 4-2a）；再以 $V-(\partial V/\partial T)_p$ 对压力 p 作图，利用剪纸称量法或其他数据软件的积分功能求取曲线下的面积就为 H^R 的值（见图 4-2b）。S^R 的图解与 H^R 的第一步是相同的，不同之处在于第二步求曲线下的面积时，图是以 $R/p-(\partial V/\partial T)_p$ 对压力 p 作图求取曲线下的面积就为 S^R 的值（与图 4-2 的图相似，因此这里图略）。

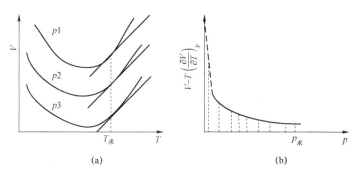

(a)　　　　　　　　　　(b)

图 4-2　图解法求解 H^R

（2）采用压缩因子 Z 图解积分法和 V^R 图解积分法求解 H^R 和 S^R 的解

对于气体，压缩因子 $Z=pV/RT$ ，有

$$\left(\frac{\partial V}{\partial T}\right)_p=\frac{ZR}{p}+\frac{RT}{p}\left(\frac{\partial Z}{\partial T}\right)_p \tag{4-44}$$

将式（4-44）代入式（4-13）和式（4-14）可得

$$\frac{H^R}{RT}=-T\int_0^p\left(\frac{\partial Z}{\partial T}\right)_p\frac{\mathrm{d}p}{p} \tag{4-45}$$

$$\frac{S^R}{R}=-T\int_0^p\left(\frac{\partial Z}{\partial T}\right)_p\frac{\mathrm{d}p}{p}-\int_0^p(Z-1)\frac{\mathrm{d}p}{p} \tag{4-46}$$

同理，根据 $V=V^*+V^R=RT/p+V^R$ ，可得 $\left(\dfrac{\partial V}{\partial T}\right)_p=\dfrac{R}{p}+\left(\dfrac{\partial V^R}{\partial T}\right)_p$ ，将此式代入式（4-13）和式（4-14）得

$$H^R=\int_0^p V^R\mathrm{d}p-T\int_0^p\left(\frac{\partial V^R}{\partial T}\right)_p\mathrm{d}p \tag{4-47}$$

$$S^R=\int_0^p\left(\frac{\partial V^R}{\partial T}\right)_p\mathrm{d}p \tag{4-48}$$

压缩因子 Z 图解积分法或 V^R 图解积分法分别将$(\partial V/\partial T)_p$ 转化成$(\partial Z/\partial T)_p$ 或 $(\partial V^R/\partial T)_p$，再将之代入式（4-13）和式（4-14）中，可得式 [（4-45）～（4-46）] 或式 [（4-47）～（4-48）]，再进行图解分别可得 H^R 和 S^R 的解。图解过程与图 4-2 的路径相似，这里不再详述。

4.2 逸度与逸度系数

4.2.1 逸度与逸度系数的定义

在化工热力学中，Gibbs 自由能（Gibbs free energy，在化工中又常称为 Gibbs 自由焓）是极其重要的。根据式（1-90）有 $dG = -SdT + Vdp$，当应用于等温、组成恒定为 1 mol 的纯流体时，有

$$dG_i = V_i dp \quad （dT = 0）\tag{4-49}$$

如果流体为理想性气体，则有 $V_i = RT/p$，代入上式有

$$dG_i = RT\frac{dp}{p} = RTd\ln p \quad （dT = 0）\tag{4-50}$$

上式适合于理想性气体，如果应用于真实气体，则只需要用对应温度下的真实的有效压强，即逸度 f（Fugacity）来代替上式中的 p 就可应用于真实气体。美国物理化学家 Gibbs Nenton Lews 提出的逸度定义为

$$dG_i = RTd\ln f_i \quad （当 dT = 0）\tag{4-51}$$

$$\lim_{p\to 0}\frac{f_i}{p} = 1\tag{4-52}$$

这里，f_i 为纯组分 i 的逸度，单位同压强。

因此，同样温度 T 下，真实气体的逸度与理想气体压强之比，即逸度系数（Fugacity coefficient，原称为 Fugacity factor）定义为

$$\phi_i = \frac{f_i}{p}\tag{4-53}$$

ϕ_i 的单位是无量纲的。

这里要记得逸度为有效的压力，它是联系自由焓与可测的物理量的辅助函数。特别要注意的是逸度和逸度系数都是强度性质（而不是广度性质）的热力学函数；虽然逸度的单位与压力相同，但逸度系数的单位却是无量纲的；理想气体的逸度 $f_i = p$，逸度系数 $\phi_i = 1$。

4.2.2　逸度与逸度系数的计算

逸度与逸度系数的计算可分为气体流体和液体流体的计算。

1. 气体逸度与逸度系数的计算

气体逸度与逸度系数的计算主要根据 p-V-T 实验数据、立方型状态方程及对应状态原理方法来计算。

（1）根据 p-V-T 实验数据计算逸度系数与逸度

合并式（4-49）和式（4-51），并将式（4-53）代入后，可得

$$d\ln\phi_i = \frac{V_i dp}{RT} - \frac{dp}{p} \tag{4-54}$$

将上式两边压力从 0→p、逸度系数则对应着从 0→ϕ_i 进行积分，得

$$\ln\phi_i = \int_0^p \left(\frac{V_i}{RT} - \frac{1}{p} \right) dp \tag{4-55}$$

因此，利用式（4-55）将 p-V-T 实验数据代入进行数值积分或图解积分可求出 ϕ_i，进而求出逸度 f_i。

当然也可以利用焓和熵值结合实验数据来计算 ϕ_i。根据式（4-51）有 $d\ln f_i = 1/RT dG_i$，将此式在同 T 下，从基态压力 p^* 积分到末态压力 p，得

$$\ln\frac{f_i}{f_i^*} = \frac{1}{RT}(G_i - G_i^*) \tag{4-56}$$

根据 Gibbs 自由能的定义式 $G = H - TS$，有

$$G_i = H_i - TS_i \qquad G_i^* = H_i^* - TS_i^*$$

将上两式代入式（4-56），得

$$\ln\frac{f_i}{p^*} = \frac{1}{R}\left[\frac{H_i - H_i^*}{T} - (S_i - S_i^*) \right] \tag{4-57}$$

当压力接近于同 T 下的理想性气体时，有逸度 $f_i = p^{id}$，则式（4-57）改写为

$$\ln\frac{f_i}{p^{id}} = \frac{1}{R}\left[\frac{H_i - H_i^{id}}{T} - (S_i - S_i^{id}) \right] \tag{4-58}$$

此式结合式（4-53），可根据焓和熵值对逸度 f_i 和逸度系数 ϕ_i 进行计算。

（2）利用状态方程来计算逸度系数与逸度。

根据式（4-53）和式（4-55），有

$$\ln\phi_i = \ln\frac{f_i}{p} = \int_0^p \left(\frac{V_i}{RT} - \frac{1}{p} \right) dp \quad (dT = 0) \tag{4-59}$$

以为力方程为例代入求解。

根据式（3-21）的为力方程 $Z = \dfrac{pV_i}{RT} = 1 + \dfrac{Bp}{RT}$，可改写为

$$\frac{V_i}{RT} - \frac{1}{p} = \frac{B}{RT} \tag{4-60}$$

将式（4-60）代入式（4-59），得

$$\ln \phi_i = \ln \frac{f_i}{p} = \int_0^p \frac{B}{RT} \mathrm{d}p = \frac{Bp}{RT} \quad (\mathrm{d}T = 0) \tag{4-61}$$

同理，采用其他状态方程也可作相似推导，但方程的形式却不同（如表 4-1 所示）。

表 4-1 常见状态方程计算逸度系数与逸度的表达式

状态方程	$\ln \phi_i = \ln \dfrac{f_i}{p}$
RK 方程［式（3-3）］	$\ln \dfrac{f_i}{p} = \dfrac{PV_i}{RT} - 1 - \ln \dfrac{p(V_i - b)}{RT} + \dfrac{a}{bRT^{1.5}} \ln \dfrac{V_i}{V_i + b}$
SRK 方程［式（3-5a）］	$\ln \dfrac{f_i}{p} = Z - 1 - \ln \dfrac{p(V_i - b)}{RT} - \dfrac{a}{bRT} \ln\left(1 + \dfrac{b}{V_i}\right)$
PR 方程［式（3-6a）］	$\ln \dfrac{f_i}{p} = Z - 1 - \ln \dfrac{p(V_i - b)}{RT} - \dfrac{1}{2\sqrt{2}bRT} \ln \dfrac{V_i + (\sqrt{2} + 1)b}{V_i - (\sqrt{2} - 1)b}$

（3）用对应状态原理来计算逸度系数与逸度。

将 $Z = \dfrac{pV_i}{RT}$ 代入方程式（4-55），得

$$\ln \phi_i = \ln \frac{f_i}{p} = \int_0^p (Z - 1) \frac{\mathrm{d}p}{p}$$

再将上式改写为对比压力 p_r 的形式，有

$$\ln \phi_i = \ln \frac{f_i}{p} = \int_{p_{0r}}^{p_r} (Z - 1) \frac{dp_r}{p_r} \tag{4-62}$$

应用式（4-62），如果知道对比参数 T_r、p_r，根据两参数普遍化逸度系数图可查出逸度系数，并算出逸度，误差小于 10%。

如果采用第三参数 ω，则可将逸度系数的对数写出如同式（3-20）一样的方程

$$\ln \phi = \ln \phi^0 (p_r, T_r) + \omega \ln \phi^1 (p_r, T_r) \tag{4-63a}$$

$$\phi = (\phi^0)(\phi^1)^\omega \tag{4-63b}$$

这里简单流体的逸度系数 ϕ^0 和校正值 ϕ^1 可根据对比参数 T_r、p_r 查附录四可得，代入上式即可求得对应流体的逸度系数和逸度。

若将式（3-22）和式（3-23）代入式（4-62），得

$$\ln \phi_i = \frac{p_r}{T_r}(B^0 + \omega B^1) \tag{4-64}$$

利用式（4-64）可以计算简单和混合流体的逸度系数和逸度，其中 B^0 和 B^1 用式（3-24）计算。

2. 液体流体逸度系数与逸度的计算

因为剩余体积 $V_i^R = V_i - V_i^{id} = Z_i RT / p - RT / p = RT / p(Z_i - 1)$，将此式代入式（4-62），则有

$$\ln \phi_i = \ln \frac{f_i}{p} = \frac{1}{RT}\int_0^p V_i^R \,\mathrm{d}p \tag{4-65}$$

此式可计算纯气体、纯液体和纯固体的逸度系数。式此计算一定 T、p 下的纯液体的逸度，可分为计算饱和蒸汽 i（温度 T 下的饱和蒸汽压为 p_i^s）下的逸度及从 p_i^s 压缩到 p 的逸度两项

$$RT \ln \phi_i = RT \ln \frac{f_i^l}{p} = \int_0^{p_i^s}\left(V_i - \frac{RT}{p}\right)\mathrm{d}p + \int_{p_i^s}^p\left(V_i^l - \frac{RT}{p}\right)\mathrm{d}p \tag{4-66}$$

当流体处于汽-液两相平衡时，两相的逸度是相等的，即 $f_i^l = f_i^s = p_i^s \phi_i^s$，则式（4-66）改写为

$$RT \ln \phi_i = RT \ln \frac{f_i^l}{p} = RT \ln \frac{f_i^s}{p_i^s} + \int_{p_i^s}^p\left(V_i^l - \frac{RT}{p}\right)\mathrm{d}p \tag{4-67}$$

整理后可得未饱和液体（压缩液体）的逸度计算式

$$f_i^l = p_i^s \frac{f_i^s}{p_i^s}\exp\int_{p_i^s}^p \frac{V_i^l}{RT}\mathrm{d}p = p_i^s \phi_i^s \exp\int_{p_i^s}^p \frac{V_i^l}{RT}\mathrm{d}p \tag{4-68}$$

这里指数校正项 $\exp\int_{p_i^s}^p V_i^l / RT\mathrm{d}p$ 又称为 Poynting 校正因子，只有在高压下起重要的作用。当液体的摩尔体积 V_i 在远离临界点时为不可压缩流体，因此可视作常数，此时有

$$f_i^l = p_i^s \phi_i^s \exp\left[\frac{V_i^l(p - p_i^s)}{RT}\right] \tag{4-69}$$

当压力不太大时，有

$$f_i^l = p_i^s \phi_i^s \tag{4-70}$$

4.3 非电解质流体混合物的热力学性质

在化学工业、能源化学工程、生物工程和冶金等领域，生产过程常涉及多组分的溶液或混合物，组成常因质量和热量的传递而产生显著的影响。但电解质在溶液中易分解成各种离子因而影响太复杂，本节内容主要关注的是非电解质流体的热力学性质计算。

4.3.1 多组分体系热力学性质之间的关系

对于两种或两种以上的物质（又名组分）组成形成的多组分体系，可以是均相的和多相的。它分为混合物和溶液，混合物指其系统中的各组分均可用相同方法进行处理，有相同的标准态，且遵守相同的经验定律。而溶液中其溶剂和溶质却不能采用相同方法处理，二者的标准态、化学势（化学工业中常称为化学位，Chemical potential）的表示式不同，服从不同经验定律。当组成 n_i 可变时，则热力学函数 U、H、A 和 G 皆与组成 n_i 有关。因此，根据式（1-87）～式（1-90）有

$$d(nU) = Td(nS) - pd(nV) + \sum_i \left[\frac{\partial(nU)}{\partial n_i}\right]_{nS, nV, n_{j\neq i}} dn_i \qquad (4\text{-}71a)$$

$$d(nH) = Td(nS) + (nV)dp + \sum_i \left[\frac{\partial(nH)}{\partial n_i}\right]_{nS, p, n_{j\neq i}} dn_i \qquad (4\text{-}71b)$$

$$d(nA) = -(nS)dT - pd(nV) + \sum_i \left[\frac{\partial(nA)}{\partial n_i}\right]_{T, nV, n_{j\neq i}} dn_i \qquad (4\text{-}71c)$$

$$d(nG) = -(nS)dT + (nV)dp + \sum_i \left[\frac{\partial(nG)}{\partial n_i}\right]_{T, p, n_{j\neq i}} dn_i \qquad (4\text{-}71d)$$

这里令化学位（Chemical potential）μ_i 为

$$\mu_i = \left[\frac{\partial(nU)}{\partial n_i}\right]_{nS, nV, n_{j\neq i}} = \left[\frac{\partial(nH)}{\partial n_i}\right]_{nS, p, n_{j\neq i}} = \left[\frac{\partial(nA)}{\partial n_i}\right]_{T, nV, n_{j\neq i}} = \left[\frac{\partial(nG)}{\partial n_i}\right]_{T, p, n_{j\neq i}} \qquad (4\text{-}72)$$

因此，广义的化学位的定义指保持热力学函数的特征变量和除 B 以外其他组分不变，某热力学函数随物质的量 n_i 的变化率。

则方程式（4-71a）～式（4-71d）改写为

$$d(nU) = Td(nS) - pd(nV) + \sum_i \mu_i dn_i \qquad (4\text{-}73a)$$

$$d(nH) = Td(nS) + (nV)dp + \sum_i \mu_i dn_i \tag{4-73b}$$

$$d(nA) = -(nS)dT - pd(nV) + \sum_i \mu_i dn_i \tag{4-73c}$$

$$d(nG) = -(nS)dT + (nV)dp + \sum_i \mu_i dn_i \tag{4-73d}$$

由于生产和实验常在等温、等压下进行，所以狭义的化学位常指偏摩尔 Gibbs 自由能，即 $\mu_i = [\partial(nG)/\partial n_i]_{T,p,n_{j\neq i}}$。

因此根据式（4-72d），结合麦克斯韦关系式可求得 μ_i 随 T 和 p 的变化关系式。

$$\left(\frac{\partial \mu_B}{\partial T}\right)_{p,n} = \left[\frac{\partial}{\partial T}\left(\frac{\partial G}{\partial n_B}\right)_{T,p,n_{j\neq i}}\right]_{p,n} = \left[\frac{\partial}{\partial n_B}\left(\frac{\partial G}{\partial T}\right)_{p,n_j}\right]_{T,p,n_j} = \left[\frac{\partial(-S)}{\partial n_i}\right]_{T,p,n_j} \tag{4-74}$$

$$\left(\frac{\partial \mu_B}{\partial p}\right)_{T,n} = \left[\frac{\partial}{\partial p}\left(\frac{\partial G}{\partial n_i}\right)_{T,p,n_{j\neq i}}\right]_{T,n} = \left[\frac{\partial}{\partial n_i}\left(\frac{\partial G}{\partial p}\right)_{T,n_j}\right]_{T,p,n_j} = \left(\frac{\partial V}{\partial n_i}\right)_{T,p,n_j} \tag{4-75}$$

这里，下标 n 表示组成不变。

4.3.2　偏摩尔性质

1. 定义

在多组分系统中，系统中任一广度性质（容量性质）M（代表 V，U，H，S，A，G 等的摩尔热力学性质）与温度、压力有关外，还与组成系统各物的物质的量有关。式（4-72）的 $[\partial(nM)/\partial n_i]_{T,p,n_{j\neq i}}$ 的偏微分形式称作溶液中组分 i 的偏摩尔性质，以符号 $\overline{M}_i$ 表示。

则指定 T、p 和组成下物质 i 的偏摩尔性质定义为

$$\overline{M}_i = \left(\frac{\partial nM}{\partial n_i}\right)_{T,p,n_{i\neq j}} \tag{4-76}$$

这里 n 指的是总物质的量。

因此，狭义化学位 $\mu_i = [\partial(nG)/\partial n_i]_{T,p,n_{j\neq i}} = \overline{G}_i$。式（4-74）和式（4-75）就可改写为

$$\left(\frac{\partial \mu_B}{\partial T}\right)_{p,n} = -\overline{S}_i \tag{4-77}$$

$$\left(\frac{\partial \mu_B}{\partial p}\right)_{T,n} = \overline{V}_i \tag{4-78}$$

式中 $\overline{S}_i$ 和 $\overline{V}_i$ 分别叫物质 i 的偏摩尔熵和偏摩尔体积。对于纯流体，偏摩尔

体积就是该流体的摩尔体积。式（4-78）可以推出计算各种理想、非理想流体和溶液中溶质、溶剂的化学势计算式，相平衡应用，化学平衡的等温方程，电化学的能斯特方程等，应用非常广泛。

2. 用 $\overline{M}_i$ 性质表达溶液的摩尔性质 M

溶液中的热力学性质用不同的符号区分，分为三类。

纯组分性质：M_i，如 V_i，U_i，H_i，S_i，A_i，G_i 等。

溶液的性质：M，如 V，U，H，S，A，G 等。

偏摩尔性质：$\overline{M}_i$，如 $\overline{V}_i$，$\overline{U}_i$，$\overline{H}_i$，$\overline{S}_i$，$\overline{A}_i$，$\overline{G}_i$ 等。

对于系统中任一广度性质 M 是 T、p 和物质的量 n 的函数，即 $nM=f(T,p,n_1,n_2\cdots)$。将其写成微分式有

$$\mathrm{d}(nM) = \left[\frac{\partial(nM)}{\partial T}\right]_{p,n} \mathrm{d}T + \left[\frac{\partial(nM)}{\partial p}\right]_{T,n} \mathrm{d}p + \sum \overline{M}_i \mathrm{d}n_i \qquad (4\text{-}79)$$

同时，由于偏微分具有加和的性质，则有

$$nM = \sum n_i \overline{M}_i \qquad (4\text{-}80)$$

式（4-80）两边同时除以物质的量 n，得

$$M = \sum x_i \overline{M}_i \qquad (4\text{-}81)$$

由式（4-81）可知，当 $x_i=1$ 时，则 $M=\overline{M}_i$，即对于纯组分，溶液的摩尔性质就是其偏摩尔性质。但是对溶液，由于 $x_i \neq 1$，所以 $M \neq \overline{M}_i$。

如果对式（4-79）展开成全微分，有

$$\mathrm{d}(nM) = \sum \overline{M}_i \mathrm{d}n_i + \sum n_i \mathrm{d}\overline{M}_i \qquad (4\text{-}82)$$

将式（4-79）结合式（4-82），得

$$\left[\frac{\partial(nM)}{\partial T}\right]_{p,n} \mathrm{d}T + \left[\frac{\partial(nM)}{\partial p}\right]_{T,n} \mathrm{d}p - \sum n_i \mathrm{d}\overline{M}_i = 0 \qquad (4\text{-}83a)$$

此式为 Gibbs-Duhem 方程，它适用于均相中任何的热力学函数。利用 Gibbs-Duhem 方程可以验证汽-液平衡数据是否正确；证明热力学关系是否成立；对二元系统，根据组元一的偏摩尔量推算组元二的偏摩尔量。

当等 T 和等 p 下，式（4-83）缩减为

$$\sum n_i \mathrm{d}\overline{M}_i = 0 \qquad (4\text{-}83b)$$

即，当 $M=G$ 时，有 $\sum x_i \mathrm{d}\overline{G}_i = 0$。当方程（4-83b）两边除上物质的量 n 时，式（4-83b）通常表达为

$$\sum x_i \mathrm{d}\overline{M}_i = 0 \qquad (4\text{-}83c)$$

在定温和定压 Gibbs-Duhem 方程形式多，使得组成与容量性质、强度性质、偏摩尔性质和超额性质间有着广泛的联系。方程（4-83c）可以写成多种形式，主要有三种形式。第一种为式（4-83b）和式（4-83c）的容量性质的偏摩尔形式，比如 $\overline{G}_i$，$\overline{H}_i$，$\overline{S}_i$，$\overline{V}_i$，$\overline{A}_i$ 等；第二种是强度性质表示的多元形式 $\sum_i x_i (\mathrm{d}\ln I_i)_{T,p} = 0$，这里 I_i 代表为 i 组分的强度性质，指 $\hat{f}_i$、p、$\hat{\phi}_i$ 和 γ_i 等，如 $\sum_i x_i (d\ln\gamma_i)_{T,p} = 0$；第三种用超额偏摩尔性质来表示的 $\sum_i x_i (d\overline{M}_i^{\mathrm{E}})_{T,p} = 0$，这里 $\overline{M}_i^{\mathrm{E}}$ 指超额性质。

实际上，在热力学上 Maxwell 关系同样也适用于偏摩尔性质，即有

$$\overline{H}_i = \overline{U}_i + p\overline{V}_i \tag{4-84a}$$

$$\overline{A}_i = \overline{U}_i - T\overline{S}_i \tag{4-84b}$$

$$\overline{G}_i = \overline{H}_i - T\overline{S}_i \tag{4-84c}$$

$$\mathrm{d}\overline{U}_i = T\mathrm{d}\overline{S}_i - p\mathrm{d}\overline{V}_i \tag{4-84d}$$

$$\mathrm{d}\overline{H}_i = T\mathrm{d}\overline{S}_i + \overline{V}_i\mathrm{d}p \tag{4-84e}$$

$$\mathrm{d}\overline{A}_i = -\overline{S}_i\mathrm{d}T - p\mathrm{d}\overline{V}_i \tag{4-84f}$$

$$\mathrm{d}\overline{G}_i = -\overline{S}_i\mathrm{d}T + \overline{V}_i\mathrm{d}p \tag{4-84g}$$

例 4-1　在一定 T 和 p 下，二元溶液组分 1 的偏摩尔焓遵从 $\overline{H}_1 = H_1 + Ax_2^2$，请推导出 $\overline{H}_2$ 和溶液 H 的表达式。

解：根据 Gibbs-Duhem 方程 $\sum x_i \mathrm{d}\overline{M}_i = 0$，在一定 T 和 p 下有

$$x_1 \mathrm{d}\overline{H}_1 + x_2 \mathrm{d}\overline{H}_2 = 0$$

则

$$\mathrm{d}\overline{H}_2 = -\frac{x_1}{x_2}\mathrm{d}\overline{H}_1 = -\left(\frac{x_1}{x_2}\right)\left(\frac{\mathrm{d}\overline{H}_1}{\mathrm{d}x_2}\right)\mathrm{d}x_2$$

且当 $x_2 = 1$ 时，$\overline{H}_2 = H_2$，对 x_2 从 $1 \to x_2$ 积分上式有

$$\overline{H}_2 - H_{m2} = \int_1^{x_2} -\left(\frac{x_1}{x_2}\right)\left(\frac{\mathrm{d}\overline{H}_1}{\mathrm{d}x_2}\right)\mathrm{d}x_2$$

而由题可知 $\overline{H}_1 = H_1 + Ax_2^2$，将之代入上式，有

$$\overline{H}_2 = H_2 - \int_1^{x_2} [(1-x_2)/x_2] \times 2Ax_2 \mathrm{d}x_2$$

$$= H_2 - \int_1^{x_2} 2A(1-x_2)\mathrm{d}x_2$$

$$= H_2 + Ax_1^2$$

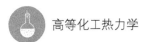

则可求得

$$H = x_1\bar{H}_1 + x_2\bar{H}_2$$
$$= x_1 H_1 + x_2 H_2 + A x_1 x_2$$

3. $\bar{M}_i$ 性质的计算

以总体摩尔量来求 $\bar{M}_i$ 量。根据式（4-76）有

$$\bar{M}_i = \left(\frac{\partial nM}{\partial n_i}\right)_{T,p,n_{j\neq i}} = M + n\left(\frac{\partial M}{\partial n_i}\right)_{T,p,n_{j\neq i}} \tag{4-85}$$

已知摩尔性质 M 在等 T 和等 p 下是 N-1 个摩尔分数的函数，即 $M = M(x_1, \cdots, x_{k-1}, \cdots)$，写成全微分有 $dM = \sum\left(\frac{\partial M}{\partial x_k}\right)_{T,p,n_{j\neq k}} dx_k$

上式两边同时除以 n_i，可得

$$\left(\frac{\partial M}{\partial n_i}\right)_{T,p,n_{j\neq i}} = \sum\left(\frac{\partial x_k}{\partial n_i}\right)_{n_{j\neq i}}\left(\frac{\partial M}{\partial x_k}\right)_{T,p,n_{i\neq j}} \tag{4-86}$$

而 $\left(\frac{\partial x_k}{\partial n_i}\right)_{n_{j\neq i}} = \frac{1}{n}\left(\frac{\partial n_k}{\partial n_i}\right)_{n_{j\neq i}} - \frac{n_k}{n^2}\left(\frac{\partial n}{\partial n_i}\right)_{n_{j\neq i}} = -\frac{n_k}{n^2} = -\frac{x_k}{n}$，将之代入式（4-86），并与

式（4-85）合并后可得

$$\bar{M}_i = M - \sum_{k\neq i}\left[x_k\left(\frac{\partial M}{\partial x_k}\right)_{T,p,x_{j\neq i,k}}\right] \tag{4-87}$$

因此，根据上式，对于二元溶液，有

$$\bar{M}_1 = M - x_2\frac{dM}{dx_2} = M + x_2\frac{dM}{dx_1} \quad (4\text{-}88a)$$

$$\bar{M}_2 = M - x_1\frac{dM}{dx_1} = M + x_1\frac{dM}{dx_2} \quad (4\text{-}88b)$$

则，根据真实等 T、等 p 状态下的溶液不同组成的 $M - x$ 数据，可用式的（4-87）和式（4-88）（二元组成）求得不同组成的 $\bar{M}_i$ 量。

当然也可以用图解法来求二元组成的 $\bar{M}_i$ 量（见图 4-3）。先将实验数据绘制 $M - x_1$ 图，要求 x_1 组成时的偏摩尔量，则过此点作曲线的切线，切线在 $x_1 = 0$ 和 $x_1 = 1$ 时的截距就是 $\bar{M}_2$ 和 $\bar{M}_1$。

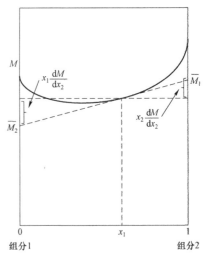

图 4-3　图解法求二元组成的 $\bar{M}_i$ 量

4.3.3　混合物的逸度系数与逸度及其计算

1. 定义

混合物可以看作是一个整体，因此其逸度系数与逸度的计算同理想气体的逸度系数与逸度的计算原则是一致的，当计算各项均为混合物的性质时是按混合规则的方法来进行求取。类似方程式（4-51）～式（4-53）将混合物中组分 i 的逸度与逸度系数定义为

$$d\overline{G}_i = RTd\ln\hat{f}_i \tag{4-89a}$$

$$\lim_{p\to 0}\frac{\hat{f}_i}{x_i p} = 1 \tag{4-89b}$$

$$\hat{\phi} = \frac{\hat{f}_i}{x_i p} \tag{4-90}$$

因此，对应的混合物的逸度与逸度系数定义为

$$dG = RTd\ln f \tag{4-91a}$$

$$\lim_{p\to 0}\frac{f}{p} = 1 \tag{4-91b}$$

$$\phi = \frac{f}{p} \tag{4-92}$$

这里，$\hat{f}_i$ 和 $\hat{\phi}$ 分别指混合物中组分 i 的逸度与逸度系数；f 和 ϕ 分别指混合物的逸度与逸度系数。

结合式（4-89）和式（4-91），根据偏摩尔的定义式（4-72），可见 $\ln(\hat{f}_i / x_i)$ 是 $\ln f$ 的偏摩尔性质。根据偏摩尔性质和摩尔性质之间的关系式 $M = \sum x_i \overline{M}_i$，因此可得

$$\ln f = \sum \left(x_i \ln\frac{\hat{f}_i}{x_i} \right) \tag{4-93}$$

将式（4-90）和式（4-92）代入式（4-93），并根据式（4-81），则有

$$\ln\phi = \sum x_i \ln\hat{\phi}_i \tag{4-94}$$

由式（4-94）可知，$\ln\hat{\phi}_i$ 是 $\ln\phi$ 的偏摩尔性质。

混合物逸度与逸度系数与组分逸度与逸度系数间的关系总结如表 4-2 所示。

表 4-2　混合物与组分逸度与逸度系数间的关系

混合物	组分	关系式
M	$\bar{M}_i$	$M = \sum x_i \bar{M}_i$
$\ln f$	$\ln(\hat{f}_i / x_i)$	$\ln f = \sum x_i \ln(\hat{f}_i / x_i)$
$\ln \phi$	$\ln \hat{\phi}_i$	$\ln \phi = \sum x_i \ln \hat{\phi}_i$

2. 混合物中组分 i 的逸度的计算

类同纯物质逸度系数计算式（4-55），计算混合物的逸度系数基本关系式可表达为

$$\ln \hat{\phi}_i = \int_0^p \left(\frac{\bar{V}_i}{RT} - \frac{1}{p} \right) dp \quad (\text{等 } T,\ x) \tag{4-95}$$

由于 $\bar{Z}_i = P\bar{V}_i / RT$，且对理想性气体有 $\bar{Z}_i = Z_i = 1$ 和 $\hat{\phi}_i = \phi_i = 1$，因此式（4-95）可变为

$$\ln \hat{\phi}_i = \int_0^p (\bar{Z}_i - 1) \frac{dp}{p} \quad (\text{等 } T,\ x) \tag{4-96}$$

式（4-95）和式（4-96）是计算混合物中组分 i 的逸度和逸度系数的基本关系式，对气体、液体都适用。但主要指气体，对液体计算通常以活度来表达。

3. 温度和压力对逸度的影响

（1）温度对逸度的影响

根据式（4-58）可知

$$\ln \frac{f_i}{P^{id}} = \frac{1}{R} \left[\frac{H_i - H_i^{id}}{T} - (S_i - S_i^{id}) \right]$$

将上式改写为

$$\ln \frac{f_i}{p} = \frac{H_i - H_i^{id}}{TR} - \frac{(S_i - S_i^{id})}{R}$$

在定压下（$dp = 0$），将上式对 T 进行求导，则有

$$R \left(\frac{\partial \ln f_i}{\partial T} \right)_p = \frac{1}{T} \left[\left(\frac{\partial H_i}{\partial T} \right)_p - \left(\frac{\partial H_i^{id}}{\partial T} \right)_p \right] + \left[\left(\frac{\partial S_i^{id}}{\partial T} \right)_p - \left(\frac{\partial S_i}{\partial T} \right)_p \right] + \frac{H_i^{id} - H_i}{T^2}$$

由于

$$\left(\frac{\partial H}{\partial T} \right)_p = C_p \text{ 和 } \left(\frac{\partial S}{\partial T} \right)_p = \frac{C_p}{T}$$

故有

$$R\left(\frac{\partial \ln f_i}{\partial T}\right)_p = \frac{1}{T}(C_{pi} - C_{pi}^{id}) + \left(\frac{C_{pi}^{id}}{T} - \frac{C_{pi}}{T}\right) - \frac{H^R}{T^2} = -\frac{H^R}{T^2} = \frac{H_i^{id} - H_i}{T^2}$$

上式可变为

$$\left(\frac{\partial \ln f_i}{\partial T}\right)_p = -\frac{H^R}{RT^2} = \frac{H_i^{id} - H_i}{RT^2} \tag{4-97a}$$

同理，温度对混合物中组分 i 的逸度的影响有同样的公式

$$\left(\frac{\partial \ln \hat{f}_i}{\partial T}\right)_p = \frac{H_i^{id} - \overline{H}_i}{RT^2} \tag{4-97b}$$

式（4-97a）和式（4-97b）中，H_i^{id} 和 H_i 分别指组分 i 在理想气体状态下的摩尔焓和纯 i 在体系 p、T 下的摩尔焓；而 $\overline{H}_i$ 为混合物中组分 i 的偏摩尔焓。

（2）压力对逸度的影响

根据式（1-90）$dG = -SdT + Vdp$，在等温下，有 $dG = Vdp$。结合式（4-51）$dG_i = RTd\ln f_i$，因此有

$$\left(\frac{\partial \ln f_i}{\partial p}\right)_T = \frac{V_i}{RT} \tag{4-98a}$$

同理，压力对混合物中组分 i 的逸度的影响有

$$\left(\frac{\partial \ln \hat{f}_i}{\partial T}\right)_p = \frac{\overline{V}_i}{RT} \tag{4-98b}$$

式中，V_i 和 $\overline{V}_i$ 分别指纯组分 i 的摩尔体积和混合物组分 i 的偏摩尔体积。

4.3.4　活度及活度系数

1. 标准态逸度

真实溶液的性质是非常复杂的，因此在研究真实溶液的热力学性质时常选择一种最简单的溶液作为基础，研究真实溶液的性质与这种简单溶液的性质之间的差异。理想溶液就是这种最简单的溶液，它的分子结构相似、大小一样、分子间不存在作用力，没有混合热效应和混合体积的变化，因此可以简化计算过程，研究真实溶液的性质。对于理想溶液不同的文献或教科书常有不同的定义，但实质上都是相同的。

对于理想溶液，由式（4-95）和式（4-55）相比，则有

$$\ln \frac{\hat{\phi}_i}{\phi_i} = \frac{1}{RT}\int_0^p (\overline{V}_i - V_i)\,dp \tag{4-99}$$

由于理想溶液中 $\overline{V}_i = V_i$，因此代入式（4-99）有 $\hat{\phi}_i^{id} = \phi_i$。再根据逸度系数的定义式（4-53）和式（4-90），因此有

$$\hat{f}_i^{id} = x_i f_i \qquad (4\text{-}100)$$

此式表明理想溶液的逸度与摩尔分数成正比，表示理想溶液服从路易斯-兰德尔定则，计算时只需溶液的组成即可。

广义的理想溶液组分 i 的逸度定义

$$\hat{f}_i^{id} = x_i f_i^{\ominus} \qquad (4\text{-}101)$$

$f_i^{\ominus}$ 表示组分 i 的标准态逸度。

此式可以用来计算理想溶液或接近理想溶液的 $\hat{f}_i^{id}$ 值，用作标准态对实际逸度值 f_i 的比较；也可计算实际溶液中组分 i 逸度的近似值，在温度 T 较高、压力 p 较低条件下可应用，但其在高压条件下的适用性却很差；在 $x_i \to 1$ 或 $x_i \to 0$ 范围内的溶液也可以计算。

组分 i 的标准态逸度 $f_i^{\ominus}$ 有两种。

（1）是服从 Lewis-Randll 定则的标准态逸度。在一定的 T 和 p 下，纯 i 的实际状态下的逸度就是组分 i 的标准态逸度 $f_i^{\ominus} = f_i$。如图 4-4 中表示的溶液中 $x_i = 1$ 处的 $f_i^{\ominus}(LR)$ 为终点的曲线的切线，即 $\hat{f}_i \sim x_i$ 之间的关系，表示了真实溶液在 $x_i \to 1$ 范围内的性质，此时有

$$\lim_{x_i \to 1} \frac{\hat{f}_i}{x_i} = f_i^{\ominus}(LR) = f_i \qquad (4\text{-}102)$$

此式即 Lewis-Randll 定则。

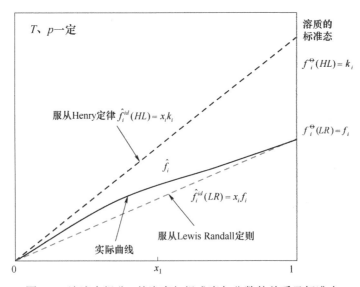

图 4-4　溶液中组分 i 的逸度与组成摩尔分数的关系及标准态

（2）是 Henry 提出的 $f_i^\ominus(HL)$ 表示的组分 i 的标准态逸度。同样在图 4-4 中在虚线终点处（$x_i \to 0$）符合

$$\lim_{x_i \to 0} \frac{\hat{f}_i}{x_i} = f_i^\ominus(HL) = k_i \tag{4-103}$$

这里 k_i 为 Henry 常数。

由于在研究体系温度和压力下，混合物或溶液中各组分 i 的纯物质聚集态相同且组分间可以无限混合时，各组分 i 皆服从以 Lewis-Randll 定则规定的标准态。反之，溶液中各组分 i 的纯物质聚集态如果是不同的（或组分间不能无限混合时），溶剂服从以 Lewis-Randll 定则规定的标准态，而溶质则服从以 Henry 定律为基础规定的标准态。

（1）在 T、p 和物态与溶液相同下，$f_i^\ominus(LR)$ 代表纯物质 i 的逸度。而 $f_i^\ominus(HL)$ 表示的是物质 i 的 Henry 常数，为该 T 和 p 下纯物质 i 的假想状态；其值与溶液的性质有关系，主要用于液体溶液中溶解度很小的溶质。

（2）$f_i^\ominus(LR)$ 值与溶液性质无关。如果在溶液 T 和 p 下的物态 i 能稳定存在，则标态为实际状态；反之，同条件下的物态 i 不能稳定存在，则对曲线外推求取 $f_i^\ominus(LR)$ 值或用 $f_i^\ominus(HL)$ 值。

（3）如果溶液 T 和 p 变化时，则标准态逸度也发生相应的变化。

（4）Lewis-Randll 定则提供了两个理想化数学模型，对于理想溶液 $\hat{f}_i^{id}$ 与 x_i 之间呈现为过原点的正比关系，且有 $\hat{f}_i^{id}(LR) = x_i f_i$ 和 $\hat{f}_i^{id}(HL) = x_i k_i$；而对于标准态，则有 $\hat{f}_i^\ominus(LR) = f_i$ 和 $\hat{f}_i^\ominus(HL) = k_i$。

2. 活度和活度系数

前面章节理论发现纯物质的摩尔性质就等于其偏摩尔性质，当纯物质组成理想溶液时，由于理想溶液的分子间的作用力相等，分子大小是相同的。所以混合后其混合体积变化为零、没有热效应。组分 i 的熵、自由焓等只与一定 T 下的组成含量有关。

$$\left.\begin{array}{l} \overline{V}_i = V_i \\ \overline{U}_i = U_i \\ \overline{H}_i = H_i \\ \overline{S}_i = S_i - R\ln x_i \\ \overline{G}_i = G_i + RT\ln x_i \end{array}\right\} \tag{4-104}$$

因此，在研究体系相同温度和压力下，其各组分 i 的逸度等于各纯组分的逸度乘以它的摩尔分数（$M = \sum x_i \overline{M}_i$），即有

$$\left.\begin{array}{l} V = \sum x_i V_i \\ U = \sum x_i U_i \\ H = \sum x_i H_i \\ S = \sum x_i S_i - R \sum x_i \ln x_i \\ G = \sum x_i G_i + RT \sum x_i \ln x_i \end{array}\right\} \tag{4-105}$$

真实溶液为非理想溶液，它不符合理想溶液其中任一个热力学性质的溶液。即它不符合上两式中的一些或全部条件。即由于各组分性质（如极性、大小等）的不同，作用力也不同，因此混合过程常伴随热效应现象，且混合前后的体积有变化。在处理真实溶液时，得对理想溶液的各种公式进行修正，因此引入修正系数"活度系数（Activity coefficient）"和"活度（Activity）"的概念。

根据式（4-97），对于理想溶液有 $\bar{V}_i = V_i$，因此必有 $\hat{f}_i^{id} = x_i f_i^{\ominus}$。但是真实溶液中 $\bar{V}_i \neq V_i$，所以真实溶液中的 $\hat{f}_i \neq x_i f_i^{\ominus}$。故引出修正系数，即活度系数 γ 对方程进行修正，即有

$$\gamma_i = \frac{\hat{f}_i}{x_i f_i^{\ominus}} \tag{4-106}$$

由于 $\gamma_i = \dfrac{\hat{a}_i}{x_i}$。故溶液的组分 i 的活度 $\hat{a}_i$ 为

$$\hat{a}_i = \frac{\hat{f}_i}{f_i^{\ominus}} \tag{4-107}$$

即活度的定义为溶液中组分 i 的逸度与在溶液 T，p 下组分 i 的标准态逸度的比值，即有效浓度。当溶液为理想溶液时 $\hat{f}_i^{id} = x_i f_i^{\ominus}$，因此 $\gamma_i = \hat{f}_i / f^{id}$；且此时 $\gamma_i = 1$，故 $\hat{a}_i = x_i$。

3. 混合过程热力学性质的变化

对于真实溶液，它的性质 M 与理想溶液是不同的。理想溶液混合后是没有焓的热效应和混合体积的变化，而真实溶液性质却与各组分 i 摩尔性质 $M_i^{\ominus}$ 的加和通常不相等。二者的差额称为混合性质的变化。

这种变化，在数学上定义为

$$\Delta M = M - \sum (x_i M_i^{\ominus}) \tag{4-108}$$

式中，$M_i^{\ominus}$ 是与混合物同温、同压下纯组分 i 的标准态性质。而要注意 ΔM 是与 T、p 和组成 x 有关的；如果在溶液的 T、p 下，组分 i 能以稳定态存在，则标准态取 $M_i^{\ominus} = M_i$。

因为有

$$M = \sum x_i \bar{M}_i \qquad (4\text{-}81)$$

将上式代入式（4-108），则有

$$\Delta M = \sum (x_i \bar{M}_i) - \sum (x_i M_i^{\ominus}) = \sum x_i (\bar{M}_i - M_i^{\ominus})$$

令 $\Delta \bar{M}_i = \bar{M}_i - M_i^{\ominus}$，并代入上式有

$$\Delta M = \sum (x_i \Delta \bar{M}_i) \qquad (4\text{-}109)$$

式中，$\Delta \bar{M}_i = f(T, p, x_i)$，它表示当 1 mol 的纯组分 i 在相同 T、p 下，由其标态变为给定组成溶液中的某组分时性持的变化；并且其与 ΔM 之间存在着偏摩尔性质关系，即：

$$\Delta \bar{M}_i = \Delta M - \sum_{k \neq i} \left[x_k \left(\frac{\partial \Delta M}{\partial x_k} \right)_{T, P, x_{l \neq k, i}} \right] \qquad (4\text{-}110)$$

由于混合的性质和混合的偏摩尔性质二者的变化差值对性质变化非常敏感，因此其应用是非常方便的。

故 ΔM 与溶液组分的 $\hat{a}_i$ 之间的关系就容易推导出来。

根据式（4-109），混合前后自由焓的变化可列出方程

$$\Delta G = \sum x_i (\bar{G}_i - G_i) \qquad (4\text{-}111)$$

将式（4-89a）$d\bar{G}_i = RTd \ln \hat{f}_i$ 与逸度定义式（4-51）结合可得

$$\bar{G}_i - G_i = RT \ln \frac{\hat{f}_i}{f_i} = RT \ln \hat{a}_i$$

将上式代入（4-111），则有

$$\frac{\Delta G}{RT} = \sum x_i \ln \hat{a}_i \qquad (4\text{-}112)$$

同理，可根据式（4-109）写出下列无因次式

$$\left. \begin{aligned} \frac{\Delta H}{RT} &= \frac{1}{RT} \sum [x_i (\bar{H}_i - H_i^{\ominus})] \\ \frac{P\Delta V}{RT} &= \frac{P}{RT} \sum [x_i (\bar{V}_i - V_i^{\ominus})] \\ \frac{\Delta S}{R} &= \frac{1}{R} \sum [x_i (\bar{S}_i - S_i^{\ominus})] \end{aligned} \right\} \qquad (4\text{-}113a)$$

根据式（1-90）和偏摩尔性质，有

$$H_i^\ominus = -RT^2\left[\frac{\partial(G_i^\ominus/RT)}{\partial T}\right]_P$$

$$V_i^\ominus = \left[\frac{\partial G_i^\ominus}{\partial P}\right]_T$$

$$-S_i^\ominus = \left[\frac{\partial G_i^\ominus}{\partial T}\right]_P$$

和

$$\overline{H}_i = -RT^2\left[\frac{\partial(\overline{G}_i/RT)}{\partial T}\right]_{P,x}$$

$$\overline{V}_i = \left[\frac{\partial \overline{G}_i}{\partial P}\right]_{T,x}$$

$$-\overline{S}_i = \left[\frac{\partial \overline{G}_i}{\partial T}\right]_{P,x}$$

将之代入（4-113a），可得

$$\frac{\Delta H}{RT} = -\sum\left\{x_i\left[\frac{\partial[(\overline{G}_i - G_i^\ominus)/RT]}{\partial \ln T}\right]_{P,x}\right\}$$

$$\frac{P\Delta V}{RT} = \frac{1}{RT}\sum\left\{x_i\left[\frac{\partial(\overline{G}_i - G_i^\ominus)}{\partial \ln T}\right]_{T,x}\right\}$$ （4-113b）

$$\frac{\Delta S}{R} = -\frac{1}{RT}\sum\left\{x_i\left[\frac{\partial[(\overline{G}_i - G_i^\ominus)]}{\partial \ln T}\right]_{P,x}\right\}$$

因此式（4-113b）结合式（4-112）可得

$$\frac{\Delta H}{RT} = -\sum\left\{x_i\left[\frac{\partial \ln \hat{a}_i}{\partial \ln T}\right]_{P,x}\right\}$$

$$\frac{P\Delta V}{RT} = \sum\left\{x_i\left[\frac{\partial \ln \hat{a}_i}{\partial \ln P}\right]_{T,x}\right\}$$ （4-113c）

$$\frac{\Delta S}{R} = -\sum(x_i\ln\hat{a}_i) - \sum\left\{x_i\left[\frac{\partial \ln \hat{a}_i}{\partial \ln T}\right]_{P,x}\right\}$$

由于理想溶液的 $\hat{a}_i = x_i$，则代入式（4-112）和式（4-113c）就得到理想溶液的混合性质变化，如下所示

$$\frac{\Delta G^{id}}{RT} = \sum x_i\ln x_i < 0$$

$$\Delta H^{id} = 0$$

$$\Delta V^{id} = 0$$

$$\frac{\Delta S^{id}}{R} = -\sum x_i\ln x_i > 0$$

根据 $H = U + pV$，因此也有

$$\Delta U^{id} = 0$$

4.3.5　超额性质

超额性质 M^E（Excess Properties）定义为相同的 T，p，x 下真实溶液性质 M 与理想溶液性质 M^{id} 之差。

$$M^E = M - M^{id} \tag{4-114}$$

特别要注意 M^E 和 M^R 的区别：

M^E 主要用于液相系统；

M^R 主要用于气相系统。

根据式（4-114）有

$$M^E = M - \sum x_i M_i - (M^{id} - \sum x_i M_i)$$

即

$$M^E = \Delta M - \Delta M^{id} \tag{4-115a}$$

令 $\Delta M^E = \Delta M - \Delta M^{id}$，则 $M^E = \Delta M^E$。

所以，有

$$H^E = H - H^{id} = \Delta H - \Delta H^{id} \tag{4-115b}$$

又因为对理想性流体有 $\Delta H^{id} = 0$，则

$$H^E = \Delta H = \Delta H^E \tag{4-115c}$$

同理有

$$U^E = \Delta U = \Delta U^E \tag{4-115d}$$

$$V^E = \Delta V = \Delta V^E \tag{4-115e}$$

这表明，超额焓（超额体积，超额热力学能）不能代表一个新的函数。

而超额熵为

$$S^E = S - S^{id} = \Delta S - \Delta S^{id} = \Delta S + R \sum x_i \ln x_i \tag{4-115f}$$

同理，有

$$G^E = G - G^{id} = \Delta G - \Delta G^{id} = \Delta G - RT \sum x_i \ln x_i \tag{4-115g}$$

可见只有与熵值有关的函数，考虑它的超额性质才能代表新的函数。其中实际应用中最多的是超额自由焓 G^E。

根据式（4-112）$\Delta G = RT \sum x_i \ln \hat{a}_i$，将之代入（4-115），则可得

$$G^E = \Delta G - \Delta G^{id} = RT \sum x_i \ln \left(\frac{\hat{a}_i}{x_i} \right) \tag{4-116a}$$

将上式换成另一种形式

$$\frac{G^{\mathrm{E}}}{RT} = \sum x_i \ln\left(\frac{\hat{a}_i}{x_i}\right) = \sum x_i \ln \gamma_i \qquad (4\text{-}116\mathrm{b})$$

根据式（4-81）$M = \sum x_i \overline{M}_i$ 和式（4-76）$\overline{M}_i = \left(\frac{\partial nM}{\partial n_i}\right)_{T, P, n_{i \neq j}}$，对照式（4-116），

可见 $\ln \gamma_i$ 是 $\dfrac{G^{\mathrm{E}}}{RT}$ 的偏摩尔性质。则有

$$\ln \gamma_i = \left[\frac{\partial(nG^{\mathrm{E}}/RT)}{\partial n_i}\right]_{T, P, n_{i \neq j}} = \frac{\overline{G}_i^{\mathrm{E}}}{RT} \qquad (4\text{-}117)$$

式（4-117）结合总偏摩尔量求偏摩尔量的公式（4-87）$\overline{M}_i = M - \sum\limits_{k \neq i}\left[x_k \right.$

$\left.\left(\dfrac{\partial M}{\partial x_k}\right)_{T, P, x_{j \neq i, k}}\right]$，则有

$$\ln \gamma_i = \frac{G^{\mathrm{E}}}{RT} - \sum_{k \neq i}\left[x_k\left(\frac{\partial(G^{\mathrm{E}}/RT)}{\partial x_k}\right)_{T, P, x_{j \neq i, k}}\right] \qquad (4\text{-}118)$$

例 4-2　有一二元混合物有 $\ln f = 3 + 2x_1 - x_1^2$，试确定 G^{E}/RT、$\ln\gamma_1$ 和 $\ln\gamma_2$ 的关系式（标准态以 Lewis-Randll 定则为基础）。

解：因为此体系的标准态符合 Lewis-Randll 定则，即有 $f_i^{\ominus}(LR) = f_i$，则有

$$\begin{aligned}
\frac{G^{\mathrm{E}}}{RT} &= \sum x_i \ln \gamma_i \\
&= x_1 \ln \gamma_1 + x_2 \ln \gamma_2 \\
&= x_1 \ln \frac{\hat{f}_1}{x_1 f_1} + x_2 \ln \frac{\hat{f}_2}{x_2 f_2} \\
&= x_1 \ln \frac{\hat{f}_1}{x_1} + x_2 \ln \frac{\hat{f}_2}{x_2} - x_1 \ln f_1 - x_2 \ln f_2 \\
&= \ln f - x_1 \ln f_1 - x_2 \ln f_2
\end{aligned}$$

因为 $\ln f = 3 + 2x_1 - x_1^2$

所以当 $x_1 = 1$ 时，$\ln f_1 = 4$

　　　　$x_1 = 0$ 时，$\ln f_2 = 3$

则

$$\begin{aligned}
\frac{G^{\mathrm{E}}}{RT} &= \ln f - x_1 \ln f_1 - x_2 \ln f_2 \\
&= 3 + 2x_1 - x_1^2 - 4x_1 - 3x_2 \\
&= x_1 x_2
\end{aligned}$$

根据式（4-118）有

$$\ln \gamma_1 = \frac{G^{\mathrm{E}}}{RT} + x_2 \left(\frac{\partial (G^{\mathrm{E}}/RT)}{\partial x_1} \right)_{T,P}$$

$$= x_1 x_2 + x_2^2$$

$$\ln \gamma_2 = \frac{G^{\mathrm{E}}}{RT} + x_1 \left(\frac{\partial (G^{\mathrm{E}}/RT)}{\partial x_2} \right)_{T,P}$$

$$= x_1 x_2 + x_1^2$$

4.3.6　活度系数与组成的关系

1. 正规溶液和无热溶液

如果要求取液体的活度，通过活度与活度系数的关系式 $\hat{\alpha}_i = \gamma_i x_i$ 可知，须先求取溶液的活度系数 γ_i。而 γ_i 通常要根据关系式来求取，γ_i 与组成 x_i 通常是符合 Gibbs-Duhem 方程的；但 Gibbs-Duhem 方程一般不能单独使用，通常要使用经验、半经验方程来解决问题。根据式（4-117）和式（4-118）可知，活度系数可由液体混合物的超额自由焓求解，如果知道超额自由焓数学模型，通过对物质的量 n_i 或组成 x_i 求偏微分，就可得 γ_i 与组成 x_i 的关系式。而超额自由焓是溶液的 T，p 和组成 x_i 的函数，它仍然是热力学函数的容量函数，遵循热力学性质的各种关系。这些函数间关系众多，可通过经验方程或理论、半理论方程推导出来。由于真实溶液为非理想溶液，将其分为正规溶液和无热溶液两大类，化学工程中常用的半经验方程通常都是由这两大类衍生出来的。当求取活度系数与组成关联式时，要满足：若选纯组分在体系的 T，p 下的状态为标准态，则当 $x_i \rightarrow 1$ 时，$\gamma_i \rightarrow 1$。

对于理想性溶液，根据前面的内容可知在热力学上有

$$G^{\mathrm{E}} = 0$$

$$H^{\mathrm{E}} = 0$$

$$S^{\mathrm{E}} = 0$$

根据式（4-117）$\ln \gamma_i = \left[\dfrac{\partial (nG^{\mathrm{E}}/RT)}{\partial n_i} \right]_{T,\,p,\,n_{i \neq j}}$，可知

$$G^{\mathrm{E}} \begin{cases} =0 & \text{理想溶液} \\ >0 & \text{正偏差} \\ <0 & \text{负偏差} \end{cases} \Rightarrow \gamma_i \begin{cases} =1 & \text{理想溶液} \\ >1 & \text{正偏差} \\ <1 & \text{负偏差} \end{cases}$$

而对于非理想性液体，$G^E = H^E - TS^E \neq 0$，则会出现 $H^E \neq 0$，$S^E = 0$ 或 $H^E = 0$，$S^E \neq 0$ 两种情况。

（1）当 $H^E \neq 0$，$S^E = 0$，且 $V^E = 0$ 时，有 $G^E = H^E$，Hildebrand 认为将极少量的一个组分从理想溶液迁移到具有相同组成的真实溶液时，热的变化是主要因素，因此不用考虑熵变与体积的变化，则此实际溶液为正规溶液。由于正规溶液的 $S^E = 0$，故 $RT\ln\gamma_i =$ 常数，因此对于实际溶液属于正规或接近正规溶液可利用此式求得另一温度下的 γ_i。基于正规溶液的基础上推出 Wohl 型方程，根据使用条件又简化为 Van Laar 方程、Margules 方程和对称方程。

（2）当 $H^E = 0$，$S^E \neq 0$ 时，则有 $G^E = -TS^E$。代表溶液中的组成质点大小的差别是比较大的（聚合物溶液就属于此类），此类溶液的 $H^E \approx 0$，此类溶液称为无热溶液。此时由于 $H^E = 0$，因此 $\ln\gamma_i$ 并不是温度 T 的函数。化学工程中应用比较广泛的 Wilson 方程就是此基础上推导出来的。

2. Wohl 型方程

Wohl 型方程是在正规溶液的基础上提出的，当求出非理想溶液的 G^E，就能求出各组分 γ_i 与组成 x_i 的关系式。正规溶液 $H^E = 0$ 是由于溶液中不同的组成其成分不同，其化学结构不同，故分子大小不一样、极性不同、分子间相互作用力差异较大的缘故。Wohl 归纳出一个以超额自由焓的数学模型来表达活度系数与组成的关系，它只是一个经验式，不是一个严格逻辑推导出的方程。

其普遍表达式为

$$\frac{G^E}{RT\sum_i q_i x_i} = \sum_i \sum_i Z_i Z_j a_{ij} + \sum_i \sum_j \sum_k Z_i Z_j Z_k a_{ijk} + \sum_i \sum_j \sum_k \sum_l Z_i Z_j Z_k Z_l a_{ijkl} + \cdots$$

（4-119）

式中，q_i 为组分 i 有效摩尔体积；a_{ij} 和 a_{ijk} 分别指 i，j 二分子交互作用参数和 i，j，k 三分子交互作用参数；x_i 为组分 i 的摩尔分数；而 Z_i 指组分 i 有效体积分数，$Z_i = q_i x_i /(\sum_i q_i x_i)$，且 $\sum_i Z_i = 1$。

对于二元体系，如果忽略四分子以上相互作用项；且因相互作用力与排列次序无关，则 $a_{12} = a_{21}$，$a_{112} = a_{121} = a_{211}$ 和 $a_{122} = a_{212} = a_{221}$，则式（4-119）可简化为

$$\frac{G^E}{RT(q_1 x_1 + q_2 x_2)} = 2Z_1 Z_2 a_{12} + 3Z_1^2 Z_2 a_{112} + 3Z_1 Z_2^2 a_{122} \tag{4-120}$$

由式（4-116）和式（4-117）可得

$$\frac{G^{\mathrm{E}}}{RT} = \sum x_i \ln \gamma_i = \sum x_i \left[\frac{\partial (nG^{\mathrm{E}}/RT)}{\partial n_i} \right]_{T,\,P,\,n_{i\neq j}}$$

将上式对式（4-120）中 nG^{E}/RT 对组分求偏微分整理后可得

$$\ln \gamma_1 = Z_2^2 \left[A + 2Z_1 \left(B \frac{q_1}{q_2} - A \right) \right] \tag{4-121a}$$

$$\ln \gamma_2 = Z_1^2 \left[B + 2Z_2 \left(A \frac{q_2}{q_1} - B \right) \right] \tag{4-121b}$$

式中

$$A = q_1 (2a_{12} + 3a_{122})$$
$$B = q_2 (2a_{12} + 3a_{112})$$

参数 A、B 和 q_i 皆由实验来确定，式（4-121）称为二元体系的三阶 Wohl 方程。

（1）Margules 方程

如果 $q_1 = q_2$，则 $Z_i = x_i$，式（4-121）就化为

$$\ln \gamma_1 = x_2^2 [A + 2x_1 (B - A)] \tag{4-122a}$$

$$\ln \gamma_2 = x_1^2 [B + 2x_2 (A - B)] \tag{4-122b}$$

此方程就称为 Margules 方程。Margules 方程适合应用于分子结构相似的体系，此时 $G^{\mathrm{E}}/(RT \sum q_i x_i) \sim x_i$ 呈线性的关系。

（2）Van Laar 方程

如果 $\dfrac{q_1}{q_2} = \dfrac{A}{B}$，式（4-121）可改写为

$$\ln \gamma_1 = \frac{A}{\left(1 + \dfrac{Ax_1}{Bx_2} \right)^2} \tag{4-123a}$$

$$\ln \gamma_2 = \frac{B}{\left(1 + \dfrac{Bx_2}{Ax_1} \right)^2} \tag{4-123b}$$

此方程就称为 Van Laar 方程。此方程适合应用于分子结构差异比较大的体系，此时 $(RT \sum q_i x_i)/G^{\mathrm{E}} \sim x_i$ 呈线性的关系。

（3）对称方程

当 $A = B$ 时，二元体系的三阶 Wohl 方程就叫对称性方程，此时式（4-121）

改为

$$\ln \gamma_1 = A x_2^2 \tag{4-124a}$$

$$\ln \gamma_2 = B x_1^2 \tag{4-124b}$$

以上方程中参数 A、B 的求解有两种方法：

① 利用无限稀释活度系数法求出 A、B 值

当 $x_1 \to 0$ 时，$x_2 \to 1$ 和 $x_1 \to 1$ 时，$x_2 \to 0$ 分别代入式（4-122）～式（4-124），则有

$$\ln \gamma_1^\infty = A \quad (x_1 \to 0) \tag{4-125a}$$

$$\ln \gamma_2^\infty = B \quad (x_2 \to 0) \tag{4-125b}$$

利用实验数据得到无限稀释活度系数，进而可求出 A、B 值。

② 利用汽-液平衡实验数据进行求取

在低压下，当流体达到汽-液两相平衡时，由于有 $\gamma_i = y_i p / x_i p^s$（相平衡章节内容），根据实验 T、p、x_i 和 y_i 数据求得 γ_i，再代入式 Wohl 型方程就可求得 A、B 值。

则有

$$\text{Margules 方程} \begin{cases} A = \dfrac{x_2 - x_1}{x_2^2} \ln \gamma_1 + 2 \dfrac{\ln \gamma_2}{x_1} \\[3mm] B = \dfrac{x_1 - x_2}{x_1^2} \ln \gamma_2 + 2 \dfrac{\ln \gamma_1}{x_2} \end{cases} \tag{4-126}$$

$$\text{Van Laar 方程} \begin{cases} A = (\ln \gamma_1)\left(1 + \dfrac{x_2}{x_1} \dfrac{\ln \gamma_2}{\ln \gamma_1}\right)^2 \\[3mm] B = (\ln \gamma_2)\left(1 + \dfrac{x_1}{x_2} \dfrac{\ln \gamma_1}{\ln \gamma_2}\right)^2 \end{cases} \tag{4-127}$$

特别要注意的是 Margules 方程与 Van Laar 方程中的 A、B 值是不同的；A、B 值要与活度系数关联式相对应。

3. Wilson 方程

Wilson 提出了以局部组成概念的、基于无热溶液基础上的超额自由焓 G^E Wilson 数学模型来计算活度系数与组成的关系。

由于无热溶液中分子大小相差很大，而相互作用力差别大，故 Wilson 在 Wilson 方程中引入了如下概念。

（1）局部组成的概念体系。

由于不管理想还是真实溶液，其组成皆是不同的。在无热溶液中，以摩尔

分数 x_i 和体积分数 φ_i 等表示其液相组成。在二元组成中有组成 1 和组成 2 两种成分，则等摩尔分数相等的两成分随机的混合均匀后，其摩尔分数之比会出现四种情况。当组成 1 和组成 2 大小相等、作用力相等时，则二者混合均匀后，其摩尔分数是相等的，即 $x_1=x_2=1/2$（见图 4-5a）。但真实溶液由于不同的成分其分子间作用力和体积大小相差是不等的，故此种情况在实际过程中局部组成并为 1/2。当同种分子的作用力显著大于异种分子作用力时，当组分 1 大于组分 2，则在组分 1 周围同种质点出现的机会多一些，此时摩尔分数 $x_1>x_2$（见图 4-5b）。反之，组成 $x_1<x_2$（见图 4-5c）。同种分子作用力小于异种分子作用力时，则其周围出现异种分子的概率要高（见图 4-5d）。则在某中心分子周围的局部范围内，其组成是不同的。如果用 x_{ji} 代表组成 i 周围的 j 质点的局部摩尔分数，对于二元混合物，有四个局部摩尔分数。以组成 1 为中心，在其周围出现组成 1 和组成 2 的分数分别为 x_{11} 和 x_{21}，则有 $x_{11}+x_{21}=1$；而以组成 2 为中心，在其周围出现组成 2 和组成 1 的分数分别为 x_{21} 和 x_{22}，则有 $x_{21}+x_{22}=1$。

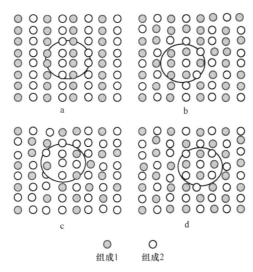

图 4-5　局部组成及局部摩尔分数 x_i 概念图

（2）Boltzmann（玻尔兹曼）因子来描述不同分子间的作用能。

Boltzmann 因子将微观和宏观联系起来。Wilson 引入反映 i-j 分子间的交互作用能量参数 g_{ji} 将局部摩尔分数 x_{ji} 和总摩尔分数 x_i 通过 Boltzmann 因子进行关联，局部摩尔分数 x_{ji} 和总摩尔分数 x_i 不同是由于分子间的作用力不同而造成的。

Boltzmann 因子为 $\exp(-E_i/KT)$，E_i 为 i 微粒能量，$K=R/N$，R 为气体常数（J·mol^{-1}·K^{-1}），N 为 Avogadro 常数。将之引入局部概念中有

$$\frac{x_{21}}{x_{11}} = \frac{x_2 \exp(-g_{21}/RT)}{x_1 \exp(-g_{11}/RT)} \tag{4-128a}$$

$$\frac{x_{12}}{x_{22}} = \frac{x_1 \exp(-g_{12}/RT)}{x_2 \exp(-g_{22}/RT)} \tag{4-128b}$$

式中，g_{11}，g_{12}，g_{21} 和 g_{22} 分别指组成 1 的分子与组成 1 分子，组成 1 分子与组成 2 分子，组成 2 分子与组成 1 分子和组成 2 分子与组成 2 分子间的相互作用力的能量项。且有 $g_{12} = g_{21}$，而 $g_{11} \neq g_{22}$。

根据式（4-128），引入局部体积分数（ξ_{ii}）的概念，并将其与总摩尔分数 x_i 相关联

$$\xi_{ii} = \frac{x_i V_i^{\mathrm{L}} \exp(-g_{ii}/RT)}{\sum_{j=1}^{N} x_j V_j^{\mathrm{L}} \exp(-g_{ij}/RT)} \tag{4-129a}$$

式中的 V_i^{L} 和 V_j^{L} 分别指纯液体 i 和 j 的摩尔体积。

当上式应用于二元混合体系，则体系中组分 1 和组分 2 的局部体积分数（ξ_{ii}）为

$$\xi_{11} = \frac{x_{11} V_1^{\mathrm{L}}}{x_{11} V_1^{\mathrm{L}} + x_{21} V_2^{\mathrm{L}}} = \frac{1}{1 + \frac{x_{21} V_2^{\mathrm{L}}}{x_{11} V_1^{\mathrm{L}}}} = \frac{1}{1 + \frac{V_2^{\mathrm{L}}}{V_1^{\mathrm{L}}} \frac{x_2}{x_1} \exp[-(g_{21} - g_{11})/RT]} \tag{4-129b}$$

$$\xi_{22} = \frac{x_{22} V_2^{\mathrm{L}}}{x_{22} V_2^{\mathrm{L}} + x_{12} V_1^{\mathrm{L}}} = \frac{1}{1 + \frac{x_{12} V_1^{\mathrm{L}}}{x_{22} V_2^{\mathrm{L}}}} = \frac{1}{1 + \frac{V_1^{\mathrm{L}}}{V_2^{\mathrm{L}}} \frac{x_1}{x_2} \exp[-(g_{12} - g_{22})/RT]} \tag{4-129c}$$

令

$$\begin{cases} \lambda_{12} = \dfrac{V_2^{\mathrm{L}}}{V_1^{\mathrm{L}}} \exp[-(g_{21} - g_{11})/RT] \\ \lambda_{21} = \dfrac{V_1^{\mathrm{L}}}{V_2^{\mathrm{L}}} \exp[-(g_{12} - g_{22})/RT] \end{cases}$$

可见 Wilson 参数 $\lambda_{ij} = \frac{V_j^{\mathrm{L}}}{V_i^{\mathrm{L}}} \exp[-(g_{ij} - g_{ii})/RT]$，这里 $\lambda_{ij} \neq \lambda_{ji}$、$\lambda_{ii} = \lambda_{jj} = 1$ 和 $\lambda_{ij} > 0$。又因 $g_{12} = g_{21}$，则将上两式代入式（4-129b）和式（4-129c），则有

$$\xi_{11} = \frac{x_1}{x_1 + x_2 \lambda_{12}} \tag{4-130a}$$

$$\xi_{22} = \frac{x_2}{x_2 + x_1 \lambda_{21}} \tag{4-130b}$$

（3）以局部组成分数 ξ_{ii} 代替 Flory-Huggins 的无热溶液模型中的体积分数 φ_i，以微观组成代替了宏观组成。

在似晶格基础上，Flory 和 Huggins 采用统计力学方法推导出超额熵 S^E 的计算方程，因为无热溶液有 $G^E = -TS^E$，则有

$$\frac{G^E}{RT} = \sum x_i \ln \frac{\varphi_i}{x_i} = \sum x_i \ln \frac{\xi_{ij}}{x_i} = x_1 \ln \frac{\xi_{11}}{x_1} + x_2 \ln \frac{\xi_{22}}{x_2} \qquad (4\text{-}131\text{a})$$

将式（4-130）代入式（4-131a）有

$$\frac{G^E}{RT} = -x_1 \ln(x_1 + x_2\lambda_{12}) - x_2 \ln(x_2 + x_1\lambda_{21}) \qquad (4\text{-}131\text{b})$$

根据关系式 $\ln\gamma_i = \left[\dfrac{\partial(nG^E/RT)}{\partial n_i}\right]_{T,P,n_{i\neq j}}$，将上式对 x_i 求偏微分，可得二元体系的 Wilson 活度计算方程为

$$\ln\gamma_1 = -\ln(x_1 + \lambda_{12}x_2) + x_2\left[\frac{\lambda_{12}}{x_1 + \lambda_{12}x_2} - \frac{\lambda_{21}}{x_2 + \lambda_{21}x_1}\right] \qquad (4\text{-}132\text{a})$$

$$\ln\gamma_2 = -\ln(x_2 + \lambda_{21}x_1) + x_1\left[\frac{\lambda_{12}}{x_1 + \lambda_{12}x_2} - \frac{\lambda_{21}}{x_2 + \lambda_{21}x_1}\right] \qquad (4\text{-}132\text{b})$$

对于二元 Wilson 方程是两参数方程，计算精度高，且只需要一组数据即可计算；二元体系的交互作用能量（$g_{ij} - g_{ii}$）受温度影响小，可视为常数，且有 $g_{12} = g_{11}$ 和 $g_{21} = g_{22}$。而 Wilson 参数 λ_{ij} 要随温度的变化而变，此方程反映了温度 T 对 γ_i 的影响，具有半理论意义；不需要多元参数，即可用二元体系的数据预测多元体系的行为。

对于多元体系，根据式（4-130a）有 $\dfrac{G^E}{RT} = \sum x_i \ln \dfrac{\xi_{ij}}{x_i}$，将式（4-129a）代入此式后可得多元组成体系的 Wilson 方程

$$\frac{G^E}{RT} = -\sum_{i=1}^{N} x_i \ln\left(\sum_{j=1}^{N} x_j\lambda_{ij}\right) \qquad (4\text{-}133)$$

结合式（4-117），将上式对 x_i 求偏微分，可得多元体系的 Wilson 活度计算 γ_i 方程为

$$\ln\gamma_i = 1 - \ln\sum_{j=1}^{N} x_j\lambda_{ij} - \sum_{k=1}^{N} \frac{x_k\lambda_{ki}}{\sum_{j=1}^{N} x_j\lambda_{kj}} \qquad (4\text{-}134)$$

特别要注意：

对于 Wilson 参数中的交互作用能量（$g_{ij} - g_{ii}$）可正可为负；

Wilson 参数 λ_{ij}，它是温度的函数，为正值，负值无意义。可通过汽-液两相平衡数据求取；

Wilson 方程的局限性在于不能应用于部分互溶体系，对于活度系数 γ_i 当 $\ln\gamma_i \sim x_i$ 曲线有极大值或极小值的溶液不能用。

因此，针对 Wilson 方程的局限性，人们对其进行了各种改进，其中 Prausnitz 等提出的 NRTL 方程是比较成功的，它在局部概念中仍然采用的是 Boltzmann 因子，但引入了第三参数 a_{12}，加上参数（$g_{12} - g_{22}$）和（$g_{21} - g_{11}$），其值皆可由二元气-液相平衡数据来确定。对于二元体系，三参数表达式为

$$\frac{G^{E}}{RT} = x_1 x_2 \left[\frac{\tau_{21}G_{21}}{x_1 + x_2 G_{21}} + \frac{\tau_{12}G_{12}}{x_2 + x_1 G_{12}} \right] \tag{4-135}$$

式中，$\tau_{12} = (g_{12} - g_{22})/RT$，$G_{12} = \exp(-a_{12}\tau_{12})$，$\tau_{21} = (g_{21} - g_{11})/RT$，$G_{21} = \exp(-a_{21}\tau_{21})$，且 $g_{12} = g_{21}$。

与二元体系的 Wilson 活度计算方程（4-132）的推导过程一样，以 nG^{E}/RT 对组分对式（4-135）求偏微分，整理后可得二元体系 γ_i 的计算式：

$$\ln\gamma_1 = x_2^2 \left[\frac{\tau_{21}G_{21}^2}{(x_1 + x_2 G_{21})^2} + \frac{\tau_{12}G_{12}^2}{(x_2 + x_1 G_{12})^2} \right] \tag{4-136a}$$

$$\ln\gamma_2 = x_1^2 \left[\frac{\tau_{12}G_{12}^2}{(x_2 + x_1 G_{12})^2} + \frac{\tau_{21}G_{21}^2}{(x_1 + x_2 G_{21})^2} \right] \tag{4-136b}$$

NRTL 方程与 Wilson 方程一样可用二元参数推算多元汽-液平衡，它有三个可调参数，能应用于不互溶体系。

如果要预测三元体系的性质，由 Prausnitz 由似晶格模型和局部组成概念上导出的 UNIQUAC 公式比 NRTL 方程更方便。混合物的超额自由焓 G^{E} 为组合项 $G^{E,C}$ 和剩余项 $G^{E,R}$ 之和。

而

$$\frac{G^{E,\,C}}{RT} = \sum_i x_i \ln\frac{\phi_i}{x_i} + \frac{z}{2} \sum_i q_i x_i \ln\frac{\theta_i}{\phi_i} \tag{4-137a}$$

$$\frac{G^{E,\,R}}{RT} = -\sum_i q_i x_i \ln\left(\sum_i \theta_i \tau_{ji} \right) \tag{4-137 b}$$

式中，z 为晶格配位数（取为 10），q_i 为接触表面积参数。$\phi_i = x_i r_i \Big/ \sum_j x_j r_j$ 是组分 i 在混合物中的体积分数，r_i 为组分的体积参数；$\tau_{ji} = \exp[-zN_0(\varepsilon_{ji} - \varepsilon_{ii})/RT]$；

$\theta_i = x_i q_i / \sum\limits_j x_j q_j$ 是面积分数，部分纯液体分子的 UNIQUAC 结构参数示例见表 4-3。

表 4-3　某些纯液体分子的 UNIQUAC 结构参数

化合物	体积参数 r_i	面积参数 q_i	化合物	体积参数 r_i	面积参数 q_i
H_2O	0.92	1.4	C_6H_6	3.19	2.4
HCl	1	1	$C_6H_4(CH_3)_2$	4.66	3.54
H_2S	1	1	$C_6H_5NH_2$	3.72	2.82
NH_3	1	1	CH_3OH	1.43	1.43
SO_2	1.55	1.45	C_2H_5OH	2.11	1.97
CCl_4	3.33	2.82	C_3H_7OH	2.78	2.51
$CHCl_3$	2.7	2.34	C_4H_9OH	3.45	3.05
C_5H_{10}	3.3	2.47	CH_3NO_3	2.01	1.87
$C_5H_9CH_3$	3.97	3.01	CH_3CN	1.87	1.72
$n\text{-}C_6H_{14}$	4.5	3.86	CH_3COOH	2.23	2.04
$n\text{-}C_7H_{16}$	5.17	4.4	$(CH_3)_2CO$	2.8	2.58
$n\text{-}C_8H_{18}$	5.85	4.94	$CH_3COC_4H_9$	4.6	4.03
$n\text{-}C_{10}H_{22}$	7.2	6.02	C_6H_{12}	3.97	3.01
$n\text{-}C_{16}H_{34}$	11.24	9.26	$CH_2=CHCN$	2.31	2.05
$(CH_3)_3CCH_2CH(CH_3)_2$	5.85	4.94	$CH_3COOCH=CH_2$	3.25	2.9

因此，体系的 γ_i 为

$$\ln\gamma_i = \ln\frac{\phi_i}{x_i} + 1 - \frac{\phi_i}{x_i} - \frac{1}{2}zq_i\left(\ln\frac{\phi_i}{\theta_i} + 1 - \frac{\phi_i}{\theta_i}\right) - q_i\ln\left(\sum_j \theta_j\tau_{ji}\right) + q_i - q_i\sum_{j=1}^{k}\frac{\theta_j\tau_{ij}}{\sum\limits_{k=1}^{k}\theta_k\tau_{kj}}$$

（4-138）

由式（4-138）可得二元组分的 UNIQUAC 方程为

$$\ln\gamma_1 = \ln\frac{\phi_1}{x_1} + 1 - \frac{\phi_1}{x_1} - \frac{1}{2}zq_1\left(\ln\frac{\phi_1}{\theta_1} + 1 - \frac{\phi_1}{\theta_1}\right) - q_1\ln(\theta_1 + \theta_2\tau_{21}) +$$

$$q_1 + \theta_2 q_1\left(\frac{\tau_{21}}{\theta_1 + \theta_2\tau_{21}} - \frac{\tau_{12}}{\theta_2 + \theta_1\tau_{12}}\right)$$

（4-139）

式中，$\tau_{12} = \exp[-zN_0(\varepsilon_{12} - \varepsilon_{22})/RT] = \exp(-a_{12}/T)$

$\qquad\quad \tau_{21} = \exp[-zN_0(\varepsilon_{21} - \varepsilon_{11})/RT] = \exp(-a_{21}/T)$

对于 $\ln\gamma_2$ 的计算，只需要将上面公式中的下标 1 和 2 互换就可求得。

对于二组分体系，UNIQUAC 公式只需两个调节参数 a_{12} 和 a_{21}（NRTL 公式需要三个参数），故比 NRTL 公式简便，其关联效果也常比 NRTL 公式好。可用于定量关联二元和三元液-液平衡体系，也可从二元体系的结果预测三元体系，并可进行内插和外推液-液平衡数据。

4. 基团贡献溶液模型

基团贡献溶液模型是建立在分子性质具有加和性的基础上提出来的，它将分子拆分成各种基团，因此溶液就是各种基团的混合物，以基团间的相互作用能代替分子间的相互作用能。这里的分子性质的加和性指分子的某一性质等于组成该分子的各个结构单元的贡献值之和，而这些结构单元的贡献在不同分子中保持相同值。

注意这种分子加和性规则是一种近似的规则，近似的程度受到所选择结构单元精细的程度限制。即如果考虑分子内原子间的相互作用越精细，则建立的加和性规则就更加精确，其对物性的估算结果就更符合实际状态。

加和性规则主要考虑：

① 零级近似。它选择原子为结构单元，而忽略原子间的相互作用；

② 一级近似。它选择化学键为结构单元，不考虑分子内没有直接相连的两原子间的相互作用及同分异构体之间的差异；

③ 二级近似。它选择基团作为结构单元，而忽略其结构中间的间隔两个原子以上的原子间的相互作用。

基团贡献溶液模型的原理是把物质（纯物质、混合物）的性质视为构成该物质分子中各基团对此物质性质贡献的总和。其必须满足的前提是-各基团所起的作用是独立的，即任一基团在物质分子中的作用与其他基团的存在无关。因此，可以将热力学的计算问题进行简化。

基团贡献法是工程上估算物性所常用的方法之一。采用基团溶液模型计算溶液的活度系数方法主要有基团解析法 ASOG 模型和 UNIFAC 模型两种。这里重点阐述 UNIFAC 模型。

在 UNIFAC 模型中，活度系数是由组合部分和剩余部分组成的，即

$$\ln\gamma_i = \ln\gamma_i^C + \ln\gamma_i^R \qquad\qquad (4\text{-}140)$$

式中，$\ln\gamma_i^C$ 代表熵的贡献，组合活度系数 γ_i^C 代表溶液中各种基团的形状和大小。$\ln\gamma_i^R$ 代表焓的贡献，而剩余活度系数 γ_i^R 则代表溶液中各种基团之间的相

互作用。

对于熵的贡献，$\ln \gamma_i^C$ 可用与与 UNIQUAC 公式相同的组合部分进行计算

$$\ln \gamma_i^C = \ln \frac{\varphi_i}{x_i} + 1 - \frac{\varphi_i}{x_i} - \frac{zq_i}{2}\left(\ln \frac{\varphi_i}{\theta_i} + 1 - \frac{\varphi_i}{\theta_i}\right) \tag{4-141}$$

式中组分 i 的平均体积分数 φ_i 和平均表面积分数 θ_i 定义和计算同式（4-137）中一样，定义式中的结构参数 r_i 和 q_i 为为组分 i 中的基团体积和面积参数的加合。即

$$r_i = \sum_{k=1}^m v_k^{(i)} R_k \tag{4-142a}$$

$$q_i = \sum_{k=1}^m v_k^{(i)} Q_k \tag{4-142b}$$

式中，R_k 和 Q_k 分别是基团 k 的体积和面积参数，$v_k^{(i)}$ 代表分子 i 中基团 k 的数目 m 为 i 组分所包含的基团种类。

焓的影响，即剩余部分为溶液中每一个基团所起作用减去其在纯组分中所起作用的总和。

活度系数的剩余项为

$$\ln \gamma_i^R = \sum_{k=1}^m v_k^{(i)} (\ln \Gamma_k - \ln \Gamma_k^{(i)}) \tag{4-143}$$

式中 Γ_k 和 $\Gamma_k^{(i)}$ 分别代表基团 k 在溶液中的基团活度系数和在纯液体分子 i 中的基团活度系数；m 为溶液中所包含的基团种数；$v_k^{(i)}$ 为 i 组分中基团 k 的个数。

$$\ln \Gamma_k = Q_k \left[1 - \ln\left(\sum_m \Theta_m \psi_{mk}\right) - \sum_m \left(\frac{\Theta_m \psi_{km}}{\sum_n \Theta_n \psi_{nm}}\right) \right] \tag{4-144a}$$

式中的 Θ_m 是基团的表面积分数，$\Theta_m = Q_m X_m / \sum_n Q_n X_n$；$\psi_{mn} = \exp(-a_{mn}/T)$；$Q_m$ 为基团 m 的表面积参数。

式中的 a_{mn}（单位为 K）为 UNIFAC 模型的基团相互作用参数，代表基团 m 和 n 之间相互作用能的差异，但 $a_{mn} \neq a_{nm}$，假定它们与温度无关。

但有时 a_{mn} 却表示为与温度相关的函数：$a_{mn} = A_{mn} + B_{mn}(T - 273.15)$。

$$\ln \Gamma_k^{(i)} = Q_k \left[1 - \ln\left(\sum_m \Theta_m^{(i)} \psi_{mk}\right) - \sum_m \left(\frac{\Theta_m^{(i)} \psi_{km}}{\sum_n \Theta_n^{(i)} \psi_{nm}}\right) \right] \tag{4-144b}$$

$\Theta_m^{(i)}$ 为基团 m 在纯液体分子 i 中的接触表面积分数，$\Theta_m^{(i)} = Q_m X_m^{(i)} / \sum_n Q_n X_n^{(i)}$；

$X_m^{(i)}$ 是纯液体分子 i 中基团 m 的摩尔分数。

在应用上述方程时，基团 k 的体积和面积参数 R_k 和 Q_k 及基团相互作用参数 a_{mn} 可查附录五得到。

习 题

4-1 超额性质和剩余性质的定义式是否相同？超额性质和剩余性质处理对象分别是什么？

4-2 试简述逸度、逸度系数、活度、活度系数的定义和物理意义及区别。

4-3 何为局部组成的概念？试阐述 Wilson 方程和 NRTL 方程的适用条件有什么不同？

4-4 已知正丁烷的临界参数 $T_c = 425$ K、$p_c = 3.80$ MPa、$\omega = 0.193$，试采用（1）RK 状态方程和（2）普遍化关系式计算正丁烷气体在 500 K 和 1.62 MPa 下的逸度与逸度系数。

［答案：（1）$\phi = 0.91$，$f = 1.48$ MPa；（2）$\phi = 0.92$，$f = 1.49$ MPa］

4-5 在 1 atm 下的三元气体混合物的逸度系数为 $\ln\phi = 0.2y_1y_2 - 0.3y_1y_3 + 0.15y_2y_3$，试求三组分进行等摩尔混合后的三元混合物的 $\ln\hat{f}_1$、$\ln\hat{f}_2$ 及 $\ln\hat{f}_3$。

［答案：$\ln\hat{f}_1 = \ln(py_1\hat{\phi}_1) = 10.51$，$\ln\hat{f}_2 = \ln(py_2\hat{\phi}_2) = 10.54$，$\ln\hat{f}_3 = \ln(py_2\hat{\phi}_2) = 10.51$］

4-6 试用 Wilson 方程计算 $p = 1\,101.325$ kPa、$T = 81.48$ ℃、$x_1 = 0.2$ 下甲醇（1）-水（2）体系的液相组分逸度系数、逸度及总逸度。已知 Wilson 模型参数 $\Lambda_{12} = 0.437\,38$，$\Lambda_{21} = 1.115\,98$。

［答案：$\gamma_1 = 1.07$、$\hat{f}_1^l = 0.118$ MPa，$\gamma_2 = 1.23$、$\hat{f}_2^l = 0.025\,9$ MPa，总逸度 $f^l = 0.124$ MPa］

4-7 常温、常压下，一个二元液相体系的溶剂组分的活度系数表达式为 $\ln\gamma_1 = \alpha x_2^2 + \beta x_2^3$（$\alpha$，$\beta$ 是常数），试推导出溶质组分的活度系数表达式。

［答案：$\ln\gamma_2 = \dfrac{2\alpha + 3\beta}{2}x_1^2 - \beta x_1^3$］

4-8 已知在 303 K 和 101.3 kPa 下的苯（1）-环己烷（2）液体混合物的摩尔体积 $V_m = 109.4 - 16.8x_1 - 2.64x_1^2$（cm³ mol⁻¹），试求：

（1）$\overline{V}_1$、$\overline{V}_2$；

（2）ΔV；

（3）V^E、V^{E*}（不对称归一化）。

［答案：（1）$\overline{V}_1 = 92.6 - 5.28x_1 - 2.64x_1^2$，$\overline{V}_2 = 109.4 + 2.64x_1^2$；（2）$\Delta V = 2.46x_1$

$(1-x_1)$ （$cm^3 \cdot mol^{-1}$）；（3）$V^E = \Delta V$，$V^{E*} = -2.64(x_1^2 - x_1 + 1)$]

4-9 二元混合物的超额 Gibbs 自由能为 $G^E = Ax_1x_2$。

（1）请导出用 x_2 表示 γ_1 和用 x_1 表示 γ_2；

（2）此二元系统的 G^E 自由能模型是否符合热力学一致性？

[答案：（1）$\ln \gamma_1 = \dfrac{A}{RT}(3x_2^2 - 4x_2^3)$，$\ln \gamma_2 = \dfrac{A}{RT}(4x_1^2 - 3x_1^3)$；（2）用 Gibbs-Duhem

方程检验，$x_1\left(\dfrac{\partial \ln \gamma_1}{\partial x_1}\right) + x_2\left(\dfrac{\partial \ln \gamma_2}{\partial x_2}\right) = 0$，$G^E$ 自由能模型符合热力学一致性。]

4-10 由于乙腈（1）与水（2）的混合物能形成共沸物。它在 60 ℃，414.10 mmHg 下达到汽液两相平衡时，组成为 $x_1 = 0.48$，$y_1 = 0.68$。试计算：（1）此条件下活度系数 γ_1 和 γ_2；（2）Margules 方程的常数 A 和 B；（3）60 ℃下无限稀释活度系数 γ_1^∞ 和 γ_2^∞。设此体系汽相为理想气体。已知物质饱和蒸汽压的 Antoine 方程为 $\lg(p_i^s / mmHg) = A_i - B_i / (C_i + t / ℃)$，其中，乙腈 Antoine 常数 $A_1 = 7.34$，$B_1 = 1482.29$，$C_1 = 250.52$；水的 Antoine 常数 $A_2 = 8.07$，$B_2 = 1730.63$，$C_2 = 233.43$。Margules 方程为 $\ln \gamma_1 = x_2^2[A + 2(B - A)x_1]$，$\ln \gamma_2 = x_1^2[B + 2(A - B)x_2]$；其中 Margules 常数 $A = (x_2 - x_1)\ln \gamma_1 / x_2^2 + 2\ln \gamma_2 / x_1$，$B = (x_1 - x_2)\ln \gamma_2 / x_1^2 + 2\ln \gamma_1 / x_2$。

[答案：（1）活度系数 $\gamma_1 = 1.58$，$\gamma_2 = 1.73$；（2）$A = 2.31$，$B = 1.70$；

（3）$\gamma_1^\infty = 10.111\,8$，$\gamma_2^\infty = 5.460\,3$]

4-11 298 K 下的乙醇（1）-甲基叔丁基醚（1）二元系统的超额体积为 $V^E = x_1x_2[-1.026 + 0.22(x_1 - x_2)]\,cm^3 \cdot mol^{-1}$，纯乙醇和纯甲基叔丁基醚的摩尔体积分别为 $58.63\ cm^3 \cdot mol^{-1}$ 和 $118.46\ cm^3 \cdot mol^{-1}$，则求 $1\,000\ cm^3$ 的乙醇与 $500\ cm^3$ 的甲基叔丁基醚在此温度下混合的总体积为多少？

[答案：$V_t = n_1V_1 + n_2V_2 + nV^E = 1\,496.98\ cm^3$]

第 5 章　混合物多相系统热力学

在化学化工生产中，化学反应、混合物的分离与精制（如提纯、溶解、吸收、蒸馏、精馏、重结晶、萃取及冶金等诸多过程）都要用到相平衡的汽-液两相平衡（VLE）、气-液两相平衡（GLE）、液-液两相平衡（LLE）、固-液两相平衡（SLE）及化学反应平衡热力学等理论知识为工程工艺设计及化工过程操作的依据。因此，相平衡热力学和化学反应平衡热力学应用于化学工业过程中，具有重要的理论和实际应用价值。因此，本章重点讨论相平衡、化学反应平衡的理论和计算方法。

5.1　相平衡热力学基础

5.1.1　平衡与稳定性准则

一个系统要达到平衡的条件是需要满足热平衡、力学平衡、化学平衡和相平衡的四大平衡，则才能表明该系统达到了平衡，这种平衡态可用热力学函数的极大值或极小值来描述。热力学函数的极值准则非常适合用于平衡态的稳定性研究，这里热力学研究系统的平衡通常指的是稳定平衡和介稳平衡。可以应用图（5-1）所示的小球在曲面上重力作用下的存在状态来表述这种平衡状态的稳定性。在一定的微小扰动作用下，球 1 在产生微小位移后会恢复到原来的状态，则此小球体系存在的状态是稳定平衡或可逆平衡，此时能量（比如自由焓）对其位置（如液相的摩尔分数）的二阶偏导数 $\partial^2 E/\partial x^2 \geqslant 0$，可逆时等于 0；而球 2 在一定力的微扰下，可以向前或向后进行有限位移，它是不稳定的，则此时球 2 体系的状态为介稳的平衡态（也可称为亚稳定状态）；而在坡上的球 3 所处状态则完全处于不稳定状态，施加任意的扰动都使得球 3 离开其原来的状态，热力学上此时有 $\partial^2 E/\partial x^2 < 0$。所以，可以采用热力学的方法来判别体系受不同约束条

件下的平衡状态及其稳定性问题。

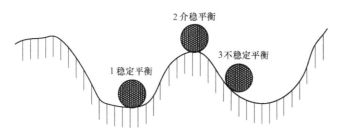

图 5-1　小球在热力学曲面上的存在状态

对于稳定平衡和介稳平衡的不可逆程度可以用热力学来进行判断，即克劳修斯不等式（1-15）$TdS - \delta Q \geqslant 0$ 可用来判断反应的方向和限度问题（热力学第二定律）。对于封闭系统，当其处于热平衡和力平衡后，其不可逆程度来自于相平衡和化学平衡。在系统不做非膨胀功（即 $W' = 0$），且只做膨胀功时，将克劳修斯不等式代入封闭系统的热力学第一定律微分式 $dU = \delta Q + \Delta W = \delta Q - pdV$ 中，则有

$$dU - TdS + pdV \leqslant 0 \qquad (5\text{-}1a)$$

同时，式（5-1a）结合 H、A 和 G 的定义式 $H = U + pV$，$A = U - TS$ 和 $G = H - TS$，可得

$$dH - TdS - Vdp \leqslant 0 \qquad (5\text{-}1b)$$

$$dA + SdT + pdV \leqslant 0 \qquad (5\text{-}1c)$$

$$dG + SdT - Vdp \leqslant 0 \qquad (5\text{-}1d)$$

则对于此封闭反应系统，根据式（5-1a）和式（5-1b）有

$$dS_{U, V, \delta W' = 0} \geqslant 0 \text{ 和 } dS_{H, p, \delta W' = 0} \geqslant 0 \qquad (5\text{-}2)$$

可见当反应体系趋于平衡时，因为 $\Delta S > 0$，故熵函数值呈现递增状态，当系统达到平衡时的熵势必达到极大值，此即为孤立系统的熵增加原理。进而可得到以下两个热力学平衡判断：

（1）对于恒 U、恒 V 的封闭系统，S 达极大值时的系统处于平衡状态。

（2）对于恒 H、恒 p 的封闭系统，S 达极大值时的系统处于平衡状态。

式（5-1a）～式（5-1d）结合多组分系统热力学基本方程式（4-73a）～式（4-73d），有

$$dU_{S, V, \delta W' = 0} = dH_{S, p, \delta W' = 0} = dA_{T, V, \delta W' = 0} = dG_{T, p, \delta W' = 0} = \sum_i \mu_i dn_i \leqslant 0 \qquad (5\text{-}3)$$

方程式（5-2）和式（5-3）中的等号代表系统处于可逆过程或平衡过程，不

等号代表系统发生相变化或化学变化的不可逆实际过程。因此，如果研究的系统无相变化或化学变化，且组成恒定不变的单一均相体系，上两式皆为等号。

同时，由式（5-3）可见，四大热力学函数 U、H、A 和 G 的微小变化均有 $\sum_i \mu_i dn_i \leqslant 0$，表明系统达平衡时，这四大热力学函数皆具有极小值。因此，可得平衡态的另四大平衡判据：

（3）对于恒 S、恒 V 的封闭系统，U 达极小值时的系统处于平衡状态。

（4）对于恒 S、恒 p 的封闭系统，H 达极小值时的系统处于平衡状态。

（5）对于恒 T、恒 V 的封闭系统，A 达极小值时的系统处于平衡状态。

（6）对于恒 T、恒 p 的封闭系统，G 达极小值时的系统处于平衡状态。

以上 6 项平衡判据也称做平衡准则，虽然涉及的约束条件都不同，但这些结论对于多相封闭系统也是同样成立的。

因此，对于图 5-1 中球的稳定与否，则可以应用上述 6 项平衡准则来判断平衡的稳定性。在不考虑广义力的情况下，对球 1 和球 2 的稳定平衡和介稳平衡，则 S 值必有极大值，U、H、A 和 G 值有极小值。当对热力学曲面上的球 1 或球 2 进行微小的扰动时，产生的微移必有

$$dS_{U, V, \delta W'=0} < 0 \tag{5-4}$$

$$dU_{S, V, \delta W'=0} > 0, \quad dH_{S, p, \delta W'=0} > 0, \quad dA_{T, V, \delta W'=0} > 0,$$

$$dG_{T, p, \delta W'=0} > 0, \quad \sum_i \mu_i dn_i > 0 \tag{5-5}$$

对于球 3 的不稳定平衡，在热力学曲面上进行微扰时，产生的微移刚好与上两式相反，即

$$dS_{U, V, \delta W'=0} > 0, \quad dU_{S, V, \delta W'=0} < 0, \quad dH_{S, p, \delta W'=0} < 0,$$

$$dA_{T, V, \delta W'=0} < 0, \quad dG_{T, p, \delta W'=0} < 0, \quad \sum_i \mu_i dn_i < 0$$

而在稳定与不稳定平衡的边界处，则诸球位移为零。

以上稳定平衡准则可应用于实际过程中，比如相平衡、热稳定性、机械稳定性和扩散稳定性等的判断。

① 热稳定性指由于吸热或放热引起的微小扰动对系统的稳定性影响。根据式（5-5）结合 Maxwell 关系式有

$$\left(\frac{\partial^2 U_m}{\partial S_m^2}\right)_V = \left(\frac{\partial T}{\partial S_m}\right)_V = \frac{T}{C_V} > 0$$

由于系统的 T 始终大于零，因此由上式可得热稳定性的条件为

$$C_V > 0 \tag{5-6}$$

② 机械稳定性描述的是由做功或得功引起的微小扰动对系统的平衡稳定性的影响。根据式（5-5）结合 Jacobian 性质和 Maxwell 关系式，有

$$\left(\frac{\partial^2 U_m}{\partial S_m^2}\right)_V \left(\frac{\partial^2 U_m}{\partial V_m^2}\right)_S - \left(\frac{\partial^2 U_m}{\partial S_m \partial V_m}\right)_{V,S}^2 = -\frac{T}{C_V}\left(\frac{\partial p}{\partial V_m}\right)_T > 0$$

由于系统的温度和恒容热容始终大于零，因此机械稳定性的条件为

$$\left(\frac{\partial p}{\partial V_m}\right)_T < 0 \tag{5-7a}$$

根据式（5-1c），等温时有 $(\partial A_m / \partial V_m)_T = -p$，代入上式可得机械稳定性的另一种表达形式为

$$\left(\frac{\partial^2 A_m}{\partial V_m^2}\right)_T > 0 \tag{5-7b}$$

③ 扩散稳定性指在多元体系中的不同组分分子的扩散对组成的微扰导致系统稳定性受到的影响。根据式（5-5）可得扩散稳定性条件为

$$\left(\frac{\partial^2 G_m}{\partial x_1^2}\right)_{T,p} > 0 \tag{5-8}$$

以上相关公式的进一步推导过程可见参考文献［3］和［15］。

由上述可知，研究过程的稳定性具有重要的物理意义，可使用热力学函数的极值准则来判定系统的平衡状态及其稳定性。如果函数的一阶微分为零（即平衡准则），可用作系统平衡状态的判据；而函数的二阶微分的正、负号可用来确定系统平衡状态稳定性的条件，这就是热力学函数存在极值的必要条件。

例 5-1　有一种气体的状态方程为 $pV_m = RT + bp$（b 为大于零的常数），该方程能否应用于汽-液两相平衡的判断？

解：将方程 $pV_m = RT + bp$ 改写为

$$p = \frac{RT}{V_m - b}$$

将上式对 V_m 求导，有

$$\left(\frac{\partial p}{\partial V_m}\right)_T = -\frac{RT}{V_m^2} < 0$$

因为满足不了 $\left(\dfrac{\partial p}{\partial V_m}\right)_T > 0$ 的条件，因此方程 $pV_m = RT + bp$ 不能应用于汽-液两相平衡。

5.1.2 相平衡判据

在化学、化学工程和材料化学工程中常见的反应单元如溶解、蒸馏、重结晶、萃取、提纯及金相分析都要应用到相平衡的知识，它是热力学在化学领域中的重要应用之一。当相间存在化学势差异时，相间的物质、能量将发生交换，直到各相的性质（温度、压力、组成等）随时间的变化而不再变化时的动态平衡，即为达到了相平衡。相平衡研究系统平衡状态的变化方法有二。方法一是基于热力学基本原理、公式，以数学的公式来表达温度、压力和组成间的关系及与其他热力学函数间的关系；方法之二是以相图来表达系统的温度、压力和组成强度之间的关系。

相平衡中的相指在系统内部的物理和化学性质完全处于均匀的部分。在指定条件下，相与相之间有明显的界面，其宏观性质的改变在界面上是飞跃式的变化。研究多相系统的状态随 T、p 和组成（通常用摩尔分数 x_i 来表达）等强度性质变化而变化的过程，通常用图形来表示，此图形称为相图。

在一个封闭的多相系统中，相际之间可以进行热的交换、功的传递和物质的交流。当有 P 个多相系统达到平衡时，意味着系统要达到四大平衡（热平衡、力学平衡、化学反应平衡和相平衡）。

（1）热平衡

假设有一个两相系统由相 α 和相 β 构成，若系统的热力学能、组成和总体积均不变的情况下，此时有微量热从 α 相流入 β 相，则系统的总熵为 $S = S^\alpha + S^\beta$，其微量变化可表述为 $dS = dS^\alpha + dS^\beta$。当系统达到两相平衡时，则有 $dS = 0$，因此有 $dS^\alpha + dS^\beta = 0$。

根据热力学第二定律有 $dS = \delta Q/T$，代入上式可得 $-\delta Q/T^\alpha + \delta Q/T^\beta = 0$，因此可得 $T^\alpha = T^\beta$。表示当系统达到两相平衡时，两相系统的温度是相等的。此结论拓展到多相系统同样是成立的。

（2）力学平衡（指压力平衡）

同样设系统是由 α 相和 β 相构成，其总体积为 V，在系统的 T、V 及组成均不变的条件下，若 α 相膨胀了 dV^α，则 β 相收缩了 dV^β，二者值大小相等、符号相反，即 $dV^\alpha = -dV^\beta$。当系统达到平衡时，系统的 Helmholtz 自由能 $dA = dA^\alpha + dA^\beta = 0$。即 $dA = -p^\alpha dV^\alpha - p^\beta dV^\beta = 0$，因此可得 $p^\alpha = p^\beta$。

所以当系统达到平衡时，两相系统的压力是相等的。对于多相系统此结论也同样成立。

（3）化学反应平衡

对于多相平衡系统，根据式（5-3）可知，达到化学平衡时，有

$$\sum_i \mu_i dn_i = 0 \tag{5-9}$$

（4）相平衡

对于多组分系统中，假设只有 α 相和 β 相，且处于平衡状态。在定 T、定 p 下，有微量 dn_B 的物质 B 从相 α 转移到相 β，因此必有 $-dn_B^\alpha = dn_B^\beta$。此时总 Gibbs 自由焓为

$$\begin{aligned}
dG &= dG_B^\alpha + dG_B^\beta \\
&= \mu_B^\alpha dn_B^\alpha + \mu_B^\beta dn_B^\beta \\
&= -\mu_B^\alpha dn_B^\beta + \mu_B^\beta dn_B^\beta \\
&= (\mu_B^\beta - \mu_B^\alpha)dn_B^\beta
\end{aligned}$$

由于相平衡时 $dG=0$，因此其各相的化学势是相等的（$\mu_B^\alpha = \mu_B^\beta$）。此结论也可推广到多相系统的相平衡。

也可将式（5-3）直接应用于相平衡分析，可得出上述相同的结论。因为在不做非膨胀功下（$\delta W' = 0$），对于恒熵等容、恒熵等压、等温等压和等温等容下，实际过程的 U、H、A 和 G 在任何条件下皆要降低，达到相平衡时均具有极小值（此时其微小变化皆等于 $\sum_i \mu_i dn_i$）。即多相平衡时有

$$\sum_{j=1}^{P}\sum_{i=1}^{K} \mu_i^j dn_i^j \leqslant 0 \tag{5-10}$$

对于 P 个相与 n 个组分的体系达到相平衡时，上式则可写为

$$\mu_i^\alpha = \mu_i^\beta = \cdots = \mu_i^p \quad (i=1,2,\cdots,K) \tag{5-11}$$

根据式（4-73）、（4-76）和式（4-89a）中 $\bar{G}_i$、$\hat{f}_i$ 和 μ_i 三者之间的关系，上式也可写为

$$\hat{f}_i^\alpha = \hat{f}_i^\beta = \cdots = \hat{f}_i^p \quad (i=1,2,\cdots,K) \tag{5-12}$$

即系统达到相平衡时，除各相的温度、压力相同外，每个组分在各相中的逸度是相等的。式（5-12）是进行相平衡计算和解决相平衡实际问题的实用公式。

5.1.3　相律

多相系统的特征是由随温度、压力和组成等强度性质来体现的。Gibbs（1875年）根据多相平衡系统独立强度变化的数量，即自由度 F，与系统包含的的独立

组分数 C 与相数 P 之间的关系而推出了"相律"来描述这种特征。相律指能独立变化而不会引起多相系统平衡相数改变的参数（温度、压力和组成）的数量。

对于某平衡的多相系统是由 S 种不同的化学物质所组成，存在 P 个相，因此每一个相的组成需要的浓度变量为 $S-1$ 个，则所有各相组成需要的浓度变量为 $P(S-1)$ 个，再加上温度和压力这两个变量，则所需要的变量总数为 $P(S-1)+2$。当多相系统达到平衡时，S 个组成在各相中的化学势是相等的，则导出联系浓度变量的方程式数为 $S(P-1)$ 个。由于在数学上 n 个方程式限制 n 个变量，因此独立的强度性质数（自由度数）= 总变量数 − 对强度变量的独立限制条件个数。即自由度数 F 为

$$F = [P(S-1)+2]-[S(P-1)]$$

同时考虑到在相平衡中需要减掉（1）化学反应中的 R 个独立的限制方程数；（2）系统中的其他独立 R' 个限制条件，通常指浓度限制条件、电中性限制、配料比限制等。则总方程式数为 $S(P-1)+R+R'$ 个，代入上式改写为

$$\begin{aligned} F &= [P(S-1)+2]-[S(P-1)+R+R'] \\ &= S-R-R'-P+2 \\ &= C-P+2 \end{aligned} \tag{5-13}$$

式（5-13）为 Gibbs 相律的数学表达式，它揭示了相平衡体系中的相数 P、独立组分数 C 和自由度 F 之间关系的规律性。其中独立组分数 C 指在多相平衡系统所处的条件下，能够确保各相组成所需要的最少独立物种数，其值等于系统中物种数 S 减去系统中独立的化学方程数 R 和各物种间的强度因数的限制条件 R'，数学表达为 $C=S-R-R'$。

同时还需要注意：

（1）相律计算的是自由度，需要确定平衡时或共存时的相数。

（2）式（5-13）中的 2 指考虑了温度、压力对相平衡的影响，它表示系统各处的温度和压力皆相同；如果与此条件不同的渗透系统，则需要对上式进行修正。如果还须要考虑其他因素（如磁场、重力场和电场）对相平衡的影响，则式（5-13）的相律可改写为

$$F = C-P+n \tag{5-14}$$

（3）对于无气相存在的凝聚态系统，由于压力对相平衡的影响不大，只考虑温度会影响相平衡，则相律可表示为 $F^* = C+P-1$。这里已指定某强度变量，除该变量以外的其他强度变量数称为条件自由度 F^*，又常称为相对自由度。

（4）相律针对的是系统处于热力学平衡。

（5）对于化学平衡条件，方程数 R 必须是独立的。而对于物种间强度因数

的限制条件 R'，必须是在同一相中几个物质浓度之间存在的关系，能有一个方程中把它们的化学势联系起来。

（6）物种数 S 随考虑问题的角度的不同而变化，但在平衡系统中的组分数 C 值却不变。

例 5-2　计算分解反应 $MgCO_3(s) = MgO(s) + CO_2(g)$ 达平衡时系统的自由度，设系统初始时只有 $MgCO_3(s)$。

解： 由题可知物种数 $S=3$，相数 $P=3$，独立方程数 $R=1$，浓度限制条件 $R'=0$（特别注意：$CO_2(g)$ 和 $MgO(s)$ 分属为气相和固相，虽然二者存在 1:1 摩尔比例关系，但它们并不是在同一相中，不构成对系统强度变量的限制）。

根据相律式（5-13），有

$$F = S - R - R' - P + 2 = 3 - 1 - 0 - 3 + 2 = 1$$

故，此多相系统维持平衡条件下只有 1 个变量可变，当选 T 为独立变量时，则压力 p 为 T 的函数，$p_{CO_2} = p_{环境}$ 为 $MgCO_3(s)$ 的分解压。

例 5-3　计算 $NaCl$ 在 H_2O 中的不饱和系统在（1）只考虑相平衡、（2）考虑 $NaCl$ 的电离平衡和（3）考虑 H_2O 的电离平衡下的自由度。

解：（1）只考虑相平衡时，物种数 $S=2$，组分数 $C=S-R-R'=2-0-0=2$，相数 $P=1$，自由度 $F=C-P+2=2-1+2=3$。

（2）考虑 $NaCl$ 的电离平衡时，物种数 $S=3$（包括 H_2O、Na^+ 和 Cl^-），由于存在 Na^+ 与 Cl^- 的电中性平衡，因此 $R'=1$，则组分数 $C=S-R-R'=3-0-1=2$，相数 $P=1$，自由度 $F=C-P+2=2-1+2=3$。

（3）考虑 H_2O 的电离平衡时，物种数 $S=5$（包括 H_2O、Na^+、Cl^-、H^+ 和 OH^-），由于存在 Na^+ 与 Cl^-、H^+ 和 OH^- 的摩尔平衡，则 $R=1$，$R'=2$，组分数 $C=S-R-R'=5-1-2=2$，相数 $P=1$，自由度 $F=C-P+2=2-1+2=3$。

例 5-4　将过量的固体 $NH_4I(s)$ 置于一真空容器中，最终达到如下平衡：

（1）$NH_4I(s) \rightleftharpoons NH_3(g) + HI(g)$

（2）$2HI(g) \rightleftharpoons H_2(g) + I_2(g)$

（3）$2NH_4I(s) \rightleftharpoons 2NH_3(g) + H_2(g) + I_2(g)$

试计算该系统的自由度。

解： 由于反应（1）×2+反应（2）=反应（3），故独立方程数 $R=2$。

在等容的真空容器中，有 $p_{H_2} = p_{I_2}$，$p_{NH_3} = 2p_{H_2} + p_{HI}$，故 $R'=2$，物种数 $S=5$，则组分数 $C=S-R-R'=5-2-2=1$，相数 $P=2$，自由度 $F=C-P+2=1-2+2=1$。即在此平衡系统中，四种物质的分压力和 T 五个变量中，只要确定一个，另四个值皆能确定。

5.2 气-液平衡相图

5.2.1 单组分相图与热力学性质 $T\text{-}S$ 图的区别

1. 单组分相图

由于相平衡与系统独立强度变量是一一对应的，因此系统的平衡态可以用相图来表达。对于单组分系统，根据相律可知其自由度 $F=3-P$，系统最少有一个相，因此单组分系统的最大自由度为 2，独立变量为 T 和 p，此时为双变量系统，在相图中表现为一个面；如果相数为 $P=2$，$F=1$，为单变量系统，在相图中表现为一条线，为两相平衡线；若有三相平衡，则相数 $P=3$，自由度数 $F=0$，为无变量系统，相图中表现为一个点，称为无变量点或三相点，为三条两相平衡线的交点。单组分相图最典型的代表是 H_2O 和 CO_2 的相图（见图 5-2 所示）。

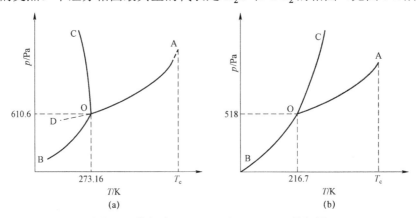

图 5-2 单组分 H_2O（a）和 CO_2（b）的相图

由图 5-2 可知，H_2O 和 CO_2 的单组分相图比较相似，皆有三个相区（液相区，固相区和气相区），三条线和一个特殊的点。

OA 线是气-液两相平衡线（即蒸发线），它不能任意延长，终止于临界点 A，临界点时，气-液界面会消失，高于临界温度 T_c，不能使用加压的方法使气体液化。

OB 线是气-固两相平衡线（即升华线），即冰的升华曲线，理论上可延长至 0 K 附近。

OC 线是液-固两相平衡线（即熔点线）。对于 H_2O 的相图，当 C 点延长至压力大于 2×10^8 Pa 时，会有不同晶体结构的冰（同质异形体）生成，因此高压下水的相图会变得非常复杂，如有需要可参考相关的文献。

特殊的 O 点是三相点，指气-液-固三相共存点（即无变量点），单组分的三相点的温度和压力皆由系统自定。H_2O 的三相点温度是 273.16 K，是水在自己的蒸汽压下的凝固点。它与水的冰点（273.15 K）是不同的，冰点是在 101.325 kPa 压力下被空气饱和的水的凝固点。冰点温度比三相点温度低 0.01 K，这是因为 ① 因外压增加使凝固点下降了 0.007 48 K；② 因水中溶有空气使凝固点下降了 0.002 41 K。所以，H_2O 的三相点并不等于其冰点，要低 0.01 K。随着外压的改变，单组分的冰点也随之改变。

与 H_2O 的相图要比，CO_2 的单组分相图的 OC 线的斜率为正，H_2O 的却为负。这可用 Clapeyron 方程来进行解释。

当物系达到平衡时，物系就处于动态平衡，这时候质量传递的变化量等于零，而物系中各个热力学性质的变化量在对应的物系条件下也等于零。当物系由一相变化到另一相而达到相平衡时，其化学势是相等的。因此，法国工程师 Clapeyron 导出了一个揭示蒸汽压随温度的变化率与相变焓和相变体积的关系式，即 Clapeyron 方程。

Clapeyron 方程的推导过程是基于相平衡中的两相平衡推导出来的。假设研究的物系由 α 相进行相变为 β 相，当达到相平衡时，两相的化学势是相等的，即有 $\mu^{\alpha}=\mu^{\beta}$。若温度改变 dT，则压力改变 dp，达到新的相平衡时，必有 $d\mu^{\alpha}=d\mu^{\beta}$。

结合化学位的定义式（1-88）和式（4-72），有 $d\mu=-S_m dT+V_m dp$。将之带入相平衡的化学位等式中，可得

$$(S_m^{\beta}-S_m^{\alpha})dT=(V_m^{\alpha}-V_m^{\beta})dp \qquad (5\text{-}15)$$

又因为根据相变熵与相变焓之间符合热力学关系式：$\Delta S_{m(\alpha\to\beta)}=\Delta H_{m(\alpha\to\beta)}/T$，将之代入式（5-15）可得

$$\frac{dp}{dT}=\frac{\Delta H_m}{T \cdot \Delta V_m} \qquad (5\text{-}16)$$

此式即为 Clapeyron 方程。它可应用于任何纯物质的两相平衡系统的，表明压力随温度的变化率，即单组分相图上两相平衡线的斜率受到焓变和相变体积变化的影响。

由于相同物质的量 H_2O 的固相体积比其液相体积大，则 H_2O 由固相吸热（$\Delta H_m>0$）转变为液相相变后的体积差为负值（$\Delta V_m<0$），根据 Clapeyron 方程可知，单组分 H_2O 相图的 OC 线的斜率为负，说明随压力的增大，冰的熔点会降低；对于多数的单组分物质通常在熔化过程中的摩尔体积会增大，因而其熔点曲线的斜率为正。最典型代表就是 CO_2，当固相 CO_2 熔化为液相之后，其相变后的体积差为正（$\Delta V_m>0$），且吸热（$\Delta H_m>0$），根据 Clapeyron 方程可知其 OC 线的斜率为正。

对于单组分体系的气-液两相变化的相平衡，由于相同物质的量的同一种物质，其液相体积与气相体积相比是可以忽略不计的的，故由液相蒸发为气相后的相变体积 $\Delta V_\mathrm{m} = V_\mathrm{m(g)} - V_\mathrm{m(s,l)} \approx V_\mathrm{m(g)}$，将之带入 Clapeyron 方程式（5-16）后，可得

$$\frac{\mathrm{d}\ln p}{\mathrm{d}T} = \frac{\Delta_\mathrm{vap}H_\mathrm{m}}{RT^2} \tag{5-17}$$

此式即为 Clausius-Clapeyron 方程，$\Delta_\mathrm{vap}H_\mathrm{m}$ 为摩尔蒸发焓，kJ·mol^{-1}。

利用 Clausius-Clapeyron 方程可以测定研究体系在不同温度下的饱和蒸汽压值，求得体系的摩尔气化焓。

假设气体符合理想气体状态方程（$pV_\mathrm{m} = RT$）。同时设 $\Delta_\mathrm{vap}H_\mathrm{m}$ 与温度无关。将上式进行积分，有

$$\ln\frac{p_2}{p_1} = -\frac{\Delta H_\mathrm{m}}{R}\left(\frac{1}{T_2} - \frac{1}{T_1}\right) \tag{5-18}$$

此式为 Clausius-Clapeyron 方程的积分式，它用来描述单组分体系的两相平衡（包括固-液两相、固-气两相、液-气两相及固相的同素异构体之间的平衡）的规律性。利用此积分式，可从两个温度下的蒸汽压，求摩尔蒸发焓变。或从一个温度下的蒸汽压和摩尔蒸发焓，求另一温度下的蒸汽压。

如果 $\Delta_\mathrm{vap}H_\mathrm{m}$ 与温度有关，常写成 $\Delta_\mathrm{vap}H_\mathrm{m} = a + bT + cT^2$，将之代入式（5-17），可得

$$\lg p = \frac{A}{T} + B\lg T + CT + D \tag{5-19}$$

此式中 A，B，C 和 D 为常数，虽然式（5-19）的适用温度范围较宽，但在使用时却非常麻烦。因此，在化学工程上常使用三参数的 Antoine（安托因）半经验方程来计算蒸汽压。

$$\lg p = A - \frac{B}{(t+C)} \tag{5-20a}$$

式中 t 为摄氏度，A，B 和 C 均为常数。

两参数的 Antoine 半经验方程为

$$\lg p = C - 52.23\frac{B}{T} \tag{5-20b}$$

Antoine 半经验方程计算适用的温度范围较宽，但三参数 Antoine 方程比两参数 Antoine 方程更适用于绝大多数物质。常见部分物质 Antoine 方程的 A，B，C 常数值可从附录二查到。

实际上，当缺少相关的实验数据时，根据目标物系的沸点 T_b，可使用

Trouton（楚顿）规则来粗略地计算该物系气-液两相平衡的摩尔蒸发焓 $\Delta_{vap}H_m$（式（5-21））。英国物理学家 Trouton 基于大量的实验事实，发现诸多非极性液体的摩尔蒸发焓 $\Delta_{vap}H_m$ 与其正常沸点 T_b 之间呈现线性关系。换言之，对于多数非极性液体在正常 T_b 蒸发的熵变近似为常数，其摩尔蒸发焓变 $\Delta_{vap}H_m$ 与正常沸点 T_b 之间有近似的定量关系。可表示为

$$\Delta S_{vap} = \frac{\Delta_{vap}H_m}{T_b} = 87.9 \text{ J} \cdot \text{K}^{-1} \cdot \text{mol}^{-1} \tag{5-21}$$

式（5-21）对极性较大的液体及沸点小于 150 K 的液体不适用，它适用于分子不产生缔合的液体摩尔蒸发焓的计算。

对于单组分的凝聚相，当其由固相转变为液相时或在凝聚相过程中存在相变时，体系在熔点相变温度 T_m 以上的温度 T 时的熵值 S_T 为

$$S_T = S_{298.15} + \int_{298.15}^{T_m} C_p^s \, d\ln T + \Delta S_m + \int_{T_m}^{T} C_p^l \, d\ln T$$

其中，C_p^s 和 C_p^l 分别为相变前、后的固相和液相的等压热容，ΔS_m 为熔化熵。Richard（理查德）研究了物系的熔化焓 ΔH_m 和 T_m 之间存在着线性关系，发现（Richard 规则）

$$\Delta S_m = \frac{\Delta H_m}{T} \approx 8.3 \text{ J} \cdot \text{K}^{-1} \cdot \text{mol}^{-1} = R \tag{5-22}$$

可见知道单组分凝聚相的 T_m 或沸点 T_b 时，可以根据 Richard 规则或 Trouton 规则来估算体系相变的熔化焓或蒸发焓；反之，知道体系的熔化焓和蒸发焓，可估算体系的凝固点 T_m 和沸点 T_b。

2. 热力学性质 T-S 图与单组分相图的区别

热力学性质图在化学工程的设计中是常见的，常用的空气，氨等物质的热力学性质早已制作成化工算图。因为在同一张热力学性质图上，知道 T 和 p 就可以查出目标物质的各种热力学性质参数，非常方便和满足在工程中的计算需要。此种热力学性质图在使用过程中具有使用方便和容易看出性质的变化趋势，有易针对具体问题分析的优点；但其缺点是读数不如热力学性质表格的数据准确。

因为热力学性质表是把热力学性质以一一对应的简单表格形式给出的，所以具有对确定点数据准确，但对非确定点需要内插计算的特点。这里内插法通常使用直线内插（示意图见图 5-3），其计算公式为

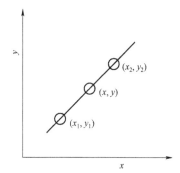

图 5-3　直线内插法示意图

$$\frac{y - y_1}{x - x_1} = \frac{y_2 - y_1}{x_2 - x_1}$$

改写为

$$y = \frac{y_2 - y_1}{x_2 - x_1}(x - x_1) + y_1 \tag{5-23}$$

大多物质的热力学性质图表不多见，工程上应用较多且数据充分的是水蒸汽表可查询附录一。

在化学工程设计计算中常用的热力学性质图有 $T\text{-}S$ 图、$H\text{-}S$（Mollier）图、$H\sim x$ 图和 $\ln p\text{-}H$ 图。所有的热力学性质图皆具有一定共性，表现在：① 制作的原理和制作步骤皆相同，但却仅适用于特定的物质；② 所有热力学性质图形中，p、V、T、H、S 皆有，其内容基本相同。但它与普遍化热力学图却不同，主要体现在制作的原理和应用的范围不同。因为在制作原理方面，热力学性质图是基于实验数据且只适用于特定物质；而普遍化热力学图基于对比参数作为独立变量作出的图，它对物质没有限制，可应用于任一种物质。在这里，本节只讲热力学性质 $T\text{-}S$ 图与单组分相图的区别及应用。

由于 $T\text{-}S$ 图在化学工程中能帮助解决热功效率的计算问题，且能对相关问题进行重要的分析，所以 $T\text{-}S$ 图在化工设计中具有非常重要的应用。

与单组分相图（见图 5-2）相比较，单组分系统的性质在 $T\text{-}S$ 图中变化较大（见图 5-4）。主要体现在① 在单组分 $p\text{-}T$ 相图中的单点（如三相点 O），在 $T\text{-}S$ 图上显现为一条直线（对应着 ABD 线）；② 在单组分 $p\text{-}T$ 相图中的线（气-液两相平衡线 OA，气-固两相平衡线 OB 和液-固两相平衡线 OC），在 $T\text{-}S$ 图中体现为三个面。同一体系在单组分相图点、线和面的性质和 $T\text{-}S$ 图中表现出不同的根本原因在于气（汽）-液-固的熵值是不同的。

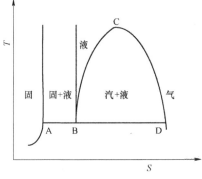

图 5-4　单组分系统的 $T\text{-}S$ 示意图

根据大量的实验表明，在同一 T 下，同一物质的 $S_{气(汽)} > S_{液} > S_{固}$。由于熵的微观性质代表混乱的程度，同一物质同样的物质的量，其气体的混乱度最大，固体的混乱度最小，故气体的熵值在同一 T 下大于液体和固体的熵值。所以 $p\text{-}T$ 图上三相点表示对应 T，p 下气液固三相共存，但由于在同一 T，p 下，气-液-

固三相的熵值却不同（$S_{气(汽)} > S_{液} > S_{固}$），故在 T-S 图中三相共存就表示为一条直线，即 ABD 线。同时，在 p-T 图上，一个 T 一定对应着饱和蒸汽压 p，T 变则 p 也产生相应的变化，故在 p-T 图上就出现了气（汽）-液平衡线。但是在同一 p，T 下，饱和蒸汽的熵大于饱和液体的熵（$S_{气(汽)} > S_{液}$），所以在 T-S 图上饱和蒸汽线位于饱和液体线的右边，二线中间的平面就是气（汽）-液两相平衡区。其他相图中的线与 T-S 图中的面也是同样的解释。

3. T-S 图曲线的物理意义

完整的 T-S 图（见图 5-5）中包括：

（1）BCD 饱和曲线，其中 BC 为饱和液相线，CD 为饱和蒸汽线；

（2）虚线所表示的为等干度线，干度代表汽相的重度分率或摩尔分率 x；

（3）等焓线，以 H 表示；

（4）等容线，以 V 表示；

（5）等压线，以 p 表示；

（6）平行于纵坐标的为等 S 线；

（7）平行于横坐标的为等 T 线。

这些曲线的变化具有重要的物理意义。

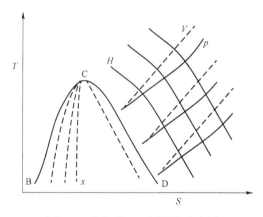

图 5-5　完整的 T-S 图曲线示意图

T-S 图中的等焓线变化如图 5-6 所示。在恒 p 时，焓与温度之间的关系符合

$$\left(\frac{\partial H}{\partial T}\right)_P = C_P > 0$$

可见，随 T 的升高，H 也随着增大。因此焓值 H 大的等 H 线在上面。

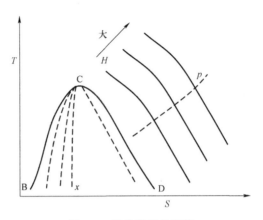

图 5-6 等焓线变化规律

而 $T\text{-}S$ 图中的等容线的变化规律性可用 Maxwell 关系式来判断。根据 Maxwell 关系式

$$\left(\frac{\partial S}{\partial V}\right)_T = \left(\frac{\partial p}{\partial T}\right)_V$$

可见，对于任何的气体，在恒 V 时，T 升高，则 p 也增大。表明在等 T 时，随 V 的增大，S 值也会变大，说明在 $T\text{-}S$ 图中的较大的等 V 线位于 S 值较大的一边（见图 5-7）。

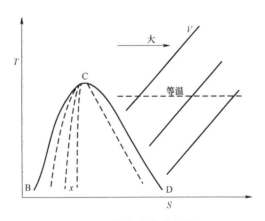

图 5-7 等容线变化规律

同理，$T\text{-}S$ 图中的等压线的变化规律性同样也可用 Maxwell 来判断。根据理想气体状态方程 $pV=nRT$ 可知，当 p 一定时，V 随 T 的升高而升高，同时也随 T 的降低而减小。即有

$$\left(\frac{\partial V}{\partial T}\right)_{\mathrm{p}} > 0$$

结合 Maxwell 关系式（1-98）有

$$\left(\frac{\partial S}{\partial p}\right)_{\mathrm{T}} = -\left(\frac{\partial V}{\partial T}\right)_{\mathrm{p}}$$

可见，$(\partial S/\partial p)_{\mathrm{T}} < 0$。因此在 $T\text{-}S$ 图中的较小的等压线位于 S 值较大的一边（见图 5-8）。

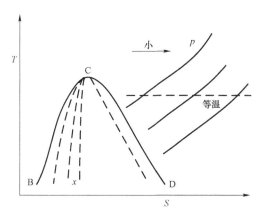

图 5-8　等压线变化规律

由于 $T\text{-}S$ 图包含了物质变化的规律性，因此确定了物质状态后，在 $T\text{-}S$ 图上均可以查到该体系的热力学性质。

单组分的单相系统，依据相律 $F = 3 - P$，可见给定两个参数后，其物质的性质就能完全确定，就能够确定它在 $T\text{-}S$ 图中的位置。而在两相共存区，其自由度为 1，确定其状态只需确定一个参数，它为饱和曲线 BCD 上的一点。如果要确定其两相共存物系中气-液的相对量，还需规定一个具有容量性质的独立参数，通常为 T 或 p 中的一个为独立参数。反之，如果已知某物质系统在两相区的具体位置，也可根据 $T\text{-}S$ 图算出汽-液的相对量。或，如果已知某物质系统的气-液相对量，则该物质系统在 $T\text{-}S$ 图中的位置也就确定了。

可见，对于单组分体系在两相区混合物性质 H、V、S 与每相的性质和每相的相对量有关。由于 H、V、S 性质都是广度性质，即皆具有容量性质，因此对于气-液两相，两相数值之和就为两相混合物的相应值。

即有

$$H = xH_{\mathrm{g}} + (1-x)H_{\mathrm{l}} \tag{5-24}$$

$$V = xV_g + (1-x)V_1 \qquad (5-25)$$

$$S = xS_g + (1-x)S_1 \qquad (5-26)$$

式中，g、l、x 分别代表气相，液相和气相的摩尔分率（或重量分率）。在化学工程上，x 通常称为品质或干度。$x=0$ 时，表示此时物质为饱和液体，此时 $H=H_1$，$V=V_1$ 和 $S=S_1$；当 $x=1$ 时，表示此时物质为饱和蒸汽，此时 $H=H_g$，$V=V_g$ 和 $S=S_g$；当 $0<x<1$ 时，物质处于汽-液两相共存区，其相关物理性质可用式（5-24）-式（5-26）进行计算。

例 5-5 1 MPa，290.9 ℃的水蒸汽经可逆绝热膨胀到 0.1 MPa，求蒸汽的干度。已知 280 ℃时水蒸汽的熵值为 7.046 5 kJ·(kg·K)$^{-1}$，320 ℃时水蒸汽的熵值为 7.196 2 kJ·(kg·K)$^{-1}$。

解： 根据式（5-23），299.9 ℃的水蒸汽的熵值 S_1 表达为

$$\frac{290.9-280}{320-280} = \frac{S_1-7.046\ 5}{7.196\ 2-7.046\ 5}$$

得 $S_1 = 7.087\ 3$ kJ/(kg·K)。

由于水蒸汽从始态（1 MPa，299.9 ℃）经可逆绝热膨胀到末态（0.1 MPa）时为一等熵过程，因此其末态的熵值 $S_2=S_1=7.087\ 3$ kJ·(kg·K)$^{-1}$。查附录三可得压力为 0.1 MPa 时的水蒸汽有 $S_1=1.302\ 6$ kJ·(kg·K)$^{-1}$ 和 $S_g=7.359\ 4$ kJ·(kg·K)$^{-1}$。

根据式（5-26）有

$$S_2 = xS_g + (1-x)S_1$$

则蒸汽的干度 x 为

$$x = \frac{S_2-S_1}{S_g-S_1} = \frac{7.087\ 3-1.302\ 6}{7.359\ 4-1.302\ 6} = 0.955\ 1$$

4. *T-S* 图的应用

知道了 *T-S* 图中各曲线的意义，在化学工程中才能进行具体的应用。

（1）*T-S* 图图示等压加热过程和冷却过程及热机的效率问题

在等压下，当系统从始态温度 T_1 变化到末态温度 T_2 时，系统的热效应在 *T-S* 图中可根据热力学第二定律进行计算（见图 5-9）。即

$$Q_P = \Delta H = \int_{S_1}^{S_2} T\mathrm{d}S = 面积1234 \qquad (5-27)$$

当系统从状态 1 到状态 2，在 *T-S* 图上曲线 12 下的面积就等于系统与外界所交换的热效应。

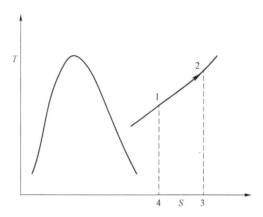

图 5-9　T-S 图中的热效应图

图 5-10 中的 123 代表吸热过程，所吸收的热等于面积 12 365；341 代表系统对外界的放热过程，所放出的热量等于面积 36 514。因此热机所做的功 W 就等于面积 12 341。故循环热机的效率 η：

$$\eta = \frac{12\ 341\ 的面积}{12\ 365\ 的面积} \tag{5-28}$$

对于任意一可逆循环过程 1234，面积 1234 代表循环所吸收的热和做的功。其中 AB 线代表高温等温线（T_1），CD 线代表低温等温线（T_2），A5 和 B6 代表等熵线，ABCD 为 Carnot 循环。由图 5-11 可见，任意可逆循环（1234 过程）的热机效率小于 ABCD 代表的 Carnot 热机的效率。也可以表明工作于同温热源和冷源的热机中，不可逆热机的效率不可能大于可逆热机的效率。

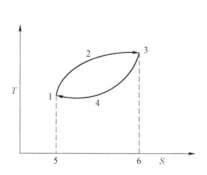

图 5-10　T-S 图中的等压加热过程和
冷却过程

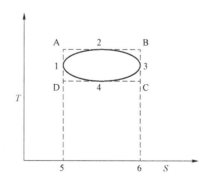

图 5-11　可逆循环和 Carnot 循环的
热机效率比较图

由上可知，T-S 图中既能显示系统所作的功，又能表示系统在变化过程中吸收或释放的热量。而传统的 p-V 图却只能显示系统在过程中所作的功。结合热力学第二定律（$Q_R = \int T\mathrm{d}S$），T-S 图可计算系统在等温过程和变温过程中的可逆过程热量；如果采用热容来计算热效应（$Q = \int C\mathrm{d}T$），却不适用于等温过程热效应的计算。

（2）T-S 图中的节流膨胀过程

节流膨胀过程证明是一个等焓过程（例 1.3），即此过程 $\mathrm{d}H = 0$。此过程可表示在在 T-S 图中的等焓线上（见图 5-12），高压气体从始态（T_1，p_1）经节流膨胀至低压（T_2，P_2）时，沿着等焓线进行至与等压线相交。由于节流膨胀过程与外界无热及功的交换，所以此过程的 $\Delta S_{环} = 0$。

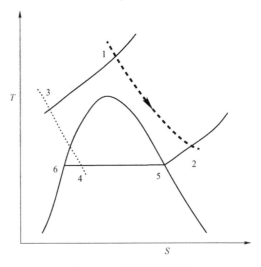

图 5-12　节流膨胀过程

同时，由于总熵 = 系统的熵 + 环境的熵，即 $\Delta S_{总} = \Delta S_{环} + \Delta S_{系统}$。
则有

$$\Delta S_{总} = \Delta S_{系统} = S_2 - S_1$$

可见经节流膨胀后的末态的熵 $S_2 > S_1$ 的，表明这是一个不可逆的过程。

如果膨胀前物流系统处于温度较低的点（T_3 点），经节流膨胀后进入两相区到达 T_4 点，此时流体就会自动分开为气（汽）-液两相。气（汽）-液的质量比可根据杠杆规则进行求取。即

$$m_{汽} / m_{液} = \overline{46} / \overline{54} \tag{5-29}$$

（3）T-S 图中的绝热膨胀或压缩过程

T-S 图中的绝热膨胀过程如图 5-13a 所示。当流体系统从等压线的始态 1 经绝热膨胀变化到等压线交于 2 点时，由于与外界没有热量的交换，故此过程为

一等熵过程（$dS=0$）。

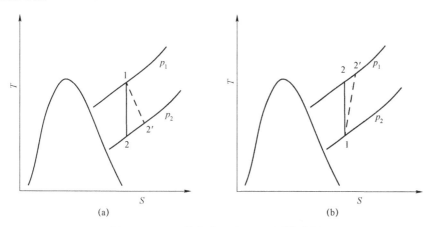

图 5-13　（a）绝热膨胀和（b）压缩过程

根据稳态流动系统的热力学第一定律式（1-8），可逆膨胀功为

$$W_{SR} = \Delta H = H_2 - H_1$$

对于不可逆的绝热膨胀过程则不是等熵过程（$dS \neq 0$），而是一个熵增过程变化到 2′。此时不可逆绝热膨胀功为

$$W_S = \Delta H' = H_{2'} - H_1 。$$

因此，等熵膨胀效率可定义为

$$\eta_S = \frac{W_S}{W_{SR}} = \frac{\Delta H_{(1-2')}}{\Delta H_{(1-2)}} = \frac{H_{2'} - H_1}{H_2 - H_1} \tag{5-30}$$

特别要注意，等熵膨胀效率 η_S 值通常在 $0.6 \sim 0.8$ 之间。如果知道 η_S 和可逆膨胀功 W_{SR}，就可计算出不可逆绝热膨胀功 W_S。对于绝热膨胀的不可逆过程，必然有部分机械功耗散为热量被流体吸收，因此导致到达末态时，必有 $T_{2'} > T_2$ 和 $S_{2'} > S_2$。

绝热压缩过程的热力学分析类似绝热膨胀（见图 5-13b），同样可用 T-S 图的等熵线来表达，只不过过程刚好相反。

此时，绝热压缩过程的等熵膨胀效率 η_S 表达为

$$\eta_S = \frac{W_{SR}}{W_S} = \frac{H_2 - H_1}{H_{2'} - H_1} \tag{5-31}$$

5.2.2　二元体系的气-液两相平衡相图

对于二元体系，组分数 $C=2$，根据相律可知其自由度 $F=4-P$，系统最少有

一个相，因此二组分系统的最大自由度为 3，三个独立变量通常为 T、p 和 x，此时为三变量系统，相图要用三维坐标才能表达。现实中常保持一个变量为常数（要么定 T 或定 p），从立体图中取一个截面为相图。在化学或化学工程中最常用的是保持压力不变，得 T-x 图；比较常用的是保持温度不变，得 p-x 图；而定组成 x 的 p-T 相图却不常用，常查不到。

1. 二元溶液体系的 p-T 相图及其临界区域相特性

纯单组分（纯组分的气液相平衡的自由度为 1）当在一定 p 下达到气-液两相平衡时，如果压力等于当地大气压，则其开始沸腾，此时对应的沸腾温度 T 就叫做沸点 T_b，即纯组分具有固定的沸点。但对于二元或多元组分混合物没有固定的沸点，却有泡点（指第一个气泡在一定 p 下出现时的温度）和露点温度（指最后一滴液体在一定 p 下全部汽化时对应的温度）。二元组分的气-液相平衡关系为一个区域，而不是单纯组分的为一条线（见图 5-2）。因为不同的溶液组成会对应不同的汽液相平衡关系，会在整个溶液组成范围内形成一个上拱形的泡点面和下拱形的露点面。二元组成的 p-T 相图 5-14a 所示，图中 CE_m 为泡点线，虚线为露点线 BE_m，E_m 为混合物的临界点。由图可知，泡点面之上为过冷液体，露点面之下为过热蒸汽。其中，AE_1 和 DE_2 分别代表组分 1 和组分 2 的汽液相平衡线。$E_1E_mE_2$ 线为临界点的轨迹线。混合物的临界点 E_m 特征具有① 临界点 E_m 处汽液两相差别消失，与纯组分是一样的；② 与单组分临界点不一样，二元组成的临界点 E_m 并不一定对应于两相共存时的最高 p 和 T；③ 临界点 E_m 要随组成的变化而变化，形成所谓的"临界点包线"。由于混合物临界点具有这样的特殊属性，因此在二元组成的 p-T 相图中造成了两种工程中的特殊现象：等压逆向凝聚和等温逆向气化现象（见图 5-14b 所示）。

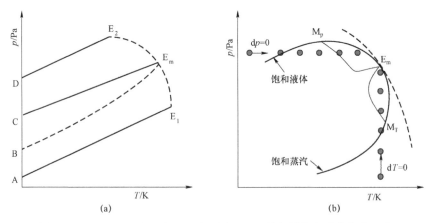

图 5-14　（a）二元组成的 p-T 相图和（b）逆向凝聚和逆向气化现象

（1）等压逆向凝聚现象。在正常情况下，当等压（$dp=0$）下，随着温度 T 的升高，发生液相（L）→汽相（V）的转化。但在 $M_p E_m$ 区域内（M_p 点为"临界冷凝压力"，它是二元组成体系中汽液两相共存的最高压力），在等压下，随温度 T 的升高，却伴随汽相（V）→液相（L）的转变。故 $M_p E_m$ 区域就成为等压逆向凝聚区。在石油工业中开采石油时，由于地下采集区的压力很高，则油喷时间较长。如果压力产生了变化，会导致出来的液油少和油气少。由于地下的油井温度变化小，故常往油井中注水使其处于逆向凝聚区，利用等压逆向凝聚现象多采液油，提高了采油量。

（2）等温逆向气化现象。在正常情况下，在等温（$dT=0$）下，随着压力 p 的升高，发生汽相（V）→液相（L）的转化。但在 $M_T E_m$ 区域内（M_T 点为"临界冷凝温度"，它是二元组成体系中汽液两相共存的最高温度），在等温（$dT=0$）下，随着压力 p 的升高，却伴随着液相（L）→汽相（V）的转变。故 $M_T E_m$ 区域就成为等温逆向气化区。

2. 理想溶液的汽-液两相平衡相图

两个纯液体如果可以以任意比例互溶，即溶液中的溶剂和溶质都要服从 Raoult 定律，这样的系统就称为理想的液态完全互溶二元体系，其相图是最基础和典型的二元相图。二元组成设溶剂为 A（摩尔分数为 x_A）、溶质为 B（摩尔分数为 x_B），二者的组成有 $x_A + x_B = 1$。因此，相图中的各组分的分压可用 Raoult 定律来进行计算，其分压分别为 $p_A = p_A^s x_A$ 和 $p_B = p_B^s x_B = p_B^s(1-x_A)$。

所以，其总压为

$$p = p_A + p_B = p_A^s x_A + p_B^s(1-x_A) = p_B^s + (p_A^s - p_B^s)x_A \tag{5-32}$$

如果气相中二元的组成分别表示成 y_A 和 y_B，根据 Dalton 分压定律有 $y_A = p_A/p$，将之代入式（5-32）可得

$$y_A = \frac{p_A}{p} = \frac{p_A^s x_A}{p_B^s + (p_A^s - p_B^s)x_A} \tag{5-33}$$

二元组成有

$$y_B = 1 - y_A \tag{5-34}$$

如果已知对应 T 下溶液的 p_A^s，p_B^s，x_A 或 x_B，利用式（5-33）和式（5-34）就可把各液相组成对应的气相组成算出，再将数据画在 p-x 图上就能得到完整的理想液态混合物的二元组成的 p-x-y 图（见图 5-14a）。

同样，根据 Raoult 定律和 Dalton 分压定律可得

$$\frac{y_A}{y_B} = \frac{p_A^s}{p_B^s} \cdot \frac{x_A}{x_B}$$

由上式可见，如果 $p_A^s > p_B^s$，有 $\dfrac{y_A}{y_B} > \dfrac{x_A}{x_B}$，则 $y_A > x_A$，表明在二元体系中

易挥发的组分在气相中的含量要大于液相中的含量，反之则亦然。

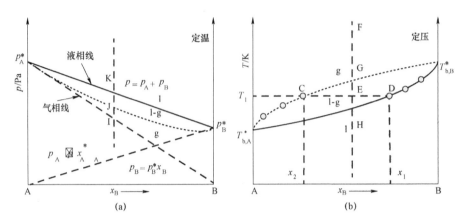

图 5-15 （a）理想二元组成的 p-x 相图和（b）T-x 相图

理想二元组成的 p-x 相图（见图 5-15a）中液相线之上为液相区（l 区），气相线之下为气相组成区（g 区），气-液两曲线之间的梭形区域为气-液两相区（l-g 区）。对组成为 I 的气相系统加压，到达 J 点有液相出现，进入到气-液两相区（l-g 区），当加压到达 K 点时，气相开始消失，直到全部冷凝成液体。

相应的理想液态混合物的 T-x 图可以根据实验直接绘制（见图 5-15b）。首先要测定组成 A 和 B 的沸点。当组成为 x_1 的液体升温到 D 点有气泡出现（D 点为泡点，对应温度为泡点温度），收集对应的气相组分 x_2 对应于 C 点，连结所有不同组成的泡点就得到了液相线。如果将组成为 F 的气相混合物冷却，到达 G 点有液相开始出现（G 点称为露点，对应温度叫露点温度），将所有的露点连结则得到气相线。在 G 到 H 的温度区间内，保持气-液两相平衡，但气、液的组成随温度的改变而改变，到达 H 点，气相开始消失，进入单一的液相区。与 P-x 相图相比，T-x 相图的气相线上为气相区（g 区），液相线下为液相区（l 区），中间为气-液两相共存区 l-g 区）。

将组成为 H 的混合物加热至温度 T 后到达气-液两相平衡区，其垂线与温度 T 的水平线交于 E 点（即代表物系点，作为杠杆的支点），并与气相线和液相线分别交于 C、D 点（这里 C、D 分别代表气相和液相的组成）。以 E 为支点，$\overline{CE}$，$\overline{ED}$ 为力矩，$n(l)$ 和 $n(g)$ 分别代表在 C、D 点的气、液的物质的量，若已知物系的总量，根据总物质的量＝气相物质的量＋液相物质的量，则根据杠杆规则可以求出 $n(l)$ 和 $n(g)$ 的量为

$$n(\text{g}) \cdot \overline{CE} = n(\text{l}) \cdot \overline{ED} \qquad (5\text{-}35\text{a})$$

$$n(总) = n(\text{l}) + n(\text{g}) \qquad (5\text{-}35\text{b})$$

若横坐标采用质量分数 m 表示，采用同样的方法可以求出 m（g），m（l）的质量，此时

$$m(\text{g}) \cdot \overline{CE} = m(\text{l}) \cdot \overline{ED} \qquad (5\text{-}36\text{a})$$

$$m(总) = m(\text{l}) + m(\text{g}) \qquad (5\text{-}36\text{b})$$

3. 非理想溶液的气-液两相平衡相图

二组分非理想液态混合物中具有最高和最低恒沸混合物相图。是非理想液态混合物是指混合物某组分的蒸汽压对 Raoult 定律产生偏差。

产生偏差的原因主要有：

① 二元组成的某一组分 A 自身产生缔合现象，与另一组分混合时缔合的分子产生了解离，导致分子数量增加，因此饱和蒸汽压也相应增加，就会对 Raoult 定律产生正偏差；

② 如果二元组成的 A，B 分子混合时，部分反应产生化合物，导致分子数量减少，使饱和蒸气压下降，就会对 Raoult 定律产生负偏差；

③ 如果 A、B 分子间的引力不同，混合时发生了相互作用，导致体积产生改变或相互间作用力改变，造成某一组分（A 或 B 组分）对 Raoult 定律了偏差，此偏差可正、可负。

如果某组分蒸气压的实验值大于 Raoult 定律的计算值则会产生正偏差。图 5-16a 中的虚线为 Raoult 定律计算值，实线为实验测定值，当产生正偏差时，实测值大于理论值。相对应的相图见图 5-16b（$p\text{-}x$ 相图）和图 5-16c（$T\text{-}x$ 相图），此时 $\gamma_i > 1$。

而正偏差出现极大值的相图，将会在在 $p\text{-}x$ 图上出现最高点，在 $T\text{-}x$ 图上出现最低点（见图 5-16）。图中的液相线在 C 点交于一点，这里组成为 C 的混合物的沸点均低于纯组分 A 和 B 的沸点，为最大压力恒沸混合物或具有最低恒沸温度混合物。在 C 点气、液相组成相同（即此时 $x_i = y_i$），用简单蒸馏的方法不能把 A 和 B 组分分开。注意恒沸混合物不是化合物，其沸点和组成要随外压的变化而变。典型的代表是用简单蒸馏方法得不到纯乙醇。

如果某组分蒸气压的实验值小于 Raoult 定律的计算值则会产生负偏差（见图 5-17a，其中虚线代表 Raoult 定律理论计算值，实线代表实验测定值），此时 $\gamma_i < 1$。而负偏差出现极大值的相图，将会在在 $p\text{-}x$ 相图上出现最低点（见图 5-17b），在 $T\text{-}x$ 相图上出现最高点（见图 5-16c）。此时同样液相线与气相线在一定组成（C 点）时交于一点，此时组成为 C 的混合物的沸点均高于纯组分 A

和 B 的沸点，C 点称最小压力（最高温度）共沸点。在 C 点气、液相组成相同（此时 $x_i = y_i$），用简单蒸馏方法是不能把 A 和 B 组分分开。恒沸混合物不是化合物，其沸点和组成随外压而变。典型的负偏差代表是 H_2O-HNO_3 和 H_2O-HCl 水溶液系统。在标压下，H_2O-HCl 水溶液的最高恒沸点为 381.65 K（含有 HCl 20.24%），因此最高恒沸混合物可作为化学分析中的基准物质。

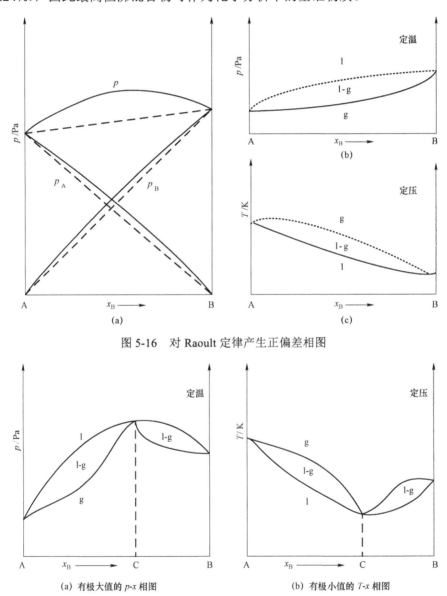

图 5-16　对 Raoult 定律产生正偏差相图

(a) 有极大值的 p-x 相图　　　　　　(b) 有极小值的 T-x 相图

图 5-17　对 Raoult 定律产生正偏差很大的相图

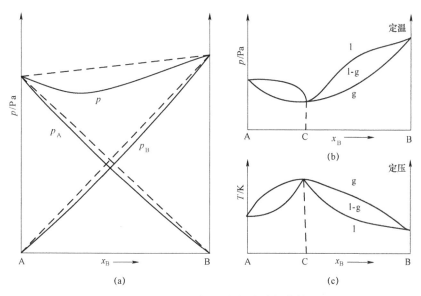

图 5-18　对 Raoult 定律产生负偏差很大的相图

5.3　气（汽）-液相平衡（VLE）的计算

5.3.1　气（汽）-液相平衡的热力学处理规则

1. 工程上常见的气（汽）-液相平衡问题

对于含有 n 个组分的混合物的气（汽）-液相平衡状态，总变量数为 $2s$ 个。根据相律式（5-13）可求得汽-液相平衡体系的自由度为

$$F = C - P + 2 = n$$

在化学工程上常见的气（汽）-液相平衡问题，主要有以下五类：

（1）冷凝器计算，已知 T、y_i，求露点压力 p 和液相组成 x_i；

（2）储罐的计算，已知 T、x_i，求泡点压力 p 和汽相组成 y_i；

（3）管道输送气体计算，已知 p、y_i，求露点温度 T 和液相的组成 x_i；

（4）再沸器的计算，已知 p、x_i，求泡点温度 T 和汽相组成 y_i；

（5）闪蒸过程的计算。

以上计算都要基于一定的相平衡热力学规则。对于 n 个组分的气液相平衡系统，当其达到气-液相平衡的时候，ΔG（相变）$= 0$，即有

$$\mathrm{d}\overline{G}^{\mathrm{l}}_{\mathrm{T, p}, \delta W'=0} = \mathrm{d}\overline{G}^{\mathrm{v}}_{\mathrm{T, p}, \delta W'=0}$$

同时，根据混合物逸度的定义式（4-89a）有 $d\overline{G}_{\mathrm{i}} = RTd\ln\hat{f}_{\mathrm{i}}$，将之代入上式，

并简化之后可得 n 个组分的气（汽）-液相平衡系统的逸度关系式：

$$\hat{f}_i^v = \hat{f}_i^l \tag{5-37}$$

这里 $i = 1$，2，$\cdots$，n。

2. 气（汽）-液相平衡的处理方法

根据逸度与逸度系数、活度与活度系数的关系，计算气（汽）-液相平衡的方法主要有三类：

（1）状态方程法（也可叫逸度系数法，适用于高压汽液相平衡的计算）

状态方程（Equation of state，EOS）法是以逸度系数处理气（汽）液两相平衡，两相皆以同一状态方程来计算其逸度系数。

根据逸度系数的定义式（4-90）有 $\hat{\phi}_i = \dfrac{\hat{f}_i}{x_i P}$，则气（汽）相有 $\hat{f}_i^v = \hat{\phi}_i^v y_i p$、液相有 $\hat{f}_i^l = \hat{\phi}_i^l x_i p$，将二者代入式（5-37）可得

$$\hat{\phi}_i^v y_i = \hat{\phi}_i^l x_i \tag{5-38}$$

此式适合高压系统的气（汽）-液相平衡计算。高压相平衡指在高压范围或接近临界区域的相平衡，即气（汽）-液两相均远离理想系统。此时系统的相平衡计算，要考虑压力对液相热力学函数的影响，通常高压气（汽）-液相平衡的计算采用状态方程法。高压相平衡指在高压范围或接近临界区域的相平衡，此时的相平衡计算，要考虑压力对液相热力学函数的影响，此时相平衡的计算须采用状态方程法来计算 $\hat{\phi}_i^v$ 和 $\hat{\phi}_i^l$。

当其两相达相平衡时，气（汽）-液平衡比为

$$K_i = \frac{y_i}{x_i} = \frac{\hat{\phi}_i^l}{\hat{\phi}_i^v} \tag{5-39}$$

而两组分气（汽）-液平衡比的比值，即相对挥发度可用以下公式进行计算：

$$a_{ij} = \frac{K_i}{K_j} = \frac{y_i x_j}{x_i y_j} \tag{5-40}$$

（2）状态方程法 + 活度系数法（即 EOS + γ_i 法）

活度系数法计算两相平衡，适合应用于汽-液相中、低压下的计算。同样根据逸度系数的定义式（4-90）和活度系数的定义式（4-106，此时 $\gamma_i = \hat{f}_i / (x_i f_i^\ominus)$），当两相达到气（汽）-液相平衡时，气（汽）相有 $\hat{f}_i^v = \hat{\phi}_i^v y_i p$、液相有 $\hat{f}_i^l = \gamma_i x_i f_i^\ominus$，将之代入式（5-37）可得多组分气（汽）-液相平衡逸度系数和活度系数之间关系式：

$$\hat{\phi}_i^v p y_i = \gamma_i x_i f_i^\ominus \tag{5-41}$$

这里 $f_i^\ominus$ 为标准状态下系统温度纯 i 液体的逸度，基于 Lewis-Randll 定则式（4-102），$f_i^\ominus(LR) = f_i(T, p)$。

如果以纯 i 液体在系统温度和压力下的逸度为标准态的逸度，结合式（4-68）和式（4-69），则液相的逸度表示为

$$\hat{f}_i^l = x_i \gamma_i f_i^l = x_i \gamma_i \varphi_i^s p_i^s \exp\left[\frac{V_i^l(p - p_i^s)}{RT}\right] \quad (5\text{-}42)$$

将式（5-42）代入式（5-41），可得气（汽）-液相平衡计算方程

$$y_i \hat{\phi}_i^v p = x_i \gamma_i \phi_i^s p_i^s \exp\left[\frac{V_i^l(p - p_i^s)}{RT}\right] \quad (5\text{-}43)$$

此式为计算气（汽）-液相平衡的通式。式中，p_i^s 为饱和蒸汽 i 在温度 T 下的饱和蒸汽压，$i = 1, 2, \cdots, n$。

当在低压到中压（中压是指远离临界点区域的中低压范围）气（汽）-液平衡时，此范围内 Poynting 因子 $\exp\left[\dfrac{V_i^l(p - p_i^s)}{RT}\right] \approx 1$，因此式（5-43）可简化为

$$y_i \hat{\phi}_i^v p = x_i \gamma_i \phi_i^s p_i^s \quad (5\text{-}44)$$

式中，$i = 1, 2, \cdots, n$。

且要求

$$\sum y_i = 1 \quad (5\text{-}45a)$$

$$\sum x_i = 1 \quad (5\text{-}45b)$$

式中各项热力学函数 p_i^s 的计算，可采用 Antoine 半经验方程来计算蒸汽压；对于 $\hat{\phi}_i^v$ 的计算，因为 $\hat{\phi}_i^v = f(T, p, y_i)$，因此可选用合适的状态方程来进行计算；对于 ϕ_i^s 的计算，可采用与气（汽）相相同的状态方程来进行计算，如前面讲述的状态方程 Virial、SRK、PR 方程等；对于 γ_i 的计算，由于 $\gamma_i = f(T, x_i)$，因此可选择合适的液相活度系数关联式进行计算，比如 Wilson 方程。式（5-44）同样适合加压下的相平衡计算，即适合非理想性气体＋非理想溶液系统的气（汽）-液两相平衡的计算。

（3）活度系数法（γ_i 法）

活度系数法是将平衡的气（汽）、液相皆用 γ_i 来表达。即气（汽）相有 $\hat{f}_i^v = \hat{\phi}_i^v y_i p$、液相有 $\hat{f}_i^l = \gamma_i x_i f_i^\ominus$，当二者达到相平衡时有

$$\hat{\phi}_i^v y_i p = \gamma_i x_i f_i^\ominus$$

结合式（4-68），将上式可改写为

$$\gamma_i^v y_i \phi_i^s p_i^s \exp\int_{p_i^s}^p \frac{V_i^v}{RT}dp = \gamma_i^l x_i \phi_i^s p_i^s \exp\int_{p_i^s}^p \frac{V_i^l}{RT}dp$$

两边去掉 $p_i^s \phi_i^s$，则得活度系数法的计算公式：

$$\gamma_i^v y_i \exp\int_{p_i^s}^p \frac{V_i^v}{RT}dp = \gamma_i^l x_i \exp\int_{p_i^s}^p \frac{V_i^l}{RT}dp \qquad (5\text{-}46)$$

同理，γ_i 可选择合适的活度系数关联式进行计算。

5.3.2　气（汽）-液相平衡的计算

气（汽）-液相平衡系统主要分为完全理想系统气（汽）-液相平衡（气（汽）、液两相皆为理想状态），气（汽）相为理想气体、液相为理想溶液的化学平衡体系相平衡，理想体系（气（汽）、液两相皆符合 Lewis-Randll 定则，如石油化学工程中中压（1.5～3.5 MPa）下的轻烃类物系或裂解气体系），非理想体系气（汽）相是非理想的，而液相皆符合 Lewis-Randll 定则，比如压力较高的烃类体系）和完全非理想体系（气（汽）、液两相皆不符合 Lewis-Randll 定则，指在高压下组成分子大小差别比较大的体系）。不同相平衡体系的计算差别是比较大的，常需要对计算模型进行简化。

1. 理想系统的气（汽）-液两相相平衡的计算

如果假定气（汽）相为理想气体，则有 $p_i = y_i p$；液相为理想溶液（即 $p_i = x_i p_i^s$）的完全理想体系，其气（汽）-液相平衡计算就可简化为 Raoult 定律。则前者就意味着适用于低压到一定压力的压力范围的计算；后一项的假设则只有组成系统的成分化学要相似，Raoult 定律近似有效。当其达到平衡时，则有 $\hat{\phi}_i^v = 1$，$\gamma_i = 1$ 和 $\phi_i^s = 1$。式（5-44）可改写为

$$y_i p = x_i p_i^s \quad (i=1,2,\cdots,n) \qquad (5\text{-}47a)$$

此时，气（汽）-液平衡比为

$$K_i = \frac{p_i^s}{p} \qquad (5\text{-}47b)$$

相对挥发度为

$$a_{ij} = \frac{p_i^s}{p_j^s} \qquad (5\text{-}47c)$$

结合 Dalton 分压定律和 Raoult 定律应用于完全理想系统的二元相平衡体系，则可得 $y_1 = \dfrac{x_1 p_1^s}{p}$ 和 $x_1 = \dfrac{p - p_2^s}{p_1^s - p_2^s}$。

现实中高温低下的气（汽）体可以视为理想气体，因此上面公式皆适用于

高温低压下的构成系统的组分分子结构相似、大小差别不大、化学性质相同的样品液相混合物近似，大气压以下的轻烃混合物体系、邻、间和对位的同分异构体混合物及同系物中相邻组元混合物的气（汽）-液相平衡的计算。

特别要注意的是由于式（5-47）要求有 i 组成在温度 T 下的饱和蒸汽压 p_i^s，因此温度 T 不能超过临界温度 T_c。

如果系统使用的温度 T 超过临界温度 T_c，则式（5-47）就不适用了。此时低压下气（汽）相可视为理想气体，液体为稀溶液或无限稀释溶液，则应该使用 Henry 定律来计算。此时系统组成的气（汽）相的分压与其液相的摩尔分率呈现正比，即式（5-47a）改写为

$$y_i p = x_i H_i \quad (i=1,2,\cdots,n) \tag{5-47d}$$

式中，H_i 为 Henry 常数，常见体系的 Henry 常数可查阅各种化工数据手册。

2. 气（汽）相为理想气体（即 $p_i = y_i p$）、液相为非理想溶液（此时 $p_i \ne x_i p_i^s$，即 $\gamma_i \ne 1$）体系的气（汽）-液相平衡计算

对于此类系统，放弃了 Raoult 定律的第二项假设，因此式（4-47a）就应该插入温度和液相组成的函数校正因子（即活度系数 γ_i）来进行计算。当系统达到气（汽）-液两相平衡时，则有 $\hat{\phi}_i^v = 1$，$\phi_i^s = 1$ 和 $\gamma_i \ne 1$。则由式（5-44）改写为

$$y_i p = x_i \gamma_i p_i^s \quad (i=1,2,\cdots,n) \tag{5-48a}$$

此时，气（汽）-液平衡比为

$$K_i = \frac{\gamma_i p_i^s}{p} \tag{5-48b}$$

相对挥发度为

$$a_{ij} = \frac{\gamma_i p_i^s}{\gamma_j p_j^s} \tag{5-48c}$$

以上诸式适用于在高温和低压下，如水与醇、醛、酮……类构成物系的组分分子的结构差异大的非轻烃类。此类体系的汽相可视为理想气体，但该体系的液相分子间作用力差异比较大，故不能视为理想溶液。此类体系又称为化学体系。

对于整个系统，式（5-48a）中 $\sum y_i = 1$，则系统的总压为

$$p = \sum_i x_i \gamma_i p_i^s \quad (i=1,2,\cdots,n) \tag{5-48d}$$

如果已知 x_i，应用于整个系统，式（5-48a）也可改写为可迭代计算的形式：

$$p = \frac{1}{\sum_i y_i / x_i \gamma_i p_i^s} \quad (i=1,2,\cdots,n) \tag{5-48e}$$

同时，对于多元气（汽）-液相平衡关系，应用汽液平衡比 K_i 值计算时，由于气（汽）-液平衡比与温度、压力和组成有关，故计算时需用试差法来求解。

3. 露点、泡点和闪蒸的计算

对于化学工程上常见的气（汽）-液相平衡问题，除了闪蒸过程的计算，另外可分为露点和泡点计算两大类。露点计算又可分为等温露点和等压露点计算，而泡点计算则可分为等温泡点和等压泡点计算。现分别详述中、低压系统的汽-液相平衡的计算过程。

（1）冷凝器的计算是已知 T、y_i，求等温露点压力 p 和液相组成 x_i。

此计算过程主要分为三步：

① 查对应体系的 Antoine 常数，再根据 Antoine 半经验方程式（5-20a）来计算各组成的饱和蒸汽压 p_i^s；

② 根据 Dalton 分压定律，计算 $p = \dfrac{1}{\sum\limits_i y_i / p_i^s}$；

③ 如果为完全理想系则根据式（5-47）来计算各组成 $x_i = y_i p / p_i^s$；如果气（汽）相为理想气体、液相为非理想溶液体系，则根据式（5-48）来计算各组成 $x_i = y_i p / \gamma_i p_i^s$（此时 γ_i 要用第 4 章中合适的方程来计算，如 Wohl 型方程或 Wilson 方程等）。且要保证不管那种情况皆要满足 $\sum\limits_i x_i = \sum\limits_i y_i p / p_i^s = 1$。

（2）管道输送气（汽）体计算过程。此过程是已知 p、y_i，求等压露点温度 T 和液相的组成 x_i。

此过程为等压露点的计算。针对不同的系统采用的公式略有不同，完全理想系统的迭代计算过程如图 5-19 所示；而对气（汽）相为理想气体、液相为非理想溶液体系的等压露点温度 T 和液相的组成 x_i 的气（汽）-液相平衡只是公式不同，但计算过程大致相同，此处不再详述。

计算步骤如下：

① 先求取温度初值 T_0。令 $p_i^s = p$，通过 Antoine 方程求 T_i^s（$T_i^s = \dfrac{B_i}{A_i - \ln p} - C_i$）；再通过 $T_0 = \sum\limits_i y_i T_i^s$ 求取温度初值 T_0；

② 将 T_0 代入 Antoine 方程求各组成 p_i^s；

③ 任选一 k 组分，利用 Antoine 方程求出 p_k^s 后，根据 Dalton 分压定律所得公式 $p_k^{s\prime} = p \sum\limits_i \dfrac{y_i}{p_i^s / p_k^s}$，求出 $p_k^{s\prime}$；

④ 将 $p_k^{s\prime}$ 值代入 k 组分的 Antoine 方程（$T = \dfrac{B_k}{A_k - \ln p_k^{s\prime}} - C_k$），求出改进的

温度 T；

⑤ 判断 $|T-T_0| \leqslant \varepsilon$（这里迭代终止值 ε 可根据计算精度要求取为 1×10^{-4} 或 1×10^{-5}），如果 $|T-T_0| > \varepsilon$，则令 $T \to T_0$，返回第（Ⅱ）步进行重新迭代；反之，则进行下一步计算；

⑥ 将上一步所得迭代终值的 T 值代入 Antoine 方程求各组成的 p_i^s，并结合式（5-47）求取各组成 $x_i = y_i p / p_i^s$；再将 x_i 进行归一化处理（即有 $x_i' = \dfrac{x_i}{\sum x_i}$）后，得出露点温度 T 和液相的各组成 x_i。

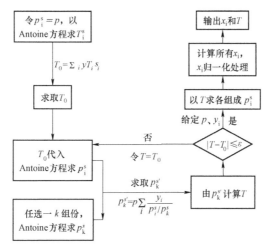

图 5-19　计算完全理想系统的等压露点温度 T 和液相组成 x_i 的计算框图

（3）再沸器的计算是已知 p 和组成 x_i，求等压泡点温度 T 和汽相组成 y_i。

此过程的计算参数与 T 有关，因此要用试差法来求取，计算过程类似于（b）。需要设定泡点的起始温度 T_0，并利用计算结果的 $\sum y_i$ 是否等于 1 进行迭代法来进行计算。迭代过程类似于图 5-19，此处不赘述。

计算过程主要如下：

① 首先令 $p_i^s = p$，通过 Antoine 方程求 T_i^s（$T_i^s = \dfrac{B_i}{A_i - \ln p} - C_i$）；再通过 $T_0 = \sum_i x_i T_i^s$ 求取温度初值 T_0；

② 将 T_0 代入 Antoine 方程求各组成 p_i^s；

③ 任选一 k 组分，利用 Antoine 方程求出 p_k^s 后，再利用 $p_k^{s'} = \dfrac{p}{\sum_i x_i p_i^s / p_k^s}$ 求出 $p_k^{s'}$；

④ 将 $p_k^{s'}$ 值代入 k 组成的 Antoine 方程（$T = \dfrac{B_k}{A_k - \ln p_k^{s'}} - C_k$），求出改进的温度 T；

⑤ 判断 $|T - T_0| \leqslant \varepsilon$（这里迭代终止值 ε 可根据计算精度要求取为 1×10^{-4} 或 1×10^{-5}），如果 $|T - T_0| > \varepsilon$，则令 $T \to T_0$，返回第（Ⅱ）步进行重新迭代；反之，则进行下一步计算；

⑥ 将上一步所得迭代终值的 T 值代入 Antoine 方程求各组成的 p_i^s，并结合式（5-47）求取各组成 $y_i = x_i p_i^s / p$；将 y_i 进行归一化处理（即有 $y_i' = y_i / \sum y_i$）后，以校正后的 y_i' 转回看是否 $\sum y_i = 1$，如果为否，则转回（Ⅱ），直到迭代后的 $\sum y_i$ 与 1 的差值达到要求为止。最后求得等压泡点温度 T 和气（汽）相组成 y_i。

（4）储罐的计算，已知 T、x_i，求等温泡点压力 p 和气（汽）相组成 y_i。

低压下此计算过程可直接进行计算：

① 查对应体系的 Antoine 常数，再根据 Antoine 方程式（5-20a）计算各组成的饱和蒸汽压 p_i^s；

② 根据 Dalton 分压定律可求得等温泡点压力 $p = \sum_i x_i p_i^s$。

③ 如果为完全理想系则根据式（5-47）来计算汽相组成 y_i（$y_i p = x_i p_i^s$），且 $\sum y_i = 1$。如果汽相为理想气体、液相为非理想溶液体系，则根据式（5-48）来计算各汽相组成 $y_i p = x_i \gamma_i p_i^s$（此时 γ_i 要用合适的方程如 Wohl 型方程或 Wilson 方程等来进行计算）。

（5）闪蒸计算

在化工操作过程中，当流体流经阀门等装置时，压力突然的降低会引发急骤的蒸发，从而产生部分气（汽）化现象，因而形成互相平衡的气（汽）-液两相。这种过程叫闪蒸过程，它是单级平衡分离过程。闪蒸过程计算的目的是确定一定温度和压力下的混合物分相之后的汽化分率汽化分率（$\eta = V/L$）和平衡的汽、液两相组成（y_i, x_i）。化学工程闪蒸过程主要包括等温闪蒸和绝热闪蒸过程。不同过程计算方法是不同的。

① 等温闪蒸计算

等温闪蒸是用来对物料进行初步分离的一种蒸馏方法，它包括两种形式：部分气（汽）化和部分冷凝两种闪蒸方式（见图 5-20）。前者进料液体经加热、节流减压进入闪蒸罐中，在一定的 T 和 p 下部分料液相变气（汽）化，得到相平衡的气（汽）液两流体产物；后者气体进料经部分冷凝进入闪蒸罐中分为两股达到气（汽）液相平衡的物料产物而得到部分分离。两种等温闪蒸分离原理是相同的。下面进行分析计算。

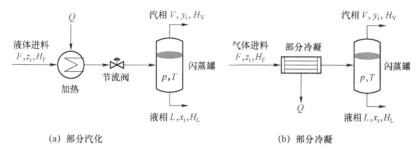

(a) 部分汽化　　　　　　　　　　(b) 部分冷凝

图 5-20　两种等温闪蒸形式

在给定的 T 和 p 下，进料总组成为 Z_i 的流量为 F mol 的料液进入闪蒸罐分离为两相平衡的气（汽）相组成为 y_i 的 V mol 和液相组成为 x_i 的 L mol。这里特别要注意的是闪蒸计算要考虑气液相平衡问题，还要考虑物料的平衡计算。

两相平衡，是一个等温、等压过程，因此汽液平衡比为

$$K_i = \frac{y_i}{x_i} \quad (i = 1, 2, \cdots, n) \tag{5-49a}$$

据质量守恒定律，当其达到物料平衡时，混合物中组分 i 的量＝汽相中组分 i 的量＋液相中组分 i 的量，即 $F = V + L$ 和 $FZ_i = Vy_i + Lx_i$。因此进行变换后有

$$z_i = (1 - L)y_i + Lx_i \quad (i = 1, 2, \cdots, n) \tag{5-49b}$$

式中，需要满足摩尔分率加和归一，即：

$$\sum y_i = 1, \quad \sum x_i = 1 \text{ 和} \sum z_i = 1 \tag{5-49c}$$

结合气（汽）化分率 $\eta = V/L$，并同时联立式（5-49a）和式（5-49b）有

$$x_i = \frac{z_i}{1 + \eta(K_i - 1)} \quad (i = 1, 2, \cdots, n) \tag{5-49e}$$

和

$$y_i = \frac{K_i z_i}{1 + \eta(K_i - 1)} \quad (i = 1, 2, \cdots, n) \tag{5-49f}$$

闪蒸后组成的气（汽）相 y_i 和液相 x_i 的求取方法有

（a）由于归一化方程要求 $\sum x_i = 1$ 和 $\sum y_i = 1$，则气（汽）相减去液相分率 $\sum(y_i - x_i) = 0$，将此式代入式（5-49e）和式（5-49f）可得以气（汽）化分率 η 为自变量的闪蒸方程，即 Rachford-Rice 方程：

$$f(\eta) = \sum_i^n \frac{z_i(K_i - 1)}{1 + (K_i - 1)\eta} = 0 \ (i = 1, 2, \cdots, n) \tag{5-49g}$$

此计算过程可以先假设 x_1、$\cdots$、x_{n-1} 及 y_1、$\cdots$、y_{n-1} 值，代入式（5-49g）中求取汽化分率 η，再代入式（5-49e）和式（5-49f）中求取 x_1、$\cdots$、x_{n-1} 及 y_1、$\cdots$、y_{n-1} 新值，直到迭代收敛为止。

常解此方程方法有牛顿迭代法和割线法进行求解。

（Ⅰ）牛顿迭代法

应用此法之前须先核实系统是否处于闪蒸状态。只有反应的温度 T 满足 $T_b <$ $T < T_d$ 区间，则系统的进料构成气（汽）液混合的闪蒸问题；如果 $T < T_b$，则进料全为液相；而 $T > T_d$ 全为汽相，不需要进行相的分离。核实时，先设闪蒸的温度为进料的泡点 T_b，估算 K_i 值，后计算 $\sum K_i z_i$，若其值 $=1$，则为泡点；$\sum K_i z_i < 1$，则为过冷液体；$\sum K_i z_i > 1$，则进料温度 $T > T_b$。此时再设闪蒸的温度为进料的露点温度 T_d，计算 $\sum z_i / K_i$，如果其值 $=1$ 为露点；$\sum z_i / K_i < 1$ 为过热蒸汽；$\sum z_i / K_i > 1$，则 $T < T_d$。因而当条件 $\sum K_i z_i > 1$ 和 $\sum z_i / K_i > 1$ 同时成立，则进料时 $T_b < T < T_d$，则闪蒸成立，就可进行下一步的闪蒸计算。

如果采用牛顿迭代法进行计算，则此时：

$$\eta^{(r+1)} = \eta^{(r)} - \frac{f(\eta)^{(r)}}{f(\eta)'^{(r)}}$$

上式中

$$f(\eta)'^{(r)} = -\sum_i^n \frac{z_i (K_i - 1)^2}{[1 + (K_i - 1)\eta^{(r)}]^2}$$

（Ⅱ）割线迭代法

在采用割线法计算前也须先核实系统进料所处相的状态。先用式（5-49g）判断在规定的 T、p 下目标系统是否存在于气（汽）、液两相。当气（汽）化分率 η 分别取值为 0 和 1 时，计算 $f(\eta)$ 值后看是否 $f(0) > 0$ 和 $f(1) < 0$，如果同时满足，则此时系统正处于气（汽）-液两相；若 $f(0) < 0$，则判断系统为过冷液体；若 $f(1) > 0$，则系统为过热蒸汽。由于此闪蒸方程目标函数与汽化分率 η 几为线性关系，因此可以用割线法来计算闪蒸方程。

割线法计算公式为

$$x^{(r+1)} = x^{(r)} - \frac{x^{(r)} - x^{(r-1)}}{f(x^{(r)}) - f(x^{(r-1)})} f(x^{(r)}) \tag{5-49h}$$

上标 r 代表依次迭代的次数。此方程的计算须有两个初值才能使算法起步。

对于轻烃类体系的闪蒸过程，由于其气（汽）-液两相接近理想过程。结合式（5-41）可知 $K_i = f_i^{\ominus} / f_i^v$，而 $f_i^{\ominus}$ 和 f_i^v 只是 T、p 的函数，故 K_i 也只是 T、p 的函数。Depriester 以 BMR 状态方程计算了不同 T、p 下的轻烃系的 K_i 值，并绘制了 p-T-K 列线图。如果已知 T、p 值，则直接查取 K_i 值（p-T-K 列线图可参考文献 [1]，也可查附录六可得），后分别代入式（5-49e）和式（5-49f）进行计算。如果 T 或 p 值有未知，则采用试差法来进行计算，其试差法计算框图如图 5-21 所示。由于计算系统种类受限，这里不再赘述。

(a) 已知 T、x_i，求 p 和 y_i

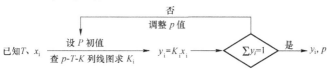

(b) 已知 x_i、p，求泡点温度 T_b 和 y_i

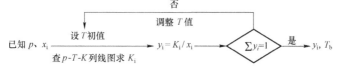

(c) 已知 y_i、p，求露点温度 T_d 和 x_i

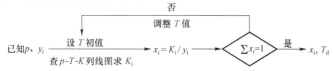

(d) 已知 z_i、p 和 η，求平衡闪蒸温度 T

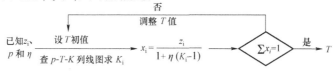

图 5-21　结合 $p-T-K$ 列线图的试差法闪蒸计算框图

闪蒸过程的热负荷计算是在迭代法求取到气（汽）、液流量、组成和气（汽）化分率（η）后，再对图 5-21 的闪蒸过程进行热量衡算，求得等温闪蒸罐之前的热负荷。即：

$$Q + FH_F = VH_V + LH_L \tag{5-49i}$$

② 绝热闪蒸计算

绝热闪蒸是指闪蒸是在绝热下（$Q=0$）气（汽）、液两相。已知条件为进料流量 F、组成 z_i（$i=1, \cdots, n$）、闪蒸压力 p，且换热量 $Q=0$。待求闪蒸温度 T 和气（汽）、液相组成 y_i 和 x_i。

对于绝热闪蒸其热量衡算方程为

$$f(T) = H_F - \eta H_V + (\eta - 1)H_L = 0 \tag{5-50a}$$

因此，绝热闪蒸过程的相平衡、闪蒸方程（Rachford-Rice 方程）和热量衡算方程式是进行绝热闪蒸计算的基础。绝热闪蒸过程要求解闪蒸温度 T 和气（汽）化分率（η）两个变量，采用序贯算法不能同时计算这两个变量，因此针对具体的系统要在运算中分别将闪蒸温度 T 和汽化分率（η）分别置于迭代计算的内外层中进行迭代计算。对于沸程窄系统，η 对 T 敏感而在迭代计算中变化大，须用热量衡算方程式迭代而放在外层循环；而 T 变化较小，要用闪蒸方程计算而置于内层进行迭代计算。对于沸程宽之系统，则刚好相反，T 变化较大，用热量衡算方程式迭代而放在外层循环；η 对系统的组成敏感而对 T 不敏感，因此 η 要用闪蒸方程计算而置于内层进行迭代。

通常焓值一般较大（单位为 $J \cdot mol^{-1}$），为了便于热量衡算方程易于迭代收敛，式（5-50a）除上一个校正因子 $\varepsilon = 1 \times 10^5$，使式中的各项数量级均为 1，则有

$$f(T) = \frac{H_F - \eta H_V + (\eta - 1)H_L}{\varepsilon} = 0 \qquad (5\text{-}50b)$$

实际上，用热量衡算方程计算气（汽）化分率 η 是非常简单的，根据式（5-50a）有

$$\eta = \frac{H_F - H_L}{H_V - H_L} \qquad (5\text{-}51)$$

宽、窄沸程目标系统的绝热闪蒸迭代算法框图如图 5-22 所示。

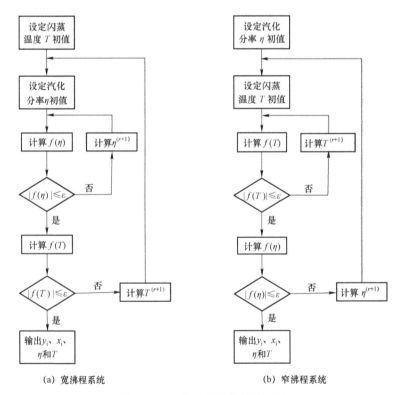

(a) 宽沸程系统　　　　　　　　(b) 窄沸程系统

图 5-22　绝热闪蒸迭代算法框图

5.3.3　气（汽）液相平衡数据的热力学一致性检验

气（汽）液平衡数据是否可靠，可用第 4 章热力学方法对其进行检验。检验依据于 Gibbs-Duhem 方程，即式（4-83a），该方程确定了了混合物中各组分偏摩尔性质（即逸度或活度系数）之间的约束关系，它在检验相平衡数据及相关计算中具有重要的应用。

$$\left[\frac{\partial(nM)}{\partial T}\right]_{P,n}dT + \left[\frac{\partial(nM)}{\partial p}\right]_{T,n}dp - \sum n_i d\overline{M}_i = 0 \qquad (4\text{-}83a)$$

当其在等温、等压下时上式可简化为（4-83b），即：

$$\sum x_i d\overline{M}_i = 0 \qquad (4\text{-}83b)$$

如果用 Gibbs 自由能来表达上式中的广度性质 M，则可改写为

$$\sum x_i d\overline{G}_i = 0 \qquad (5\text{-}52)$$

根据式（5-52），相平衡的热力学一致性检验可分别表达为逸度 $\hat{f}$ 和活度系数法（γ_i 法）表达的 Gibbs-Duhem 方程。

根据溶液中组分 i 逸度的定义式 $d\overline{G}_i = RTd\ln\hat{f}_i$（4-89a），代入式（5-52）中，可得以逸度表达的恒 T、恒 p 下的 Gibbs-Duhem 方程。

$$\sum x_i d\ln\hat{f}_i = 0 \qquad (5\text{-}53)$$

根据第 4 章组分 i 的活度系数定义式 $\gamma_i = \dfrac{\hat{f}_i}{x_i f_i^{\ominus}}$（式 4-106），将之代入上式，即可得恒 T、恒 P 下的以活度系数表达的 Gibbs-Duhem 方程。

$$\sum x_i d\ln\gamma_i = 0 \qquad (5\text{-}54)$$

如果已知 $\ln\gamma_i$ 的表达式，则可以此式来判据汽液两相平衡数据是否正确。

若上式就用在二元体系中，则在等 T、等 p 下的二元体系两相平衡数据的热力学 Gibbs-Duhem 方程为

$$x_1 d\ln\gamma_1 + x_2 d\ln\gamma_2 = 0 \qquad (5\text{-}55a)$$

又因为二元体系中，$x_1 + x_2 = 1$，则上式可改写为

$$x_1\frac{d\ln\gamma_1}{dx_1} + x_2\frac{d\ln\gamma_2}{dx_2} = 0 \qquad (5\text{-}55b)$$

由式（5-55b）可见，如果以 $\ln\gamma_i$ 为纵坐标、x_i 为横坐标作图，则两曲线 $\ln\gamma_1\sim x_1$ 与 $\ln\gamma_2\sim x_2$ 必定相交（见图 5-23）。如果为正偏差系统，则必有 $\ln\gamma_1$ 和 $\ln\gamma_2$ 皆大于

0；反之，负偏差系统，$\ln\gamma_1$ 和 $\ln\gamma_2$ 皆小于 0；且当 $x_i = 1$ 时，对应的 $\ln\gamma_i = 0$。

因此根据式（5-55），只要 γ_i 与 x_i 之间满足此式，则相关的气（汽）液相平衡数据的关系式就是正确的。

由于现实中的真实相平衡过程，常需要考虑温度和（或）压力对活度系数 γ_i 的影响。如果考虑式（4-83a）中的广度性质 M 为 G 自由能，则式（4-83a）可改写为

图 5-23　$\ln\gamma_i \sim x_i$ 之间的关系

$$\bar{S}dT - \bar{V}dp + \sum x_i d\overline{G_i} = 0 \qquad (5\text{-}56)$$

又因为 $d\overline{G_i} = RTd\ln\hat{f}_i$，　$\gamma_i = \dfrac{\hat{f}_i}{x_i f_i^{\ominus}}$，再结合式（4-68）、式（4-116），代入上式可得扩展的 Gibbs-Duhem 方程。

$$\frac{G^{\mathrm{E}}}{RT} = \sum x_i d\ln\gamma_i = \frac{\Delta V}{RT}dp - \frac{\Delta H}{RT^2}dT \qquad (5\text{-}57)$$

利用此式可直接核验等温度和（或）等压力下的气（汽）液相平衡数据的一致性检验。

此检验方法有微分法和积分法。

（1）微分检验法（又称点检验法）

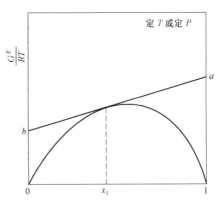

图 5-24　微分检验法

微分检验法，又称点检验法。它是根据实验数据（T，p，x_i 和 y_i）求出 γ_i 后，作出 $G^{\mathrm{E}}/RT \sim x_1$ 的曲线后逐点进行检验。对于二元体系，根据式（5-57），有

$$\frac{G^{E}}{RT} = x_{1} \mathrm{d}\ln\gamma_{1} + x_{2} \mathrm{d}\ln\gamma_{2} \qquad (5\text{-}58)$$

以式（5-58）任意一点对曲线作切线（见图 5-24），此切线分别与 $x_{1}=0$ 和 $x_{1}=1$ 轴上的截距为

$$a = \frac{G^{E}}{RT} + x_{2} \frac{\mathrm{d}(G^{E}/RT)}{\mathrm{d}x_{1}} = \frac{G^{E}}{RT} + x_{2}\left(\ln\gamma_{1} - \ln\gamma_{2} + x_{1}\frac{\mathrm{d}\ln\gamma_{1}}{\mathrm{d}x_{1}} + x_{2}\frac{\mathrm{d}\ln\gamma_{2}}{\mathrm{d}x_{1}}\right)$$

$$(5\text{-}59\mathrm{a})$$

$$b = \frac{G^{E}}{RT} - x_{1} \frac{\mathrm{d}(G^{E}/RT)}{\mathrm{d}x_{1}} = \frac{G^{E}}{RT} - x_{1}\left(\ln\gamma_{1} - \ln\gamma_{2} + x_{1}\frac{\mathrm{d}\ln\gamma_{1}}{\mathrm{d}x_{1}} + x_{2}\frac{\mathrm{d}\ln\gamma_{2}}{\mathrm{d}x_{1}}\right)$$

$$(5\text{-}59\mathrm{b})$$

根据 Gibbs-Duhem 方程（5-57），可知：

当等温时，有

$$x_{1}\frac{\mathrm{d}\ln\gamma_{1}}{\mathrm{d}x_{1}} + x_{2}\frac{\mathrm{d}\ln\gamma_{2}}{\mathrm{d}x_{1}} = \frac{\Delta V}{RT}\frac{\mathrm{d}p}{\mathrm{d}x_{1}} \qquad (5\text{-}60\mathrm{a})$$

当等压时，有

$$x_{1}\frac{\mathrm{d}\ln\gamma_{1}}{\mathrm{d}x_{1}} + x_{2}\frac{\mathrm{d}\ln\gamma_{2}}{\mathrm{d}x_{1}} = -\frac{\Delta H}{RT^{2}}\frac{\mathrm{d}T}{\mathrm{d}x_{1}} \qquad (5\text{-}60\mathrm{b})$$

将式（5-58）分别代入式（5-59a）和式（5-59b）可得

$$a = \ln\gamma_{1} + x_{2}\left(x_{1}\frac{\mathrm{d}\ln\gamma_{1}}{\mathrm{d}x_{1}} + x_{2}\frac{\mathrm{d}\ln\gamma_{2}}{\mathrm{d}x_{1}}\right) = \ln\gamma_{1} + x_{2}\beta \qquad (5\text{-}61\mathrm{a})$$

$$b = \ln\gamma_{2} - x_{1}\left(x_{1}\frac{\mathrm{d}\ln\gamma_{1}}{\mathrm{d}x_{1}} + x_{2}\frac{\mathrm{d}\ln\gamma_{2}}{\mathrm{d}x_{1}}\right) = \ln\gamma_{2} - x_{1}\beta \qquad (5\text{-}61\mathrm{b})$$

此两式表明，可以根据截距 a、b 和 β 值得出 γ_{i}。若此 γ_{i} 与实验数据计算的 γ_{i} 值相符合，表明该点数据的热力学一致性是相符合的。当等温时，结合式（5-60a）可知，若压力变化小，由于 $\Delta V \ll RT$ 值，则 $\Delta V \approx 0$，此时 $x_{1}\dfrac{\mathrm{d}\ln\gamma_{1}}{\mathrm{d}x_{1}} + x_{2}\dfrac{\mathrm{d}\ln\gamma_{2}}{\mathrm{d}x_{1}} = \beta = 0$。

当等压时，结合式（5-60b）可知，如果系统的组分间化学结构近似、沸点差别小，没有共沸点，可取 $\beta=0$ 作近似检验。

（2）积分检验法

积分检验法分为恒 T 和恒 p 下两种情况下的积分检验。

① 恒 T 时，根据式（5-57）有

$$\frac{G^{E}}{RT} = \sum x_{i} \mathrm{d}\ln\gamma_{i} = \frac{\Delta V}{RT}\mathrm{d}p \qquad (5\text{-}62)$$

对于二元体系，对于式（5-62）两边进行积分有

$$\int_{G_{x_1=0}^{E}}^{G_{x_1=1}^{E}}\frac{\mathrm{d}G^{E}}{RT}=\int_{x_1=0}^{x_1=1}x_1\mathrm{d}\ln\gamma_1+\int_{x_1=0}^{x_1=1}(1-x_1)\mathrm{d}\ln\gamma_2=\int_{x_1=0}^{x_1=1}\ln\frac{\gamma_1}{\gamma_2}\mathrm{d}x_1=\int_{x_1=0}^{x_1=1}\frac{\Delta V}{RT}\mathrm{d}p$$

（5-63a）

又因为在纯态物质时，没有混合 G^{E}，则上式可简化为

$$\int_{x_1=0}^{x_1=1}\ln\frac{\gamma_1}{\gamma_2}\mathrm{d}x_1=0$$

（5-63b）

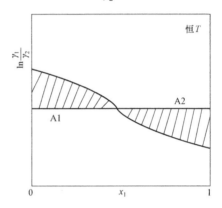

图 5-25　积分面积检验法

根据式（5-63b）以 $\ln(\gamma_1/\gamma_2)\sim x_1$ 作图（见图 5-25），如果图中 $\int_{x_1=0}^{x_1=1}\ln(\gamma_1/\gamma_2)\mathrm{d}x_1$ 与 x_1 的相交面积的上、下两部分的面积相等，则其数据就是正确的，反之则不正确。而由于存在误差，因此两个面积完全相等是不可能的，只要符合下式，则认为其数据就符合热力学一致性。

$$\frac{|A1-A2|}{|A1+A2|}<0.02$$

② 恒 p 时，根据式（5-57）有有

$$\frac{G^{E}}{RT}=\sum x_i\mathrm{d}\ln\gamma_i=-\frac{\Delta H}{RT^2}\mathrm{d}T$$

（5-64a）

设系统为二元体系，则对上式进行积分有

$$\int_{x_1=0}^{x_1=1}\ln\frac{\gamma_1}{\gamma_2}\mathrm{d}x_1=\int_{x_1=0}^{x_1=1}\frac{\Delta H}{RT^2}\mathrm{d}T$$

（5-64b）

由于 ΔH 随系统组分的变化数据积累不够，且混合效应不能忽略，因此难于应用上式来检验恒 p 时的气（汽）液平衡数据。因此，在恒 p 时常采用 Herington

经验检验法来对数据进行热力学一致性检验。

该方法由三步所组成：

（Ⅰ）用恒 p 时的气（汽）液相平衡数据以 $\ln(\gamma_1/\gamma_2) \sim x_1$ 作曲线图，量取图中的面积 $A1$ 和 $A2$；

（Ⅱ）令 $D = \dfrac{|A1-A2|}{|A1+A2|} \times 100$ 和 $J = \dfrac{150\theta}{T_{\min}} = \dfrac{150|\Delta T_{\max}|}{T_{\min}}$。这里 $\theta = \Delta T_{\max}$ 指两组分

的沸点差；若有恒沸点，则为最高恒沸温度与低沸点点之差，反之，为高沸点与最低恒沸点之差。$T_{\min}$ 为该体系的最低沸点；

（Ⅲ）若 $D<J$，则数据符合热力学一致性。反之数据不准确。

该方法虽简单易行，但却需要整个浓度范围的数据，且可能存在实验误差导致面积可能符合要求的假象。

5.4　化学反应平衡热力学

5.4.1　化学反应平衡基础

1. 化学反应计量学与反应进度

在化工的生产及应用中，人们最关心的是如何通过化学反应将原料转变成价值更高的产品。因此，化学工程师特别关心在一定的温度、压力及组成条件下的化学反应的方向、反应平衡时进行的限度及工艺参数条件对转化率影响的问题。Gibbs（1874 年）提出化学势来处理多组分多相系统的化学平衡和相平衡，解决了工程师关心的上述问题。

在多相化学反应系统中，以偏摩尔量来判断化学反应过程的限度和方向，而 Gibbs 函数的偏摩尔量就是化学势。对任一化学反应在反应前后达到化学平衡的系统可写为 $0 = \sum\limits_i \nu_i B$（这里 ν_i 指的是化学反应计量方程式中物质 B 前的化学计算系数，对于反应物定义为负值，生成物为正值），如果设 ξ 代表反应的进度，若反应按化学计量系数 ν_i 进行反应时，当反应进度 $\xi=0$ mol 时，代表反应系统中只有反应物；而应进度 $\xi=1$ mol 时，代表反应系统中只有生成物；当 $0<\xi<1$ mol 时，代表反应中同时存在反应物和生成物。因此，化学反应进度的定义式为 $\mathrm{d}\xi = \mathrm{d}n_i/\nu_i$。移项可得

$$\mathrm{d}n_i = \nu_i \mathrm{d}\xi \quad (i=1,2,3,\cdots,N) \tag{5-65}$$

将此式两边从 i 组分始态摩尔数 n_{i0} 积分到末态摩尔数 n_i，则有

$$\int_{n_{i0}}^{n_i} \mathrm{d}n_i = \nu_i \int_0^{\xi} \mathrm{d}\xi \qquad (5\text{-}66)$$

式（5-66）可计算化学反应的平衡产率和转化率等，积分后可计算在反应时间 t 后的反应物或产物的物质的量，即 $n_i = n_{i0} + \nu_i \xi$。

例 5-6　有一系统反应 $2NO(g) + O_2(g) = NO_2(g)$，假设各物质的初始物质的量为 2 mol NO(g)、2 mol O_2(g) 和 3 mol NO_2(g)。求出物质的量 n_i 和气相摩尔分数 y_i 与反应进度 ξ 的表达式。

解：对于所给反应 $2NO(g) + O_2(g) = NO_2(g)$，根据式（5-67）分别对系统中 NO（g）、$O_2$（g）和 NO_2（g）由始态积分到末态的 ξ，可得下列三个积分式：

$$\int_2^{n_{NO(g)}} \mathrm{d}n_{NO(g)} = -2\int_0^{\xi} \mathrm{d}\xi$$

$$\int_2^{n_{O_2(g)}} \mathrm{d}n_{O_2(g)} = -\int_0^{\xi} \mathrm{d}\xi$$

$$\int_3^{n_{NO_2(g)}} \mathrm{d}n_{NO_2(g)} = -\int_0^{\xi} \mathrm{d}\xi$$

由上诸式积分可得下述方程：

$$n_{NO(g)} = 2 - 2\xi$$

$$n_{O_2(g)} = 2 - \xi$$

$$n_{NO_2(g)} = 3 - \xi$$

则 $\sum_i n_i = 7 - 4\xi$，各物质的气相摩尔分数为

$$y_{NO(g)} = \frac{2 - 2\xi}{7 - 4\xi}$$

$$y_{O_2(g)} = \frac{2 - \xi}{7 - 4\xi}$$

$$y_{NO_2(g)} = \frac{3 - \xi}{7 - 4\xi}$$

这里 y_i 为系统反应进度为 ξ 时混合物组分 i 的摩尔分数，$y_i = n_i / \sum_i n_i$。

如果反应系统中同时存在多个独立反应同时发生，则这样的复杂反应系统的各反应的反应进度 ξ 皆与每个反应有关。考虑到独立反应有 r 个的 i 个物种的复杂系统，其反应反应可表达为 $0 = \sum_i^N \nu_{ij} B_i$，这里 $j(= 0, 1, 2, \cdots, r)$ 代表独立反应

方程数，ν_{ij} 代表第 j 个反应的第 i 个物种的化学计量系数。根据反应进度的定义式，可写出类似式（5-66）的表达式：

$$\mathrm{d}n_i = \sum_j \nu_{ij}\mathrm{d}\xi_i \quad (i=1,2,3,\cdots,N) \tag{5-67}$$

例 5-7　有一系统同时有以下两个反应发生

$$C(s) + O_2(g) \rightarrow CO_2(g) \tag{1}$$

$$CO(g) + 1/2 O_2(g) \rightarrow CO_2(g) \tag{2}$$

假设各物质的初始物质的量为 2 mol C（s）、4 mol O_2（g）和 2 mol CO（g），CO_2（g）起始浓度为 0。试确定 n_i、摩尔分数 y_i 与反应进度 ξ 关系式。

解： 化学计量系数 ν_{ij} 可排列为

j \ i	C(s)	$O_2(g)$	CO(g)	$CO_2(g)$
1	−1	−1	0	1
2	0	−1/2	−1	1

化学反应进度的定义式 $\mathrm{d}\xi = \dfrac{\mathrm{d}n_i}{\nu_i}$，结合上表可得

$$\mathrm{d}\xi_1 = \frac{\mathrm{d}n_{C(s)}}{-1} = \frac{\mathrm{d}n_{O_2(g)}}{-1} = \frac{\mathrm{d}n_{CO_2(g)}}{1}$$

$$\mathrm{d}\xi_2 = \frac{\mathrm{d}n_{CO(g)}}{-1} = \frac{2\mathrm{d}n_{O_2(g)}}{-1} = \frac{\mathrm{d}n_{CO_2(g)}}{1}$$

将式（5-68）应用于每一物种，并进行积分得

$$\int_2^{n_{C(s)}} \mathrm{d}n_{C(s)} = -\int_0^{\xi_1} \mathrm{d}\xi_1$$

$$\int_4^{n_{O_2(g)}} \mathrm{d}n_{O_2(g)} = -\int_0^{\xi_1} \mathrm{d}\xi_1 - \frac{1}{2}\int_0^{\xi_2} \mathrm{d}\xi_2$$

$$\int_2^{n_{CO(g)}} \mathrm{d}n_{CO(g)} = -\int_0^{\xi_2} \mathrm{d}\xi_2$$

$$\int_0^{n_{CO_2(g)}} \mathrm{d}n_{CO_2(g)} = \int_0^{\xi_1} \mathrm{d}\xi_1 + \int_0^{\xi_2} \mathrm{d}\xi_2$$

上式积分后变成：

$$n_{C(s)} = 2 - \xi_1$$

$$n_{O_2(g)} = 4 - \xi_1 - \frac{1}{2}\xi_2$$

$$n_{CO(g)} = 2 - \xi_2$$

$$n_{CO_2(g)} = \xi_1 + \xi_2$$

由于 $\sum\limits_i n_i = 8 - \xi_1 - \dfrac{\xi_2}{2}$，则每组成的摩尔分数分别为

$$y_{C(s)} = \frac{2 - \xi_1}{8 - \xi_1 - \dfrac{\xi_2}{2}}$$

$$y_{O_2(g)} = \frac{4 - \xi_1 - \dfrac{1}{2}\xi_{21}}{8 - \xi_1 - \dfrac{\xi_2}{2}}$$

$$y_{CO(g)} = \frac{2 - \xi_2}{8 - \xi_1 - \dfrac{\xi_2}{2}}$$

$$y_{CO_2(g)} = \frac{\xi_1 + \xi_2}{8 - \xi_1 - \dfrac{\xi_2}{2}}$$

故，整个反应体系的组成是两个独立变量 ξ_1 和 ξ_2 的函数。

2. 化学反应的方向与限度

根据多组分热力学基本方程式（4-71d）有

$$dG = -SdT + Vdp + \sum_i \mu_i dn_i$$

在恒 T、恒 p 和不做非膨胀功（$W' = 0$）时，上式改写为

$$(dG)_{T,p} = \sum_i \mu_i dn_i \tag{5-68}$$

将式（5-65）代入式（5-68），可得

$$(dG)_{T,p} = \sum_i \nu_i \mu_i d\xi \tag{5-69}$$

将上式移项后，则有 $\left(\dfrac{\partial G}{\partial \xi}\right)_{T,p} = \sum\limits_i \nu_i \mu_i$，如果反应进度 $\xi = 1$ mol 时，得

$$(\Delta_r G_m)_{T,p} = \sum_i \nu_i \mu_i = \left(\frac{\partial G}{\partial \xi}\right)_{T,p} \tag{5-70}$$

式（5-70）适合应用于恒 T、恒 p 和不做非膨胀功（$W' = 0$）的封闭系统。

可见，在参与反应各物质的化学势保持不变的情况之下，用 $\left(\dfrac{\partial G}{\partial \xi}\right)_{T,p}$、$\sum\limits_i \nu_i \mu_i$ 和

$(\Delta_{\mathrm{r}} G_{\mathrm{m}})_{T,p}$ 来判断化学反应 $0 = \sum_{i} \nu_i \mathrm{B}$ 的方向与限度问题的三个判据是等效的。

当 $(\Delta_{\mathrm{r}} G_{\mathrm{m}})_{T,p} \left[= \sum_{i} \nu_i \mu_i = \left(\dfrac{\partial G}{\partial \xi} \right)_{T,p} \right] > 0$ 时，表示反应将不能自发正向进行，反

而产物逆向进行分解反应是自发进行的；

当 $(\Delta_{\mathrm{r}} G_{\mathrm{m}})_{T,p} \left[= \sum_{i} \nu_i \mu_i = \left(\dfrac{\partial G}{\partial \xi} \right)_{T,p} \right] < 0$ 时，表示反应将自发正向进行而反应物

生成产物；

当 $(\Delta_{\mathrm{r}} G_{\mathrm{m}})_{T,p} \left[= \sum_{i} \nu_i \mu_i = \left(\dfrac{\partial G}{\partial \xi} \right)_{T,p} \right] = 0$ 时，表示反应达到平衡（动态平衡，没

有静态平衡）。

如果反应化学势 μ_i 不随反应进度 ξ（即浓度）的变化而变，则 $(\Delta_{\mathrm{r}} G_{\mathrm{m}})_{T,p}$ 也将不随反应进度 ξ 的改变而改变。那么一个反应开始时的 $(\Delta_{\mathrm{r}} G_{\mathrm{m}})_{T,p} < 0$，则在整个反应进程中的 $(\Delta_{\mathrm{r}} G_{\mathrm{m}})_{T,p}$ 将始终小于 0，直到反应进行到底为止，当然不存在反应平衡。但由于化学势 μ_i 是偏摩尔量，它是 T、p 和组成的函数。随着反应进度 ξ 的变大，反应物的 μ_i 将逐渐变小、而产物的 μ_i 逐渐增大，故而 G 随 ξ 的变化为一条出现极小值的曲线（见图 5-26），而不会是一条直线。

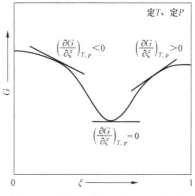

图 5-26　恒 T、恒 p 下 Gibbs 自由能随反应进度 ξ 的变化关系

由图可知随着反应的进行，Gibbs 自由能随反应进度 ξ 的增大而逐渐降低，降到最低时反应达到了动态平衡。在最低点左测的 $(\partial G/\partial \xi)_{T,p} < 0$，意味着反应是自发进行的；当 $(\partial G/\partial \xi)_{T,p} = 0$ 时，表示系统达到平衡；最低点右测的 $(\partial G/\partial \xi)_{T,p} > 0$ 则表示反应在对应的 T、p 下是不能自发进行的，只能逆向分解或逆向进行。实际上，恒 T、恒 p 下系统的反应始终趋向于 Gibbs 自由函数的极小值方向下进行，即从两方向下向极小点靠近，直到到达平衡。同样，在恒 T、恒 V 下的系统反应可用 Helmholtz 自由能 A 来讨论，也可得到类似结果。

由于 $\left| (\partial G/\partial \xi)_{T,p} \right|$ 随着向平衡点靠近而逐渐减小（见图 5-26），表示反应自发进行趋势的逐渐减小到 $(\partial G/\partial \xi)_{T,p} = 0$ 的平衡为止。因此可将 $-\Delta_{\mathrm{r}} G_{\mathrm{m}}$ 称为化学亲各势（或化学反应的净推动力），用 A 表示，有

$$A = -\Delta_r G_m = \left(\frac{\partial G}{\partial \xi} \right)_{T,p} \tag{5-71}$$

通过上面的判据可推出达到平衡时组成（最大转化率），反应条件 T、p、惰性组成等对平衡组成的影响，这些直接关系到工业化生产的效率问题，故引起了人们的重视。

3. 化学反应的等温方程

根据第四章节的内容可知，在反应系统中的任一组分的化学势为 $\mu_i = \mu_i^\ominus + RT \ln \hat{a}_i$，将之代入式（5-70），得

$$(\Delta_r G_m)_{T,p} = \sum_i \nu_i \mu_i^\ominus + \sum_i \nu_i RT \ln \hat{a}_i \tag{5-72}$$

因为 $\mu_i^\ominus = G_i^\ominus$，代入上式，可得

$$(\Delta_r G_m)_{T,p} = \sum_i \nu_i G_i^\ominus + RT \sum_i \ln(\hat{a}_i)^{\nu_i} = \Delta_r G_m^\ominus + RT \ln \Pi(\hat{a}_i)^{\nu_i} \tag{5-73}$$

上式中 $\Pi(\hat{a}_i)^{\nu_i}$ 称为反应商 J；如果组分浓度为气体压力 p 表示，则反应商 J 称为压力商 $J_p = \prod_i \left(\frac{p_i}{p^\ominus} \right)^{\nu_i}$。

特别要注意的是：

$$\hat{a}_i = \frac{\hat{f}_i}{f_i^\ominus} \tag{5-74}$$

这里的标准态取纯组分 i 在体系温度 T 和规定压力压力（通常为 1 atm）下使用者规定相态的状态；它与相平衡中的标准态中的压力取为系统的压力是不同的。

因此式（5-73）可改写为

$$(\Delta_r G_m)_{T,p} = \Delta_r G_m^\ominus + RT \ln J \tag{5-75}$$

式（5-73）和式（5-75）皆为化学反应的等温方程。

5.4.2 化学反应平衡常数与组成之间的关系

对于任意不做非膨胀功的化学反应 $0 = \sum_i \nu_i B$，当化学反应达到化学平衡时，则必有 $\Delta_r G_m = 0$，因此式（5-73）变为

$$\sum_i \nu_i G_i^\ominus + RT \sum_i \ln(\hat{a}_i)^{\nu_i} = \Delta_r G_m^\ominus + RT \ln \Pi(\hat{a}_i)^{\nu_i} = 0 \tag{5-76}$$

则标准平衡常数的定义为

$$K^{\ominus} = \Pi(\hat{a}_i)^{\nu_i} = \exp\left(-\frac{\sum_i \nu_i \mu_i^{\ominus}}{RT}\right) = \exp\left(-\frac{\sum_i \nu_i G_i^{\ominus}}{RT}\right) = \exp\left(-\frac{\Delta_r G_m^{\ominus}}{RT}\right) \quad (5\text{-}77)$$

可改写为

$$\Delta_r G_m^{\ominus} = -RT \ln K^{\ominus} = -RT \ln \Pi(\hat{a}_i)^{\nu_i} \quad (5\text{-}78)$$

式（5-77）和式（5-78）中，$G_i^{\ominus}$ 为纯组分 i 在恒定压力 p 下标准态的 Gibbs 函数，它仅是与温度有关，主要用来计算平衡常数。因而平衡常数仅为温度的函数，温度不变，则标准平衡常数 $K^{\ominus}$ 值就不变，它是量纲为一的量，即单位为一。当用 $\Delta_r G_m$ 来判断反应的方向时，平衡时有 $\Delta_r G_m = 0$，但 $G_i^{\ominus}$（或 $\Delta_r G_m^{\ominus}$）却不一定为 0。式（5-78）适用于任意相态的化学反应，包括为电解质溶液的化学反应计算。

特别要注意 $K^{\ominus}$ 与化学计算方程式的写法有关。例有如下的反应有两种写法。

① $H_2(g) + Cl_2(g) = 2HCl(g)$，$\Delta_r G_m^{\ominus}(1) = -RT \ln K_1^{\ominus}$

② $1/2H_2(g) + 1/2Cl_2(g) = HCl(g)$，$\Delta_r G_m^{\ominus}(2) = -RT \ln K_2^{\ominus}$

当反应进度 $\xi = 1$ mol 时，有 $\Delta_r G_m^{\ominus}(2) = 2\Delta_r G_m^{\ominus}(1)$。

则有 $K_2^{\ominus} = (K_1^{\ominus})^2$，可见 $K^{\ominus}$ 和 $\Delta_r G_m^{\ominus}$ 的值皆与化学计算方程式的写法有关。

若将式（5-78）代入化学反应等温式（5-75），则化学反应等温式改写为

$$(\Delta_r G_m)_{T,p} = -RT \ln K^{\ominus} + RT \ln J = RT \ln \frac{J}{K^{\ominus}} \quad (5\text{-}79)$$

上式可应用于判断反应的进行方向。

如果 $K^{\ominus} > J$，则 $(\Delta_r G_m)_{T,p} < 0$，表示系统反应自发向右进行，直达到平衡；

$K^{\ominus} = J$，则有 $(\Delta_r G_m)_{T,p} = 0$，则反应达到平衡；

$K^{\ominus} < J$，则 $(\Delta_r G_m)_{T,p} > 0$，表示系统反应是非自发的，反应向左进行，直到达化学平衡。

根据式（5-78）可知，要计算标准平衡常数 $K^{\ominus}$，则需要用热力学来计算 $\Delta_r G_m^{\ominus}$ 函数，主要计算方法有：

（1）根据 Gibbs 自由能的定义式来求取

已知 $G = H - TS$，在等温和标准压力下，当反应进度 $\xi = 1$ mol 时，可得 Gibbs-Helmholtz 自由能变方程为

$$\Delta_r G_m^{\ominus} = \Delta_r H_m^{\ominus} - T\Delta_r S_m^{\ominus} = \sum_i \nu_i \Delta_f H_m^{\ominus} - T\sum_i \nu_i S_m^{\ominus}$$

则查热力学数据表查得系统中各组分的生成焓 $\Delta_f H_m^{\ominus}$，燃烧焓 $\Delta_c \Delta_c H_m^{\ominus}$ 和规定熵 $S_m^{\ominus}$ 值，即可计算反应的焓变 $\Delta_r H_m^{\ominus}$ 和熵变 $\Delta_r S_m^{\ominus}$，进而根据上式可计算出

$\Delta_r G_m^{\ominus}$，再根据式（5-78）求得系统反应的标准平衡常数 $K^{\ominus}$。

例 5-8 乙醇气脱水制乙烯反应为 $C_2H_5OH(g) \rightarrow C_2H_4(g) + H_2O(g)$，各物质在 25 ℃下的 $\Delta_f H_m^{\ominus}$ 及 $S_m^{\ominus}$ 如下表所示：

物质	$C_2H_5OH(g)$	$C_2H_4(g)$	$H_2O(g)$
$\dfrac{\Delta_f H_m^{\ominus}}{kJ \cdot mol^{-1}}$	-234.81	52.30	-241.84
$\dfrac{S_m^{\ominus}}{J \cdot K^{-1} \cdot mol^{-1}}$	282.59	219.45	188.74

试计算 25 ℃时此反应的 $K^{\ominus}$

解：根据题中已知 25 ℃时的热力学数据，可进行如下计算

$$\Delta_r H_m^{\ominus} = \sum_i \nu_i \Delta_f H_m^{\ominus} = [52.30 - 241.84 - (-234.81)]kJ \cdot mol^{-1} = 45.27 \, kJ \cdot mol^{-1}$$

$$\Delta_r S_m^{\ominus} = \sum_i \nu_i S_m^{\ominus} = (219.45 + 188.74 - 282.59)J \cdot K^{-1} \cdot mol^{-1} = 125.60 \, J \cdot (mol \cdot K)^{-1}$$

$$\Delta_r G_m^{\ominus} = \Delta_r H_m^{\ominus} - T\Delta_r S_m^{\ominus} = (45.27 - 298.15 \times 125.60 \times 10^{-3})kJ \cdot mol^{-1} = 7.82 \, kJ \cdot mol^{-1}$$

$$\ln K^{\ominus} = -\Delta_r G_m^{\ominus} / RT = -\frac{7.82 \times 10^3 \, J \cdot mol^{-1}}{8.314 \, J \cdot K^{-1} \cdot mol^{-1} \times 298.15 \, K} = -3.155$$

则 $K^{\ominus} = 0.0427$

（2）利用标准摩尔生成 Gibbs 自由能求取

标准摩尔生成 Gibbs 自由能 $\Delta_f G_m^{\ominus}(i, 相态, T)$ 定义为在温度 T 和标准压力 $p^{\ominus}$ 下，由稳定单质生成化学计量系数的生成物 i 时的 Gibbs 自由能变化值。它是一个相对于稳定单质的值，规定稳定单质的生成 $\Delta_f G_m^{\ominus} = 0$。温度 T 为反应温度，通常 298.15 K 时的数据有表可查，再根据 $\Delta_r G_m^{\ominus} = \sum_i \nu_i \Delta_f G_m^{\ominus}(i, 相态, 298.15 \, K)$ 计算出 $\Delta_r G_m^{\ominus}$ 值，再计算可得反应的标准平衡常数 $K^{\ominus}$ 值。

（3）根据 Hess（盖斯）定律，从实验易测定的热力学 $\Delta_r G_m^{\ominus}$ 值求实验难测定的 $\Delta_r G_m^{\ominus}$ 值

此类反应体系，比如：

① $C(s) + O_2(g) \rightarrow CO_2(g)$ $\Delta_r G_m^{\ominus}$（1）实验易测

② $CO(g) + 1/2O_2(g) \rightarrow CO_2(g)$ $\Delta_r G_m^{\ominus}$（2）实验易测

③ $C(s) + 1/2O_2(g) \rightarrow CO(g)$ $\Delta_r G_m^{\ominus}$（3）实验难测

因为有③＝①－②，所以可得 $\Delta_r G_m^{\ominus}$（3）＝$\Delta_r G_m^{\ominus}$（1）－$\Delta_r G_m^{\ominus}$（2），则方程③的标准平衡常数计算为

$$K_p^{\ominus}(3) = \frac{K_p^{\ominus}(1)}{K_p^{\ominus}(2)}$$

（4）根据可逆电池的标准电动势 $E^{\ominus}$ 求解

此方法是根据在等温、等压下做非膨胀功 – 电功，即电化学方法来计算的热力学函数变化值 $\Delta_r G_m^{\ominus}$，即

$$\Delta_r G_m^{\ominus} = -zE^{\ominus}F$$

式中，$F = 96\,484.6\ \text{C} \cdot \text{mol}^{-1} \approx 96\,500\ \text{C} \cdot \text{mol}^{-1}$ 法拉第常数，$E^{\ominus}$ 为标准电动势。根据上式测得的 $\Delta_r G_m^{\ominus}$ 值，再来计算化学反应的标准平衡常数 $K^{\ominus}$。

5.4.3　各种因素对化学平衡的影响

1. 平衡常数与组成之间的关系

（1）气相反应系统

根据式（5-77）可知 $K^{\ominus} = \Pi(\hat{a}_i)^{\nu_i}$，且 $\hat{a}_i = \dfrac{\hat{f}_i}{f_i^{\ominus}}$，而这里 $f_i^{\ominus} = 1\ \text{atm}$，所以有

$\hat{a}_i = \hat{f}_i / 1 = \hat{f}_i$，因此有

$$K^{\ominus} = \Pi(\hat{f}_i)^{\nu_i} = K_f^{\ominus} \tag{5-80}$$

式中，$\hat{f}_i$ 的单位为 atm。

下面讨论理想气体与非理想气体的标准平衡常数与组成之间的关系。

如果反应为纯组分 i 的理想气体混合物系统，现实中指高温、低压时，可以将气体视为理想性气体。由于此时 $\phi_i = 1$，$\hat{f}_i^{id} = y_i p$，故标准平衡常数用式（5-81a）计算

$$K_f^{\ominus} = \Pi(y_i p)^{\nu_i} = K_y^{\ominus}(p)^{\sum \nu_i} = \Pi\left(\frac{p_i}{p^{\ominus}}\right)_e^{\nu_i} = \Pi(p_i)_e^{\nu_i} = K_p^{\ominus} \tag{5-81a}$$

式中，$K_p^{\ominus}$ 为理想气体的标准平衡常数，仅为温度的函数，压力指定为标准压力（在物理化学学科的热力学中通常指 $p^{\ominus} = 100\ \text{kPa}$，但在化工中计算标准压力常指 1 atm，下同不再赘述）。下标 "p" 表示是 "压力商"，区别于其他标准平衡常数。下标 "e" 表示是处于平衡状态的压力（p_i 为组分 i 的分压，p 为系统的总压）。y_i 为为反应进度

对于理想溶液，由于 $\hat{\phi}_i = \phi_i$，$\hat{f}_i = x_i f_i^{\ominus} = x_i f_i$，且 $f_i = \phi_i p$，因此其平衡常数为

$$K_f^{\ominus} = \Pi \left(\frac{\hat{f}_i}{f_i^{\ominus}} \right)_e^{\nu_i} = \Pi(\phi_i y_i p)^{\nu_i} \qquad (5\text{-}81\text{b})$$

对于非理想气体混合物，如反应为真实气体混合物系统，则组分 i 的分压用逸度表示，此时有 $\hat{f}_i = x_i f_i^{\ominus} = x_i f_i$，则此时的标准平衡常数可表示为

$$K_f^{\ominus} = \Pi \left(\frac{\hat{f}_i}{f_i^{\ominus}} \right)_e^{\nu_i} = \Pi(\hat{\phi}_i y_i p)^{\nu_i} \qquad (5\text{-}82)$$

这里 $f_i^{\ominus} = 1$ atm，由式（5-82）可见 $K_f^{\ominus}$ 为 T 的函数，在一定温度 T 下，$K_f^{\ominus}$ 值是一定的，则平衡组成将随压力而发生变化。

（2）反应系统为液相的反应

对于溶液混合物的反应，标准态取系统温度 T 下 1 atm 的纯液体，$f_i^{\ominus} = 1$ atm。此时，活度为

$$\hat{a}_i = \frac{\hat{f}_i^{L}}{f_i^{\ominus}} = x_i \gamma_i \left(\frac{f_i^{L}}{f_i^{\ominus}} \right)$$

在相平衡中由于 $\hat{f}_i^{L} = x_i \gamma_i f_i^{L}$，因此液相的标准平衡常数为

$$K_a^{\ominus} = \Pi \left(\frac{\hat{f}_i}{f_i^{\ominus}} \right)_e^{\nu_i} = \Pi \left(\frac{x_i \gamma_i f_i^{L}}{f_i^{\ominus}} \right)_e^{\nu_i} = \Pi \left(x_i \gamma_i \left(\frac{f_i^{L}}{f_i^{\ominus}} \right) \right)_e^{\nu_i}$$

在中、低压力之下（$p \leqslant 2$ MPa），$\dfrac{f_i^{L}}{f_i^{\ominus}}$ 指数项约为 1，因此式（5-82）可简化为

$$K_a^{\ominus} = \Pi(x_i \gamma_i)_e^{\nu_i} = K_{\gamma} K_x \qquad (5\text{-}83)$$

而对于理想溶液 $\gamma_i = 1$，此时 $K_a^{\ominus} = \Pi(x_i)_e^{\nu_i} = K_x$。

而对于溶液中溶质之间的反应，由于溶质的化学势为 $\mu_i = \mu_B + RT \ln \hat{a}_B$，这里 B 代表溶液中的溶质。则其标准平衡常数可用下式计算

$$K_a^{\ominus} = \Pi(x_B \gamma_B)_e^{\nu_B} = K_{\gamma} K_x \qquad (5\text{-}84)$$

式中，$K_x = \Pi(x_B)_e^{\nu_B}$，$K_{\gamma} = \Pi(\gamma_B)_e^{\nu_B}$。式中溶质的浓度可用物质的量浓度 c 或质量浓度 m 来代替摩尔分率 x，可得出类似的方程。

（3）非均相化学反应

主要分为两种情况：

① 没有考虑相平衡的反应

此类反应如石灰石、白云石、菱镁矿等的分解反应就属于此类反应。

例如

$$MgCO_3(s) = MgO(s) + CO_2(g)$$

$$K_a^{\ominus} = \Pi(\hat{a})^{v_i} = \frac{\hat{a}_{MgO(s)} \cdot \hat{a}_{CO_2(g)}}{\hat{a}_{MgCO_3(s)}}$$

这里取纯固体为基态，因此 $\hat{a}_{MgO(s)} = 1$，$\hat{a}_{MgCO_3(s)} = 1$，因此此非均相化学反应的标准平衡常数就可计算为：

$$K_a^{\ominus} = \hat{a}_{CO_2(g)} = \hat{f}_{CO_2} = p_{CO_2}$$

② 有相平衡的非均相化学反应

考虑了相平衡的非均相化学反应，是进行研究设计化学吸收装置和气液反应器的基础。此平衡组成计算需要同时满足气（汽）-液相平衡和化学反应平衡的要求。

因此，在气-液相平衡下要满足

$$\hat{f}_i^{\alpha} = \hat{f}_i^{\beta} = \cdots = \hat{f}_i^{\pi} \quad (i = 1, 2, \cdots, N组分数；\pi个相)$$

化学反应平衡则要求满足

$$K_{a,j}^{\ominus} = \prod_{i=1}^{N} \hat{a}_{ij}^{v_i} \quad i = 1, 2, \cdots, N组分数；j = \alpha, \beta, \cdots, \pi相数$$

因此，在进行相平衡的非均相化学反应计算平衡组成时，需要联立求解非线性代数方程，此过程非常复杂。比如液气两相的反应主要按三步进行计算：① 对此类反应，先选取各相组成的标准态，再计算其 $K_{a,j}^{\ominus}$；② 假设反应如果仅在液相中进行，则可根据组成的标准态来计算反应的 $\Delta_r G_m^{\ominus}$ 的值；③ 假设系统在气相中进行化学反应，它会在气-液两相间进行传质，最终达到两相平衡，故可根据此以系统中各组分的气态标准态为基础来计算反应的 $\Delta_r G_m^{\ominus}$ 的值。

例 5-9　在反应温度 250 ℃和压力为 3.444 MPa 下，假设初始水蒸汽对乙烯的比值为 1 和 6，乙烯通过反应 $C_2H_4(g) + H_2O(g) \rightleftharpoons C_2H_5OH(g)$ 进行气相水合制备乙醇。已知此时 $K_f^{\ominus} = 8.15 \times 10^{-3}$，$C_2H_4$、$H_2O$ 和 C_2H_5OH 的临界参数 T_c 和 p_c 及偏心因子 ω_i 依次分别为 282.4 K、647.1 K、516.2 K 和 5.035 MPa、22.04 MPa、6.382 MPa 及 0.086、0.348、0.635，试计算乙烯的平衡转化率。

解：　由反应 $C_2H_4(g) + H_2O(g) \rightleftharpoons C_2H_5OH(g)$ 可知，其化学计算系数之和 $\sum v_i = -1$

假设该系统的反应混合物为理想溶液，因此根据式（5-81b）有

$$K_f^{\ominus} = \Pi(\phi_i y_i p)^{v_i} = \frac{\phi_{C_2H_5OH} y_{C_2H_5OH}}{(\phi_{C_2H_4} y_{C_2H_4})(\phi_{H_2O} y_{H_2O})} = 8.15 \times 10^{-3} p \quad \text{（a）}$$

各组成的逸度系数 ϕ_i 用普遍化 Virial 方程进行计算，即式（4-64）：

$$\ln \phi_i = \frac{p_r}{T_r}(B^0 + \omega B^1)$$

其中：

$$B^{(0)} = 0.083 - \frac{0.422}{T_r^{1.6}} \quad B^{(1)} = 0.139 - \frac{0.172}{T_r^{4.2}}$$

计算结果显示于下表：

组成	T_r	p_r	$B^{(0)}$	$B^{(1)}$	ϕ_i
H_2O	0.81	0.156	-0.510	-0.282	0.89
C_2H_4	1.85	0.684	-0.075	0.126	0.098
C_2H_5OH	1.01	0.540	-0.330	-0.024	0.83

将表中计算值代入式（a）式可得

$$\frac{y_{C_2H_5OH}}{y_{C_2H_4} \cdot y_{H_2O}} = \frac{0.98 \times 0.89}{0.83} \times 34.0 \times 8.15 \times 10^{-3} = 0.291 \tag{b}$$

同时，根据式（5-65）有 $\mathrm{d}n_i = \nu_i \mathrm{d}\xi$，因此有

$$\frac{\mathrm{d}n_{H_2O}}{-1} = \frac{\mathrm{d}n_{C_2H_4}}{-1} = \frac{\mathrm{d}n_{C_2H_5OH}}{1} = \mathrm{d}\xi \tag{c}$$

由题可知系统初始值为 $H_2O:C_2H_4 = 1:6$，因此根据式（c）得

$$n_{H_2O} = 6 - \xi, \quad n_{C_2H_4} = 1 - \xi, \quad n_{C_2H_5OH} = \xi$$

所以有 $\sum n_i = 7 - \xi$

因此

$$y_{H_2O} = \frac{6-\xi}{7-\xi}, \quad y_{C_2H_4} = \frac{1-\xi}{7-\xi}, \quad y_{C_2H_5OH} = \frac{\xi}{7-\xi}$$

将上式值代入式（b），可得

$$\frac{\xi(7-\xi)}{(6-\xi) \cdot (1-\xi)} = 0.291$$

解之得乙烯的平衡转化率 $\xi = 0.199$。

2. 温度对化学平衡常数的影响

根据 $K^\ominus$ 的定义式 $\Delta_r G_m^\ominus = \sum_i \nu_i \mu_i^\ominus = -RT \ln K^\ominus$，可见温度会严重影响系统

组成的化学势 $\mu_i^\ominus(T)$ 和标准 Gibbs 自由能 $\Delta_r G_m^\ominus$ 的值，直接影响系统的标准平衡

常数的值。van't Hoff（范特霍夫）导出了一个可定量描述温度与平衡常数之间的关系式，即 van't Hoff 公式。

根据式（1-88）$dG = -SdT + Vdp$ 可知

$$\left(\frac{\partial G}{\partial T}\right)_P = -S$$

因此

$$\left(\frac{\partial \Delta G}{\partial T}\right)_P = -\Delta S$$

将 Gibbs-Helmholtz 自由能变方程 $\Delta G = \Delta H - T\Delta S$ 代入上式有

$$\left(\frac{\partial \Delta G}{\partial T}\right)_P = \frac{\Delta G - \Delta H}{T}$$

将上式等式双方都除以 T，得

$$\frac{1}{T}\left(\frac{\partial (\Delta G)}{\partial T}\right)_P - \frac{\Delta G}{T^2} = -\frac{\Delta H}{T^2}$$

将其应用于标准压力下的化学反应，可得

$$\left(\partial\left(\frac{\Delta_r G_m^{\ominus}}{T}\right)/\partial T\right)_P = -\frac{\Delta_r H_m^{\ominus}}{T^2}$$

将式 $\Delta_r G_m^{\ominus} = -RT\ln K^{\ominus}$ 代入上式，即可得 van't Hoff 全微分方程：

$$\left(\frac{\partial \ln K^{\ominus}}{\partial T}\right)_P = \frac{\Delta_r H_m^{\ominus}}{RT^2} \tag{5-85}$$

van't Hoff 方程可计算没温度 T 下 $K^{\ominus}$ 的基本方程，它表明温度 T 对 $K^{\ominus}$ 的影响是与反应的标准摩尔反应焓变 $\Delta_r H_m^{\ominus}$ 有关。

当 $\Delta_r H_m^{\ominus} > 0$ 时，表示该反应为吸热反应，平衡常数 $K^{\ominus}$ 的值随着温度 T 的升高而增大，因此升高温度对此反应有利。

当 $\Delta_r H_m^{\ominus} < 0$ 时，表示该反应为放热反应，平衡常数 $K^{\ominus}$ 的值随着温度 T 的升高而降低，因此升高温度对此反应不利。

如果在一定的温度区间内，反应的标准摩尔反应焓变 $\Delta_r H_m^{\ominus}$ 与温度无关（即在此温度区间的等压摩尔热容 $\Delta_r C_p^{\ominus} \approx 0$），则 $\Delta_r H_m^{\ominus}$ 为一个常数，因此可对式（5-85）进行积分

$$\int_{K^{\ominus}(T_1)}^{K^{\ominus}(T_2)} \mathrm{d}\ln K^{\ominus} = \frac{\Delta_r H_m^{\ominus}}{R}\int_{T_1}^{T_2}\frac{\mathrm{d}T}{T^2}$$

可得定积分 van't Hoff 方程：

$$\ln\frac{K^{\ominus}(T_2)}{K^{\ominus}(T_1)} = \frac{\Delta_r H_m^{\ominus}}{R}\left(\frac{1}{T_1}-\frac{1}{T_2}\right) \tag{5-86}$$

基于定积分 van't Hoff 方程，根据反应的热效应 $\Delta_r H_m^{\ominus}$ 是放热还是吸热，来决定用升温还是降温的办法来增加产量；根据两个不同温度下反应的平衡常数值 $K^{\ominus}$，计算反应的标准摩尔焓变 $\Delta_r H_m^{\ominus}$；已知反应的标准摩尔焓变 $\Delta_r H_m^{\ominus}$，从一个温度下反应的平衡常数 $K^{\ominus}$ 值，求另一温度下反应的平衡常数 $K^{\ominus}$ 值。

同理，对式（5-85）的不定积分 van't Hoff 方程式为

$$\ln K^{\ominus} = -\frac{\Delta_r H_m^{\ominus}}{RT} + C \tag{5-87}$$

利用式（5-87），在测定不同温度下的 $K^{\ominus}$ 值，以 $\ln K^{\ominus}$ 对 $1/T$ 作线性回归图，根据直线斜率可求得反应的标准摩尔焓变。

如果系统的 $\Delta_r H_m^{\ominus}$ 是与温度有关的函数，即各组分的等压热容 $C_{p,i}^{\ominus}$ 可表示成热力学温度 T 的指数级数形式，有

$$C_{p,i}^{\ominus} = \alpha_i + \beta_i T + \gamma_i T^2$$

将上式代入 Kirchhoff（基尔霍夫）定律（从一个温度下的反应焓变，去计算另一温度下的反应焓变。使用时要已知参与反应各物质的等压摩尔热容的数值，在温度变化区间内没有相变，否则积分不连续。）$\Delta_r H_m^{\ominus}(T_2) = \Delta_r H_m^{\ominus}(T_1) + \int_{T_1}^{T_2}\sum_i \nu_i C_{p,i}^{\ominus}\mathrm{d}T$，可得

$$\begin{aligned}\Delta_r H_m^{\ominus} &= \Delta_r H_{m,0}^{\ominus} + \int C_P^{\ominus}\mathrm{d}T = \Delta_r H_{m,0}^{\ominus} + \int(\Delta\alpha + \Delta\beta T + \Delta\gamma T^2)\mathrm{d}T\\ &= \Delta_r H_{m,0}^{\ominus} + \Delta\alpha T + \frac{\Delta\beta}{2}T^2 + \frac{\Delta\gamma}{3}T^3\end{aligned} \tag{5-88}$$

将式（5-88）代入式（5-87），并进行积分可得

$$\ln K^{\ominus} = -\frac{\Delta_r H_{m,0}^{\ominus}}{RT} + \frac{\Delta\alpha}{R}\ln T + \frac{\Delta\beta}{2R}T + \frac{\Delta\gamma}{6R}T^2 + I \tag{5-89}$$

积分常数 I 可根据某一温度 T 下的 $K^{\ominus}$ 求取。将上式代入标准平衡常数的定义式（5-78）$\Delta_r G_m^{\ominus} = -RT\ln K^{\ominus}$ 中，可得

$$\Delta_r G_m^\ominus = \Delta_r H_{m,0}^\ominus - \Delta\alpha T \ln T - \frac{\Delta\beta}{2}T^2 - \frac{\Delta\gamma}{6}T^3 - IRT \qquad （5\text{-}90）$$

如果知道系统反应温度 T 下的热 $\Delta_r H_{m,0}^\ominus$、反应物和生成物的等压热容 $C_{p,i}^\ominus$、及此温度下的 $\Delta_r G_m^\ominus$ 值，通过上式可求得另一温度下的 $\Delta_r G_m^\ominus$ 值。

例 5-10　298 K，200 kPa 下，将 4 mol 的纯 A(g) 放入带活塞的密闭容器中，达到化学平衡：A(g) = 2B(g)。已知平衡时 $n_A = 1.697$ mol，$n_B = 4.606$ mol。

（1）求该温度下反应的 $K^\ominus$；（2）若该反应的 $\Delta_r H_m^\ominus = 8.310$ kJ·mol^{-1}，反应的 $\Delta_r C_p^\ominus \approx 0$，求 596 K 时反应的 $K^\ominus$。

解： 由题可知（1）A(g) = 2B(g)

初始时 n_B/mol　　　　　4　　　0

平衡时 n_B　　　　n_A　　n_B　　$\sum n_B = n_A + n_B = (0.169\,7 + 4.606)\text{mol} = 6.303$ mol

$\sum\limits_i \nu_i = 2 - 1 = 1$

$$K_1^\ominus = K_n \times \left(\frac{p}{p^\ominus \sum n_B}\right)^{\sum \nu_B} = \frac{n_B^2}{n_A} \times \frac{p}{p^\ominus \sum n_B} = \frac{4.606^2}{1.697} \times \frac{200}{100 \times 6.303} = 3.967$$

（2）根据题意反应的 $\Delta_r C_p^\ominus \approx 0$，可知标准摩尔焓变 $\Delta_r H_m^\ominus$ 在从温度 298 K 变化到 596 K 时不变，此时可运用 van't Hoff 定积分方程计算 596 K 下的标准平衡常数

$$\ln\frac{K^\ominus(T_2)}{K^\ominus(T_1)} = \frac{\Delta_r H_m^\ominus}{R}\left(\frac{1}{T_1} - \frac{1}{T_2}\right)$$

将数据代入后，得

$$\ln\frac{K^\ominus(T_2)}{3.967} = \frac{8.310}{8.314}\left(\frac{1}{298} - \frac{1}{596}\right)$$

解出 $K^\ominus(T_2) = 21.28$

3. 压力对化学平衡组成的影响

由于反应体系的标准平衡常数仅是 T 的函数，因此温度不变的情况下，压力 p 对标准化学平衡常数 $K^\ominus$ 值是不会有影响的。

对于凝聚态体系，压力对化学平衡的影响很小，通常可以忽略不计。但是压力却只影响有气态物质参与的反应，且影响在反应前、后气体的分子数不等的反应的平衡组成。

假如气体为理想性气体，由于组分 i 的分压与总压之间符合 Dalton 分压定律，即 $p_i = x_i p$。将之代入式（5-81 a）：

$$K_p^{\ominus} = \Pi \left(\frac{p_i}{p^{\ominus}} \right)_e^{\nu_i}$$

整理后有

$$K_p^{\ominus} = \Pi \left(x_i \right)_e^{\nu_i} \left(\frac{p}{p^{\ominus}} \right)_e^{\sum\limits_i \nu_i} = (\text{I}) \times (\text{II}) \qquad (5\text{-}91)$$

式中 p 为总压（下同），由式（5-91）可知：

如果反应的化学计算系数之各 $\sum\limits_i \nu_i = 0$，则反应前后的分子数没有产生变化，即第（II）$= 1$，表示增加或减小压力对反应前后气体分子数不变的反应没有任何影响。

如果 $\sum\limits_i \nu_i > 0$，表示反应后的分子数是增加的，则增大压力会影响（II）变大，要保持 $K^{\ominus}$ 值不变，则（I）会变小，因此产物的摩尔分数会变小，转化率会降低。

反之，如果 $\sum\limits_i \nu_i < 0$，表示反应后的分子数是减少的，则增大压力会使（II）变小，保持 $K^{\ominus}$ 值不变下，则（I）会变大，因此产物的摩尔分数会变大，转化率会增大。

由此可见，增大压力会导致化学反应往分子数减小的方向进行，对分子数增大的反而不利。

4. 惰性气体对化学平衡组成的影响

在化学工业反应的装置中，由于原料气内常混有不参与化学反应的惰性气体，它会降低反应物的浓度和分压。惰性气体不会影响标准平衡常数 $K^{\ominus}$ 的值，因为 $K^{\ominus}$ 只与温度 T 有关。但是惰性气体会影响有气体组成成分参与的化学反应的平衡组成。

根据 Dalton 分压定律，有

$$p_i = p x_i = p \frac{n_i}{\sum\limits_i n_i}$$

将之代入式（5-81 a）后得

$$K_p^{\ominus} = \Pi \left(n_i \right)_e^{\nu_i} \left(\frac{p}{\sum\limits_i n_i p^{\ominus}} \right)_e^{\sum\limits_i \nu_i} = (\text{I}) \times (\text{II}) \qquad (5\text{-}92)$$

由上式可见：

当 $\sum\limits_i v_i = 0$，表示反应前后的分子数没有产生变化，增加惰性气体与压力同时变大，保持 $K^{\ominus}$ 值不变，即第 (II) $= 1$，表示增加惰性气体不会影响到化学的平衡组成。

若 $\sum\limits_i v_i > 0$，表示反应后的分子数是增加的，则增加惰性气体的量，第（II）会变小，要保持 $K^{\ominus}$ 值不变，则（I）会变大，因此产物的摩尔分数会变大，导致平衡转化率会增大。可见增加惰性气体对分子数增加的反应是有利的，因此工业上常通入水蒸气或氮气的方法来增加产品的产量。

反之，如果 $\sum\limits_i v_i < 0$，表示反应后的分子数是减少的，则增大惰性气体的量会使（II）变大，保持 $K^{\ominus}$ 值不变，则（I）会变小，因此产物的摩尔分数会变小，会导致平衡转化率会降低。对于此类化学反应，当加入惰性气体后不利于气体分子数减少的反应，故有必要工业上须定期清除惰性气体。

5.4.4　反应系统的相律及 Duhem 理论

反应系统的相律，对于含有 S 个独立组分，P 个相的反应，若系统中具有 R 的独立反应并达到平衡，则该系统的自由度为 $F = S - P + 2 - R$；若该反应系统还有其他的一些约束条件 R'，则系统的自由度为 $F = S - P + 2 - R - R'$，实际上反应系统的相律同前文中的式（5-13）是一样的。

同时 Duhem 理论表明，对任一定质量的多元封闭系统，当任意两个独立变量指定后，该系统的平衡状态即系统的性质就完全确定。

反应系统的相律对非反应系统和平衡的反应系统都适用；当温度 T 和压力 p 固定时，即可求出已知初始组成系统的化学反应平衡组成。

例 5-11　确定下列每个系统的自由度 F。

（1）两个互溶的、处于形成恒沸物的汽液平衡状态的非反应系统；

（2）$MgCO_3$ 部分分解系统；

（3）NH_4Cl 部分分解系统。

解：（1）两个互溶的非反应组合，处于形成恒沸物的汽液平衡状态的系统是由 2 个相、2 组分；1 个特殊限制条件：必须是恒沸物。因此，此系统的自由度为

$$F = S - P + 2 - R - R' = 2 - 2 + 2 - 0 - 1 = 1$$

（2）$MgCO_3$ 部分分解系统为 $MgCO_3(s) \rightarrow MgO(s) + CO_2(g)$。

因此有 1 个方程（$R=1$），组分数为 3，相数为 3，因此系统的自由度为

$$F = S - P + 2 - R - R' = 2 - 3 + 3 - 1 - 0 = 1$$

（3）NH_4I 部分分解有反应：$NH_4I(s) \rightarrow NH_3(g) + HI(g)$。

由此式可知 $R=1$，组分数为 3，相数为 2，且有 1 个限制条件：$NH_4I(s)$ 分解为等分子的 $NH_3(g)$ 和 $HI(g)$。因此，有

$$F = S - P + 2 - R - R' = 3 - 2 + 2 - 1 - 1 = 1$$

5.4.5 复杂系统的化学平衡

1. 求解复杂化学反应平衡问题的步骤：

（1）首先要确定在复杂平衡系统中有显著存在量的物种数；

（2）运用 Gibbs 相律，确定独立组分数及独立的变量数；

（3）对复杂化学反应平衡问题建立相应的数学模型；

（4）解答此数学模型，再作出相应判断，求得最终结果。

2. 复杂化学反应平衡的两种计算方法

复杂化学反应平衡问题主要采用两种计算方法：平衡常数法和总自由焓极值法。前者适合计算复杂反应的平衡，应用于独立的反应方程个数不太多时；若复杂反应体系中独立的反应方程数很多时，直接求解多个方程就显得非常复杂，则要用总自由焓极值法来进行求解。

（1）以反应进度 ξ 为变量的计算方法

对具有 r 个独立反应的复杂化学反应系统，仿照前文所述的简单反应的平衡常数公式（$K = \prod \hat{a}_i^{\nu_i}$，其气相反应通式为 $K_f = \prod \hat{f}_i^{\nu_i}$），可以写出第 j 个反应的平衡常数。

因此，复杂反应系统的平衡常数通式为

$$K_j = \prod_j \hat{a}_i^{\nu_{i,j}} \tag{5-93}$$

复杂的气相反应通式为

$$K_j = \prod_j \hat{f}_i^{\nu_{i,j}} \tag{5-94}$$

据复杂反应系统的性质，可将式（5-94）分为下述三种情况：

① 当复杂反应为非理想气体时，其平衡常数为

$$K_j^{\ominus} = \prod_i (\hat{\phi}_i y_i p)^{\nu_{i,j}} \tag{5-95}$$

② 当复杂反应为理想气体时 $\hat{\phi}_i = 1$，则有

$$K_j^\ominus = \prod_i (y_i p)^{\nu_{i,j}} \qquad (5\text{-}96)$$

③ 当复杂反应为理想液体时，由于 $\hat{\phi}_i = \phi_i$，$\hat{f}_i = x_i f_i^\ominus = x_i f_i$，且 $f_i = \phi_i p$，则其平衡常数为

$$K_j^\ominus = \prod_i (\phi_i y_i p)^{\nu_{i,j}} \qquad (5\text{-}97)$$

现以复杂反应为理想气体为例述其计算过程。

对于同时 r 个独立反应的体系达到平衡时，各反应皆应该达到平衡，则要满足条件

$$\sum_{i=1}^{N} \nu_{ji} B_i = 0 \quad (j=1, 2, \cdots, r \; ; i=1, 2, \cdots, N) \qquad (5\text{-}98a)$$

再写出其反应进度和平衡常数的计算式

$$\mathrm{d}n_i = \sum_j \nu_{ji} \mathrm{d}\xi_j \qquad (5\text{-}98b)$$

$$K_j \cdot p^{-\nu_j} = \prod_j y_i^{\nu_{i,j}} \qquad (5\text{-}98c)$$

联立方程式（5-98a）、式（5-98b）和式（5-98c）求解方程组，可求得 r 个反应进度 ξ，进而求出复杂化学反应的平衡组成。

（2）Gibbs 自由焓最小原理计算法

当一个复杂的化学反应系统达到化学平衡时，其系统的总自由焓，即总 Gibbs 自由能达到最小值。即

$$\mathrm{d}(G_t)_{T,p} = 0 \qquad (5\text{-}99)$$

即其数学关系式为 $(G_t)_{T,p} = G(n_1, n_2, n_3, \cdots, n_N)$。因此解决此平衡问题只需要计算出在一定的 T 和 p 下、符合物料平衡条件的一组使 G_t 为极小值的组成 n_i 即可。其解题通常以条件极值的 Lagrange 待定乘子法求解。

其计算过程为：

① 首先列出物料的平衡式

基于在一个封闭反应体系中各元素的总原子数是守恒的，对于有 l 种不同的原子，设其第 l 种元素原子的总数可写为 A_l（由体系的初始组成而定）、物质 i 中的 l 原子数为 β_{il}，因此可以写出对每 l 种的物料衡算式。即

$$\sum_i n_i \beta_{il} - A_l = 0 \quad (l=1, 2, \cdots, m) \qquad (5\text{-}100a)$$

② 对每种元素引入 Lagrange 待定因子 λ_l，每个元素的衡算式（5-100a）乘

以 λ_l，即有

$$\lambda_l(\sum_i n_i \beta_{il} - A_l) = 0 \quad (l = 1, 2, \cdots, m)$$

再将所有元素 l 物料衡算式进行求和，可得

$$\sum_l \lambda_l(\sum_i n_i \beta_{il} - A_l) = 0 \tag{5-100b}$$

③ 将（5-100b）式加上 G_t，可得一新函数 F

$$F = G_t + \sum_l \lambda_l(\sum_i n_i \beta_{il} - A_l) \tag{5-100c}$$

④ 由于函数 F 对于 n_i 求导为零时，此时的 F 与 G_t 值为最小。即

$$\left(\frac{\partial F}{\partial n_i}\right)_{T,p,n_j} = \left(\frac{\partial G_t}{\partial n_i}\right)_{T,p,n_j} + \sum_l \lambda_l \beta_{il} = 0$$

又因为 $\left(\dfrac{\partial G_t}{\partial n_i}\right)_{T,p,n_j} = \mu_i$，将之代入上式有

$$\mu_i + \sum_l \lambda_l \beta_{il} = 0 \quad (i = 1, 2, \cdots, N) \tag{5-100d}$$

由于 1 atm 标态下的理想气体的化学势为 $\mu_i = G_i^\ominus + RT\ln \hat{a}_i = G_i^\ominus + RT\ln \hat{f}_i$。令所有元素在标态下的 $G_i^\ominus$ 为零，则 i 组分的标准生成自由焓的变化值对于化合物有 $G_i^\ominus = \Delta G_{fi}^\ominus$，且 $\hat{f}_i = \hat{\phi}_i y_i p$。将之代入理想气体的化学势，则有 $\mu_i = \Delta G_{fi}^\ominus + RT\ln(\hat{\phi}_i y_i p)$，将此式代入式（5-100d），则有

$$\Delta G_{fi}^\ominus + RT\ln(\hat{\phi}_i y_i p) + \sum_l \lambda_l \beta_{il} = 0 \quad (i = 1, 2, \cdots, N) \tag{5-100e}$$

特别要注意，若组分 i 为元素，则其 $\Delta G_{fi}^\ominus = 0$。压力 p 的单位须为 atm 或 bar。

由于 $\hat{\phi}_i = \hat{\phi}_i(T, p, y_1, y_2, \cdots, y_n)$，求解上式可以采用迭代法来求解。即首先假定 $\hat{\phi}_i = 1(i = 1, 2, \cdots, n)$，由上式求得 $y_1, y_2, \cdots, y_n$，再由合适的状态方程计算出 $\hat{\phi}_i$，直至收敛为止。此方法最好用计算机进行迭代计算。

习　题

5-1　试解释稳定性准则与相平衡之间的关系，热力学平衡的判断有几个？各自的热力学有何关系？

5-2　何为相平衡的判据？热力学性质 $T-S$ 图与单组分相图有何区别？

5-3 Gibbs 是在什么热力学基础上导出相律的？什么是相律？

5-4 二组分固液相图有几类？固态互溶与完全不互溶系统在相图上有何区别？

5-5 试解释露点与泡点温度的区别？同一系统中，露点的组成与泡点组成是否相同？它们的逸度与逸度系数计算公式是否一致？何为 Lewis-Randall 定则和 Henry 定律，它们之间有何区别？

5-6 试问怎样导出理想气体化学反应的 Gibbs 等温方程？怎样通过此方程来判断化学反应的方向及是否达到平衡？且怎样通过此方程从理论上计算反应平衡转化率成为可能？怎样导出真实气体的等温方程，它与理想条件的等温方程有何不同？

5-7 证明低压下的汽-液相平衡关系式为 $\hat{f}_i^{\mathrm{V}} = \hat{f}_i^{\mathrm{L}} = p y_i$。

5-8 有人提出以 $\bar{V}_1 - V_1^* = a + (b-a)x_1 - bx_1^2$、$\bar{V}_2 - V_2^* = a + (b-a)x_2 - bx_2^2$ 来表达等温、等压下简单二元体系的偏摩尔体积，从热力学的角度分析此方程组合理存在的条件？式中：V_1^* 和 V_2^* 为纯组分的摩尔体积，a、b 为 T、p 的函数。

（答案：$a+b=0$）

5-9 试用 Wilson 方程计算丙酮（1）－水（2）二元体系在温度 30 ℃、液相组成时的活度系数、汽液相平衡常数及相对挥发度。已知 30 ℃丙酮饱和蒸汽压 $p_1^{\mathrm{s}} = 38$ kPa，摩尔体积 $V_1 = 78.886$ cm³·mol⁻¹；水的饱和蒸汽压 $p_2^{\mathrm{s}} = 4.2$ kPa，摩尔体积 $V_2 = 18.036$ cm³·mol⁻¹。Wilson 方程的二元相互作用能量项为 $g_{12} - g_{11} = -611.37$ J·mol⁻¹，$g_{21} - g_{22} = 6\,447.57$ J·mol⁻¹。

（答案：$\gamma_1 = 2.214$，$\gamma_2 = 1.191$，$K_1 = 2.931$，$K_2 = 0.1724$，$\alpha_{12} = 17$）

5-10 一催化裂解汽油塔顶馏出气组成为乙烷、丙烷、丁烷及异丁烷的摩尔分率依次为 0.2、0.4、0.25 及 0.15，该馏出液进入一冷凝器完全冷凝，试结合附录六的 $p-T-K$ 列线图求此冷凝器需要的操作压力。已知此冷凝器冷却水温度为 20 ℃，馏出气在冷凝器的温度与冷却水相差 7 ℃。

（答案：冷凝器的操作压力 $p = 1.22$ MPa）

5-11 苯（1）-正己烷（2）于压力 101.33 kPa、350.8 K 下形成组成 $x_1 = 0.525$ 的恒沸混合物。350.8 K 下组分（1）和（2）的蒸汽压分别是 99.4 kPa 和 97.27 kPa，设此体系的汽相遵循理想气体，液相活度系数以 Margules 方程计算。求此温度下的汽液相平衡关系 $p \sim x_1$ 和 $y_1 \sim x_1$ 的关系式。

（答案：$p = 99.4x_1 \exp[(0.1459 - 0.116x_1)(1-x_1)^2] + 97.27(1-x_1)\exp[(0.0879 + 0.116(1-x_1))x_1^2]$，$y_1 = 99.4\exp[(0.1459 - 0.116x_1)(1-x_1)^2]x_1 / p$）

5-12　在 343 K 和 101.325 kPa 下苯（1）-三氯甲烷（2）的相对挥发度 $\alpha = 0.549$，液休分率 $L = 0.155$，气相中组分 1 的总含量摩尔分率为 0.4，求此时气液相的平衡组成。

（答案：$x_1 = 0.525$，$x_2 = 0.475$，$y_1 = 0.377$，$y_2 = 0.623$）

5-13　已知异丁醛（1）-水（2）体系 30 ℃时的液液平衡数据为 $x_1^\alpha = 0.893$，$x_1^\beta = 0.015$。试计算 van Laar 常数及此温度下异丁醛 $x_1 = 0.915$ 的液相组成的逸度系数、汽相组成。已知 30 ℃下异丁醛和水的饱和蒸汽压分别 $p_1^s = 28.58$ kPa、$p_2^s = 4.22$ kPa。

（答案：$A_{12} = 4.32$，$A_{21} = 2.55$；$\gamma_1 = 1.01$，$\gamma_2 = 9.89$；$y_1 = 0.88$，$y_2 = 0.12$）

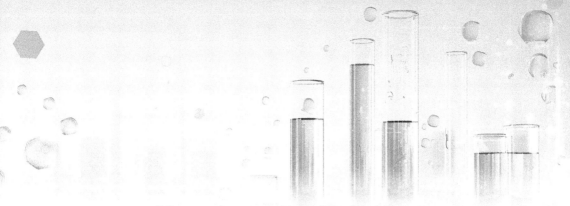

第6章 界面热力学

界面热力学在化学工程、纺织、生物化工、制药、石油开采、食品化工、分离过程、材料化工等领域中，例如研磨、吸附、催化、乳化、脱色和防水技术皆由于两相界面的作用力不同而显示出与体相的现象不一致。它在如纳米材料的制备、三次采油、蛋白质分离、合金材料制备、化工高效催化剂研究方面的新材料开发和工艺革新技术方面起着重要的作用。其研究方法是将相的界面看成似溶液中体相一样具有类似 p、V、T 和组成 x 之间的关系和其它的热力学性质。因此界面相之间的热力学函数表征、特性和研究方法皆与体相是相似或相同的。

两相的接触面即为界面，可分为气-液、气-固、液-液、液-固和固-固界面，其中气-液和气-固界面常称为表面。界面为物体的特殊部分，它表现出与体相不同的物理现象，在现代高新技术和传统行业中有着重要的应用。本章重点讨论界面物理性质的热力学技术。

6.1 界面和界面张力

6.1.1 界面现象和界面张力

界面之间并不存在着截然不同的分界区，它指两相相互接触的约几个分子厚度的过渡区，这种表界面区间的结构、能量和组成等存在连续的梯度变化。如果其中一相为气体，这种界面通常称为表面。实际上表面应该是液体或固体与其饱和蒸气（汽）之间的界面，习惯上把液体或固体与空气的界面称为液体或固体的表面。由于表面层分子与内部分子相比，所处的环境不同，受到的分子间作用力也不同，因此，存在一些与体相不同的物理现象。界面张力、过饱和状态、吸附、毛细现象、摩擦作用、润湿、黏附等独特的性质，统称为界面现象。

以液气界面为例，当液体与其蒸气达平衡后，液体及其蒸气组成的表面分子在内部和表面的作用力是不同的。如图 6-1 所示，液体内部各分子间所受的相互作用力在三维坐标上是可以彼此抵销的；但其表面分子在上下方向上的作用力是不相等的，即表面分子受到体相分子的拉力大，受到气相分子的拉力小，综合上其作用力指向内部，这种作用力使得液体的表面具有自动收缩到最小的趋势，就如界面上存在着一种张力，称为界面张力或表面张力（σ）这种力使得表面层显示出一些独特的界面性质。从分子的位能方面来解

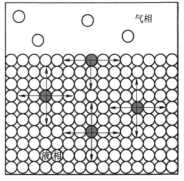

图 6-1　液体及其蒸气组成的表面质点作用力示意图

释是因为稳定的平衡势能值是最小的，表面收缩是因为表面分子的位能比较大，有向内挤入减小液面导致势能减小的趋势。这也是为什么液滴总是趋于球形的原因。

实际上物质的表面层特性还受到其他因素的影响，比如分散度越高，比表面积越大，表面能就越高，这种影响就越显著。一般用比表面积来表示物质分散的程度，比表面可用单位质量物质的表面积（$A_m = A/m$）和单位体积物质的表面积（$A_v = A/V$）来表示。当材料微粒的粒径达到 nm 级，纳米材料将具有巨大的比表面积，因此该类材料表现出许多独特的表面效应，成为新材料和化工多相催化方面的研究热点。

若要把分子从体相内部移到界面上，即会可逆的增加表面积，就必须克服体系内部分子之间的作用力而对体系做功。当温度、压力和组成恒定时，可逆使表面积增加 dA 所需要对体系作的表面功，定义为

$$\delta W' = \sigma dA_s \qquad (6\text{-}1)$$

式中 A_s 为表面积，σ 为比例系数，在数值上等于当 T，p 及组成不变的条件下，增加单位表面积时所必须对体系做的可逆非膨胀功。

实际上，界面张力的大小可以一个简单的实验来验证。如图 6-2 所示是一个三面固定、有一个可自由滑动边所构成，将具有活动边框的金属框架放在肥皂液中，然后取出悬挂固定，活动边框在下面。如果边框上没有施加力，则由于金属框上的肥皂膜的表面张力作用，活动边框会被向上拉，直至顶部。如果在活动边框上施加一个力 F，使 F 与总的表面张力大小相等方向相反，则金属丝不再滑

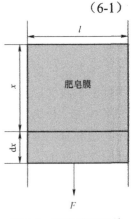

图 6-2　肥皂膜的拉伸

动。实验证明该力与液膜的 $2l$ 是相关的（$2l$ 是指金属丝上的液膜有两个面）。根据金属丝上的力平衡，则可推出界面张力的计算式。

$$F = 2\sigma l \tag{6-2}$$

σ 为作用于单位边界上的界面张力（即表面张力，单位为 N·m^{-1}）。

6.1.2 界面张力与界面 Gibbs 自由能之间的关系

当考虑了增加表面功的情况下，第 1 章所述四个基本热力学公式中则应相应地增加 $\sigma \mathrm{d}A$ 一项，即有

$$\mathrm{d}U = T\mathrm{d}S - P\mathrm{d}V + \sigma \mathrm{d}A_\mathrm{s} + \sum_i \mu_i dn_i$$

$$\mathrm{d}H = T\mathrm{d}S + V\mathrm{d}P + \sigma \mathrm{d}A_\mathrm{s} + \sum_i \mu_i dn_i$$

$$\mathrm{d}A = -S\mathrm{d}T - P\mathrm{d}V + \sigma \mathrm{d}A_\mathrm{s} + \sum_i \mu_i dn_i$$

$$\mathrm{d}G = -S\mathrm{d}T + V\mathrm{d}P + \sigma \mathrm{d}A_\mathrm{s} + \sum_i \mu_i dn_i$$

根据以上热力学基本公式，在保持相应的特征变量不变下，每增加单位表面积时，相应的热力学函数的增值，称为表面自由能或表面能。

则可得广义的表面自由能定义为

$$\sigma = \left(\frac{\partial U}{\partial A_\mathrm{s}}\right)_{S, V, n_i} = \left(\frac{\partial H}{\partial A_\mathrm{s}}\right)_{S, P, n_i} = \left(\frac{\partial A}{\partial A_\mathrm{s}}\right)_{T, V, n_i} = \left(\frac{\partial G}{\partial A_\mathrm{s}}\right)_{T, P, n_i} \tag{6-3}$$

如果保持温度、压力和组成不变，每增加单位表面积时，Gibbs 自由能的增加值称为表面 Gibbs 自由能，或简称表面自由能或表面能，用符号 σ 表示，热力学单位为 J·m^{-2}（力学单位为 N·m^{-1}）。狭义的表面自由能（表面张力）定义为

$$\sigma = \left(\frac{\partial G}{\partial A_\mathrm{s}}\right)_{T, P, n_i} \tag{6-4}$$

根据 Gibbs 函数的定义式 $G = H - TS$，将其代入上式有

$$\left(\frac{\partial G}{\partial A_\mathrm{s}}\right)_{T, p, n_i} = \left(\frac{\partial H}{\partial A_\mathrm{s}}\right)_{T, p, n_i} - T\left(\frac{\partial S}{\partial A_\mathrm{s}}\right)_{T, p, n_i} \approx \left(\frac{\partial U}{\partial A_\mathrm{s}}\right)_{T, p, n_i} - T\left(\frac{\partial S}{\partial A_\mathrm{s}}\right)_{T, p, n_i}$$

$$\tag{6-5}$$

比表面焓 $(\partial H / \partial A_\mathrm{s})_{T, p, n_i}$、比表面熵 $(\partial S / \partial A_\mathrm{s})_{T, p, n_i}$ 和比表面热力学能 $(\partial U / \partial A_\mathrm{s})_{T, p, n_i}$ 皆可通过测定表面张力（σ）随温度 T 的变化关系式而得到。

这里

$$\left(\frac{\partial S}{\partial A_s}\right)_{T,P,n_i} = -\left[\frac{1}{\partial A_s}\left(\frac{\partial G}{\partial T}\right)_P\right]_{T,P,n_i} = -\left[\frac{1}{\partial T}\left(\frac{\partial G}{\partial A_s}\right)_{T,P,n_i}\right]_P = -T\left(\frac{\partial \sigma}{T}\right)_P \quad (6\text{-}6)$$

等式左方为正值，这是因为表面积的增加会导致熵值总是增加的。

若将式（6-6）代入式（6-5）可得比表面热力学能

$$\left(\frac{\partial U}{\partial A_s}\right)_{T,P,n_i} = \sigma - T\left(\frac{\partial \sigma}{T}\right)_P \quad (6\text{-}7a)$$

又因为对于液体来说，体系界面相的 $U^{(\sigma)} \approx H^{(\sigma)}$，因此式（6-7a）变为

$$H^{(\sigma)} \approx U^{(\sigma)} = \sigma - T\left(\frac{\partial \sigma}{T}\right)_P \quad (6\text{-}7b)$$

这里 σ 代表界面可逆功，$(\partial\sigma/T)_P$ 代表界面热。实验中发现大量的液相中的 σ 值会随 T 的增大而在相当大 T 范围内呈现线性下降，故比表面熵和比表面热力学能可通过数据线性拟合之后的斜率和截距而得到。

在可逆的条件下，根据熵的定义式，在界面相上有 $\delta Q = TdS = TS^{(\sigma)}dA_s$，可改写成

$$q^{(\sigma)} = \frac{\partial Q}{\partial A_s} = TS^{(\sigma)} = -T\left(\frac{\partial \sigma}{\partial T}\right)_p \quad (6\text{-}8)$$

式（6-8）表明，在绝热可逆条件下，扩大单位界面面积 A_s，系统会由于界面热($\partial\sigma/T)_p$ 而发生冷却效应，若要保持原来的温度不变，则必须从外界吸收相当于 $q^{(\sigma)}$ 的热量。由于纯液体界面张力的温度系数$(\partial\sigma/T)_p$ 总是负值，故等温、等压下界面相的扩展总是为吸热过程及熵增加的过程。

测定溶液的表面张力的实验方法有很多，液体表面的测定主要有吊片法、毛细管法、最大压泡法、滴重法、圆环法和悬滴法，而滴重法和吊片法等适用于溶液。如果需要，可参考相关的物理化学和高分子化学实验教材。

6.1.3 表（界）面张力（σ）的影响因素

表（界）面张力影响因素主要有以下几个方面。

1. 温度对表（界）面张力的影响

根据式（6-6）可知，表（界）面张力 σ 值会随 T 的增大而下降。

同时考虑到温度升高到临界温度 T_c 时，界面张力将趋向于零,此时表（界）面张力常用范德华经验式来表达。即：

$$\sigma = \sigma_0\left(1 - \frac{T}{T_c}\right)^n \quad (6\text{-}9)$$

这里 σ_0 和 n 为常数，其中 σ_0 为实验值外推至 $T=0$ K 时的值；对于有机物 $n=11/9$，通常 n 约为 1。而 T_c 为临界温度。

Eötvös 曾提出温度与表面张力的计算关系式为

$$\sigma V_m^{2/3} = k(T_c - T) \tag{6-10}$$

这里 V_m 为摩尔体积。

在估算界面张力时一般常用 Ramsay 和 Shields 提出的 σ 与 T 的改进经验式

$$\sigma V_m^{2/3} = k(T_c - T - 6.0) \tag{6-11}$$

对于不产生缔合的液体，V_m 约为 2.1×10^{-4} mJ·K^{-1}。通常每升高 10 ℃，σ 降低 1 mN·m^{-1}。

如果温度变化范围比较大，也可用常用多项式来表示：

$$\sigma = \sigma_0 + aT + bT^2 + bT^3 + \cdots \tag{6-12}$$

2. 分子间作用力对表（界）面张力的影响

对纯组分液体或纯组分固体，表（界）面张力表决定于分子化学键键能的大小，通常化学键越强，其表（界）面张力就越大。主要依以下顺序而定：

σ（金属键）$>\sigma$（离子键）$>\sigma$（极性共价键）$>\sigma$（非极性共价键）

而两种液体之间的界面张力，其值主要界于两种液体表面张力大小之间。

3. 压力对表（界）面张力的影响

将 Maxwell 关系式应用于 $dH = TdS + VdP + \sigma dA_s + \sum_i \mu_i dn_i$ 中，可得

$$\left(\frac{\partial \sigma}{\partial p}\right)_{A,T} = \left(\frac{\partial V}{\partial A_s}\right)_{T,P} \tag{6-13}$$

式（6-13）表明，当物质分子从体相迁移到溶液或固体的表面时会引起摩尔体积增大，而且通常情况下表面的密度是小于体相的密度的，故其 ΔV 变化为正值。但这一结果与实验常相反，系统的压力的增大反而使表面张力减小。为什么呢？实际上当压力增大后气相的密度会增大，因而表面可能吸附了第二组分（比如惰性气体），使表面区域的物质进行浓集导致所得体积增量 ΔV_a 为负值。当然 1 mol 物质从体相迁移到表面引起的体积增加 ΔV_s 肯定为正值。因而总体积变化 $\Delta V = \Delta V + \Delta V_s$ 的值常为负值，这与实验的结果是一致的。实际上第二组分不管溶入液相多少，皆会改变液相组成而导致 σ 值减小。故，液相的表面张力一般随压力的增加而减小。通常压力每增加 1 MPa，表面张力 σ 值约降低 1 mN·m^{-1}。

4. 组成对溶液表（界）面张力的影响

大量实验表明溶质在溶液中的表面层和其体相内部的浓度分布是不同的，它在溶液的表面产生了吸附，导致表（界）面张力要随物质的种类变化而不同，且还要随同一种物质的深度的变化而变化。以水溶液为例讨论表面张力随组成的变化规律性。

水溶液是实际应用中较为常见的，它的表面张力将随加入的溶质而改变。在水的液相中的表面张力随组成的变化规律有三种类型（见图 6-3 所示）。曲线 Ⅰ 型表示表面张力 σ 要随溶液的浓度的增大而增大。这主要指如 $NaCl$、Na_2SO_4、NH_4Cl、KNO_3、KOH 等不挥发的酸（如硫酸）、碱和无机盐，以及含有多个羟基的有机物，如蔗糖、甘油、葡萄糖等非表面活性物质。此类溶质在表面的浓度低于本体的浓度，表明其比水更不亲气相，因此它在溶液的表面产生了负吸附（见图 6-4 所示）。这是因为溶质中的不挥发的酸、碱和无机盐等非表面活性物质的离子具有较强的水合作用，总是趋向于把水分子拖入水体中，在表面的浓度低于其在本体中的浓度。若要增加其单位表面积，除了所作的功外，还必须包括克服静电引力所消耗的额外的功，故会导致水溶液的表面张力升高。

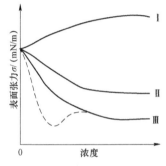

图 6-3　水溶液中表面张力的类型

曲线 Ⅱ 型表示水溶液的表面张力 σ 要随溶液的浓度的增大而减小，表示溶质在表面的吸附为正吸附。此类体系大多数为有机物，如低级醇、胺类、醛和酮类，它在表面富集，导致表面张力下降。曲线 Ⅲ 型表示表面张力 σ 随水中加入少量的溶质而急剧下降，至某一浓度后，溶液的表面张力几乎不再随溶液浓度的增大而变化。此曲线表现出正吸附的特性。比如具有较长碳链（碳链通常大于 8 个以上）的直链（或带有支链）的有机酸碱金属盐，比如皂化钠盐、烷基磺酸钠、烷基苯磺酸钠、烷基酚环氧乙烷加成产物等表面活性剂。此类物质只需要加入少量就会导致水溶液的表面张力急剧下降，而达到一定的临界胶束浓度之后表面张力几乎变化不明显而趋平缓。表面活性物质指加入水中的溶质分子含有亲水的极性基团（即亲水基）和憎水的非极性碳链或碳环有机化合物（即憎水基）。根据化学相似相溶的原理，则亲水基会进入水中，憎水基企图离开水而指向空气，在液气界面进行定向排列。这种物质会导致水溶液的表面张力明显降低，显示出明显的表面活性，此类物质叫表面活性物质。它性质与无机盐是不同的，加入水溶液后，在表面上的表面活性物质浓度大于在本体中的浓度，增加单位面积所需的功比纯水要小。非极性成分（憎水基）越大，其表面活性也就越大。

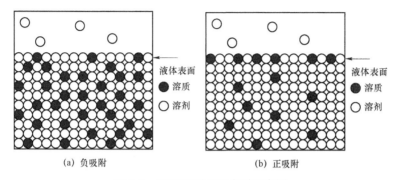

图 6-4　溶液表面吸附类型示意图

图 6-3 中的曲线称为界面张力（或表面张力）等温线，对于二元体系，常用以下的数学经验式来表达

$$\sigma = \sigma_0 + kc \tag{6-14a}$$

$$\sigma = \sigma_0[1 - b\ln(1 + c/a)] \tag{6-14b}$$

式中 c 为溶液浓度，k 和 a 及 b 皆为常数。式（6-14a）的线性关系适用图 6-3 中曲线 Ⅰ、曲线 Ⅱ 和曲线 Ⅲ 的稀浓度区域。式（6-14b）为 Szyszkowski 提出的经验式，适合于图 6-3 中曲线 Ⅱ 和曲线 Ⅲ 达到最低点前的浓度区域。

Traube 研究发现，同一种溶质在低浓度时表面张力的降低与溶质的浓度是呈现正比的，对于同系有机物的水溶液，每增加一个 CH_2，达到某一定表面张力 σ 值的溶液浓度约为原来的 1/3，即其表面张力降低效应平均可增加约 3.2 倍。此即劳贝规则，它是估算有机物溶液表面张力随浓度变化的经验规则。

6.2　界面吸附和界面吸附热力学

6.2.1　存在界面相的基本热力学方程

界面区指不同的两个相接触的约几个分子厚度的过渡区。此区的性质与两个相的本体是不同的。因此，在热力学上须考虑界面区对系统性质的影响。

界面区的定义有 Guggenheim 等发展的界面相法和 Gibbs 提出的相界面法两种方法。

1. Guggenheim 等的界面相法是将两相之间的界面相看成是有一定体积的区域。现以以溶质溶解于溶剂中组成溶液为例，此界面相法是将均匀的主

体相 α 和 β 之间的全部过渡区定义成界面相(σ)（见图 6-5 所示）。

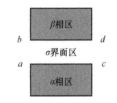

图 6-5　界面区示意图

如果定义界面相中 i 组分的物质的量为 $n_i^{(\sigma)}$，各组成总量 $n^{(\sigma)}$，因此 i 组分的摩尔分数可计算为组分为 $x_i^{(\sigma)} = \dfrac{n_i^{(\sigma)}}{n^{(\sigma)}}$。则界面浓度与体相浓度之差，即单位面积总吸附量为

$$\Gamma = \frac{n^{(\sigma)}}{A_s} = \frac{1}{A_{sm}} \tag{6-15}$$

式中，A_s 为表面积，摩尔表面积 $A_{sm} = A_s / n$。

根据式（6-13），i 组分的吸附量可表达为

$$\Gamma_i = \frac{n_i^{(\sigma)}}{A_s} = \Gamma x_i^{(\sigma)} = \frac{x_i^{(\sigma)}}{A_{sm}} \tag{6-16}$$

据此，就可计算液固界面和气液界面的吸附量为

$$\Gamma_{i(1)} = \Gamma_i - \Gamma_1 x_i^\alpha / x_1^\alpha \tag{6-17}$$

式中，下标 1 代表溶剂；$\Gamma_{i(1)}$ 为相对于组分 1 的单位面积吸附量；α 相指主体的液相。

如果图（6-5）中的 ac 线向上移动了 dx，则此时界面相的总量增加了 $n^{(\beta)}$，组分 i 和组分 1 的数量分别增加了 $\delta n^{(\sigma)} x_i^\alpha$ 和 $\delta n^{(\beta)} x_1^\alpha$，式（6-17）右边变为

$$\Gamma_{i(1)} = \Gamma_i + \delta n^{(\sigma)} x_i^\alpha / A_s - (\Gamma_1 + \delta n^{(\beta)} x_1^\alpha / A_s) x_i^\alpha / x_1^\alpha = \Gamma_i - \Gamma_1 x_i^\alpha / x_1^\alpha \tag{6-18}$$

因为上式右边 $\Gamma_i - \dfrac{\Gamma_1 x_i^\beta}{x_1^\beta} = \dfrac{n_2^{(\sigma)}}{A_s} - \dfrac{n_1^{(\sigma)}}{A_s}\dfrac{x_2 n}{x_1 n} = \dfrac{n_2^{(\sigma)}}{A_s} - \dfrac{n_1^{(\sigma)}}{A_s}\dfrac{n_2}{n_1}$，则可计算溶液中的溶质 2 在界面上的吸附量通为

$$\Gamma_{2(1)} = \frac{1}{A_s}\left(n_2^{(\sigma)} - \frac{n_2}{n_1} n_1^{(\sigma)} \right) \tag{6-19}$$

式中，n_1 和 n_2 分别为溶液中的溶剂和溶质的物质的量；而 $n_1^{(\sigma)}$ 和 $n_2^{(\sigma)}$ 分别代表溶剂和溶质在界面相中的物质的量，当然组成也可表达为摩尔分数，公式也一样。

2. Gibbs 相界面法

单位界面吸附量的计算似乎非常简单，但由于界面的确切厚度不知道，因此实际计算是非常困难的。Gibbs 相界面法是为了解决界面相范围难以确定的困难而将两相的界面进行模型化，处理为一无厚度的平面的计算方法。系统中除

了由两个 α 和 β 不同体相组成外，还有一个体积可忽略的界面相 σ 组成（见图 6-6 所示）。

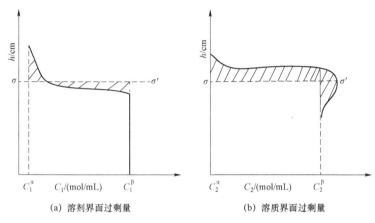

(a) 溶剂界面过剩量　　　　　　　　(b) 溶质界面过剩量

图 6-6　相界面及界面溶剂和溶质过剩量示意图

图中 $\sigma\sigma'$ 为代表 Gibbs 界面的位置。考虑在一个有 α 和 β 两相系统中有一个界面相 σ，则两相总量中有溶剂 1 和溶质 2 的物质的量分别为 n_1 和 n_2，浓度分别为 c_1^α、c_1^β 和 c_2^α、c_2^β，α 和 β 两相体积分别为 V^α 和 V^β。则可根据物料衡算算得溶剂和溶质的界面上的吸附量。

$$n_1^{(\sigma)} = n_1 - V^\alpha c_1^\alpha - V^\beta c_1^\beta = n_1 - (V^\alpha c_1^\alpha + V^\beta c_1^\beta) \qquad (6\text{-}20\text{a})$$

$$n_2^{(\sigma)} = n_2 - V^\alpha c_2^\alpha - V^\beta c_2^\beta = n_1 - (V^\alpha c_2^\alpha + V^\beta c_2^\beta) \qquad (6\text{-}20\text{b})$$

$$V = V^\alpha + V^\beta \qquad (6\text{-}20\text{c})$$

$$V^\sigma \approx 0 \qquad (6\text{-}20\text{d})$$

这里忽略界面相的体积。特别要注意的是 $V^\alpha c_i^\alpha + V^\beta c_i^\beta$ 指组分 i 没有吸附作用时的量，把它从总量 n_i 中减去即得组分 i 的吸附量或过剩量。

由以上诸式，可得

$$n_2^{(\sigma)} - n_1^{(\sigma)} \times \frac{c_2^{(\alpha)} - c_2^{(\beta)}}{c_1^{(\alpha)} - c_1^{(\beta)}} = (n_2 - V c_2^{(\alpha)}) - (n_1 - V c_1^{(\alpha)}) \times \frac{c_2^{(\alpha)} - c_2^{(\beta)}}{c_1^{(\alpha)} - c_1^{(\beta)}}$$

由于 Γ_i 值与界面 $\sigma\sigma'$ 位置有关，当 $\sigma\sigma'$ 上下移动时，两相体积 V^α 和 V^β 将随之发生改变，Γ_i 值也随之改变。将上式代入界面过剩量定义（6-15）$\Gamma_i = n_i^{(\sigma)} / A_s$，可得 Gibbs 定义组分 i 的相对单位面积吸附量 $\Gamma_{2(1)}$ 为

$$\Gamma_{2(1)} = \Gamma_2 - \Gamma_1 \frac{c_2^{(\alpha)} - c_2^{(\beta)}}{c_1^{(\alpha)} - c_1^{(\beta)}} \qquad (6\text{-}21)$$

如果 $\Gamma_{2(1)}$ 与 $\sigma\sigma'$ 位置无关，则有 $\Gamma_1 = 0$，此时有 $\Gamma_{2(1)} = \Gamma_2 (\Gamma_1 = 0) = n_2^{(\sigma)} / A_s (\Gamma_1 = 0)$。

6.2.2　体系存在界面相时的热力学平衡判据

体系中除了体相 α 和 β 相之外，还存在一个广义的界面相 σ，它与一个广义的位移变量 A_s 是相关的。因此，多相系统的广延热力学性质 X 则与此有关。

即有

$$X = X^{(\alpha)} + X^{(\beta)} + X^{(\sigma)} \qquad (6\text{-}22)$$

相应地，多相系统的四个热力学基本关系就可写为

$$\mathrm{d}U = \sum_{\delta=\alpha,\beta,\sigma}(T^{(\delta)}\mathrm{d}S^{(\delta)} - p^{(\delta)}\mathrm{d}V^{(\delta)} + \sum_i \mu_i^{(\delta)}dn_i^{(\delta)}) + \sigma\mathrm{d}A_s \qquad (6\text{-}23\mathrm{a})$$

$$\mathrm{d}H = \sum_{\delta=\alpha,\beta,\sigma}(T^{(\delta)}\mathrm{d}S^{(\delta)} + V^{(\delta)}dp^{(\delta)} + \sum_i \mu_i^{(\delta)}dn_i^{(\delta)}) + \sigma\mathrm{d}A_s \qquad (6\text{-}23\mathrm{b})$$

$$\mathrm{d}A = \sum_{\delta=\alpha,\beta,\sigma}(-S^{(\delta)}dT^{(\delta)} - p^{(\delta)}\mathrm{d}V^{(\delta)} + \sum_i \mu_i^{(\delta)}dn_i^{(\delta)}) + \sigma\mathrm{d}A_s \qquad (6\text{-}23\mathrm{c})$$

$$\mathrm{d}G = \sum_{\delta=\alpha,\beta,\sigma}(-S^{(\delta)}dT^{(\delta)} + V^{(\delta)}dp^{(\delta)} + \sum_i \mu_i^{(\delta)}dn_i^{(\delta)}) + \sigma\mathrm{d}A_s \qquad (6\text{-}23\mathrm{d})$$

将热力学第一定律和热力学第二定律应用于有界面相的多相系统后，分别有

$$\mathrm{d}U = \delta Q + \delta W = \delta Q - \sum_{\delta=\alpha,\beta,\sigma} p^{(\delta)}\mathrm{d}V^{(\delta)} + \sigma\mathrm{d}A_s \qquad (6\text{-}24\mathrm{a})$$

$$\delta Q - \sum_{\delta=\alpha,\beta,\sigma}(T^{(\delta)}\mathrm{d}S^{(\delta)}) \leqslant 0 \qquad (6\text{-}24\mathrm{b})$$

将式（6-24b）代入式（6-24a），得

$$\mathrm{d}U \leqslant \sum_{\delta=\alpha,\beta,\sigma}(T^{(\delta)}\mathrm{d}S^{(\delta)} - p^{(\delta)}\mathrm{d}V^{(\delta)}) + \sigma\mathrm{d}A_s \qquad (6\text{-}25)$$

将式（6-25）代入式（6-23a）可得有界面相时多组分系统的热力学平衡判据

$$\sum_{\delta=\alpha,\beta,\sigma}(\sum_i \mu_i^{(\delta)}dn_i^{(\delta)}) \leqslant 0 \qquad (6\text{-}26)$$

同理，通过热力学第一和第二定律，代入式（6-23b）～式（6-23d）可得同式（6-26）的公式，此式适用于有界面相时多组分系统的热力学平衡和化学平衡的判据。

当达到平衡时，体系与外界无功、热的交换，则将其视为孤立体系，即有 $\mathrm{d}U=0$、$\delta W=0$。因为体系中各相间传递的微量质量和能量是可逆的，则 $\mathrm{d}S = \mathrm{d}S^{(\delta)} + \mathrm{d}S^{(\beta)} + \mathrm{d}S^{(\alpha)} = 0$。同时系统要遵守质量守恒定律，即 $\mathrm{d}n_i = \mathrm{d}n_i^{(\delta)} + \mathrm{d}n_i^{(\beta)} + \mathrm{d}n_i^{(\alpha)} = 0$。将以上诸式代入（6-23a）有

$$(T^{(\beta)} - T^{(\alpha)})\mathrm{d}S^{(\beta)} + (T^{(\sigma)} - T^{(\alpha)})\mathrm{d}S^{(\sigma)} - (p^{(\beta)} - p^{(\alpha)})\mathrm{d}V^{(\beta)} - (p^{(\sigma)} - p^{(\alpha)})\mathrm{d}V^{(\sigma)}$$
$$+ \sum_{i}[(\mu_i^{(\beta)} - \mu_i^{(\alpha)})\,dn_i^{(\beta)} + (\mu_i^{(\sigma)} - \mu_i^{(\alpha)})\,dn_i^{(\sigma)}] + \sigma\mathrm{d}A_s = 0$$

$$(6\text{-}27)$$

实际上在平面要达到平衡，前文中已阐明须同时达到热平衡（$T^{(\alpha)} = T^{(\beta)} = T^{(\sigma)} = T$）、力平衡（$p^{(\alpha)} = p^{(\beta)} = p^{(\sigma)} = T$）、相平衡（$\mu_i^{(\alpha)} = \mu_i^{(\sigma)} = \mu_i^{(\sigma)} = \mu_i$）和化学平衡（$\sum \mu_i dn_i = 0$）。要使式（6-27）要在任意一种情况下都能成立，还须满足弯曲界面上的平衡，而在界面上，采用 Gibbs 相界面法，有 $V^{(\sigma)} = 0$，因此上式即可简化。即必须满足以下平衡关系式：

$$T^{(\alpha)} = T^{(\beta)} = T^{(\sigma)} = T \qquad (6\text{-}28\mathrm{a})$$

$$\mu_i^{(\alpha)} = \mu_i^{(\beta)} = \mu_i^{(\sigma)} = \mu_i \qquad (6\text{-}28\mathrm{b})$$

$$\sum_{\delta = \alpha, \beta, \sigma}\left(\sum_i \mu_i^{(\delta)} dn_i^{(\delta)}\right) = 0 \qquad (6\text{-}28\mathrm{c})$$

$$p^{(\beta)} = p^{(\sigma)} = p^{(\alpha)} + \sigma\frac{\mathrm{d}A_s}{\mathrm{d}V^{(\alpha)}} \qquad (6\text{-}28\mathrm{d})$$

式（6-28d）可改写为

$$\Delta p = p^{(\beta)} - p^{(\alpha)} = \frac{\sigma\mathrm{d}A_s}{\mathrm{d}V^{(\alpha)}} \qquad (6\text{-}28\mathrm{e})$$

如果相界面为一平面，则 $\mathrm{d}A_s / V^{(\alpha)} = 0$，此时 $p^{(\beta)} = p^{(\sigma)}$。

如果相的界面为一曲面，则 $\mathrm{d}A_s / V^{(\alpha)} \neq 0$，假设其曲率半径为 r，如果曲面为球形，则曲率半径为 $r = R$，此时 $A_s = 4\pi R^2$，$\mathrm{d}A_s = 8\pi R\mathrm{d}R$，$V = 4/3\pi R^3$，$\mathrm{d}V = 4\pi R^2\mathrm{d}R$。

即有 $\mathrm{d}A_s / \mathrm{d}V^{(\alpha)} = 2/R = 2/r$，将之代入式（6-28e），有

$$\Delta p = p^{(\beta)} - p^{(\alpha)} = \frac{2\sigma}{r} \qquad (6\text{-}29\mathrm{a})$$

可见平衡时各相达到相平衡、化学平衡和热力学平衡时，界面相两侧的压力差符合此式，即 Young-laplace（杨-拉普拉斯）方程。

如果液滴不呈现球形的曲面，则液体界面由于存在界面张力而呈现不同程度的弯曲，r_1、r_2 为该曲面在该点的主半径，液面弯曲程度曲率 $1/r$ 可表示为

$$\frac{1}{r} = \left(\frac{1}{r_1} + \frac{1}{r_2}\right) \div 2$$

将之代入式（6-29a）可得另一种曲面形式的 Young-Laplace 方程，即：

$$\Delta p = \sigma\left(\frac{1}{r_1} + \frac{1}{r_2}\right) \qquad (6\text{-}29\mathrm{b})$$

特别要注意：弯曲液面的曲率半径 r 规定以凸液面的曲率为正值，凹液面的

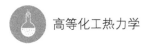

曲率为负值。

例 6-1 如果在外界大气压为 1 atm、温度 $T = 398.15$ K 下，水的饱和蒸汽压为 $p^* = 101.325$ kPa、界面张力 $\sigma = 0.058\,85$ N·m^{-1}。如果此时沸腾产生的气泡半径为 $r = 1 \times 10^{-7}$ m，问此时此气泡能否逸出水面？如果将温度提升到 549.15 K 后，水的饱和蒸汽压为 $p^* = 60\,490$ kPa、界面张力 $\sigma = 0.028\,8$ N·m^{-1}，问此时此气泡能否逸出水面？

解： 已知外界大气压 $p_a = 101.325$ kPa、$T = 398.15$ K 及 $r = 1 \times 10^{-9}$ m，将之代入 Young-Laplace 方程，得气相压力：

$$p = p_a + \frac{2\sigma}{r} = 101\,325 + \frac{2 \times 0.058\,85}{1 \times 10^{-7}} = 101\,325 + 1\,177\,000 = 1\,234\,325 \ \text{Pa}$$

所以 $p^* < p$，即在 $T = 398.15$ K 下此气泡不能逸出液面。

当温度升高到 549.15 K 后，气相的压力为

$$p = p_a + \frac{2\sigma}{r} = 101\,325 + \frac{2 \times 0.028\,8}{1 \times 10^{-7}} = 677\,325 \ \text{Pa}$$

此时有 $p^* > p$，即在 $T = 549.15$ K 下此气泡能够逸出液面。

6.2.3 界面张力对液体性质的影响

1. 弯曲表面的附加压力

由于液体表面存在着表面张力，因此液体表面常常存在着弯曲状，它会对液体的性质产生极其重要的影响。比如在生活和实验实践中，我们会发现如果把毛细管分别插入水和水银中，毛细管内水和水银的液面高度的现象是不相同的。对水而言，管内液面高于管外，而毛细管中的水银而言，结果却恰恰相反，管内液面低于管外。这是为什么呢？其实，这和不同液面下液体受到的总压 Δp 有关，是弯曲液面两侧的压力不相等的缘故。根据式（6-28）Young-Laplace 方程可以得知，液气界面两侧的压差 Δp 与液体的界面张力和曲率半径 r 有关。

当液面为一环状平面时，在液气两相的微小界面 AB 面上，由于表面张力的作用沿 AB 的四周每点的两边都存在表面张力，其值大小相等而方向相反，力可以相互抵消，故在界面 AB 上没有附加压力（见图 6-7a）。设向下的大气压力为 p_0，向上的反作用力也为 p_0，附加压力 $p_s = p_0 - p_{0=0}$ 等于零。但对于弯曲表面的性质则不同于平面的液相性质了，这是因为表面张力的作用所致。弯曲表面下的液体与平面不同，它会受到一种附加的压力。这里，将由于表面张力所产生的一个向下或向上的合力 p_s 称为附加压力，其力的方向都指向曲面的圆心。对于弯曲表面为凸面，液面下的液体不仅要承受外压 p_0，还会受到由于表面张力所产生的一个向下的合力 p_s，此时凸面微小界面 AB 液体受到的总压力为

$p=p_s+p_0$，总压大于外压 p_0（见图 6-7b）。对于弯曲表面为凹面，微小界面 AB
下的液体不仅要承受向下的压力 p_0，还由于环上每点两边的表面张力皆与凹形
液面相切，其力大小相等，但不在同一平面上，故会产生一个向上的合力 p_s。
因此，凹面下液体受到的总压力为 $p=p_0-p_s$，故凹面上所受的压力比平面上小，
小于外压 p_0（见图 6-7c）。

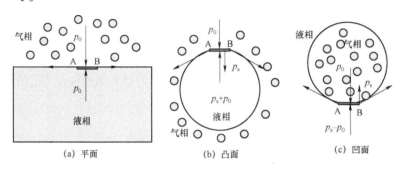

图 6-7　不同弯曲表面下的附加压力示意图

那如何计算附加压力的大小呢？

如果将毛细管内的液面看成弯曲液面，管外看成平面，由于弯曲液面有附
加压力，而平面没有附加压力，就不难理解为什么管内外液面高度不相同了。
下面讨论运用经典的 Young-Laplace 方程来描述附加压力与毛细管中液面高度的关。

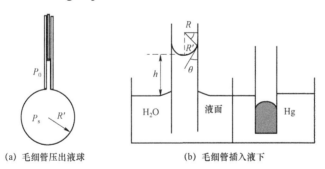

图 6-8　附加压力与毛细管中液面高度的关系

根据式（6-28）Young-laplace 方程可知，附加压力 p_s 的大小与曲率半径 r 有
关。假设在一毛细管内充满液体，管端有半径为 R' 的球状液滴与之达到平衡（见
图 6-8a）。如果外压为 p_0，附加压力为 p_s，则液滴所受总压为 $p=p_s+p_0$。若对活
塞稍加一定压力，挤出毛细管内液体少许，使液滴体积随之增加了 $\mathrm{d}V$，相应地
其表面积增加了 $\mathrm{d}A$。则克服附加压力 p_s 环境所作的功 δW 与可逆增加表面积的
Gibbs 自由能增加值 $\mathrm{d}G$ 应该相等。即有 $\mathrm{d}G=\delta W$。

又因为 $\delta W = p_s \mathrm{d}V = p_s 4\pi R'^2 \mathrm{d}R'$，$\mathrm{d}G = \sigma \mathrm{d}A = \sigma 8\pi R' \mathrm{d}R'$，代入 $\mathrm{d}G = \delta W$ 可得曲面的附加压力为

$$p_s = \frac{2\sigma}{R'} \tag{6-30}$$

式（6-30）就可以计算弯曲面的附加压力了。

当毛细管插入液面以下后，最终达到平衡时，如果液体能润湿毛细管壁，则管内的液面呈凹形，反之则呈现为凸面。根据 Young-Laplace 方程可知，凹液面下方液相压力小于同样高度的平面液体中的压力，所以液体会被压入毛细管内，直到管内液柱的静压等于与凹液面两侧的压力差相 Δp 为止（见图 6-8b）。

此时有

$$\Delta p = p_s = \frac{2\sigma}{R'} = (\rho_1 - \rho_g)gh \tag{6-31}$$

又因为同样的物质，$\rho_1 \gg \rho_g$，所以 $\Delta \rho \approx \rho_1$，将之代入上式有

$$h = \frac{2\sigma}{R'\rho_1 g} \tag{6-32}$$

式中 ρ_1 为液体的密度，ρ_g 为液体上方气体的密度，R' 为曲率半径。

如果毛细管的半径为 R，则曲率半径 $R' = R/\cos\theta$，将之代入式（6-32）有

$$p_s = \Delta \rho gh = \frac{2\sigma \cos \theta}{R} \tag{6-33}$$

式中 θ 为液体与笔细管壁面的夹角（即润湿角），当 $\theta = 0°$ 时，$\cos\theta = 1$，表示液体完全润湿毛细管壁面；当 $\theta > 90°$ 时，表示液体不会润湿毛细管壁面，此时管内液体呈现凸面；当 $\theta = 180°$ 时，$\cos\theta = -1$，则表示液体完全不会润湿毛细管壁面。液面为凸面（比如液体为汞）时，其液面下方的压力是大于气相压力的，为了保持平衡会导致管内的液柱产生下降，此时有 $R' = R$，则下降高度公式同式（6-32）一样进行计算。

2. 弯曲液面上的蒸汽压-Kelvin 公式

根据前面的论述和 Young-Laplace 方程可知，同一种物质分散成小液滴后，平面液体表面的饱和蒸汽压并不等于弯曲液面上的饱和蒸汽压。

由于在小液滴表面克服附加压力 p_s 环境所作的功 δW 与可逆增加表面积的 Gibbs 自由能增加值 $\mathrm{d}G$ 应该相等，结合式（6-31）则有

$$\Delta G = V \Delta p = V\frac{2\sigma}{R'} = \frac{2\sigma M}{\rho R'} \tag{6-34}$$

式中，V 是液体的摩尔体积，ρ 为液体的密度，M 为液体分子的摩尔质量。

设平面液体的饱和蒸汽压为 p_0，假定气相皆视为理想性气体。当小液滴与其蒸汽形成的两相平衡时，等温、等压下的相变的 Gibbs 自由能变 $\mathrm{d}G = 0$。

即有

$$G(\mathrm{l}, T, p_\mathrm{g}) = G(\mathrm{g}, T, p_\mathrm{g}) = G(\text{理想}\,\mathrm{g}, T, p_\mathrm{g})$$

$$G(\mathrm{l}, T, p_0) = G(\mathrm{g}, T, p_0) = G(\text{理想}\,\mathrm{g}, T, p_0)$$

$$\therefore \Delta G = G(\mathrm{l}, T, p_\mathrm{g}) - G(\mathrm{l}, T, p_0) = G(\text{理想}\,\mathrm{g}, T, p_0) - G(\text{理想}\,\mathrm{g}, T, p_0) = RT \ln \frac{p_\mathrm{g}}{p_0}$$

$$（6\text{-}35）$$

结合式（6-34）和式（6-35），可得

$$RT \ln \frac{p_\mathrm{g}}{p_0} = \frac{2\sigma V_\mathrm{m}(\mathrm{l})}{R'} = \frac{2\sigma M}{R'\rho} \qquad （6\text{-}36）$$

此式即为 Kelvin 公式，由此式可见液滴半径越小，与之达到相平衡的蒸汽压就越大。

此外，Kelvin 公式也适合于讨论固体或气体的微小颗粒（晶粒或气泡）的类似性质。可描述比如小颗粒晶体的蒸汽压增大、固体粉末熔点会降低、小气泡沸点升高等现象，它在材料的制备如颗粒新相的生成等方面有着重要的应用。所以 Kelvin 公式也可表为两种不同曲率半径（曲率分别表示为 R_1' 和 R_2'）的液滴或蒸汽泡的蒸汽压之比，或两种不同大小颗粒的饱和溶液浓度（浓度分别表示为 c_1，c_2）之比。即：

$$RT \ln \frac{p_2}{p_1} = \frac{2\sigma M}{\rho} \left(\frac{1}{R_2'} - \frac{1}{R_1'} \right) \qquad （6\text{-}37\mathrm{a}）$$

$$RT \ln \frac{c_2}{c_1} = \frac{2\sigma_{\mathrm{l\text{-}s}} M}{\rho} \left(\frac{1}{R_2'} - \frac{1}{R_1'} \right) \qquad （6\text{-}37\mathrm{b}）$$

由于规定凸面的曲率 R' 为正，根据上两式可见，随 R' 值的变小，液滴的蒸汽压就越高，或者说小颗粒的溶解度越大。对凹液面而言，规定凹面的曲率 R' 为负，所以随 R' 值的变小，液滴的蒸汽压就越低。

6.2.4　固（液）界面

界面的吸附指在界面层中某些组分被富集（正吸附），而另一些组分被排开的现象（通常称为负吸附）。若吸附所涉及的作用力为分子间的范德华力，则为物理吸附；反之分子间的力为化学键力，则称其为化学吸附。吸附包括气固吸

附、液液吸附、气液吸附和液固吸附等吸附过程。而液液吸附和气液吸附指两亲性的表面活性剂的吸附。在今天的以生命、材料和信息等新兴学科高速发展的今天，界面科学受到人们广泛的关注。理解系统界面热力学性质的规律性，利用界面现象可以为生活和工业生产提供先进的理论基础和方法。

1. 液体的铺展

前面论述讲到不同种类的物质表面的表面张力是不同的。因此，当两种不同的液体或一种液体与一种固体进行接触时，其界面表现出特殊的性质。比如若将一滴油滴到水面上，会呈现油快速在水的表面扩散开来，在水面上形成薄薄的一层，这种现象就是通常讲的液体的铺展。一种液体能否在另一种不相溶的液体表同上进行铺展，取决于两种液体本身的表面张力和两种液体之间的界面张力。大多数表面 Gibbs 自由能较低的有机物可以在表面自由能较高的水面上铺展开来。换言之，铺展后，固体（液体）的表面自由能产生了下降，则这种铺展是自发的行为。

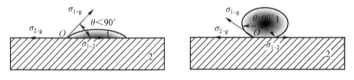

图 6-9　各界面张力与接触角之间的关系

如图 6-9 所示，设液体 1 和固体（液体）2 的表面张力和界面张力分别为 σ_{1-g}、σ_{2-g} 和 σ_{1-2}。在三相接界点处，液体 1 的表面张力 σ_{1-g} 和界面张力 σ_{1-2} 的作用企图维持液体 1 不铺展；而固体（液体）2 的表面张力 σ_{2-g} 的作用力图使液体铺展，如果固体（液体）2 的表面张力 $\sigma_{2-g} > \sigma_{1-g} + \sigma_{1-2}$，则液体 1 能在固体（液体）2 上铺展。反之，则不能铺展。

图中 θ 为接触角，它指在气、液、固三相交界点，气-液与气-固界面张力之间的夹角称为接触角。当固体（液体）2 表面为光滑的水平面时，三种表面张力在水平面上达到平衡时，存在以下关系式：

$$\sigma_{2-g} = \sigma_{1-2} + \sigma_{1-g} \cos\theta \tag{6-38}$$

此式为 1805 年 Yong T 提出的，故称为杨氏方程。

接触角 θ 的大小可以用实验测量，也可以用上式来计算。由于接触角可测，习惯上用它来衡量液体润湿固体的程度或在液面上的铺展程度。接触角越小，润湿效果越好或在液面上的铺展程度越好。反之，则润湿效果就越差或在液面上的铺展效果越不好。如果接触角 $\theta > 90°$，表明液体不能润湿固体，如汞不能润湿玻璃表面；如果接触角 $\theta = 0°$，表明液体能完全铺展在固体（液体）的表面。

通常把与水的接触角 $\theta > 150°$ 的界面称为超疏水界面，如荷叶表面的荷叶效应。

2. 润湿现象

界面性质的利用在材料的制备、选矿、石油、洗涤、涂料和防水等等诸多领域应用非常广泛，这里润湿是衡量性能的一个重要指标。润湿现象不仅影响着生物的各种生命行为，还严重影响着人类的生活和生产过程。

润湿指固体表面上的气体被液体取代的过程。一定温度和压力下，润湿的程度或推动思力可用润湿过程的 Gibbs 函数改变量来衡量。Gibbs 函数降低越多，则固体表面越易被液体所润湿。按润湿程度深浅可分类为沾湿、浸湿、内聚和铺展过程。

图 6-10 中的（a）、（b）、（c）、（d）分别表示在一定恒温、等压下的粘湿、浸湿、内聚和铺展过程。以上四种过程的 Gibbs 自由能函数变化值皆可由式（6-4）$dG = \sigma dA$ 所表示。

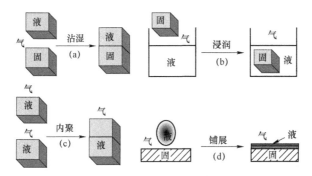

图 6-10　固体表面被液体润湿过程的示意图

（1）沾湿过程

沾湿指液体与固体从不接触到接触，使部分液-气界面和固-气界面转变成新的固-液界面的过程，即指气-固，气-液界面消失，形成液-固界面的过程，如图 6-10（a）所示。单位面积上的沾湿过程的 Gibbs 自由能变为

$$\Delta G_a = \sigma_{s\text{-}l} - \sigma_{s\text{-}g} - \sigma_{l\text{-}g} \qquad (6\text{-}39a)$$

如果此沾湿过程是一个自发过程，则有

$$\Delta G_a < 0$$

沾湿过程的逆过程，即在等温、等压条件下，将液固界面分成形成气固界面和液气界面的过程所需要的功称为沾湿功，它是液体能否润湿固体的一种量度。即沾湿功为

$$W_a' = -\Delta G_a \qquad (6\text{-}39b)$$

可见沾湿功越大，液体越能润湿固体，液-固界面就结合得越牢固。

（2）浸湿过程

浸湿是指气-固界面完全被液-固界面取代，且液体表面不会发生任何变化的过程，如图6-10（b）所示。等温及等压下的单位面积浸湿过程的Gibbs自由能变为

$$\Delta G_i = \sigma_{s-l} - \sigma_{s-g} \qquad (6\text{-}40a)$$

如果此浸湿过程是一个自发过程，则有

$$\Delta G_i < 0$$

浸湿过程的逆过程，即在等温、等压条件下，把具有单位表面积的固体可逆浸入液体中所作的最大功称为浸湿功，它是液体在固体表面取代气体能力的一种量度。即浸湿功为

$$W_i' = -\Delta G_i \qquad (6\text{-}40b)$$

可见如果$W_i \geq 0$，则表示固体能被液体浸湿。

（3）内聚过程

内聚指两种液体等温、等压条件下聚合在一起，即两个液体的气-液界面完全被一个气-液界面取代的过程，如图6-10（c）所示。等温及等压下单位面积的浸湿过程的Gibbs自由能变为

$$\Delta G^{\sigma} = 0 - 2\sigma_{g-l} \qquad (6\text{-}41a)$$

而内聚功指在等温、等压条件下，两个单位液面可逆聚合为液柱所作的最大功，它代表液体本身结合牢固程度的一种量度。

由于两个液体产生内聚时会导致两个单位液面消失，所以，内聚功在数值上等于内聚变化过程表面自由能变化值的负值。即：

$$W_c = 2\sigma_{g-l} \qquad (6\text{-}41b)$$

（4）铺展过程

铺展过程在现实运用中是比较常见的，比如在植物表面喷洒农药，药水在叶面的铺展过程能提高杀虫的效率。铺展行为是指少量液体在固体表面上自动展开，以固-液界面取代气-固界面而形成一层薄膜的过程，此过程又同时增加了气-液界面，如图6-10（d）所示。忽略少量液体在此过程之前的小液滴表面积与铺展后的面积之比，则在一定等温、等压条件下，单位面积铺展过程的Gibbs自由能变为

$$\Delta G_s = \sigma_{l-s} + \sigma_{g-l} - \sigma_{g-s} \qquad (6\text{-}42a)$$

等温、等压条件下，单位面积的液-固界面取代了单位面积的气-固界面，产

生了单位面积的气-液界面，这种铺展过程的单位表面 Gibbs 自由能变化值的负值称为铺展系数，用 S 表示。

$$S = -\Delta G_s \tag{6-42b}$$

若 $S \geqslant 0$，表明液体可以在固体表面进行自动铺展过程，铺展系数值越大，代表液体的铺展性能越好；当 $S < 0$，代表液体不能在固体表面进行铺展。

此四个润湿过程中所涉及到的各种 Gibbs 自由能变、功及铺展系数的单位皆为 $J \cdot m^{-2}$。

如果知道固体的表面张力 σ_{s-g}、液体的表面张力 σ_{l-g} 和固-液相的界面张力 σ_{s-l} 的具体数据，则润湿某一过程的单位 Gibbs 自由能变 ΔG 和功值 W，从而就可以判断此过程是否为一自发行为，以及润湿的程度或难易程度。但现实的是固体的表面张力 σ_{g-s} 和固-液相的界面张力 σ_{l-s} 并无测量的可靠方法，即式（6-39a）、式（6-40a）、式（6-41a）和式（6-42a）没法直接计算，常需要通过杨氏方程式（6-38）和测量的接触角数值来进行计算。

如果将杨氏方程式（6-38）的 $\sigma_{s-g} = \sigma_{s-l} + \sigma_{l-g}\cos\theta$ 分别代入方程式（6-39a）、式（6-40a）、和式（6-42a），可得

$$\Delta G_a = \sigma_{s-l} - \sigma_{s-g} - \sigma_{l-g} = -\sigma_{l-g}(\cos\theta + 1) \tag{6-43a}$$

$$\Delta G_i = \sigma_{s-l} - \sigma_{s-g} = -\sigma_{l-g}\cos\theta \tag{6-43b}$$

$$\Delta G_s = \sigma_{l-s} + \sigma_{g-l} - \sigma_{g-s} = -\sigma_{l-g}(\cos\theta - 1) \tag{6-43c}$$

由于液体的表面张力是 $\sigma_{g-l} > 0$，如果润湿过程能够发生，则此过程需要 $\Delta G < 0$，因此接触角 θ 需要满足以下条件：

① 沾湿过程可以进行，则需要接触角 $\theta \leqslant 180°$。由于任何一种液体通常在固体表面上的接触角都是小于 $180°$ 的，故任何的液体和固体之间皆会产生沾湿过程。

② 浸湿过程要发生，则需要接触角 $\theta \leqslant 90°$。此时液体即会沾湿固体，也会将固体浸湿。

③ 如果如果 $\theta = 180°$，表示液体完全不润湿固体，它会在固体表面凝结成小球（当然同样原理液体也会在另一种液体表面团聚成小球）。而液体在固体表面的铺展过程需要接触角 $\theta = 0°$ 或不存在接触角。此时液体不但沾湿、浸湿固体，它还会在固体表面进行铺展。实际上，能被液体所润湿的固体，通常称为亲液性的固体（比如液体水），所有极性固体皆是亲水性固体。不能被液体所润湿的固体，通常称为憎液性固体，而非极性固体大多是憎水性固体。

对于铺展过程，式（6-43c）表明，当接触角 $\theta > 0°$ 时，$\Delta G_s > 0$，$S < 0$，液体在在固体表面不能进行铺展；$\theta = 0°$ 时，$\Delta G_s = 0$，则 $\sigma_{s-g} = \sigma_{s-l} + \sigma_{l-g}$，此时为液体在固体表面进行铺展过程的最低要求；当 $\sigma_{s-g} > \sigma_{s-l} + \sigma_{l-g}$ 时，有 $\Delta G_s < 0$，代

表液体在固体表面的铺展过程是顺利的，此过程是一个非平衡过程，没法利用式（6-43c）求得接触角。由于杨氏方程是基于力平衡而提出的，因此不能将杨氏方程代入式（6-42a）中使用。所以，现实中人们习惯用接触角来衡量液体是否润湿固体和润湿固体的程度。当接触角 $\theta = 0°$ 或不存在接触角时，称液体完全润湿固体；当接触角 $\theta \leqslant 90°$ 时，习惯称固体被液体所润湿；当 $\theta > 90°$ 时代表固体不润湿。虽然接触角用来判断固体的润湿与否很方便和直观，但反映不了固体补润湿过程的能量变化，没有明确的热力学意义。

接触角测定的方法常见的有停滴法、电子天平法、吊片法等等。这里简单介绍一下最常见的停滴法。

如图 6-11 所示，将液体滴在固体表面上，且将液滴看成是球形的一部分，测定液滴的高度 h 和长度 $2r$，根据几何分析可求解出接触角 θ。

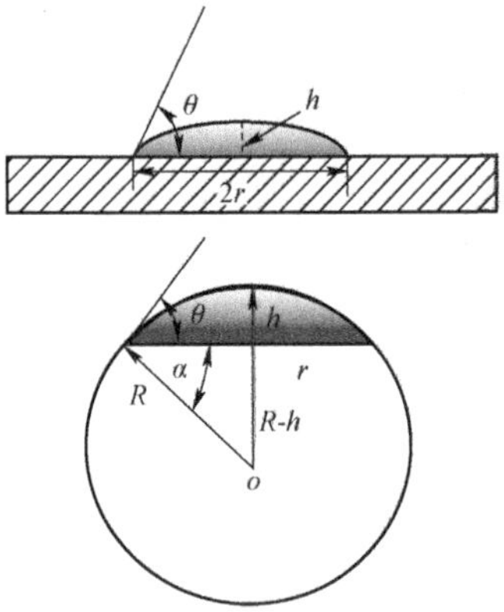

由图可知：

$$\theta + \alpha = 90°$$

且

$$R^2 = (R - h)^2 + r^2$$

$$\therefore R = \frac{r^2 + h^2}{2h}$$

图 6-11　停滴法测定接触角示意图

则根据三角形角度之间的关系有

$$\sin\theta = \cos\alpha = \frac{r}{R} = \frac{2rh}{r^2 + h^2} \tag{6-44a}$$

或

$$\text{tg}\theta = \text{ctg}\alpha = \frac{r}{R - h} = \frac{2rh}{r^2 - h^2} \tag{6-44b}$$

因此，根据三角公式换算就可测定出液固之间的接触角 θ，即可判断固体被液体的润湿程度了。

6.2.5　溶液表面（界面）的吸附及表面活性剂

1. Gibbs 吸附公式-溶液界面的吸附

当将溶质加入溶剂中，为了降低溶液界面的 Gibbs 自由能而更稳定系统，溶质会自动在气液界面层或体相中富集，导致界面层与体相层中溶质浓度不同的现象称为溶液表面吸附。当溶质在体相中的浓度高于溶液表面层中的浓度，这种现象称为负吸附（图 6-3 中的线 I 型）；反之，当溶质在溶液表面层中的浓度高于体相的浓度，则称其现象为正吸附（图 6-3 中的线 II 和 III 型）。因此能使溶液表面张力升高的物质皆称为表面惰性物质，反之，能使溶液表面张力降低的物质则称为表面活性物质。而表面活性剂指加入少量就能明显降低溶液的表面张力的物质。可用 Gibbs 吸附公式表达溶质吸附量的大小来表征它们对溶液表面张力的影响。在前面 6.2.1 定义了溶液界面的吸附量。本节对溶液表面（界面）吸附量与溶液体相浓度和溶液表面（界面）之间的关系作进一步的探讨。

（1）表面（界面）化学势

将溶质溶解于溶剂中的多组分体系中，化学位还受到界面相的影响，因此考虑了界面相的基础热力学公式有

$$dG^{(\sigma)} = -S^{(\sigma)}dT^{(\sigma)} + V^{(\sigma)}dP^{(\sigma)} + \sum_i \mu_i^{(\sigma)}dn_i^{(\sigma)}) + \sigma dA_s \qquad (6-45)$$

在等温、等压下，根据组分 i 化学位的定义式 $\mu_i = [\partial(nG)/\partial n_i]_{T,P,n_{j\neq i}}$，结合上式，可定义界面化学位为

$$\mu_i^s = \left(\frac{\partial G^{(\sigma)}}{\partial n_i}\right)_{T,P,\sigma,n_{j\neq i}} = \mu_i^{(\sigma)} + \sigma\bar{A}_i \qquad (6-46)$$

式中，$\bar{A}_i = (\partial A/\partial n_i^{(\sigma)})_{T,P,n_{j\neq i}^{\sigma}}$ 为组分 i 的偏摩尔界面面积。特别要注意的是 $\mu_i^s \neq \mu_i^{(\sigma)}$，前者是组分 i 的界面化学位，后者是界面相中组分 i 的化学位。

因此根据溶液主体中组分 i 的化学位与组成之间的关系 $\mu_i = \mu_i^\ominus + RT\ln a_i$，将其应用于界面相中，有

$$\mu_i^s = \mu_i^{s\ominus} + RT\ln a_i^{(\sigma)} \qquad (6-47)$$

式中的 $\mu_i^{s\ominus}$ 为标准状态下组分 i 的界面化学位。

参照式（6-47）可得 $\mu_i^{s\ominus} = \mu_i^{\ominus(\sigma)} + \sigma^\ominus\bar{A}_i^\ominus$，此式结合式（6-47）并代入式（6-46）中可得

$$\mu_i^{(\sigma)} = \mu_i^{\ominus(\sigma)} + RT\ln a_i^{(\sigma)} + \sigma^\ominus\bar{A}_i^\ominus - \sigma\bar{A}_i \qquad (6-48)$$

式中，界面相中组分 i 的化学位还包含了界面功的贡献。此式将界面相中组分 i 的化学位与界面相中其它物理现象联系起来，因此对计算界面相中其它的热力学性质是非常有用的。

（2）Gibbs 吸附公式

根据界面相组分 i 的界面化学位定义可得

$$G^{(\sigma)} = \sum n_i^{(\sigma)}\mu_i^s = \sum n_i^{(\sigma)}\mu_i^{(\sigma)} + \sigma A_s \qquad (6-49)$$

上式进行微分有

$$dG^{(\sigma)} = \sum \mu_i^{(\sigma)} dn_i^{(\sigma)} + \sum n_i^{(\sigma)} d\mu_i^{(\sigma)} + \sigma dA_s + A_s d\sigma \quad (6\text{-}50)$$

在等温、等压下，界面热力学方程式（6-45）简化为

$$dG^{(\sigma)} = \sum_i \mu_i^{(\sigma)} dn_i^{(\sigma)}) + \sigma dA_s \quad (6\text{-}51)$$

比较式（6-50）和式（6-51），可得

$$\sum n_i^{(\sigma)} d\mu_i^{(\sigma)} + A_s d\sigma = 0 \quad (6\text{-}52)$$

在上式两边除以界面面积 A_s，得

$$\sum \frac{n_i^{(\sigma)}}{A_s} d\mu_i^{(\sigma)} + d\sigma = \sum \Gamma_i d\mu_i^{(\sigma)} + d\sigma = 0 \quad (6\text{-}53)$$

此式即为 Gibbs 吸附公式原型，也是界面相的 Gibbs-Duhem 方程。

当系统达到吸附平衡时，有 $\mu_i^{(\sigma)} = \mu_i^{(\alpha)} = \mu_i^{(\beta)}$。而 α 相和 β 相的化学位 $\mu_i^{(\alpha)}$ 和 $\mu_i^{(\beta)}$ 是温度 T、压力 p 和体相组成的函数，故 Gibbs 吸附公式表达了界面相浓度、界面张力 σ 与 T、p 及体相组成的关系。根据 Gibbs 相界面法，以组分 1 为参考组分，即取 $\Gamma_i = 0$，对于二元系统，（6-53）式可改写为

$$\sum_{i=2} \Gamma_{i(1)} d\mu_i^{(\sigma)} = \Gamma_{2(1)} d\mu_i^{(\sigma)} = -d\sigma \quad (6\text{-}54)$$

由于在等温条件下，有 $\mu_2^{(\sigma)} = \mu_2^{(\alpha)} = \mu_2^{\ominus} + RT \ln a_2^{(\alpha)}$，代入上式可得

$$\Gamma_{2(1)} = -\frac{1}{RT} \left(\frac{d\sigma}{d\ln a_2^{(\alpha)}} \right)_T \quad (6\text{-}55)$$

若以浓度代替活度，则上式可写为

$$\Gamma_{2(1)} = -\frac{1}{RT} \left(\frac{d\sigma}{d\ln c_2^{(\alpha)}} \right)_T = -\frac{c_2^{(\alpha)}}{RT} \left(\frac{d\sigma}{dc_2^{(\alpha)}} \right)_T \quad (6\text{-}56)$$

式（6-55）和式（6-56）称为 Gibbs 吸附公式。只要测得界面张力 σ 随浓度的变化关系式，就可求得溶质在界面上的吸附量 $\Gamma_{2(1)}$。根据 Gibbs 吸附公式可见，如果界面张力 σ 随液体相浓度 c 升高而降低，即 $d\sigma/dc < 0$，此时吸附量 $\Gamma_{2(1)}$ 为正值，表面活性物质为溶液中的溶质符合此情况，此时溶质在界面相中的浓度大于主体相的浓度。反之，如果界面（表面）张力 σ 随本体相的溶度增加而升高，即 $d\sigma/dc > 0$，此时吸收量 $\Gamma_{2(1)}$ 为负值，溶液中的溶质为非表面活性物质符合此情况，此时溶液中溶质在界面的浓度小于主体相的浓度。

同时，此公式未限制条件，因此对所有的两相界面原则皆可用。

在使用 Gibbs 吸附等温公式计算溶液中溶质的吸附量 $\Gamma_{2(1)}$ 时，根据实验所测得一组恒 T 下不同浓度 c 溶液的表面张力 σ，以 σ 对 c 作图，得 σ-c 曲线。再

在曲线上求指定 c 下的斜率 $d\sigma/dc$，再代入（6-56）式求出该浓度下质的吸附量 $\Gamma_{2(1)}$。再将不同 c 下吸附量 $\Gamma_{2(1)}$ 作图，即得吸附等温线 $\Gamma_{2(1)} - c$ 曲线（见图 6-12）。

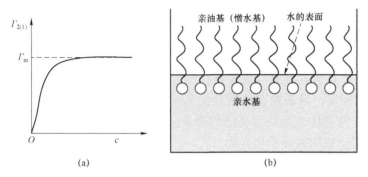

图 6-12　（a）溶液的 $\Gamma_{2(1)} - c$ 吸附等温线及（b）水表面表面活性剂的单分子层定向排列

由图 6-12（a）可知，在较低浓度时，吸附量 $\Gamma_{2(1)}$ 与 c 呈线性关系；当浓度足够大时，吸附等温线趋于平缓，此时 $\Gamma_{2(1)}$ 量达到一个极限值 Γ_{m}。之后不管溶质的浓度 c 再怎么增大，吸附量也不会改变，证明溶液的表面吸附已达饱和，在表面再也不能吸附更多的溶质。Γ_{m} 就称为最大吸附量，即此时看成在单位面积上定向排列呈现单分子层吸附时溶质的物质的量。这种分子的定向排列是由于在水溶剂中加入表面活性剂后，该类型活性剂具有两亲分子，即具有亲水基和憎水基（即亲油基），当其溶解在水中后，两亲分子可以在界面上自动相对集中而形成排列定向的吸附层（亲水基端在水层）并显著降低水的表面张力，如图 6-12（b）所示。因此，当由实验测定 Γ_{m} 值后，即可计算出每个定向排列被吸附在表面的活性物质分子的横截面积 A_{m}，即为

$$A_{\mathrm{m}} = \frac{1}{L\Gamma_{\mathrm{m}}} \qquad (6\text{-}57)$$

式中，L 为阿伏伽德罗常数。

例 6-2　298.15 K 时，乙醇水溶液的界面张力 σ_0 为纯水的表面张力，σ 随溶液浓度 c_2（$\mathrm{mol \cdot L^{-1}}$）符合关系式 $\sigma = 71.5 - 0.49c_2 + 0.21c_2^2$，计算浓度 $c_2 = 0.5\ \mathrm{mol \cdot L^{-1}}$ 时界面上的吸附量 $\Gamma_{2(1)}$（$\mathrm{mol \cdot cm^{-2}}$）。

解：根据已知条件可得

$$\left(\frac{\mathrm{d}\sigma}{\mathrm{d}c_2}\right)_{c_2 = 0.5\,\mathrm{mol \cdot L^{-1}}} = -0.49 + 0.42c_2 = -0.49 + 0.42 \times 0.5 = -0.28$$

根据式（6-56）可算得

$$\varGamma_{2(1)} = -\frac{c_2^{(\alpha)}}{RT}\left(\frac{\mathrm{d}\sigma}{\mathrm{d}c_2^{(\alpha)}}\right)_T = -\frac{0.5}{8.314\times10^7\times298.15}(-0.28) = 5.6\times10^{-12}\,\mathrm{mol\cdot cm^{-2}}$$

（3）溶液界面吸附层状态方程

Franklin（1765 年）将油滴铺展于水面上，最终得到厚度约为 2.5 nm 薄油层。研究者发现某些难溶物质会在液面铺展形成一个分子厚度的膜，这种膜被称为单分子层表面膜，且是不溶于水的膜。如果制备这种单分子层表面膜时要选择适当的溶剂，要求其具有对成膜材料一方面要有足够的溶解能力、比重要低于底液、易于挥发，且还须在底液上又良好的铺展能力等特点。所选成膜材料一般为是：① 带有比较大疏水基团的两亲分子（实际上是表面活性剂）；② 且是天然的或/和合成的高分子化合物。

实验同时发现，如果在纯水表面放一薄的浮片，若在浮片的一边滴一滴油，则油滴会铺展于水的表面上，推动浮片移向纯水一边，把这种对单位长度浮片的推动力称为表面压。

$$\pi = \sigma_0 - \sigma \tag{6-58}$$

式中 π 称为表面压，σ_0 为纯水的表面张力，σ 为溶液的表面张力。由于 $\sigma_0 > \sigma$，所以液面上的浮片总是推向纯水一边。

Langmuir（1917 年）设计了测定表面压，即表示液体表面铺展膜的面积与表面压关系的 Langmuir 膜天平，其示意图如图 6-13 所示。

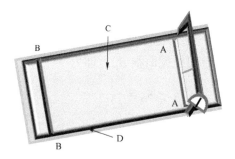

图 6-13　Langmuir 膜天平示意图

图中 D 为盛满水的浅盘，AA 为悬挂在一根与扭力天平刻度盘相连的钢丝上的云母片，其两端用极薄的铂箔相连于浅盘上。BB 为清扫水面或围住表面膜的可移动边，使两两片之间具有一定的表面积（测量膜面积）。在一定温度下，若在 AABB 面积内滴加一成膜物质，油铺展时会作用于 AA 边，用扭力天平测出施加在 AA 边上的水平力，其测量准确度可达 $1\times10^{-5}\,\mathrm{N/m}$。根据测得的膜面积，已知滴入的成膜物质的物质的量，即可计算出每个成膜物质分子占据的面积；

同时，由测得的相应的作用力及浮片长度的可计算出 π。利用 Langmuir 膜天平，不但可以可得到表面与分子占据面积的关系，还可以用来测定大分子如蛋白质的摩尔质量、表面膜进行的界面化学反应等，它是研究分子自组装反应的重要工具。

对于加入少量溶质的稀溶液，将式（6-14a）有 $\sigma = \sigma_0 + kc$ 代入式（6-58）中发现表面压 π 与表面张力呈现线性关系，即 $\pi = \sigma_0 - \sigma = -kc$。将此式对浓度进行微分，有

$$\frac{\mathrm{d}\sigma}{\mathrm{d}c} = k = \frac{\pi}{c} \tag{6-59}$$

将式（6-59）代入 Gibbs 吸附等温式可得

$$\Gamma_{2(1)} = -\frac{c}{RT}\frac{\mathrm{d}\sigma}{\mathrm{d}c} = \frac{\pi}{RT} \tag{6-60a}$$

也可写成：

$$\pi = RT\Gamma_{2(1)} \tag{6-60b}$$

设 1 mol 吸附分子的横截面积为，则根据式（6-57）有 $A_{\mathrm{m}} = 1/\Gamma_{\mathrm{m}}$，将之代入式（6-60b）可得

$$\pi A_{\mathrm{m}} = RT \tag{6-61a}$$

式（6-61a）与理想气体状态方程 $pV_{\mathrm{m}} = RT$ 相似，是用表面压 π 代替了气体压力，用摩尔表面面积 A_{m} 代替了气体摩尔体积 V_{m}，但二者方程却有本质的区别。稀溶液中的溶质在界面或表面层的运动与理想气体的运动状态相似，但理想气体是分子在三维空间的运动，而界面或表面层的分子运动是在二维平面上进行的，因此式（6-61）称为二维理想气体状态方程，符合此方程的界面或表面吸附膜即为理想气体膜。

人们进一步研究表明，稀溶液中表面层分子运动状态与理想气体类似，且浓溶液的表面状态和实际气体也相似。如果以 $\pi A_{\mathrm{m}}/RT$ 对表面压 π 作图，曲线随 π 的增大而下降，经过一个最低点后，随浓度增大后再上升，类似非理想性气体压缩因子图的变化曲线。产生这种非理想性的原因，二维空间气体理论认为是产生吸附分子占有面积，且分子间之间存在相互作用。故浓溶液表面二维状态方程可近似表达为

$$\pi(A_{\mathrm{m}} - A_0) = aRT \tag{6-61b}$$

式中，A_0 指 1 mol 吸附分子所占表面的极限面积，包括分子本身的截面积及分子间斥力使其他分子不能进入的区域。a 为吸附分子侧向引力有关的常数。

当浓度比较大时，表面压 π 与表面张力并不呈现线性关系，此时须用式

（6-14b）来表达，即此时 $\sigma = \sigma_0[1 - b\ln(1 + c/a)]$。则 $d\sigma/dc = -\sigma_0 b/(c + a)$，将其代入 Gibbs 吸附等温式可得

$$\Gamma_{2(1)} = -\frac{c}{RT}\frac{d\sigma}{dc} = \frac{\sigma_0 b}{RT}\frac{c}{c + a} \tag{6-62}$$

如果溶质的浓度很低时（$c \ll a$），则式（6-62）就回归于式（6-60a）。如果溶质的浓度很大时，即 $c \gg a$，则式（6-62）变为

$$\Gamma_{2(1)} = \frac{\sigma_0 b}{RT} = \Gamma_{\mathrm{m}} \tag{6-63}$$

式中，Γ_{m} 为溶质在溶液中的饱和吸附量。如果令覆盖度（吸附饱和度）$\theta = \Gamma/\Gamma_{\mathrm{m}}$，代入式（6-62）有

$$\theta = \frac{\Gamma}{\Gamma_{\mathrm{m}}} = \frac{c/a}{1 + c/a} = \frac{k'c}{1 + k'c} \tag{6-64}$$

式中，$k' = 1/a$。

在浓度较大时，如果要考虑吸附分子间的作用，结合式（6-14b）和 Gibbs 吸附等温式也可导出一般条件下类似于方程式（6-61b）一样的吸附层状态方程。即：

$$\pi = -RT\Gamma_{\mathrm{m}}\ln(1 - \Gamma/\Gamma_{\mathrm{m}}) \tag{6-65}$$

实际上人们根据表面压 $\pi - a$ 曲线可以了解表面膜的结构为什么结构的膜（见图 6-14）。不溶性表面膜理论即可应用于测定大分子的摩尔质量，还能使用不溶性表面膜降低水分的蒸发、使化学反应平衡的位置发生移动动。也可测定膜的电势来推测分子在膜上是如何排列的、在表面上的分布是否均匀等等。

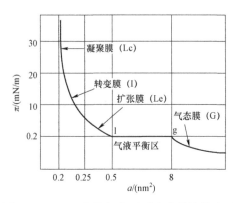

图 6-14　$\pi - a$ 曲线与表面不溶膜的结构类型

不溶性单分子膜可以通过简单的方法转移到固体基质上，经过多次转移仍然能保持其定向排列的多分子层结构。这种多层单分子膜是 Langmuir 和 Blodgett 女士首创的，故称 L-B 膜。形成单分子膜的物质与转移方法不同，可以形成 X 型多分子层、Y 型多分子层和 Z 型多分子层等不同的多分子膜。

2. 表面活性剂

（1）常见表面活性剂类型、表面活性剂效率与能力之间的关系

前面讲到，向水中加入少量表面活性剂时，液面上的部分水分子被表面活性分子所代替，将引起溶液的表面张力急剧下降，此时，表面活性物质的表面浓度大于本体浓度，增加单位面积所需的功较纯水小。显然，如果表面活性分子的亲油基愈长，在表面积聚愈多，吸附量就愈大，同时使溶液表面张力降低愈多，该物质的表面活性也愈大。此外能使水的表面张力明显升高的溶质称为非表面活性物质，如无机盐和不挥发的酸、碱。

表面活性剂通常按化学结构来分类，分为离子型和非离子型两大类，离子型中又可分为阳离子型、阴离子型和两性型表面活性剂。很显然阳离子型和阴离子型的表面活性剂二者不能混合使用，否则它们间可能会发生沉淀而失去活性作用。表面活性剂如表 6-1 所示，常分为阳离子表面活性剂、阴离子表面活性剂、两性离子表面活性剂和非离子表面活性剂。

表 6-1　表面活性剂的常见分类

表面活性剂类型	分类	分子式
阳离子表面活性剂	伯胺盐	CH_3 | $R-N^+-CH_2COO^-$ | CH_3
	仲胺盐	CH_3 | $R-N^+-CH_2COO^-$ | CH_3
	叔胺盐	CH_3 | $R-N^+-CH_2COO^-$ | CH_3
	季胺盐	CH_3 | $R-N^+-CH_2COO^-$ | CH_3

续表

表面活性剂类型	分类	分子式
阴离子表面活性剂	羧酸盐	RCOONa
	硫酸酯盐	R—OSO_3Na
	磺酸盐	R—SO_3Na
	磷酸酯盐	R—OPO_3Na_3
两性表面活性剂	氨基酸型	R—NHCH_2—CH_2COOH
	甜菜碱型	$R-\overset{\overset{\displaystyle CH_3}{|}}{\underset{\underset{\displaystyle CH_3}{|}}{N^+}}-CH_2COO^-$
非离子表面活性剂	脂肪醇聚氧乙烯醚	R—O⁻(CH_2CH_2O)nH
	烷基酚聚氧乙烯醚	R⁻(C_6H_4)—O(C_2H_4O)nH
	聚氧乙烯烷基胺	R_2N⁻(C_2H_4O)nH
	聚氧乙烯烷基酰胺	R—CONH(C_2H_4O)nH
	多元醇型	R—COOCH_2(CHOH)_3H

表面活性剂的结构会对其活性的效率及能力产生明显的影响。表面活性剂的效率指使水的表面张力降低到一定值时所需表面活性剂的浓度。显然,所需浓度愈低,表面活性剂的性能就愈好。其活性能力(有效值)指能够把水的表面张力降低到的最小值。当然,把水的表面张力降得愈低,表明该表面活性剂愈有效。表面活性剂的效率与能力在数值上是相反的。当亲油基的链长增加时,表面活性剂的效率提高,而能力可能降低了。当亲油基有支链或不饱和程度增加时,表面活性剂的效率降低,但其有效性能力却增加了。

(2)临界胶束浓度(CMC)

由于表面活性剂是两亲分子。随着表面活性剂在水中浓度增大,表面上聚集的活性剂分子形成定向排列的紧密单分子层,多余的分子在体相内部自相结合,使憎水基向里、亲水基向外,聚集在一起形成胶束。继续增加活性剂浓度,表面张力不再降低,而体相中的胶束不断增多、增大。

人们把开始形成胶束的最低浓度称为临界胶束浓度(Critical micelle concentration,CMC)。此时,溶液的性质偏离于理想性质,因此在表面张力 σ 对浓度 c 绘制的曲线上会出现转折,即达到 CMC 时,此时溶液的各种物理性质

和使用性能会产生突变（见图 6-15）。若继续增加表面活性剂的浓度，表面张力
σ 将不再降低，但体相中的胶束却不断增多、变大。随着亲水基团的不同和使用
浓度不同，最终可形成的胶束呈现棒状、层状或球状等多种形状。

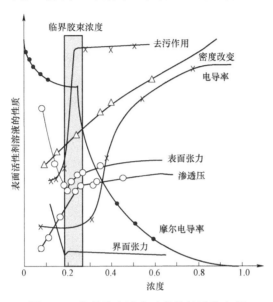

图 6-15　临界胶束浓度时各种性质的突变

　　温度对 CMC 的影响与表面活性剂的种类有关。对于离子型表面活性剂，溶
液的 CMC 值要随温度的升高而胶束量降低，则在洗涤剂中要提高表面活性剂的
浓度；而对于非离子型表面活性剂，其 CMC 值要随温度的升高而减小，其胶束
量则显著增加，因此为了发挥非离子型表面活性剂的表面活性，适当增大使用
温度是有用的，但其使用温度却不能超过其浊点温度。

　　电解质也会影响到表面活性剂在溶液中的 CMC 值。溶液中增加电解质不会
影响非离子型表面活性剂的 CMC 值。但它会影响离子型的表面活性剂的 CMC
值，溶液中增加电解质会导致离子型表面活性剂的 CMC 值下降。

　　也是最重要的是表面活性剂的结构会严重影响其在溶液中的临界胶束浓度
CMC 值。① 表面活性剂的 CMC 值随同系物中疏水基碳氢链上的碳原子数增大
而降低，离子型表面活性剂的疏水基碳氢链上增加一个碳氢，则其 CMC 值降低
一半；而非离子型表面活性剂则增加两个碳氢，其 CMC 值降低 1/10。② 如果
不同的表面活性剂的疏水基相同，则其 CMC 值随亲水基的减小次序为—COO⁻
>—SO_3^->—OSO^{3-}；而对于非离子型表面活性剂，则其 CMC 值随分子结构中
的聚氧乙烯单元数目的增大而略为增大。③ 如果非离子型表面活性剂和离子型

表面活性剂的疏水基相同，则前者的 CMC 值比后者的 CMC 值小的多。④ 如果不同的表面活性剂分子结构的亲水基相同，且结构中的疏水基含有的碳原子数也相同，虽然其疏水基的结构不同，则其疏水基结构中含有支链和双键的表面活性剂的 CMC 值更大些。同类型的表面活性剂的憎水基含碳的数量相同，但其 CMC 却随其支化度的升高而增大；同时主链相同的表面活性剂的憎水基的碳数相同，则其 CMC 值随取代基愈靠近中间而愈高；表面活性剂的憎水基上如果含有双键和极性基团，均能使表面活性剂的 CMC 值增大。⑤ 疏水基也会影响到表面活性剂的 CMC 值，含氟表面活性剂的 CMC 值远小于同类型的常规表面活性剂。⑥ 如果离子型表面活性剂的疏水基相同时，不同亲水基的影响较小，其 CMC 值差别不大。

那么关于 CMC 的热力学怎样计算呢？当溶液中表面活性剂的浓度高于 CMC 时就会形成胶团溶液，这种溶液属于热力学平衡体系，计算其热力学主要有相分离模型和质量作用模型两种模型。

① 质量作用模型

此种计算表面活性剂 CMC 的热力学模型是将胶团的形成视为一种广义的化学缔合反应。

对于非离子型表面活性剂其缔合化学反应可写为

$$nS \rightleftharpoons S_n$$

根据式（5-78），此反应式的标准 Gibbs 自由能变为

$$\Delta_r G_m^\ominus = -RT \ln K^\ominus = RT \ln(a_S)^n - RT \ln(a_{Sn}) \tag{6-66}$$

而 $n \gg 1$，则可略去上式的第二项，则有

$$\Delta_r G_m^\ominus = nRT \ln a_S = nRT \ln c_S = nRT \ln CMC \tag{6-67}$$

对于离子型的表面活性剂同样可写出其化学反应式

$$nS^+ + lB^- = S_n B_l^{(n-1)+}$$

上式中 S 为表面活性剂离子，B 为反离子，（$S_n B_l$）是胶束。

此反应式的标准 Gibbs 自由能变为

$$\Delta_r G_m^\ominus = -RT \ln K^\ominus = -RT \ln \frac{(a_{SB})^{n-1}}{a_S^n \times a_S^l} \tag{6-68}$$

当溶液为稀溶液时，其活度系数为 1，则上式可写为

$$\Delta_r G_m^\ominus = -RT \ln \frac{(c_{SB})^{n-1}}{c_S^n \times c_B^l} = nRT \ln c_S + lRT \ln c_B - (n-1)RT \ln c_{SB} \tag{6-69}$$

如果聚集数较大，且溶液浓度为稀溶液，则式中 $(n-1)RT \ln c_{SB}$ 可略掉，此

时上式改写为

$$\Delta_r G_m^\ominus = nRT \ln c_S + lRT \ln c_B = nRT \ln \mathrm{CMC} + lRT \ln c_B \tag{6-70}$$

当方程中的 $n = l$ 时，表明反离子全部结合到胶团结构上，则此时

$$\Delta_r G_m^\ominus = 2nRT \ln \mathrm{CMC} \tag{6-71a}$$

当方程中的 $l = 0$ 时，表明无反离子与胶团相连，则有

$$\Delta_r G_m^\ominus = nRT \ln \mathrm{CMC} \tag{6-71b}$$

此时与非离子型表面活性剂的 CMC 计算式是一样的。阴离子表面活性剂的 CMC 计算分析同理。

质量作用模型采用化学反应平衡来表达非常接近实际溶液体系的情况。它在实际应用中计算的临界胶束浓度 CMC 值与大量实验的 CMC 结果误差小，可见此模型是非常合理的。但是它也有局限性，因为表面活性剂在溶液中形成的胶团不是化学意义上的新物质，且其 CMC 的热力学计算过程较为复杂。

② 相分离模型

相分离模型是将胶团与溶液之间的平衡视为相平衡。对于非离子表面活性剂在溶液中的行为视为胶团溶液中的单体与聚集体成相平衡。

$$n\mathrm{S} \rightleftharpoons \mathrm{S}_n$$

若以 a_{S0} 为单体在溶液体系中的活度，a_{Sn0} 表示为聚集体在体系中的活度（活度为 1），则达相平衡时，有

$$\Delta_r G_m^\ominus = -RT \ln K^\ominus = RT \ln(a_{S0})^n - RT \ln(a_{Sn0}) = nRT \ln a_{S0} \tag{6-72}$$

而在溶液中形成胶团结构后，单体的浓度很低，视 $a_{S0} = 1$，则上式改写为

$$\Delta_r G_m^\ominus = nRT \ln c_S = nRT \ln \mathrm{CMC} \tag{6-73}$$

对于非离子型表面活性剂可知两种数学模型的 CMC 热力学计算方程式（6-73）与式（6-67）结论是一样的。

对于离子型的表面活性剂可写出其相平衡为

$$n\mathrm{A}^+ + n\mathrm{B}^- = \mathrm{S}_n$$

相平衡的标准 Gibbs 自由能变为

$$\Delta_r G_m^\ominus = -RT \ln K^\ominus = -RT \ln \frac{a_{Sn0}}{(a_{S0}^+ \times a_{S0}^-)^n} \tag{6-74}$$

这里 $a_{S0}^+ = a_{S0}^-$，且在溶液为稀溶液时约为 1，聚集体在体系中的活度 $a_{Sn0} = 1$，则上式可写为

$$\Delta_r G_m^\ominus = 2nRT \ln a_{s0} = 2nRT \ln \text{CMC} \qquad (6\text{-}75)$$

相分离模型在胶团溶液的胶团聚集数很大的时候，体系中的单体到胶团的过渡是急剧变化过程，类似于相分离过程是合理的。但是溶液体系中的表面活性剂的胶团聚集数却并不大（30～200），难一视为一相处理，因此对实际体系的描述不太准确。

由以上两种模型分析表面活性剂的 CMC 值的热力学计算可知，如果通过实验值获得了真实状态下的 CMC 值，则可以利用以上热力学公式得形成胶团结构的 $\Delta_r G_m^\ominus$，进而可以算出 $\Delta_r H_m^\ominus$（1-23 式）和 $\Delta_r S_m^\ominus$（1-25 式）。而形成胶团时的 $\Delta_r G_m^\ominus$ 值只能为负，根据 Gibbs-Helmholtz 自由能变方程 $\Delta_r G_m^\ominus = \Delta_r H_m^\ominus - T\Delta_r S_m^\ominus$ 可知，$\Delta_r S_m^\ominus$ 皆为正值，因此当 $\Delta_r H_m^\ominus$ 为负时，$\Delta_r G_m^\ominus < 0$；当 $\Delta_r H_m^\ominus > 0$ 时，只有较高的温度使得 $T\Delta_r S_m^\ominus$ 更大，才可能使得 $\Delta_r G_m^\ominus < 0$。可见，热力学函数也是表征表面活性剂在溶液中形成胶团的性质之一，据此可研究表面活性剂在溶液中的行为。

（3）亲水亲油平衡（HLB）值、水中的溶解度及表面活性剂的用途

表面活性剂皆有两亲分子，但由于亲水和亲油基团的不同，难于使用相同的单位来衡量亲水基团的亲水性和亲油基团的亲油性，通常用以下两式简单方法来比较。

$$表面活性剂的亲水性 = 亲水基的亲水性 - 憎水基的憎水性 \qquad (6\text{-}76)$$

$$表面活性剂的亲水性 = \frac{亲水基的亲水性}{憎水基的憎水性} \qquad (6\text{-}77)$$

Griffin（格里芬）提出了用 HLB 值来表示表面活性剂的亲水性，对非离子型的表面活性剂，HLB 的计算公式为

$$HLB值 = \frac{亲水基质量}{亲水基质量 + 亲油基质量} \times 100 / 5 \qquad (6\text{-}78)$$

HLB 值通常指定石蜡无亲水基，其 HLB＝0；油酸为 1；油酸钾为 20，同时聚乙二醇全部是亲水基，其 HLB 也为 20；十二烷基硫酸钠为 40 为准。其余非离子型表面活性剂的 HLB 值介于 0～20 之间，其它表面活性剂大多介于 0～40 之间。表面活性剂的 CMC 越大，其亲水性就越强。HLB 值越低（＜10），表面活性剂亲油性就越好；反之，HLB 值越高（＞10），表面活性剂亲水性就越好。根据表面活性剂的用途，可利用表 6-2 所示的 HLB 值选择合适的表面活性剂。

表 6-2 HLB 值范围及应用之间的关系

HLB 值	1～3	3～6	7～9	8～18	13～15	15～18
应用	消泡剂	W/O 乳化剂	润湿剂	O/W 乳化剂	洗涤剂	增溶剂

注：这里"W/O"指油包水，"W/O"指水包油。

当要了解表面活性剂在水中的溶解度或利用表面活性剂配制乳液时，没有测定粒子大小的设备，可参考表 6-3 来判断溶液的状态。

表 6-3 不同 HLB 值范围及表面活性剂在水中的外观

HLB 值	1～4	4～7	7～9	8～10	10～13	>13
应用	不溶	分散差、不稳定	稳定半透明、分散	呈稳定的乳状分散	混浊溶液	透明溶液

HLB 值还具有另一个重要的特点，就是具有加和性。人们在使用表面活性剂时，有时为了达到一定的目的，通常用几种表面活性剂进行复配。因此混合表面活性剂的 HLB 值常以混合组成的质量分数乘以各自的 HLB 值之和来计算，即：

$$HLB_{AB} = HLB_A \times A\% + HLB_B \times B\% \tag{6-79a}$$

有时也用下式来进行计算混合表面活性剂的 HLB 值：

$$HLB_{AB} = \frac{HLB_A \times A\% + HLB_B \times B\%}{A\% + B\%} \tag{6-79b}$$

式（6-79）中的 A、B 值为其质量分数值。

在使用表面活性剂时，要特别注意表面活性剂的两个"点"：Kraff 点和浊点。

实验发现，离子型表面活性剂的溶解度会随 T 的升高而增加，当达到一定温度后，其溶解度会突然迅速增加，这个转变温度点称为"Kraff 点"。同系物的碳氢链越长，其 Kraff 点越高，因此，Kraff 点可以衡量离子型表面活性剂的亲水、亲油性。对于非离子型表面活性剂，它的亲水基主要是聚乙烯基。升高温度导致聚乙烯基同水的结合会被破坏，导致其在水中的溶解度下降，甚至析出。故加热时，会观察到溶液发生混浊现象，对应发生混浊的最低温度称为"浊点"。环氧乙烯的分子数越少，亲水性越强，浊点就越高。反之，亲油性越强，浊点越低。可利用浊点来衡量非离子型表面活性剂的亲水、亲油性。所以对乙氧基型非表面活性剂配制乳液时，温度会产生严重影响，提高温度，其溶解性减小，乳状液就会从 O/W 转变为 W/O，这种转换所对应的温度叫相转换温度（PIT）。利用 PIT 可作为制备乳状液的方法，在接近 PIT 时所制备的乳状粒子最小，再冷却到使用温度即可。

表面活性剂的用途极广，根据其现实中的应用主要有五个方面。

① 润湿作用

表面活性剂可以降低液体表面张力，改变接触角的大小，从而达到所需的目的。例如，要使农药润湿带蜡的植物表面，要在农药中加表面活性剂；如果要制造防水材料，就要在表面涂憎水的表面活性剂，使接触角大于 90°；利用泡沫浮选法选矿，以提高矿石品位，捕集剂和起泡剂为表面活性剂。

② 起泡作用

利用表面活性剂和水形成一定强度的薄膜，包围着空气而形成泡沫，用于浮游选矿、泡沫灭火和洗涤去污等，这种活性剂称为起泡剂。也有时要使用消泡剂，在制糖、制中药过程中泡沫太多，要加入适当的表面活性剂降低薄膜强度，消除气泡，防止事故。

起泡作用的影响因素较多，首先表面活性剂的性质和浓度会影响泡沫。通常表面活性剂的浓度控制在 CMC 以下附近，浓度过低会导致泡沫不稳定；高浓度表面活性剂会在液相中形成胶束，不会吸附在气泡周围，起泡效果就会下降。其次添加除表面活性剂外的各种辅助试剂增强起泡作用。再次不同的表面活性剂都有一定的起泡温度，如果高于此温度时起泡性能会变差，泡沫的稳定性也不好。最后溶液的 pH、气液的流量及离子强度因素也会影响到起泡作用及泡的大小。

③ 增溶作用

非极性有机物如苯在水中溶解度很小，加入油酸钠等表面活性剂后，苯在水中的溶解度大大增加，这称为增溶作用。增溶作用与普通的溶解概念不同，增溶的苯不是均匀分散在水中，而是分散在油酸根分子形成的胶束中。

而这种增溶作用主要取决于四个方面：

1）表面活性剂的分子结构：非极性化合物主要增溶在胶团的内部；

2）两亲难溶有机物分子与形成胶团结构的表面活性剂的分子穿插排列；

3）某些如苯二甲酸二甲脂类的不溶于水和油的有机物则被吸附于胶团表面上；

4）酚类则包含于胶团的极性基团，即聚氧乙烯型的壳内溶解。

特别要注意的是胶团溶液是处于动态平衡，因此增溶分子的位置是在不断移动的，以上 4 点的增溶位置只是优选位置而不是固定位置。表面活性剂的类型会改变增溶量。对于不同类型的表面活性剂的增溶作用非离子型表面活性剂＞阳离子型表面活性剂＞阴离子型表面活性剂；非极性化合物的增溶随表面活性剂疏水基碳氢链的增大变大；疏水链的分支化会降低表面活性剂的增溶作用；增加聚氧乙烯链会减小脂肪烃的增溶量。增溶物的最大增溶量随其摩尔体积的增加而降低，增溶物中有不饱和烃或苯环会增加其增溶量，且对于离子型表面活性剂，增溶物的极性增大利于其增溶。添加剂会影响表面活性剂的增溶作用。当加入无机盐时，如果其浓度大于 CMC 值时，使得胶团聚焦数会增加，进而表面活性剂的增溶量会增加；如果加入盐的浓度远远大于 CMC 值，则形成的胶团结构会改变，增溶情况变得复杂。少量的极性有机物会利于非极性有机物的增溶，而少量的非极性有机物也利于极性有机物的增溶。温度会影响到增溶物的增溶量。通常随着温度的升高，会影响着物质在溶剂中的溶解度和胶团的结构及大小和表面活性剂的 CMC 值，导致体系的增溶量会增加。

④ 乳化作用

一种或几种液体以大于 10^{-7} m 直径的液珠分散在另一不相混溶的液体之中形成的粗分散体系称为乳状液。要使它稳定存在必须加乳化剂。根据乳化剂结构的不同可以形成水包油乳状液（O/W），或油包水乳状液（W/O）。有时为了破坏乳状液需加入另一种表面活性剂，称为破乳剂，将乳状液中的分散相和分散介质分开。例如原油中需要加入破乳剂将油与水分开。

表面活性剂影响乳液的稳定性是因为表面活性剂会降低表面张力，另一方面表面活性剂的疏水基朝向油相、亲水基朝向水相，进而在油水两相界面上作定向排列，形成了保护膜的原因。

⑤ 洗涤作用

良好的洗涤剂要求有优良的润湿性能、被清洗固体与水及污垢与水的界面张力能有效降低及沾湿功要降低、有一定的起泡能力或增溶作用、还能在洁净固体表面的时候同时形成保护膜而防止污物重新沉积。因此，洗涤剂中通常要加入多种辅助成分，增加对被清洗物体的润湿作用，又要有起泡、增白、占领清洁表面不被再次污染等功能。配方中表面活性剂占主要成分。

总之，表面活性剂用途十分广泛，要根据具体应用来选择不同的表面活性剂或组合表面活性剂使用。

6.3　固体表面的吸附

6.3.1　固体表面特性、物理吸附和化学吸附

1. 固体表面特性

固体表面的分子（原子）和内部本体的性质是不一样的（见图 6-16），主要表现如下。

（1）固体表面上的原子或分子与液体一样，受力也是不均匀的，导致固体

表面层的组成与体相内部组成不同。

（2）固体表面是不均匀的，即使从宏观上看似乎很光滑，但从原子水平上看是凹凸不平的。即使是同种晶体，由于制备工艺或方法不同，导致其表面具有不同的性质。且实际晶体的晶面会由于各种原因产生晶格缺陷、位错和空位等，因此表面是不完整的。况且在固体表面上有不同类型的原子，因此其本身的化学行为、催化活性、吸附热及表面态能级等的分布皆是不均匀的。所以固体的表面具有表面张力。

（3）固体表面分子（原子）不像液体表面分子可以移动，通常它们是定位的，因此移动困难，只能靠吸附来降低表面能，这是固体产生吸附的根本原因。

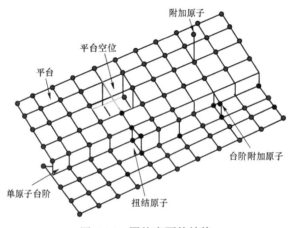

图 6-16 固体表面的结构

正由于固体表面这种原子受力不对称和表面结构不均匀性，因此导致其表面能非常大，为了使其表面自由能下降，所以它会吸附气体或液体分子。固体表面的不同部位吸附和催化活性是不同的。

当气体或蒸汽在固体表面被吸附时，固体称为吸附剂，被吸附的气体称为吸附质。实验室和工业中常用的吸附剂有硅胶、分子筛、活性炭等。固体的吸附能力与其比表面积有关，为了测定固体的比表面，常用氮气、水蒸气、苯或环己烷的蒸汽等吸附质来表征其比表面积。

2. 物理吸附和化学吸附

根据吸附剂与吸附质的不同，不管在液体还是气体中的固体表面的吸附分为物理吸附和化学吸附。前者主要靠分子之间的作用力，即范德华力的相互作用；而化学吸附主要靠分子间的成键（化学键）作用力。所以二者吸附的本质是不同的。

当固体表面吸附气体时，其分子属于二维运动，故吸附后过程的熵减小、降低了自由能，其吸附为放热反应，因此吸附热 ΔH 为负值。这种吸附热可以直接测量，等容反应热 ΔH_v 可根据可逆吸附等温线用式（6-80）Clausius-Clapeyron 方程计算。即：

$$\frac{\mathrm{d}\ln p}{\mathrm{d}T} = \frac{\Delta H_v}{RT^2} \tag{6-80}$$

范德华力存在于分子之间，而物理吸附主要靠分子间的作用力，相当于气体在固体表面产生了凝聚。当固体表面吸附了一层分子后，被吸附的分子还可以继续在其表面上吸附分子，因此物理吸附它一般易多层吸附。它在脱水、脱气和分离等方面具有重要的应用。物理吸附具有以下典型特点：

（1）物理吸附力为范德华引力，分子间的作用力一般比较弱；

（2）吸附热较小，接近于气体的液化热；

（3）物理吸附对吸附质无选择性，相比较更倾向于吸附易于液化（高临界温度）的气体；

（4）吸附稳定性不高，吸附与解吸的速率都很快；

（5）吸附即可以是单分子层的，也可以是多分子层的；

（6）物理吸附不需要活化能，吸附速率不会因吸附温度的升高而加快。

总之，物理吸附仅为一种物理作用，吸附期间没有电子转移，也没有化学键的生成与破坏，还没有原子重排等。

化学吸附与物理吸附是不一样的，其吸附的作用力为化学键力，而不是分子间的作用力。化学吸附的化学键力强，吸附成键只会发生在固体吸附剂表面分子与一些特点分子之间，会成键，因此具有高的选择性，其反应通常是不可逆的。它具有以下这些特点：

（1）固体表面产生化学吸附的吸附力为较强的化学键力；

（2）由于要成键，因而吸附热较高而接近于化学反应；

（3）化学吸附具有选择性，其表面的活性位只吸附与之可以产生反应的气体分子；

（4）化学吸附很稳定，易吸附，而不易解吸；

（5）化学吸附是单分子层吸附；

（6）化学吸附需要活化能，随吸附温度的升高，其吸附和解吸速率都会加快。

所以，化学吸附相当于在固体吸附剂表面的分子与吸附质分子间发生了化学反应，因而会在红外 FTIR、紫外-可见光光谱中会产生新的特征吸收带而表征其吸附性能。

更何况，固体表面在产生化学吸附的同时，也会伴随产生物理吸附。因此影响气-固吸附性质的因素较多，也较为复杂。主要受到温度、压力以及吸附剂和吸附质的性质的影响。物理吸附和化学吸附的吸附量都要随吸附温度升高而减少，二者都要随压力增加而吸附量和吸附速率皆增大。极性吸附剂更易于吸附极性吸附质，而非极性吸附剂更易于吸附非极性物质。吸附质分子结构越复杂、沸点越高，则被吸附的能力就越强。酸、碱性吸附剂易于吸附碱、酸性吸附质。

6.3.2 吸附理论

1. 吸附量

在一定 T 和 P 或浓度 c 下，固体吸附剂与吸附质气体或液体长时间充分接触后，吸附质在流体相和固体吸附剂中的含量不再随时间而变化，最终达到吸附平衡状态。而吸附温度、吸附压力或浓度，尤其是吸附剂和吸附质的性质会严重影响吸附平衡。通常用吸附量来描述固体表面的吸附能力，它与温度成反比，与压力或浓度成正比。吸附量中常用被吸附气体在标准状况下的体积 V 来代替 $n_i^{(\sigma)}$。也可用吸附剂的质量 m 来代替界面积 A_s。因此吸附量可用单位质量的吸附剂所吸附气体的体积（6-80a）或单位质量的吸附剂所吸附气体物质的量（6-80b）来表示。

$$\Gamma_i = \frac{V}{m} \tag{6-80a}$$

$$\Gamma_i = \frac{n}{m} \tag{6-80b}$$

其中，Γ_i 为吸附量，在式（6-80a）和式（6-80b）中单位分别为 $\mathrm{m^3 \cdot g^{-1}}$ 和 $\mathrm{mol \cdot g^{-1}}$。

2. 吸附等温式

对于一定的吸附剂与吸附质的体系，达到吸附平衡时，吸附质分子到达固体吸附剂表面的速率等于离开吸附剂表面的速率，这种平衡实际上是一种动态平衡。由于吸附量是温度和吸附质压力的函数，因此这种动态平衡的气固吸附曲线，通常是固定一个变量，求出另外两个变量之间的关系，就可以得到。当温度 T 一定，平衡吸附量随压力的 $\Gamma - p$ 变化关系，即为吸附等温线。压力一定，平衡吸附量随温度的 $\Gamma - T$ 变化关系，可得吸附等压线。吸附量 Γ 一定，平衡压力随温度的 $p - T$ 变化关系，即为吸附等量线。通常，吸附等压线和吸附等量线不是用实验直接测量的，而是在实验测定等温线的基础上画出来的。因此吸附等温线是这三种吸附线中最常用的。

从吸附等温线可以反映出吸附剂的表面性质、孔分布以及吸附剂与吸附质之间的相互作用等有关信息。常见的吸附等温线有 5 种类型（见图 6-17），图中 p/p_s 称为比压，p_s 是吸附质在该温度时的饱和蒸汽压，p 为吸附质的压力。

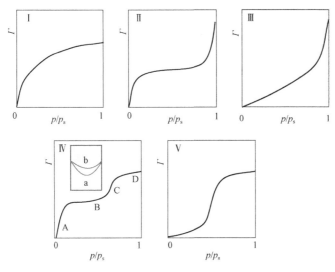

图 6-17　五种类型的吸附等温线

吸附等温线分为五种类型。

① 吸附 I 型：这种吸附为单分子层吸附或微孔吸附，通常小于 2.5 nm 的微孔吸附剂上的吸附等温线属于这种类型。

② 吸附 II 型：也常称为 S 型等温线。这种等温吸附的吸附剂孔径大小不一，为多分子层吸附，它表示非孔或大孔径吸附剂上的吸附，它反映了较强的多层吸附或毛细孔凝结，当在比压接近 1 时，发生毛细管和孔凝现象。

③ 吸附型 III：这种吸附比较少见，也属于多分子层吸附。当固体吸附剂和吸附质之间的相互作用很弱时会出现这种等温线。

④ 吸附 IV 型：多孔（不是微孔或不全是微孔）吸附剂发生多分子层吸附时会有这种等温线。在比压较高时，有毛细凝聚现象。什么是毛细凝聚现象呢？如图 6-17 吸附 IV 型图示，如果吸附剂的孔为一端开口的圆筒，其半径为 R'（大小属于中孔范围）。假设吸附的液体能完全润湿孔壁，这种吸附等温线就是所示的吸附 IV 型。其中 AB 段代表低比压下的吸附，压力达到转折点时会发生毛细凝聚，即吸附的蒸汽会成为液体凝聚于毛细管内，导致吸附量增加很快。由于液体能润湿固体，在毛细孔中的液面呈现弯月形（图中的 a 线示意）。根据 Kelvin 公式发现凹面上的蒸汽压小于平面，即小于饱和蒸汽压时会使凹面上达饱和而凝聚成液体，此为毛细凝聚现象。由于实验中在测量固体的比表面时，采用低压会因为发生毛细凝聚导致测量结果偏高。继续增大压力后，毛细孔中凝聚

的液体会增多到图中的 b 线处，此时液面成平面，对应的吸附等温线为 CD 段所示。

⑤吸附 V 型：此种吸附等温线同吸附 IV 型一样，也是一种孔性吸附等温线。吸附为多分子层吸附，有毛细凝聚现象，吸附量受到孔体积的限制。

所以根据吸附等温线，我们可以分析出吸附剂与吸附质组分间相互作用的强弱、吸附剂表面的性质、孔径大小和孔径分布等等信息。

3. 气固吸附等温方程

那么，怎样对等温吸附进行预测或计算等温实验数据呢？究竟有什么规律呢？实陡由于吸附等温线呈现形式多样性和复杂性，至今无法根据吸附剂和吸附质的有关物理化学常数，采用一个简单的定量理论来预测吸附等温线。常根据动力学、热力学、固体表面的势能场和毛细凝结理论等物理模型，结合一定的实验数据，较好地计算混合气体在固体表面的吸附量和吸附平衡时界面的组成。下面我们从热力学出发来推导吸附等温模型。

假设固体表面吸附的气体服从二维理想气体方程，即有 $\pi A_m = RT$，对此方程进行微分有

$$A_m \mathrm{d}\pi = -\pi \mathrm{d}A_m = -\frac{RT}{A_m}\mathrm{d}A_m = -RT\mathrm{d}\ln A_m \tag{6-81}$$

又因为界面压 $\pi = \sigma_0 - \sigma$，将之结合上式代入 Gibbs 吸附等温式（6-56），得

$$\mathrm{d}\pi = -\mathrm{d}\sigma = RT\Gamma\mathrm{d}\ln a^{(\alpha)} = RT\Gamma\mathrm{d}\ln f^{(\alpha)} / p^{\ominus} \tag{6-82}$$

式中，式中是 $f^{(\alpha)}$ 指体相的逸度，$p^{\ominus}$ 指标准态时的压力。

当 $p^{\ominus} \to 0$ 时，有 $f^{(\alpha)} = p$，根据式（6-64），有覆盖度（吸附饱和度）$\theta = \Gamma/\Gamma_m$，将之代入上式，有 $\mathrm{d}\ln\theta = \mathrm{d}\ln(f^{(\alpha)}/p)$，将之进行积分后有

$$\ln\theta = \ln\frac{f^{(\alpha)}}{p^{\ominus}} + \ln c = \ln\frac{c}{p^{\ominus}}f^{(\alpha)} \tag{6-83}$$

式（6-83）可写为

$$\theta = k f^{(\alpha)} \tag{6-84a}$$

或

$$f^{(\alpha)} = H^{(\alpha)} \cdot \theta \tag{6-84b}$$

式（6-84b）中，$H^{(\alpha)} = 1/k$，为界面相中的 Henry 系数。

当压力较低时，$f^{(\alpha)} = p$，此时式（6-84a）和式（6-84b）改写为

$$\theta = k p \tag{6-85a}$$

$$p = H^{(\alpha)}\theta \tag{6-85b}$$

此式为 Henry 吸附等温式。所以，在理论上在压力或浓度趋于零时，所有吸附等温式都应该符合 Henry 定律。

现实中的是固体表面吸附的气体大多数气体并不符合二维理想气体方程，因此应该对 $\pi A_m = RT$ 进行修正，即状态方程要运用 $\pi(A_m - A_0) = aRT$ 进行计算，但要分为两种情况进行计算。

（1）如果忽略侧向引力的作用（即 $a = 1$），此时上段二维真实气体状态方程可简化为

$$\pi(A_m - A_0) = RT \tag{6-86}$$

微分上式，并代入式（6-82），可推导出：

$$kp = \frac{\theta}{1-\theta}\exp\left(\frac{\theta}{1-\theta}\right) \tag{6-87}$$

此式为 Volmer 吸附等温式。当吸附分子在固体吸附剂表面的覆盖度（吸附饱和度）θ 很小时，即 $\exp\dfrac{\theta}{1-\theta} = e^0 = 1$，因此上式可变为

$$\theta = \frac{kp}{1+kp} \tag{6-88}$$

式中，k 为吸附系数，其大小代表了固体表面吸附气体能力的强弱程度。p 为吸附平衡时气相压力。此式即为 Langmuir 单分子层吸附等温式，描述了吸附量与被吸附蒸汽压力之间的定量关系。可用下图来描述覆盖度（吸附饱和度）θ 和吸附平衡时气相压力之间的关系。

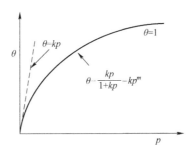

图 6-18　Langmuir 吸附等温式示意图

如图 6-18 所示，当 p 很小或吸附弱时，即 $kp \ll 1$，则 $\theta = kp$，θ 与 p 二者之间呈现线性关系；当 p 很大或吸附很强时，即 $kp \gg 1$，有 $\theta = 1$，所以 θ 与 p 无关，表示固体表面已吸附和铺满了被吸附分子的单分子层；当当压力适中时，$\theta \propto p^m$，m 范围介于 0 与 1 之间。

如果以 Γ 为平衡吸附量，Γ_m 为单层饱和吸附量（最大吸附量），则 $\theta = \Gamma/\Gamma_m$，

Langmuir 吸附等温式还可写为

$$\Gamma = \frac{\Gamma_{\mathrm{m}} k p}{1 + k p} \qquad (6\text{-}89)$$

以吸附等温实验数据，以 $p/\Gamma\text{-}p$ 作图并进行线性拟合，根据线的斜率和截距可求出吸附系数 k 和铺满单分子层的最大吸附量 Γ_{m}。

对于一个吸附质分子分解为两个粒子的吸附，可用以下的 Langmuir 吸附等温式进行计算：

$$\theta = \frac{k^{1/2} p^{1/2}}{1 + k^{1/2} p^{1/2}} \qquad (6\text{-}90)$$

当压力很小时有 $k^{1/2} p^{1/2} \ll 1$，因此此时 $\theta = k^{1/2} p^{1/2}$；如果 $\theta \propto \sqrt{p}$，则表示吸附时发生了解离。

当固体表面同时对两种及以上的多种气体混合吸附时，Langmuir 吸附等温式为

$$\theta_i = \frac{k_i p_i}{1 + \sum_1^i k_i p_i} \qquad (6\text{-}91)$$

实际上推导 Langmuir 吸附等温式过程引入了两个重要假设：其一是吸附是单分子层的；其二是固体表面是均匀的，被吸附分子之间无相互作用。因此 Langmuir 吸附等温式还是有缺点的：一方面假设固体表面的吸附是单分子层的，是不符合事实的，另一方面是固体表面假设为均匀的，事实是固体的表面是不均匀的；其三如果覆盖度 θ 较大时，Langmuir 吸附等温模型将不再适用。

（2）如果忽略吸附分子吸附协面积，即 $A_0 = 0$，此时气体状态方程可简化为 $\pi A_{\mathrm{m}} = aRT$，将此式两边进行微分 $-a\mathrm{d}\ln A_{\mathrm{m}} = \mathrm{d}\ln p$，并将之代入代入 Gibbs 吸附等温式可得

$$\Gamma = k p^{1/a} \qquad (6\text{-}92)$$

式（6-92）为 Freundlich 吸附等温式，式中 Γ 为气体吸附量；p 为吸附平衡时的压力；k 和 a 指一定体系在一定温度下的常数。实际上 Freundlich 吸附公式对覆盖度 θ 的适用范围宽于 Langmuir 吸附等温式。

在实际使用时，常将式（6-92）Freundlich 吸附等温式两边写成对数形式来对等温吸附实验数据进行拟合，求取 k 和 a。也可将其应用于液固吸附过程中固体对吸附质的吸附，此时要将压力写为吸附质的浓度，如 $\ln\Gamma = \ln k + (1/a)\ln c$ 所示，图 6-19 所示例为用三聚氰胺（MA）-均苯三甲酸（TMA）改性凹凸棒石（ATP）吸附剂对水溶液中 Sr（Ⅱ）离子的等温吸附数据的 Freundlich 吸附等温

式线性拟合结果。

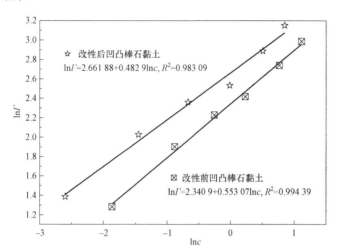

图 6-19　ATP-TMA-MA 水相中等温吸附 Sr（Ⅱ）数据的 Freundlich 线性拟合图

另外在固体吸附中，BET 多层吸附公式也是常用的等温吸附公式。

BET 公式是由 Brunauer、Emmett 和 Teller 三人提出的多分子层吸附公式。基于 Langmuir 理论中固体表面是均匀的假设，但却认为固气吸附是多分子层的。由于相互作用的对象不同，故每层吸附是不同的，因而吸附热也肯定不同。吸附第二层及之后各层的吸附热接近于凝聚热。基于此，推导出了常用的 BET 吸附二常数公式。

$$\Gamma = \Gamma_{\mathrm{m}} \frac{cp}{(p^{\mathrm{s}} - p)[1 + (c-1)p/p^{\mathrm{s}}]} \tag{6-93a}$$

式中常数 c 为与首层吸附热和冷凝热有关的特性参数，Γ_{m} 为铺满单分子层所需气体的体积。p 为吸附时的压力，p^{s} 为实验 T 下吸附质的饱和蒸汽压。如果用实验数据 $p/[\Gamma(p^{\mathrm{s}}-p)]$ 对 p/p^{s} 作图，得一条直线。根据直线的斜率和截距可计算常数值 c 和 Γ_{m}。二常数 BET 吸附等温式能较好地表达全部吸附 5 种类型等温线的中间部分。因此，二常数公式的比压一般控制于 0.05~0.35 之间。比压太低，不能建立多分子层物理吸附；反之比压过高，则毛细孔道中容易发生毛细凝聚，使测量结果偏高。

如果吸附层不是无限的，而是有一定的限制，例如在吸附剂孔道内，至多只能吸附 n 层，则 BET 公式修正为三常数公式：

$$\Gamma = \Gamma_{\mathrm{m}} \frac{cp}{(p^{\mathrm{s}} - p)} \left[\frac{1 - (n+1)(p/p^{\mathrm{s}})^{n} + n(p/p^{\mathrm{s}})^{n+1}}{1 + (c-1)p/p^{\mathrm{s}} - c(p/p^{\mathrm{s}})^{n+1}} \right] \tag{6-93b}$$

若 $n=1$，此吸附剂对吸附质的吸附为单分子层吸附，上式可以简化为 Langmuir 吸附等温公式。

若 $n=\infty$，$(p/p^s)_\infty \rightarrow 0$，三常数 BET 公式则转化为二常数公式。三常数公式（6-93b）适用于比压在 $0.35 \sim 0.60$ 之间的吸附。

实际上吸附公式是比较多的，如果感兴趣可查阅相关的文献资料。

习 题

6-1　表面张力、表面功及表面 Gibbs 函数的单位是否相同？各自的物理意义是什么？表面张力的本质是什么？

6-2　试解释为什么自由液滴或气泡在不受外加力场影响时，为何都呈球型？

6-3　试简述物理吸附和化学吸附的本质及其特点。Langmuir 和 Freundlich 吸附等温式区别及是否应用范围一致？

6-4　吸附等温线的类型及特点是什么？试画出各吸附等温线类型的示意图。

6-5　怎样计算表面活性剂在溶液界面的吸附量？表面活性剂溶液的 CMC 指什么？表面活性剂溶液的性质随浓度在 CMC 附近的改变有何显著变化？

6-6　20 ℃时苯的蒸气结成球型雾滴（$r=1\times10^{-6}$ m），试计算此温度下苯的球型雾滴的饱和蒸汽压。已知，20 ℃时苯的表面张力 $\sigma=28.9\times10^{-3}$ N·m^{-1}、密度 $\rho=879$ kg·m^{-3}、苯的 $T_b=80.1$ ℃和摩尔汽化焓 $\Delta_{vap}H_m=33.9$ kJ·mol^{-1}（不随温度变化）。

（答案：$p^s=526$ Pa）

6-7　试计算为 20 ℃下半径为 1×10^{-8} m 水滴的饱和蒸汽压。已知，20 ℃时水的表面张力为 72.75 mN·m^{-1}、密度 $\rho=998.2$ kg·m^{-3} 和饱和蒸汽压 2.338 kPa。

（答案：$p^s=2.604$ kPa）

6-8　在 0 ℃时用某生物吸附材料吸附氯仿的饱和吸附量为 $\Gamma=93.8$ dm^3·kg^{-1}，此时氯仿的分压 $p_B=13.375$ kPa，其平衡吸附量为 82.5 dm^3·kg^{-1}。试计算氯仿的分压为 6.667 kPa 下的平衡吸附量。

（答案：$\Gamma=73.6$ dm^3·kg^{-1}）

6-9　20 ℃时汞和水的表面张力依次为 486.5 mN·m^{-1} 和 72.75 mN·m^{-1}，二者之间的界面张力为 375 mN·m^{-1}。试问汞表面能否被水铺展？

（答案：能）

6-10　惰性气体氩气通过盛钢水的桶底部的一块透气砖吹入赶走桶内的氧气，达到净化钢水的目的。试求避免在不吹氩气时钢水不会从透气砖中漏出来的透气砖的最大半径？已知：钢水表面张力 $\sigma=1.3$ N·m^{-1}、深 $h=2$ m、密度

$\rho = 7\ 000\ \text{kg} \cdot \text{m}^{-3}$、钢水与孔壁的接触角 $\theta = 150^\circ$。

（答案：提示用 Young-Laplace 方程，$r \leqslant 1 \times 10^{-5}\ \text{m}$）

6-11　实验发现在温度为 26.9 ℃时，某表面活性剂稀溶液的表面张力 σ 的浓度呈线性降低，当表面活性剂浓度为 $1 \times 10^{-4}\ \text{mol} \cdot \text{dm}^{-3}$ 时的溶液表面张力减小 $3 \times 10^{-3}\ \text{N} \cdot \text{m}^{-1}$，试计算单位表面吸附的物质的量 $\Gamma_2^{(1)}$。

（答案：$\Gamma_2^{(1)} = 1.2 \times 10^{-6}\ \text{mol} \cdot \text{m}^{-2}$）

6-12　测得温度为 200 ℃，平衡压力分别为 0.1 MPa 及 1 MPa 下的 N_2 于某催化剂上的吸附量为 1 g 催化剂吸附 N_2 的量依次为 2.5 cm^3 及 4.2 cm^3。如果此吸附过程服从 Langmuir 模型($\Gamma = \Gamma_\infty b/(1+bp)$)，试计算当催化剂对 N_2 的吸附量为一半饱和吸附量时的平衡压力。

（答案：$p = 82\ \text{kPa}$）

第 7 章 热力学在化学工程中的放大应用

　　对于一个科研工作者来说，在化学工业过程中，如何将实验室成果迅速转化为为工业规模生产是关键性的一步。此关键性在于实验室成果到建立工业规模的生产过程是靠装置放大和工艺放大来实现的。因此认识放大的规律性、选择合适的放大方法和利用好化工放大技术等在科学研究和工业生产中具有重要的意义，对节约成本和顺利生产具有实际应用价值。

　　化学工业的放大方法主要有逐级经验放大法、数学模拟法、基于"实验方法论"放大法等。每种方法皆有其相适应的条件与对象，并不是每一种过程皆可取方法之一来进行简捷的放大。为了获得良好的放大效果，对于复杂的反应还需要考虑几种方法的综合。因此，选择合适的放大方法是由实验室走向工业生产过程中极其重要的一环。放大方法中的逐级经验放大法从实验室规模开始，经逐级放大到一定规模试验，再将模型结果放大到工业生产装置的规模，需要的实验工作量大（化工过程常用实验室小试装置、中试装置和大型工业装置来摸索反应器的特征及反应的工艺条件），开发周期长，人力及经济消耗大，通常不采用此方法，除非对此过程的化工过程理论了解不深，才采用逐级放大法；数学模拟法适合于人们对具体的工业过程和实验过程的认知要非常透彻，物理参数等测定值要相当可靠才行；而第三种方法结合前两者的优点，并依靠量纲分析理论，基于科学的方法进行实验以此而放大。因此，本章结合化工过程问题实例介绍基于量纲分析的化学工程放大技术。

7.1 实验室与工业规模过程放大技术影响的主要因素

7.1.1 影响化学工程放大的典型因素

1. 实验设备和工业设备存在温度梯度和浓度梯度的差异

实验室进行工艺研发的作用不仅是为了提供高品质的原料以满足目标产物

的需要，更重要的是为后续规模化工业生产尽量提供可靠的化工工艺参数信息。但实验室与工业规模化设备却存在着各种差异，这种差异就需要工艺或设备通过放大技术来进行统一。其中最大的差异就是两种规模上的设备（典型的是实验室三颈瓶反应器与工业反应釜，如图 7-1 所示）中存在着温度梯度和浓度梯度的不同。工业规模化与实验室规模两种级别的设备虽然在温度控制方式、方法和投料方式是一样的，因此在两种不同级别的反应器内的温度效应和物料的浓度效应也似乎应该完全一致，但事实上是不同的。这是因为在微观上（见图 7-1），实验设备三颈瓶与工业化反应釜之间在料液本体中点 A 与点 A′ 的温度无差异，假设料液本体温度均为 T_0，则此两点并不存在温度放大效应；但是在不同体积大小的反应器中的传热路径长短是不同的，典型的在壁面的液固界面处或在进料点处，如图 7-1 中壁面处点 B 与点 B′ 的温度差异会比较大，此时 $(T_{B'} - T_0) \gg (T_B - T_0)$，因此温度梯度在不同设备的同一点是不同的。故生产同样的产品，实际上是相当于两者的设备是在不同的温度下进行的化学反应，产物的产率或转化率和其他某些产品的物性（如晶习）结果肯定就不同了。

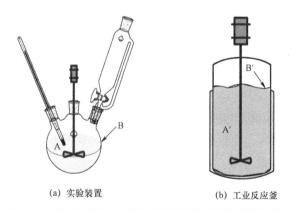

(a) 实验装置　　　　　　　　(b) 工业反应釜

图 7-1　实验设备与工业反应釜中不同点温度的区别

同样在设备的微观区域中，设备中的流体由于搅拌方式或搅拌速度的不同（例如，实验规模可以是较快的机械式或磁力式搅拌，而工业上机械式速度要慢而大，30 m³ 以上常采用气体搅拌），使得流体受混合均匀状态产生明显的差异，最终会导致实验设备和工业化生产同样产品时，设备就会存在明显不同的温度梯度与浓度梯度，尤其是在滴液反应的滴液点处（或流体进料处）的区别更大。且实验设备和工业设备中的液滴如未能及时得到分散，会导致某些微观区域局部浓度过浓；如果反应属于扩散控制的放热反应，则局部浓度过大会导致局部过热。因此，在宏观状态的实验装置与工业化反应器看上去没有区别，但是在微观状态上设备的局部区域存在的温度和浓度梯度是不同的，这种差异就会导致化工上的放大效应。

对于理想中的简单反应，由于其反应中温度梯度及浓度梯度是不存在的，因此对具体的化学反应没有影响，因而从实验室到规模化生产将不存在放大效应。由于各种操作条件对反应没有影响，因此流体中的传热和传质均匀性皆可采用慢速搅拌。但是对于非均相的化学反应，其反应机理一般为浓度扩散来控制，因此在混合时，反应器内通常会呈现分散相及连续相两相，如果剧烈搅拌，则扩散距离会随分散相尺寸的变小而靠得越近，反应的速率就会变快。同时，剧烈搅拌还具有降低温度梯度的作用。若一个反应为放热的均相反应，如果该放热反应是一个均相的复杂扩散过程，此过程的传热和传质（温度梯度和浓度梯度）将严重影响该反应的进程，此时要求混合过程搅拌越剧烈越好。若该均相反应是由动力学控制的反应过程，则由于其反应速度较慢，反应的微量放热不容易造成局部区域过热，温度梯度效应不显著，某组分在局部区域瞬时的、较高浓度的反应对生产选择性影响有限，因此这种情况对搅拌剧烈程度要求较低。

2. 实验室与工业设备的换热面积和周期操作时间的差异

对比典型大小的实验室与工业规模化的反应器，发现实验室反应器为小试装置，其反应周期一般比工业化的反应器短，主要原因是工业反应器的传热面积与其体积之比远小于实验室容器的传热面积与体积之比（见表7-1）。工业反应器的容积越大，其单位容积的表面积就越小。因为设备的传热速度是与其表面的换热面积成正比的，不管是放热反应还是吸热反应，其移热时间会与实验小试设备的放大倍数成反比。再考虑工业设备反应前、后的预热和冷却因素，可能工业规模的反应时间将数倍甚至十几倍地高于实验设备。因此工业反应器料液中心要达到与实验室反应器中心的温度需要的反应时间就会变长。所以设备换热面积会严重影响到周期操作时间。

表 7-1　实验室与工业反应器的面积与体积之比例

实验室玻璃仪器					搪玻璃开式搅拌容器			
圆底烧瓶/mL	内径/cm	传热表面积 [a]/cm^2	体积 [a]/cm^3	表面积：体积/（cm$^2 \cdot$ cm^{-3}）	公称容积/L	计算容积/L	传热表面面积/m^2	表面积：体积/（cm$^2 \cdot$ cm^{-3}）
100	3.10	120.70	124.72	0.97	50	70	0.54	0.08
250	4.25	226.87	321.39	0.71	100	127	0.84	0.07
500	5.25	346.19	605.82	0.57	500	588	2.60	0.04

续表

实验室玻璃仪器					搪玻璃开式搅拌容器			
圆底烧瓶/mL	内径/cm	传热表面积 [a]/cm²	体积 [a]/cm³	表面积∶体积/（cm²·cm⁻³）	公称容积/L	计算容积/L	传热表面积/m²	表面积∶体积/（cm²·cm⁻³）
1 000	6.55	538.86	1 176.50	0.46	1 000	1 245	4.50	0.04
2 000	8.30	865.26	2 393.88	0.36	2 000	2 197	6.70	0.03
3 000	9.75	1 193.99	3 880.45	0.31	3 000	3 380	9.30	0.03
4 000	10.35	1 345.46	4 641.83	0.29	4 000	4 340	10.90	0.03

注：（1）表中 a 表示将圆底烧瓶视为简单的球体，面积以 $A = 4\pi r^2$ 公式来计算，体积以 $V = 4/3\pi r^3$ 公式来计算，且玻璃的壁厚在计算时忽略不计。（2）所比较的实验仪器圆底烧瓶和工业用搪玻璃开式搅拌容器数据分别来于中国国标 GB/T 22362—2023 和 GB/T 25027—2018。

3. 实验室与工业设备中流体的反应选择性存在差异

化学工程的放大中反应选择性条件的改变会严重影响到产品的转化率、产率及纯度。

（1）典型因素归于实验小试和工业生产的混合效果不一致而导致的。因此，在实验室时需要评估转速对产品产率及性能的影响，则在工业化规模生产时，若出现问题会快速找到原因，因为规模化生产的反应釜配备的变频调速方便进行适当调整到合适的转速。

（2）在工业放大中，规模化生产的产品的分离会出现问题，因为生产中对固体的洗涤效果肯定达不到实验室的水平，现实中过程产生的或原料存在杂质难于完全洗去。实际上在某些工艺条件下，带搅拌的过滤、洗涤及干燥三合一设备可以替代工业离心机，方便在过滤后加入溶剂进行洗涤及打浆，其分离及纯化效果常优于工业的离心机分离。

（3）生产操作时间会对生产性能产生显著的影响，因此在实验小试时非常有必要研究操作时间的延长会对产品性能产生如何影响。在实际工业生产中，对于有机产品，常由于蒸馏时间的延长导致产物会产生部分分解及多次产生副反应。因此工业生产中要把反应的机理研究好，尤其这种操作条件对产品性能产生的影响要研究清楚。虽然工艺过程的放大问题通常是与传质及传热相关的，但最基本的还是要理解生产中的化学反应，如除了主反应之外，还会产生什么副反应？促进副反应的发生的条件？在工业放大中什么物质会产生什么改变？其会对反应选择性产生什么影响？通常在实际工业生产中，虽然反应釜的传热基本条件难于改变，但可以通过程序控制加热或冷却介质的速度来减少局部过冷/过热，从而改变釜内反应体系的温差；反应系统的传热和传质也可通过合理

选择转速或桨型而加以改进。

4. 实验室与工业设备中温度指示的不同

在实验室和工业生产规模的反应器内，二者的测温元器件是不同的（如图 7-2 所示）。实验室中常将温度计直接插入反应液面下，可灵敏、真实的显示接近反应液的瞬时温度；但在工业规模生产中，测温通常采用各种灵敏的热电偶传感器，而热电偶置于金属套管中，工业反应器内的反应液测温过程是先加热热电偶套管，最后才加热温度计。因此，热传导过程的距离变长会导致热电偶显示温度比实际温度滞后及会减小升降幅度。

图 7-2（b）所示的工业反应釜，$T_1 \sim T_6$ 分别表示釜中反应液主体温度、滴液点温度、滴液温度、釜壁处反应物温度、夹套温度（热媒温度）和釜底放料口死区温度。如果反应釜内每个微观区域皆无温度梯度和浓度梯度的存在，即 $T_1 = T_2 = T_4 = T_6$，则不存在工艺放大效应。设备或工艺存在放大效应是因为 $\Delta T_1 = T_1 - T_2$ 和 $\Delta T_2 = T_4 - T_1$ 的值比较大，因此釜壁处反应液温度和滴液点温度成为实验到工业化生产过程放大研究的要点及重点。如果釜底放料口死区温度的存在对反应的影响小，则可以忽略死区温度 T_6；若对反应影响较大，则要采取相应措施来缩小死区，甚至釜底放料口用不着设计，而采用流体或料液泵出即可。对于吸热反应，釜内反应体系的过热在壁温（T_4）上，因而要控制壁面的过热只能通过夹套内的加热介质来控制。而如果反应是放热反应，则反应系统内的浓度过浓及过热会在进料的滴液点处。因此工业规模化放大的成败此时要取决于滴液点处的温度梯度及浓度梯度的解决。要解决此问题，主要控制以下条件：（1）必须有良好的混合条件，消除温度梯度及浓度梯度，使其及时均匀分布，防止局部区域过热；（2）将反应进料液导流到搅拌直径最大处，并采取手段将料液滴的直径降低以实现其温度和浓度在时、空方面有更好的分布；（3）针反应器内的反应系统的操作温度控制在最佳温度范围以内（即 $T_1 \sim T_4$，$T_1 < T_4$），并实行低限控制，即将温度尽可能控制在温度低限值 T_1，会较好地避免局部区域"过热"现象。（4）加大进料液中溶剂的含量，使得滴液的热容变大，从而减少局部区域的升温现象，对反应温度进行有效控制。

5. 实验室与工业设备中死区和设备的清洗不同

实验室与工业设备中死区及设备的清洗方式存在着严重的差异。实验室设备一般会及时和最大可能地清洗干净，但工业设备清洗过程和方式却不同，尤其是死区是不容易清洗干净的。工业设备中的死区指的是流体不能流动的区域及积存物料的区域（如工业设备底部出料口区域）。死区不清洗或清洗不干净会严重影响具体的化学反应、也会造成不希望的返混及相互间的物质污染。尤其会对反应物料液和/或产品造成污染，此种污染物可能会影响化学反应的选择性。

因此选择合适的清洗方式对工业反应釜的清洗是非常有必要的，它会严重影响产品的性能。

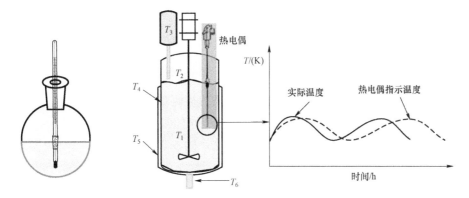

(a) 实验室设备温度位置　　　　　　(b) 工业反应釜实际温度与指示温度的区别

图 7-2　实验室反应器与工业反应釜中温度指示的差异

7.1.2　化工放大中模型放大或缩小应该考虑的问题

质量、热量和动量传递过程在化学工业过程中同时发生着，其与化学反应的规模是相关的，它在小规模（如实验室反应）中的行为与工业化大规模的生产行为是严重不同的。化学工程师非常希望找出合适的模型来模拟这些过程，进而能获得新工业装置的设计参数。有时对已存在，但不能正常运行或不能运行的工业装置，化学工程师希望通过适当的参数测量后，能发现问题产生的原因而提出有利的解决方案。这种合适的期望数学模型用于过程的放大或缩小，而须要考虑一些重要的问题。

（1）实验或放大实验模型可以做多大或多小？是否需要做多个模型或多个尺寸大小不一的模型来进行科学实验？

（2）物质的性质参数在什么情况下可以相同或在什么情况下却不能相同？在期望的数学模型中，参数的测量何时要用原始的物系或用其他如水来代替放大研究？

（3）将所测量的模型工艺参数应用于工业规模化装置，它是由什么放大规则来决定的？

（4）模型工艺与规模生产工艺过程间有没有可能达到完全相似（难）？若不能，则应该怎样进行下一步处理？

以上问题所涉及的模型理论基础是基于量纲分析，本章重点在于通过相关的实例运用量纲分析法来解决化学工程的放大问题。

7.2 量纲分析及矩阵变换基础

7.2.1 量纲分析理论

1. 量纲分析基本原理

量纲指表征自然现象或物理实体特征的被测量的量，即物理量的性质（类别）。**本章用大写的正体 *T*、*L* 和 *M* 分别表示时间、长度和质量的量纲，后文中所有量纲符号皆为大写、正体表示。**而这里的物理量为化工过程问题物理现象的定量描述，即物理量=数值×测量单位，比如（热力学中）物理量标准压力的表示 $p^{\ominus}=100\ \text{kPa}$。而测量单位指表征物理量的大小或数量的标准，如小时（h）、物质的量（mol）、质量（kg）。每一个物理概念皆可用一种量纲来与之相关联。但有些不同的物理量却有相同的量纲形式，典型的是运动黏度（ν）、热扩散系数（α）和扩散系数（D），此三个物理量的量纲皆为 $[L^2T^{-1}]$。而物理量的性质分为基本量和导出量两种。基本量指用来测量各种物理量而定义的一个标准。根据国际标准单位制 SI，长度、时间和质量为基本量。而导出量是根据一定的物理定律由基本量推导出来的，比如速度 $u=$ 长度 L/时间 T，因此导出量 u 的量纲是由两个基本量之间的关系来决定的。有时同一个物理量出现在不同的物理现象中，则依据不同的物理定律表达式推出的导出量是不同的，则可引入量纲常数来表达系统量纲的一致性，比如重力常数 G（量纲表达为 $[M^{-1}L^3T^{-2}]$）、气体常量 R（量纲表达为 $[ML^2T^{-2}N^{-1}\Theta]$，这里 $[\Theta]$ 代表温度量纲，$[N]$ 代表物质的量的量纲。

为了描述某种物理或化学现象的各变量间的数学表达式的量纲要一致，即该数学模型式等号两边的量纲要一致（**此即量纲齐次原则**），利用量纲齐次原则分析物理量之间的关系就为量纲分析。下面以一个具体的例子来介绍量纲分析的量纲齐次原则的运用。

例 7-1 求单摆的振荡周期 t 的表达式

解：单摆的摆动示意如下图所示：

此单摆作振荡运动的物理量是由振荡周期 t、单摆质量 m、单摆长度 l、重力加速度 g 和振幅 α 有关。目的是求取振荡周期 t 与 m、l、g、α 间的关系 $t=f(l,m,g,\alpha)$。

由于振幅 α 的量纲为无量纲 1，因此可将上式表达为 $f(l,m,g,t)=0$。即有

$$t=\lambda^a l^b m^c g^d \qquad ①$$

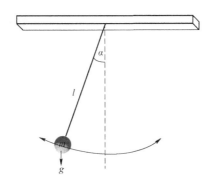

①式等式右边 λ 为与振幅 α 有关的常数，其量纲为无量纲 1，可表达为 $M^0L^0T^0$。等式左边的物理量振荡周期 t、单摆质量 m、单摆长度 l 和重力加速度 g 的量纲依次表达为 $M^0L^0T^1$、$M^1L^0T^0$、$M^0L^1T^0$ 和 $M^0L^1T^{-2}$，根据量纲齐次原则，将等式①两边的量纲相一致可写出量纲之间的关系式如下：

$$\begin{cases} a=1 \\ c=0 \\ b+d=0 \\ -2d=1 \end{cases} \qquad ②$$

由方程组②式，解得 $a=1$，$b=1/2$，$c=0$，$d=-1/2$。

将结果代入式①可得单摆的振荡周期 t 的表达式为

$$t=\lambda\sqrt{\frac{l}{g}} \qquad ③$$

式③为单摆振荡周期的量纲分析表达式，但并不能得到函数的具体表达式。根据小振幅牛顿动量方程积分可导出 $\lambda=2\pi$，它与振幅 α 无关。因此可得下式：

$$t=2\pi\sqrt{\frac{l}{g}} \qquad ④$$

2. 量纲系统及物理量的量纲一致性

一个具体的量纲系统是由所需的基本量纲、导出量纲及对应的测量单位所组成。目前的国际标准单位制 SI 是基于表 7-2 的 7 个基本量纲而建立的。化工过程放大量纲分析常用的物理量单位及量纲如表 7-3 所示。

表 7-2　基本量、基本量纲及对应的测量单位之间的关系

基本量	质量	长度	时间	温度	物质的量	发光强度	电流
基本量纲	M	L	T	Θ	N	J	I
SI 单位	kg（千克）	m（米）	s（秒）	K（开尔文）	mol（摩尔）	cd（坎德拉）	A（安培）

表 7-3　常用物理量 SI 单位及其量纲之间的关系

物理量	SI 单位	量纲	物理量	SI 单位	量纲
比热容	$J \cdot (kg \cdot K)^{-1}$	$L^2T^{-2}\Theta^{-1}$	表面张力	$N \cdot s^{-1}$	MT^{-2}
传热系数	$W \cdot m^{-2} \cdot K^{-1}$	$MT^{-3}\Theta^{-1}$	动力黏度	$N \cdot s \cdot m^{-2}$	$ML^{-1}T^{-1}$
热导率	$W \cdot m^{-1} \cdot K^{-1}$	$MLT^{-3}\Theta^{-1}$	速度	$m \cdot s^{-1}$	LT^{-1}
功率	$J \cdot s^{-1} = W$	ML^2T^{-3}	加速度	$m \cdot s^{-2}$	LT^{-2}
动量	$kg \cdot m \cdot s^{-1}$	MLT^{-1}	频率、角速度、剪切率	s^{-1}	T^{-1}
角动量	$kg \cdot m^2 \cdot s^{-1}$	ML^2T^{-1}	角加速度	s^{-2}	T^{-2}
能量	$kg \cdot m^2 \cdot s^{-2} = J$	ML^2T^{-2}	面积	m^2	L^2
功（机械能，扭矩）	$kg \cdot m^2 \cdot s^{-3} = W$	ML^2T^{-3}	体积	m^3	L^3
扩散系数	$m^2 \cdot s^{-1}$	L^2T^{-1}	密度	$kg \cdot m^{-3}$	ML^{-3}
电位，电压，电动势	V	$L^2MT^{-3}I^{-1}$	力	$kg \cdot m \cdot s^{-2} = N$	MLT^{-2}
电容	F	$L^{-2}M^{-1}T^4I^2$	压力、应力、弹性模量	$kg \cdot m^{-1} \cdot s^{-2} = Pa$	$ML^{-1}T^{-2}$
电阻	Ω	$L^2MT^{-3}I^{-2}$	力矩	$N \cdot m$	ML^2T^{-2}
电导	S	$L^{-2}M^{-1}T^3I^2$	质量惯性矩	$kg \cdot m^2$	ML^2
引力常数	$N \cdot m^2 \cdot kg^{-2}$	$L^3M^{-1}T^{-2}$	无量纲量 α	$[\alpha] = 1$	1

　　特别要注意，在物理量的描述问题中，如果量纲只由基本量 [M，L，T] 表示，此问题则为动力学的范畴；如果量纲表示中包含了温度 [Θ]，则此问题属于传热学的范畴；如果量纲中包含了物质的量 [N]，则描述的过程问题属于化学的范畴。

　　所有描述物理现象问题的物理变量之间的数学关联式中，各项必须具有相同的量纲，即量纲要有一致性，这样物理数学关联式才具有普遍适应性。量纲分析的目的是用较少个无量纲变量来转换较多个物理量表示的函数关系。因此要经过① 将所有描述问题必须的物理量形成一张关联参数表，表中由唯一性规则得到的唯一因变量的目标量和所有影响因子所组成；② 将关联式中的各项物理量遵循量纲一致性原则，将各物理量转换为无量纲的形式（Ⅱ 定律基础）。特别要注意无量纲表达式中各项在量纲上必须是一致的。

例 7-2　用量纲分析炉中烤肉的重量 m 与烤肉时间 t 的放大关系，肉块烧烤示意图如下图所示。

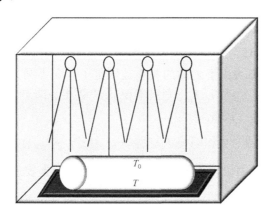

解： 分析肉块烧烤示意图，会发现肉块在高温炉中主要是热量通过非稳态的辐射和对流传热将发热元件的热为量传递到肉块表面。根据传热学的知识，我们知道被加热的物体的热导率 k 越大，则单位时间、单位面积上的热量的扩散速度就越快；物体的加热速度要随其体积热容 ρC_p 的增大而降低。因此对于物体加热可以以热扩散系数 $\alpha \equiv k/(\rho C_p)$ 来表达这种非稳态的传热过程。

肉块烧烤是经过一段时间（t）吸热后，当其内部达到一定的（T）后，完成了烧烤过程，因此此过程的目标量就是达到此温度的加热时间（t）。因此分析后可得到下列参数关联表：

物理量	符号	量纲
加热时间	t	T
肉块表面积	A	L^2
热扩散系数	α	L^2T^{-1}
肉块表面温度	T_0	Θ
肉块内部温度	T	Θ

由于温度量纲 $[\Theta]$ 出现在物理量肉块的表面和内部温度中，因此可用一个无量纲物理量来表示二者的关系：

$$\Pi_1 = (T_0 - T) / T_0 \qquad ①$$

其余加热时间、肉块表面积和热扩散系数可合并为一个无量纲物理量 Π_2。观察三个物理量之间的量纲关系发现，热扩散系数量纲＝肉块表面积量纲/加热

时间量纲，因此无量纲物理量 Π_2 可表达为

$$\Pi_2 = \alpha t / A = F_o \qquad ②$$

这里简写 F_o 为传热学中的傅里叶数。

根据式①和②将 5 个物理量减去三个基本量纲 [L，T，Θ]，即 $5-3=2$ 个无量纲物理量 Π_1 和 Π_2。因此即使不知道两个量纲之间的函数关系式 f，但目标量加热时间（t）与肉块大小之间的关系被确定了。在不同大小的肉块要具有相同的温度分布 $\Pi_1 = (T_0 - T) / T_0$，则只需要其 F_o 数相等即可。对同一材料，其热扩散系数 α 是相同的，因此有

$$(T_0 - T) / T_0 \text{相同} \rightarrow F_o \text{相同} \rightarrow t / A \text{相同} \rightarrow t \propto A \text{相同} \qquad ③$$

而肉块是以重量而论，而不是以面积论。因此根据物质的质量＝物质的密度×物质的体积有

$$m = \rho V \propto \rho l^3 = \rho l^2 l \propto \rho A^{3/2} \qquad ④$$

由于同一种物质的密度 ρ 是相同的，因此根据式④有

$$A \propto m^{2/3} \qquad ⑤$$

式⑤结合式③可得

$$t \propto m^{2/3} \qquad ⑥$$

根据式⑥就可得到肉块烧烤的规模放大数学模型：

$$t_2 / t_1 \propto (m_2 / m_1)^{2/3} \qquad ⑦$$

根据式⑦可知，对于同一类型的材料（密度 ρ 和热扩散系数 α 相同），当其肉块质量增加到原来的 2 倍时，其烧烤时间 t 将增加到 $2^{2/3} = 1.58$ 倍。

由上例可见，通过一定的换算，可以将问题的有因次物理量转换成无量纲数群，它将问题过程进行简化，把问题涉及的所有物理量的组合减小了，还能全面描述问题，这就是量纲分析中的 Π 定律（Π 表示乘积）。

7.2.2 Π 定律、矩阵变换导出 Π 集合及 Π 空间的尺度相似性

1. Π 定律

如果用 q 来代表任意的物理量，则 n 个物理量表述问题的物理关系，可以用 $m = n - r$ 个独立的无量纲数群关系来表述，r 为物理关系所包含的基本量的数量，如果将量纲用矩阵来表达时，r 就为量纲矩阵计算的秩。这就是 E.Buckingham（1914 年）提出的 Π 定律。

由于化工过程问题所涉及的物理量满足一定状态的函数关系式 $f(q_1, q_2, \cdots, q_n) = 0$，此关系是无量纲数群的物理定律表达式。如果 X_1，X_2，$\cdots$，X_m 为基本量纲，且 $m < n$，则问题物理量 q_1，q_2，$\cdots$，q_n 的量纲表达式为

$$\left[q_j\right] = \prod_{i=1}^{m} X_i^{a_{ij}}, j = 1, 2, \cdots, n \tag{7-1}$$

则可将量纲矩阵表达为 $\mathbf{A} = \{a_{ij}\}_{m \times n}$，若矩阵的秩为 r，则线性方程 $\mathbf{A}y = 0$ 有 $m = n - r$ 个解，表达为

$$y_s = (y_{s1}, y_{s2}, \cdots, y_{sm})^T, s = 1, 2, \cdots, n - r \tag{7-2}$$

则 $n - r$ 个相互无关的无量纲数群表达为

$$\Pi_s = \prod_{j=1}^{n} q_j^{y_{sj}} \tag{7-3}$$

且 $f(q_1, q_2, \cdots, q_n) = 0$ 与 $f(\Pi_1, \Pi_2, \cdots, \Pi_{n-r}) = 0$ 是等价的，但化工过程问题的具体函数关系式 f 却是未知的。

化工过程问题的量纲分析优点是即简化了过程，又可以将过程进行可靠的放大。

2. 量纲矩阵变换导出 Π 集合

由于进行化工过程放大的量纲分析是需要遵守 Π 定律的，利用 Π 定律对物理量转换成无量纲数群需要将问题过程的关联表进行矩阵秩的计算，它取代了相对复杂的方程组求解计算。为了求解量纲矩阵计算的秩 r，需要具有初等线性代数中矩阵变换的基础知识，以备量纲分析使用。

在数学中对于 n 个线性方程组可列出 n 阶行列式，即可列出一个 n 阶矩阵 $\mathbf{A}$，进而可利用克拉墨法则对其进行求解（克拉墨法则指线性方程组的系数行列式不等于零，则此方程组有惟一的解）。如果由 $m \times n$ 个数 a_{ij}（$i = 1, 2, 3, \cdots, m$；$j = 1, 2, 3, \cdots, n$）排列成 m 行 n 列，称为 $m \times n$ 矩阵，可以一个括弧表示成一个整体。即 $m \times n$ 矩阵 $\mathbf{A}$ 为

$$\mathbf{A} = \begin{pmatrix} a_{11} & \cdots & a_{1n} \\ \vdots & \ddots & \vdots \\ a_{m1} & \cdots & a_{mn} \end{pmatrix}$$

这里 $m \times n$ 称为矩阵 $\mathbf{A}$ 的元素（称为元），数 a_{ij} 称为矩阵 $\mathbf{A}$ 的 (i, j) 元。如果 $m = n$，则称此矩阵为 n 阶矩阵 $\mathbf{A}$。如果 n 阶矩阵 $\mathbf{A}$ 的对角线上的值都为 1，其他的元为 0，则称之为单位矩阵 $\mathbf{E}$。即

$$\mathbf{E} = \begin{pmatrix} 1 & \cdots & 0 \\ \vdots & \ddots & \vdots \\ 0 & \cdots & 1 \end{pmatrix}$$

为了得到化工过程放大的量纲分析的无因此数群，就需要计算表达化工过程物理量的量纲矩阵的秩。但由于化工过程的量纲分析不需要将矩阵计算成为一个具体的数，也不需要将矩阵按行或列展开。因此在求取矩阵秩 r 过程中，对量纲矩阵行列式的计算，则只需要遵循以下几个矩阵行列式变换的基本原则：

（1）一个排列中任意两个元素的对换，排列将改变奇偶性。

（2）互换矩阵行列式的两行（或两列），行列式变号。且，若行列式的两行（或两列）相等或其元素成比例，则此行列式等于 0。

（3）行列式中的某行（或某列）的所有元素乘以任一常数 λ，等于常数 λ 乘以此行列式。即，如果用 r 表示行、c 表示列，则第 i 行（或 i 列）乘以常数 λ，则记为 $\lambda \times r_i$（或 $\lambda \times c_i$）。换言之，行列式某行（或某列）所有元素的公因子则可提到行列式记号外面，即第 i 行（或 i 列）的公因子 λ，可记为 $r_i \div \lambda$（或 $c_i \div \lambda$）。

（4）将行列式的某行（或某列）的所有元素乘以同一数后加到另一行（或列）对应的元素上去，则行列式不变。

（5）把 n 阶矩阵中 (i, j) 元 a_{ij} 所在的第 i 行及第 j 列划去后，留下的 $n-1$ 阶行列式为 (i, j) 元 a_{ij} 的余子式 M_{ij}。记为 $A_{ij} = (-1)^{(i+j)} M_{ij}$，则称 A_{ij} 为 (i, j) 元 a_{ij} 的代数余子式。进而在 n 阶行列式中，如果在第 i 行 (i, j) 元 a_{ij} 之外所有元素皆为 0，则这行列式等于 $a_{ij} A_{ij}$。

化工过程放大的量纲分析中，量纲矩阵计算主要按以下几步进行操作。

（1）第一步是将化工过程的相关物理量分解为目标参数、几何参数、流体的物性参数和过程的相关参数等。

（2）第二步是将相关物理量的量纲写成一个分析集合，将各物理量的量纲排列成一个量纲矩阵。此矩阵将物理量排列成一行，基本量纲排成一列，在矩阵中所列的数字为各个物理量的基本量纲的幂次，进而形成了一个量纲矩阵。

（3）第三步是将上一量纲矩阵进而分为一个二次核心矩阵和一个剩余矩阵，其中矩阵的秩为 r，其值取决于物理量中出现的基本量纲之数。为了方便将核心矩阵变为单位矩阵，常需要调整核心矩阵和剩余矩阵中的物理量的位置。

（4）第四步是将核心矩阵利用矩阵的行列式进行线性变换，将矩阵的对角线上的数变为非零、其他值为零来确定矩阵的秩 r，即，将核心矩阵变换为单位矩阵。

（5）利用第四步的结果，以剩余矩阵中的各物理量为分子、核心矩阵中的各物理量按其在剩余矩阵中各物理量下所具有的量纲的指数为分母，得到相应

的无量纲数群 Π。这里 Π 定律只能得到无量纲数群的数量，而得不到它们之间的形式。

（6）分析具体的物理过程，找出适合于描述实验结果的数据关联的无因次数，再导出无量纲数群之间关联的形式。

下面以一个例子来简述量纲矩阵的分析过程。

例 7-3　试用量纲分析搅拌槽的传热过程。

解：带搅拌槽的传热过程类似于图 7-2（b）所示的搅拌釜。在此过程中需要考虑搅拌槽内壁的传热系数 h、内壁和流体之间的温差 ΔT_{em}、搅拌槽直径 D_{mix}、搅拌桨直径 d 及转速 n、器内搅拌流体的物性参数（热导率 k、比热容 C_p、黏温系数 γ_0、流体黏度 μ 及流体密度 ρ）等对化工过程传热的影响。

结合前文描述的 Π 定律，此过程问题的量纲分析主要由以下几步组成：

（1）将此过程的相关物理量分解为目标参数、几何参数、流体的物性参数和过程的相关参数

目标参数：h

几何参数：D_{mix}，d

流体的物性参数：k、C_p、γ_0、μ 及 ρ

过程参数：n，ΔT_{em}

据此则可得关联参数表为

$\{h, D_{mix}, d; k, C_p, \gamma_0, \mu, \rho; n, \Delta T_{em}\}$

也可用函数 $f(h, D_{mix}, d; k, C_p, \gamma_0, \mu, \rho; n, \Delta T_{em}) = 0$ 表达此过程物理量之间的关系。

（2）将各物理量的量纲排列成一个量纲矩阵，并将之拆分一个二次核心矩阵和一个剩余矩阵

在搅拌槽中的机械搅拌过程中，假设忽略此过程的机械能转化为热能，则可以不考虑热功当量焦耳 J 对搅拌传热过程的影响，因此只需要考虑四个基本量纲［M，L，T，Θ］与参数关联表中的 10 个变量。因此，根据 Π 定律可知，用上面关联表 10 个物理量来表述搅拌槽传热过程问题的物理关系，可以用 $m = 10 - 4 = 6$ 个独立的无量纲数群关系来表述。上述关联表可得量纲矩阵如下：

参数 量纲	核心矩阵				剩余矩阵					
	ρ	d	n	ΔT_{em}	h	C_p	k	μ	D_{mix}	γ_0
M	1	0	0	0	1	0	1	1	0	0
L	−3	1	0	0	0	2	1	−1	1	0

量纲 \ 参数	核心矩阵				剩余矩阵					
	ρ	d	n	ΔT_{em}	h	C_p	k	μ	D_{mix}	γ_0
T	0	0	−1	0	−3	−2	−3	−1	0	0
Θ	0	0	0	1	−1	−1	−1	0	0	−1

（3）量纲矩阵的计算

根据本节前文所述阵行列式变换的基本原则（4），以 r_i 代表某行，将上表的核心矩阵经过行列式计算变为单位矩阵 **E** 后，即得

量纲 \ 参数	核心矩阵（参数）				剩余矩阵（参数）					
	ρ	d	n	ΔT_{em}	h	C_p	k	μ	D_{mix}	γ_0
① $r_2 = L + 3M$	1	0	0	0	1	0	1	0	0	0
② $r_3 = -T$	0	1	0	0	3	2	4	2	1	0
⟶	0	0	1	0	3	2	3	1	0	0
	0	0	0	1	−1	−1	−1	0	0	−1

（4）矩阵推出无量纲数群 Π

以剩余矩阵的各物理量为分子、核心矩阵中的各物理量按其在剩余矩阵中各物理量下所具有的量纲的指数为分母，得到以下 6 个无量纲数：

$$\Pi_1 = \frac{h\Delta T_{em}}{\rho d^3 n^3} \, , \ \Pi_2 = \frac{C_p \Delta T_{em}}{d^2 n^2} \, , \ \Pi_3 = \frac{k\Delta T_{em}}{\rho d^4 n^3} \, , \ \Pi_4 = \frac{\mu}{\rho d^2 n} = \frac{1}{Re} \, , \ \Pi_5 = \frac{D}{d} \, , \ \Pi_6 = \gamma_0 \Delta T_{em}$$

又因为

$$\frac{\Pi_1}{\Pi_3} = \frac{hd}{k} \approx \frac{hD_{mix}}{k} \equiv Nu$$

这里 Nu 为 Nusselt 数。

而

$$\frac{\Pi_2}{\Pi_3 \Pi_4} = \frac{C_p \mu}{k} \equiv Pr$$

Pr 为 Prandtl 数。

因此，根据四个基本量纲 ［M，L，T，Θ］分析搅拌槽的传热过程可得到关于其过程的传热特性的无量纲数群 Π 集合为

$$\{Nu, Pr, \Pi_3, Re, D_{mix}/d, \Pi_6\}$$

其关系式也可用 Nusselt 数来表达此传热过程

$$Nu = f(Pr, \Pi_3, Re, D_{mix}/d, \Pi_6)$$

3. Π 空间的尺度相似性

量纲分析的目的是为了处理实际化工过程问题得到一个整合的无因次数群，从而得到从实验室到规模化生产的可靠放大方法。实际上化工过程问题的放大基础来源于 Π 空间尺度的相似性，还需要满足模型放大实验的理论要求。

（1）实验室规模到工业化规模的放大所需要的模型要求对过程描述问题的所有 Π 数要保持数值相同（Π 相等），还需要满足两个过程（实验设备到规模化设备）具有相似的几何空间，即此两过程具有几何相似性。

（2）Π 空间的过程问题的无因次数群的关联式对应的放大点只能放大到一个有限值，即放大具有极限值。

因此，第二点是可靠放大的基础。由于量纲分析过程问题的 Π 空间无因次数群皆是无量纲的，无因次数又与单个的物理量无关，只是在两个不同过程中保持一个同等的比例（如例 7-1 结果所示）。因此其关联式表达的过程具有相似性，它并不能保证实验室与工业规模装置在各方面都相同，比如有的简单过程只需要考虑流体力学的相似性（Re 相同），而复杂过程还要考虑流体力学之外的传热行为（此时 Π 空间无因次数关联式常表达为 Nu = f（Re，Pr）之间的关系，此时要求 Re 和 Pr 皆要相同，两过程才能相似），即化工过程问题的放大不仅可能只在一个操作点相同，还可能要更多的点上相同才行。

（3）实际上，过程放大特别讲究流场相似，除了过程设备的几何相似外，流体力学中还要求运动相似和动力学相似（也可以说是要求力相似）。

7.3　量纲分析总结

量纲分析方法并不是对任意过程皆适合，采用此法不但要求工程师对此过程有彻底性和关键性的了解，还要取决于工程师所掌握的知识。因此，特别要注意：

（1）物理量的选择必须要求工程师对此问题的物理过程要有深入的了解，要对其物理状态（流体力学范围、传热方式、悬浮状态等）相互间的影响及极限程度有量化的判断，才能知道选择何具体的物理参数。

（2）工程师要对过程问题涉及的物理学知识进行足够的掌握，才能将各种 Π 数运用到量纲分析中。

（3）如果此过程问题的物理参数皆已知，因此采用量纲分析法对其过程的放大分析是合适的；如果此放大问题可以采用数学解析，则可以不用量纲分析

此问题。

（4）选取什么基本量纲，决定了处理问题减少的参数数量和无量纲数群 Π 的多少。

（5）构建物理参数的量纲矩阵，并有目的性的构造线性方程 **A**y=0 的基本解。

（6）由量纲矩阵得到的无量纲 Π 数，不能死记课本上 Π 数的基本定义式，要灵活地运用其概念，因为在量纲分析中无因次 Π 数参数的选择具有较大的灵活性和可靠的外延性。

（7）量纲分析方法具有普适性，但结果具有一定的局限性（具体表达式未知和无量纲量未定）。

（8）从实验室规模到工业规模操作参数的放大是基于 Π 空间的尺度相似性，因此放大因子 $\mu_{放大}$ 与实验测量精度关系非常大，尺寸大的模型会减小放大因子。

（9）如果描述过程问题的无因次数值可通过选择过程参数或物性参数来调整，则实验不需要在不同尺寸模型中进行；反之，过程特性参数需要在不同尺寸模型中测量并外推。

（10）若实验的模型物系的物理性质难于测量或相关物性参数未知，则实验须用原料物料测量，并需要在不同尺寸的模型中进行实验。

（11）如果要将实验模型设备结果放大到工业规模设备，放大需要满足它们具有物系、空间的几何及工艺操作完全相似。通常后两者相似易达到，而如果实验模型与工业规模生产的物系不同，要使此两过程相似，在 Π 空间中不但要求表述问题过程的无量纲 Π 数相等，还需要物性的无量纲函数也要相等，因为物系的物理性质（密度、表面张力等）的变化往往与压力及浓度等操作参数是习习相关的，导致难于选择模型物性，则物系不相似给工程放大造成困难，可能会出现问题；反之，在 Π 空间内的物系相同，则两个过程的无量纲 Π 数是相等的，两个过程完全相似，则实验只需要在较小的模型设备中进行，就能放大到工业规模进行操作。

（12）相似性的失效或失败主要是一方面物理过程达不到完全的相似，另一方面是测量条件的限制使得实验数据达不到工程放大的标准条件（比如模型实验的设备流体流动行为受实验设备尺寸的影响，导致其流体流动状态、Π 空间、混合状态、反应的选择性、过程目标量的灵敏度及测量精度等实验模型与工业模型设备差异很大）。

（13）过程问题的量纲分析要求了解具体过程问题的物理现象及物性参数，做好模型实验前的准备（要完善过程问题的关联参数表、确定模型设备的尺寸-用于实验的模型尺寸尽量大）基础上，在模型实验进行中要求选取最有效、最相关或成本最低的自变量来改变某一无量纲 Π 数（其他 Π 数相等），则实验结果更易进行评价。

7.4　已命名的重要 Π 数

在化工过程问题放大的量纲分析中常涉及的流体力学、传热过程的无量纲数-Π 数列于附录七中，以备在进行各种化工过程问题量纲分析时参考。

例 7-4　密度为 ρ、黏度为 μ 的粘性流体在一长度为 l、管道直径为 d、粗糙度为 ε 的管道中以速度 u 流动，其压降为 Δp。请用量纲分析出相关的无因次数群间的表达式。

解：根据过程问题可知与此过程相关的物理量为

目标参数：压降 Δp

几何参数：管长 l，管径 d，粗糙度 ε）

物性参数：流体的密度 ρ，黏度 μ

过程工艺参数：流体流速 u

这些物理量的关联表为

$\{\Delta p;\ l,\ d,\ \varepsilon;\ \rho,\ \mu;\ u\}$

以三个基本量纲［M，L，T］列出量纲矩阵，并通过简单计算得到单位核心矩阵和剩余矩阵：

量纲矩阵	核心矩阵			剩余矩阵			
量纲 ＼ 参数	ρ	d	u	Δp	l	ε	μ
M	1	0	0	1	0	0	1
L	−3	1	1	−1	1	1	−1
T	0	0	−1	−2	0	0	−1
$r_1 = \mathrm{M}$	1	0	0	1	0	0	1
$r_2 = \mathrm{L} + 3\mathrm{M} + \mathrm{T}$	0	1	0	0	1	1	1
$r_3 = -\mathrm{T}$	0	0	1	2	0	0	1

此过程有 7 个物理量，3 个基本量纲，因此可得到 4 个无量纲数：

$$\Pi_1 = \frac{\Delta p}{\rho u^2} = Eu,\quad \Pi_2 = \frac{l}{d},\quad \Pi_3 = \frac{\varepsilon}{d},\quad \Pi_4 = \frac{\mu}{\rho u d} = Re^{-1}$$

因此，可得流体在管道中流动的函数关系式为

$$Eu = f\left(Re, \frac{l}{d}, \frac{\varepsilon}{d}\right)$$

习 题

7-1 试简述实验规模与工业规模工艺存在的影响工程放大的因素。

7-2 何为量纲分析和量纲齐次原则？量纲分析中最基本的量纲、导出量纲有那些？量纲分析有何目的？

7-3 试阐述 Π 定律？怎样对量纲矩阵进行变换导出 Π 集合？进行量纲矩阵行列式的变换应该遵循什么基本原则？

7-4 试阐述化工过程放大的量纲分析中的量纲矩阵计算的具体操作过程。

7-5 Π 空间的尺度相似性为何在工程放大中具有重要的地位？量纲分析不但要求工程师对工业过程有彻底性和关键性的了解，还要取决于工程师所掌握的知识之外。还要特别注意什么因素？

7-6 在两几何相似的不同尺寸（$V_1 = 0.01$ m^3，$V_2 = 10$ m^3）的贮槽中进行相关测量。两者之间放大比例因子 μ 为多少？

［答案：$\mu = (l_{工业规模} / l_{实验规模}) = (V_{工业规模} / V_{实验规模})^{1/3} = 10$］

7-7 具有相同量纲的热量扩散系数 α、扩散系数 D、运动黏度 ν 三个物性参数影响到动量传递、质量传递和热量传递过程中的分子交换，写出其量纲及构成的三个无量纲 Π 数。

［答案：相同量纲 $[L^2 T^{-1}]$，三个 Π 数为普朗特数 $Pr = \nu/a$、刘易斯数 $Le = a/D$ 和施密特数 $Sc = \nu/D$］

7-8 在喷淋塔中水由喷嘴产生雾化成中位粒径 d_p 的液滴，液相密度为 ρ_L。在不同的塔高 h、降落速度为 u 时的停留时间为 $\tau = h/u$ 下测定液滴吸收气体量 $c_{气体}$（界面扩散系数为 D），根据 $f(\tau) = \ln c_{气体}$ 的图示数据拟合可得出该线的斜率 $k_h a$（单位相界面 $a \equiv A/V$），因此单位体积的表面吸收量为 $G = k_h a V \Delta c_{气体} = k_h A \Delta c_{气体}$，则 $k_h A$ 就为目标量。试推导出喷淋塔中气体与降落液滴间的传质过程的 Π 数之间的关系式。

［答案：提示关联参数表为 $\{k_h A, d_p, \rho_L, D, \tau\}$，$Sh = f(Fo', Sc)$（这里 $Fo' \equiv D\tau/d_p^2$ 为非稳态传质的 Fourier 数）］

第 8 章 化工物质物理性质的估算

在进行化学工程设计、化工工艺计算及实验室科学研究过程中，物质的物理性质数据，即化工热力学数据、反应速度数据、传递性质数据、与安全有关的数据及微观性质数据等，是工业生产和化工设计计算不可缺少的基础数据。当人们需要相关物系的化工物性数据时，可以查阅原始文献、有关的物性数据手册（如兰氏化学手册、无机物热力学数据手册、石油化工基础数据手册）及各种化学化工数据库，但物质种类繁多，有的物性数据较难通过实验获取。所以伴随科学技术的进步，有的化工数据还是非常欠缺或数量及质量上不一定能满足实际工作目标要求。因此，在查阅数据时，须要搞清楚数据是实验数据还是估算数据；注意最新的化工物性数据，可能老版本的数据手册没有收集或部分数据似新实际上是从老版手册中转载（导致使用受限）；如果数据来源于化工数据库，此数据库最好选自受到过评审型的数据库。当然，也可以设计新的实验来获取目标物系的基本物性数据，但相关实验不但要消耗大量的物力、人力及时间成本，且有时实验条件或精度可能也达不到要求，常难以通过相关实验来获取所需目标的物性数据。

因此，可以利用相关的热力学、统计力学、量子化学、分子结构及其物理性质的理论进行关联，在少量可靠的实验数据的基础上，可在一定的范围内对各种物质的物性数据进行工程允许误差范围内的推算。通常基础物性可以采用基团贡献法，饱和蒸汽压可以采用 Antione 方程及其改进型计算，热容、焓及熵之类的热力学函数可采用前文介绍的对比（对应）状态方程进行计算。材料物性的推算不但可以减少繁重的实验工作量，还能进一步对实验结果的应用范围及使用价值进行拓展，并能为化工或其他行业的筛选新材料提供科学的依据，故在理论计算中的物性数据的估算具有极其重要的作用。因此，本章对化工物质的物理性质的估算作一简要的介绍。

8.1　基本物性常数的估算

8.1.1　常压沸点、熔点和凝固点的估算

常压沸点（T_b）通常指纯物质蒸汽压为 101.325 kPa 下对应的平衡温度。而物质的熔点（T_m）和凝固点（T_f）是液体与其固体（晶体）在自身蒸汽压下液-固两相平衡时的温度，对纯物质二者是相等的，但对非纯物质二者是有一定差异的；由于压力对于二者影响很小，工程上一般不用考虑压力对其数据的影响，工程上应用时常不区分 T_m（T_f）及气-液-固三相的交点温度 T_{rf}。常压沸点（T_b）、物质的熔点（T_m）和凝固点（T_f）数据是计算或估算多组分系统某些热力学性质的重要参数、估算临界参数诸多经验方程所需要的数据，也是用于确定新工艺路线的依据和物质鉴定的重要手段。因此对于它们数据的估算具有重要的理论和实际应用价值。如果查到的其他压力下的沸点温度须标明其对应的压力，常见纯物质的沸点可查相关的数据手册（如兰氏化学手册、石油化工基础数据手册、化学化工物性数据手册、化学工程手册）。

1. 分子量经验关联式法

最简单估算的方法是分子量经验关联式法。此法只能计算含 4～17 个 C 原子数的有机化合物，计算误差较大，可计算要求不高场合的常压沸点。

$$\lg T_b = 1.929 \lg (M_w)^{0.413\,4} \tag{8-1}$$

这里 M_w 为物质的分子量。

2. 基团贡献法

因为构成物质的分子可由各种具有不同功能的基团所构成，而每种功能团表现出独特的物理化学性质，在不同分子中也表现出一定的不一致性，这与其联结的特定原子间的相互作用有关，它在同系物中的表现更具有一定的规律性；由于物质的分子性质具有加和性，而每个基团对分子总的物性贡献率是不一样的。因此常用 Joback 法、Constuantinous-Gani（C-G）基团贡献法来估算物质的常压沸点、熔点或凝固点等物性数据，其计算精确度和基团的划分数是有关的。

（1）Joback 法

Joback 法是基于 Lydersen 的基团贡献式上增加了几种新功能基团及其新的基团贡献值而提出来的。

$$T_b = 198.2 + \sum_k N_k \Delta T_b \tag{8-2}$$

$$T_f = 122 + \sum_k N_k \Delta T_f \qquad (8\text{-}3)$$

式中，N_k、ΔT_b 和 ΔT_f 分别为对应基团的个数、沸点和凝固点的贡献值，其值见附录八。

（2）Constuantinous-Gani（C-G）法

Constuantinous-Gani（C-G）法是将分子分为了一级基团和二级基团，因此在考虑到一般基团（一级基团）的影响外，又考虑了邻近基团（二级基团）的相互作用的影响，因此其相比早期的诸多基团贡献法计算精度明显提高。

$$T_b = 204.359 \ln(\sum_i N_i \Delta T_{bi1} + \sum_j N_j \Delta T_{bj2}) \qquad (8\text{-}4)$$

$$T_f = 102.425 \ln(\sum_i N_i \Delta T_{fi1} + \sum_j N_j \Delta T_{fj2}) \qquad (8\text{-}5)$$

式中，N_i、N_j、ΔT_{bi1}、ΔT_{bj2} 分别为对应一级基团的个数、二级基团的个数及一级和基团的沸点和凝固点的贡献值，其值见附录九。

例 8-1　请分别用基团贡献 Joback 法和 C-G 法计算乙苯的沸点 T_b 和凝固点 T_f，其实验值 $T_b = 409.34 \text{ K}$，$T_f = 178.17 \text{ K}$。

解：Joback 法将乙苯分为 4 种基团，而 C-G 法将乙苯分为三种基团，由于它的苯环和键直接相连，没有二级基团，因此式（8-5）的计算将得到简化。分别查附录八可得各基团的贡献值如下表所示：

表 8-1　不同方法的基团贡献参数值

分子式	Joback 法				C-G 法			
	基团	N_k	ΔT_b	ΔT_f	基团	N_i	ΔT_{bi}	ΔT_{fj}
CH$_2$CH$_3$	=CH	5	26.73	8.13	=CH	5	0.929 7	1.466 9
	=C—	1	31.01	37.02	(=C)-CH$_2$-	1	1.947 8	0.417 7
	—CH$_2$	1	22.88	11.27	—CH$_3$	1	0.889 4	0.464 0
	—CH$_3$	1	23.58	−5.10				

根据上表应用 Joback 法式（8-2）和式（8-3），可得

$$T_b = 198 + \sum_k N_k \Delta T_b = 198 + 5 \times 26.73 + 31.01 + 22.88 + 23.58 = 409.12 \text{ K}$$

$$误差 = \frac{409.12 - 409.34}{409.34} \times 100\% = -0.05\%$$

$$T_f = 122 + \sum_k N_k \Delta T_f = 122 + 5 \times 8.13 + 37.02 + 11.27 - 5.10 = 205.84 \text{ K}$$

$$误差 = \frac{205.84 - 178.17}{178.17} \times 100\% = 15.53\%$$

C-G 法计算为

$$T_b = 204.359 \ln\left(\sum_i N_i \Delta T_{bi1} + \sum_j N_j \Delta T_{bj2}\right)$$

$$= 204.359 \times \ln(5 \times 0.929\ 7 + 1.947\ 8 + 0.889\ 4)$$

$$= 411.37\ \text{K}$$

$$误差 = \frac{411.37 - 409.34}{409.34} \times 100\% = 0.49\%$$

$$T_f = 102.425 \ln\left(\sum_i N_i \Delta T_{fi1} + \sum_j N_j \Delta T_{fj2}\right)$$

$$= 102.425 \times \ln(5 \times 1.469\ 9 + 0.417\ 7 + 0.464\ 0)$$

$$= 215.90\ \text{K}$$

$$误差 = \frac{215.90 - 178.17}{178.17} \times 100\% = 21.18\%$$

8.1.2 偏心因子的估算

流体的偏心因子 ω 在热力学中具有特殊的地位，主要在对比（对应）状态法的系列状态方程中用作灵敏的第三状态参数。在 3.3.2 中，其定义式为

$$\omega = -\lg(p_r^s)_{T_r = 0.7} - 1.00$$

式中　　p_r^s 为 $T_r = 0.7$ 下的对比饱和蒸汽压。

由于偏心因子 $\omega > 0$ 的，大部分在 $0 \sim 0.5$ 之间。上面的关联式只应用于正常的流体，对于氢气、稀有气体或强极性及氢键流体，不能使用上面的关联式来求解。

偏心因子 ω 值可查相关的化工数据手册，如果查不到可采用估算法求取。

1. Ambrose-Walton 对比状态法

$$\omega = -\frac{\ln(p_c/1.012\ 5) + f^0(T_{br})}{f^1(T_{br})} \tag{8-6}$$

此式中，p_c 的单位为 bar，$T_{br} = T_b/T_c = T_r$，而 $f^0(T_{br})$ 和 $f^1(T_{br})$ 由 1989 年 Ambrose 和 Walton 提出的表达式来进行计算。

$$f^0(T_{br}) = \frac{-5.976\ 16\tau + 1.298\ 74\tau^{1.5} - 0.603\ 94\tau^{2.5} - 1.068\ 41\tau^5}{T_r} \tag{8-7a}$$

$$f^1(T_{br}) = \frac{-5.033\ 65\tau + 1.115\ 05\tau^{1.5} - 5.412\ 17\tau^{2.5} - 7.466\ 281\tau^5}{T_r} \tag{8-7b}$$

式（8-7a）和式（8-7b）中，$\tau = 1 - T_r$。

2. 基团贡献 Constuantinous-Gani（C-G）法

物质的偏心因子 ω 值也可采用基团贡献 C-G 法（1995 年）进行计算：

$$\omega = 0.408\,5 \times [\ln(\sum_i N_i \Delta\omega_{i1} + \sum_j N_j \Delta\omega_{j2} + 1.150\,7)]^{1/0.505\,0} \quad (8\text{-}8)$$

式中，$\Delta\omega_{i1}$ 和 $\Delta\omega_{j2}$ 分别代表一级基团和二级基团的偏心因子 ω 值的贡献值，可以查附录九得到。

3. Lee-Kesler 法

B. I.Lee 和 M.G.Kesler 提出的 Lee-Kesler 的偏心因子估算式如下所示：

$$\omega = \frac{\alpha}{\beta} \quad (8\text{-}9)$$

式中

$$\alpha = -\ln p_c - 5.972\,14 + 6.096\,48\left(\frac{T_b}{T_c}\right)^{-1} + 1.288\,62\ln\left(\frac{T_b}{T_c}\right) - 0.169\,347\left(\frac{T_b}{T_c}\right)^6 \quad (8\text{-}10a)$$

$$\beta = 15.251\,8 - 15.687\,5\left(\frac{T_b}{T_c}\right)^{-1} - 13.472\,1\ln\left(\frac{T_b}{T_c}\right) + 0.435\,77\left(\frac{T_b}{T_c}\right)^6 \quad (8\text{-}10b)$$

其中，临界压力 p_c 以 atm 进行计算。

例 8-2　请利用 Ambrose-Walton 对比状态法、基团贡献 C-G 法和 Lee-Kesler 法计算乙苯的偏心因子 ω 值，其实验值为 0.301，并比较三种方法的估算误差。已知其 $T_b = 409.34$ K，$T_c = 617.15$ K，$p_c = 35.6$ atm（3.609 MPa）。

解：已知乙苯的 $T_b = 409.34$ K，$T_c = 617.15$ K，$p_c = 35.6$ atm（3.609 MPa），则有

$$T_r = \frac{T_b}{T_c} = \frac{409.34}{615.15} = 0.663，\quad \tau = 1 - T_r = 1 - 0.663 = 0.337$$

根据 Ambrose-Walton 对比状态法式（8-7）有

$$f^0(T_{br}) = \frac{-5.976\,16 \times 0.337 + 1.298\,74 \times 0.337^{1.5} - 0.603\,94 \times 0.337^{2.5} - 1.068\,41 \times 0.337^5}{0.663}$$

$$= -2.721\,49$$

$$f^1(T_{br}) = \frac{-5.033\,65 \times 0.337 + 1.115\,05 \times 0.337^{1.5} - 5.412\,17 \times 0.337^{2.5} - 7.466\,281 \times 0.337^5}{0.663}$$

$$= -2.816\,69$$

$$\therefore \omega = -\frac{\ln(36.09/1.012\,5) + (-2.721\,49)}{-2.816\,69} = 0.302$$

$$误差 = \frac{0.302 - 0.301}{0.301} \times 100\% = 0.33\%$$

查附录九，乙苯的基团分别有 5 个 $=\overset{|}{C}H$、1 个 $(=C)\text{-}CH_2\text{-}$ 和 1 个 $-CH_3$，其一级基团贡献值 $\Delta\omega_i$ 依次为 0.151 88、0.145 98 和 0.296 02，无二级基团贡献值。

因此，根据基团贡献 C-G 法式（8-8）有

$$\omega = 0.408\,5 \times [\ln(\sum_i N_i \Delta\omega_{i1} + \sum_j N_j \Delta\omega_{j2} + 1.150\,7)]^{1/0.505\,0}$$

$$= 0.408\,5 \times \ln(5 \times 0.151\,88 + 0.145\,98 + 0.296\,02 + 1.150\,7)^{1/0.505\,0}$$

$$= 0.300$$

$$\therefore 误差 = \frac{0.300 - 0.301}{0.301} \times 100\% = -0.33\%$$

根据 Lee-Kesler 法，用式（8-10）可得

$$\alpha = -\ln p_c - 5.972\,14 + 6.096\,48\left(\frac{T_b}{T_c}\right)^{-1} + 1.288\,62\ln\left(\frac{T_b}{T_c}\right) - 0.169\,347\left(\frac{T_b}{T_c}\right)^6$$

$$= -\ln 35.6 - 5.972\,14 + 6.096\,48 \times (0.663)^{-1} + 1.288\,62 \times \ln(0.663) - 0.169\,347 \times (0.663)^6$$

$$= -0.848$$

$$\beta = 15.251\,8 - 15.687\,5\left(\frac{T_b}{T_c}\right)^{-1} - 13.472\,1\ln\left(\frac{T_b}{T_c}\right) + 0.435\,77\left(\frac{T_b}{T_c}\right)^6$$

$$= 15.251\,8 - 15.687\,5(0.663)^{-1} - 13.472\,1\ln(0.663) + 0.435\,77(0.663)^6$$

$$= -2.84$$

$$\therefore \omega = \frac{\alpha}{\beta} = \frac{-0.848}{-2.84} = 0.299$$

$$则误差 = \frac{0.299 - 0.301}{0.301} \times 100\% = -0.66\%$$

可见采用三种方法计算乙苯的偏心因子 ω 值与实验值非常接近，计算精度非常高，要知实验误差通常在 $\pm 0.5\%$ 左右。

8.1.3 流体的临界参数值的估算

在气体的 $p\text{-}V\text{-}T$ 性质状态方程计算中，流体的临界参数值对于求取物系的物性状态方程的参数及气体能否液化是极其重要的，这种临界性质（指临界温度、临界压力、临界体积、临界压缩因子及临界密度等）是物质的重要特性，但其值测定难度高、设备投资大，临界参数值测定至今约在 1 000 种物质左右，因此常在工程应用中缺少实验数据或难以实测，则采用较为可靠的方法来估算物质

的临界参数显得尤其重要。

1. Joback 基团贡献法

Joback 法需要有常压沸点（T_b）的实验值或 8.1.1 节的计算值来进行计算。

$$T_c = T_b \left[0.584 + 0.965 \sum_k N_k \Delta T_c - \left(\sum_k N_k \Delta T_c \right)^2 \right]^{-1} \qquad (8\text{-}11a)$$

$$p_c = \left(0113 + 0.003\,2 \cdot n_{atoms} - \sum_k N_k \Delta p_c \right)^{-2} \qquad (8\text{-}11b)$$

$$V_c = 17.5 + \sum_k N_k \Delta V_c \qquad (8\text{-}11c)$$

式（8-11b）中的 n_{atoms} 是分子式中原子的个数；ΔT_c、Δp_c 和 ΔV_c、和为基团贡献值，这里 T_c、p_c 和 V_c 的单位依次为 K、bar、$cm^3 \cdot mol^{-1}$，T_b 为常压沸点。

2. Constuantinous-Gani（C-G）法

$$T_c = 181.128 \cdot \ln \left(\sum_i N_i \Delta T_{ci1} + w \sum_j N_j \Delta T_{cj2} \right) \qquad (8\text{-}12a)$$

$$p_c = 1.370\,5 + \left(0.100\,220 + \sum_i N_i \Delta p_{ci1} + w \sum_j N_j \Delta p_{cj2} \right)^{-2} \qquad (8\text{-}12b)$$

$$V_c = -4.35 + \left(\sum_i N_i \Delta V_{ci1} + w \sum_j N_j \Delta V_{cj2} \right) \qquad (8\text{-}12c)$$

式中，N_i 和 N_j 为一级基团的个数和二级基团的个数，ΔT_{ci1} 和 ΔT_{cj2}、Δp_{ci1} 和 Δp_{cj2} 及 ΔV_{ci1} 和 ΔV_{cj2} 分别为一级和二级基团的临界温度、临界压力及临界体积的贡献值，其值见附录九。T_c、p_c 和 V_c 的单位依次为 K、bar、$cm^3 \cdot mol^{-1}$。如果 $w=0$ 为一级水平估算，$w=1$ 为二级水平估算，下文同。

3. MXXC 双水平基团法

$$T_c = T_b / [0.573\,430 + 1.077\,46 \sum n_i \Delta T_{ci} - 1.786\,32 (\sum n_i \Delta T_{ci})^2] \qquad (8\text{-}13a)$$

$$p_c = 1.013\,25 \ln T_b / [0.047\,290 + 0.289\,03 \sum n_i \Delta p_{ci} - 0.051\,180 (\sum n_i \Delta p_{ci})^2] \qquad (8\text{-}13b)$$

$$V_c = 28.897\,46 + 14.752\,46 \sum n_i \Delta V_{ci} + 6.038\,530 / \sum n_i \Delta V_{ci} \qquad (8\text{-}13c)$$

式中的基团贡献值见附录十所示，单位同 C-G 法的一致。

例 8-3　请以 Joback 基团贡献法、C-G 基团贡献法和 MXXC 双水平基团法计算乙苯的临界参数 T_c、p_c 和 V_c 值。已知其 $T_b = 409.34$ K，实验值 $T_c = 617.15$ K，$p_c = 35.6$ atm（3.609 MPa）和 $V_c = 374\ cm^3 \cdot mol^{-1}$。

解：（1）Joback 法

根据例 8-1 可知，Joback 法将乙苯分为 5 个 $=\overset{\mid}{C}H$、1 个 $=\overset{\mid}{C}-$、1 个 $-CH_2$ 和 1 个 $-CH_3$，查得这四个基团的临界参数贡献值（ΔT_c、Δp_c、ΔV_c）依次为（0.008 2，0.001 1，41）、（0.014 3，0.000 8，32）、（0.018 9，0，56）、和（0.014 1，−0.001 2，65）。

因此

$$\sum_k N_k \Delta T_c = 5 \times 0.008\ 2 + 0.014\ 3 + 0.018\ 9 + 0.014\ 1 = 0.088\ 3$$

$$\sum_k N_k \Delta p_c = 5 \times 0.001\ 1 + 0.000\ 8 + 0. - 0.001\ 2 = 0.005\ 1$$

$$\sum_k N_k \Delta V_c = 5 \times 41 + 32 + 56 + 65 = 358$$

将之代入式（8-11），可得

$$T_c = T_b \left[0.584 + 0.965 \sum_k N_k \Delta T_c - \left(\sum_k N_k \Delta T_c \right)^2 \right]^{-1}$$

$$= 409.34 \times \left[0.584 + 0.965 \times (0.088\ 3) - (0.088\ 3)^2 \right]^{-1}$$

$$= 618.88\ \text{K}$$

$$p_c = \left(0113 + 0.003\ 2 \cdot n_{\text{atoms}} - \sum_k N_k \Delta p_c \right)^{-2}$$

$$= \left(0.113 + 0.003\ 2 \times 18 - 0.005\ 1 \right)^{-2}$$

$$= 36.51\ \text{atm}$$

$$V_c = 17.5 + \sum_k N_k \Delta V_c = 17.5 + 358 = 375.5\ \text{cm}^3 \cdot \text{mol}^{-1}$$

（2）C-G 法

基团为 5 个 $=\overset{\mid}{C}H$、1 个 $^{(=C)}\text{-CH}_2\text{-}$ 和 1 个 $-CH_3$。查得这三个基团的临界参数贡献值（ΔT_c、Δp_c、ΔV_c）依次为（3.733 7，0.007 542，42.15）、（10.322 9，0.012 00，100.99）和（1.678 1，0.019 904，75.04）。

则有

$$\sum_k N_k \Delta T_{ci} = 5 \times 3.733\ 7 + 10.323\ 9 + 1.678\ 1 = 30.670\ 5$$

$$\sum_k N_k \Delta p_{ci} = 5 \times 0.007\ 542 + 0.012\ 20 + 0.019\ 904 = 0.069\ 814$$

$$\sum_k N_k \Delta V_{ci} = 5 \times 42.15 + 100.99 + 75.04 = 386.78$$

将之代入式（8-12），可得

$$T_c = 181.128 \cdot \ln\left(\sum_i N_i \Delta T_{ci1} + w\sum_j N_j \Delta T_{cj2}\right)$$
$$= 181.128 \times \ln 30.670\,5$$
$$= 620.6\ \text{K}$$

$$p_c = 1.370\,5 + \left(0.100\,220 + \sum_i N_i \Delta p_{ci1} + w\sum_j N_j \Delta p_{cj2}\right)^{-2}$$
$$= 1.370\,5 + (0.100\,220 + 0.069\,814)^{-2}$$
$$= 35.96\ \text{atm}$$

$$V_c = -4.35 + \left(\sum_i N_i \Delta V_{ci1} + w\sum_j N_j \Delta V_{cj2}\right) = -4.35 + 386.78 = 378.08\ \text{cm}^3 \cdot \text{mol}^{-1}$$

这里 $w = 0$ 算。

（3）MXXC 法

基团为 5 个（=CH−）$_A$、1 个（=C）$_A$、1 个（−CH$_2$−）$_{AC}$ 和 1 个 −CH$_3$。查得这

四个基团的临界参数贡献值（ΔT_c、Δp_c、ΔV_c）依次为（0.007 7，0.042 7，2.858 2）、

（0.014 8，0.016 7，1.715 8）、（0.026 9，0.133 6，3.441 4）、和（0.018 4，0.106 8，

4.473 5）。

则有

$$\sum_k N_k \Delta T_{ci} = 5 \times 0.007\,7 + 0.014\,8 + 0.026\,9 + 0.018\,4 = 0.098\,6$$

$$\sum_k N_k \Delta p_{ci} = 5 \times 0.042\,7 + 0.016\,7 + 0.133\,6 + 0.196\,8 = 0.470\,6$$

$$\sum_k N_k \Delta V_{ci} = 5 \times 2.858\,2 + 1.715\,8 + 3.441\,4 + 4.473\,5 = 23.921\,7$$

将之代入式（8-13），可得

$$T_c = T_b / [0.573\,430 + 1.077\,46\sum n_i \Delta T_{ci} - 1.786\,32(\sum n_i \Delta T_{ci})^2]$$
$$= 409.34 / [0.573\,430 + 1.077\,46 \times 0.098\,6 - 1.786\,32 \times 0.098\,6^2]$$
$$= 618.00\ \text{K}$$

$$p_c = 1.013\,25\ln T_b / [0.047\,290 + 0.289\,03\sum n_i \Delta p_{ci} - 0.051\,180(\sum n_i \Delta p_{ci})^2]$$
$$= 1.013\,25 \times \ln 409.34 / [0.047\,290 + 0.289\,03 \times 0.470\,6 - 0.051\,180 \times (0.470\,6)^2]$$
$$= 35.44\ \text{atm}$$

$$V_c = 28.897\,46 + 14.752\,46 \sum n_i \Delta V_{ci} + 6.038\,530 / \sum n_i \Delta V_{ci}$$

$$= 28.897\,46 + 14.752\,46 \times 23.921\,7 + 6.038\,530 / 23.921\,7$$

$$= 382.0 \text{ cm}^3 \cdot \text{mol}^{-1}$$

以上三数对临界参数的估算误差如表 8-2 所示。

表 8-2 临界参数估算平均百分误差

参数	Joback 法	C-G 法	MXXC 法
$T_{err}/\%$	0.28	0.56	0.11
$p_{err}/\%$	2.56	1.01	−0.45
$V_{err}/\%$	0.40	1.09	2.14

三种方法对乙苯的临界参数 T_c 估算极好，对 p_c 和 V_c 的估算精度也较好。

8.1.4 黏度的估算

与化工传递过程相关中物系的黏度具有重要的作用（如化工过程流体力学相关），各种气体、纯液体的黏度实验数据非常多，可参考相关的专著、手册和数据库。如《有机化合物实验物性数据手册》《化学化工物性数据手册》（无机卷、有机卷），有多种气体、液体实验数据及其关联式（例如气体常用 $\eta_G = A + BT + CT^2 + DT^3$、液体常用 $\lg\eta_L = A + B/T$ 等表达）。

气体黏度数据相对其他体系较少，计算其黏度最简单的是基于硬球分子运动理论导出的模型：

$$\eta_G = 26.69 \times (MT)^{1/2} / d_m^2 \tag{8-14}$$

式中，η_G 为动力黏度，国际单位为 Pa.s，常用泊（P）、厘泊（cP）和 kg.m.s^{-1}，其换算关系 1 Pa.s = 1 (N.m^{-2}).s = 1 kg.(m.s^{-2}).s.m^{-2} = 1 kg.m.s^{-1} = 10 g.cm.s^{-1} = 10 p = 10^4 Cp = 10^7 μP。M 为分子量，g · mol^{-1}；d_m 为分子硬球直径，Å；T 为热力学温度，K。

实际上有关气体、液体黏度的估算公式非常多，大多需要查找诸多的种种计算参数。这里重点介绍采用通用性广的 Lucas 法计算物系的动力黏度。

1. 低压纯气体黏度的计算

对低压下的纯气体的黏度可采用 Lucas 法为对应状态法公式进行估算。

$$\eta_G \xi = [0.807 T_r^{0.618} - 0.357 \exp(-0.449 T_r) + 0.340 \exp(-4.048 T_r) + 0.018] F_P^0 F_Q^0 \tag{8-15}$$

式中，$\eta_G \xi$ 为无量纲，ξ 单位为黏度的倒数，它可由临界参数进行计算。

$$\xi = 0.037\ 92\left(\frac{T_c}{M^3 p_c^4}\right)^{1/6} \quad (8\text{-}16)$$

式中，M 为相对分子质量。

极性校正参数 F_P^0 是以对比偶极矩 μ_r 为参照进行计算的。

$$\mu_r = 524.6\frac{\mu_D^2 p_c}{T_c^2} \quad (8\text{-}17)$$

式中，偶极矩μ_D的单位为德拜（D），p_c 单位为 MPa，为 K。

$$F_P^0 = 1 \quad (0 \leqslant \mu_r < 0.022)$$
$$= 1 + 30.55(0.292 - Z_c)^{1.72} \quad (0.022 \leqslant \mu_r < 0.075) \quad (8\text{-}18)$$
$$= 1 + 30.55(0.292 - Z_c)^{1.72}\left|0.96 + 0.1(T_r - 0.7)\right| \quad (0.075 \leqslant \mu_r)$$

而 F_Q^0 为量子校正参数，只适用于量子气体，可用下式计算。

$$F_Q^0 = 1.22Q^{0.15}\{1 + 0.038\ 5[(T_r - 12)^2]^{1/M}\operatorname{sign}(T_r - 12)\} \quad (8\text{-}19a)$$

$$\operatorname{sign}(T_r - 12) = \begin{cases} 1 & T_r - 12 > 0 \\ -1 & T_r - 12 < 0 \end{cases} \quad (8\text{-}19b)$$

式中，对于量子气体氦、氢气及氘分别为 1.38、0.76、0.52，对于其他气体 $F_Q^0 = 1$。

2. 高（加）压纯气体黏度的计算

在高（加）压条件下的气体黏度，实际上是对低压数据上的校正。计算中将η_G / η_G^0 与 T_r 和 p_r 相关联。

$$\eta_G \xi = ZF_P F_Q \quad (8\text{-}20)$$

$$F_P \cdot F_P^0 = 1 + (F_P^0 - 1)(Z / \eta_G^0 \xi)^{-13} \quad (8\text{-}21)$$

$$F_Q \cdot F_Q^0 = 1 + (F_P^0 - 1)\left[\frac{\eta_G^0 \xi}{Z} - 0.007\left(\ln\frac{Z}{\eta_G^0 \xi}\right)^4\right] \quad (8\text{-}22)$$

这里 η_G^0 为低常压下的气体黏度，用式（8-15）计算；F_P^0 和 F_Q^0 分别用式（8-18）和式（8-19）进行计算。Z 值的计算要分情况而进行计算。

当 $T_r \leqslant 1$，$p_r \leqslant (p^s / p_c)$ 时

$$Z = 0.600 + 0.760p_r^{\alpha} + (6.990p_r^{\beta} - 0.6)(1 - T_r) \quad (8\text{-}22a)$$

$$\alpha = 3.262 + 14.98p_r^{5.508} \quad (8\text{-}22b)$$

$$\beta = 1.390 + 14.98p_r \quad (8\text{-}22c)$$

当 $1 < T_r < 40$ ， $1 < p_r < 40$ 时

$$Z = \eta_G^0 \cdot \xi \cdot \left[1 + \frac{a \cdot p_r^{1.3088}}{b \cdot p_r^f + (1 + c \cdot p_r^d)^{-1}} \right] \qquad (8\text{-}23\text{a})$$

$$a = (0.001\,245 / T_r) \exp(5.172\,6 T_r^{-0.328\,6}) \qquad (8\text{-}23\text{b})$$

$$b = a(1.655\,3T_r - 1.272\,3) \qquad (8\text{-}23\text{c})$$

$$c = (0.448\,9 / T_r) \exp(3.057\,8 T_r^{-37.733\,2}) \qquad (8\text{-}23\text{d})$$

$$d = (1.736\,8 / T_r) \exp(2.231\,0 T_r^{-7.635\,1}) \qquad (8\text{-}23\text{e})$$

$$f = 0.942\,5 \exp(-0.185\,3 T_r^{0.448\,9}) \qquad (8\text{-}23\text{f})$$

在低压时， $Z = \eta_G^0 \xi$ ， $F_P = F_Q = 1$ ，据此可推出 η_G 。

3. 混合气体黏度的计算

低压混合气体黏度的计算仍然用上文中（1）中的 Lucas 法，高（加）压混合气体黏度的计算仍然用（2）中的 Lucas 法，与前文方法区别在于这两种方法每项皆要用混合物性质及混合规则。即：

$$M_m = \sum y_i M_i \qquad (8\text{-}24\text{a})$$

$$T_{cm} = \sum y_i T_{ci} \qquad (8\text{-}24\text{b})$$

$$p_{cm} = RT_{cm} \frac{\sum y_i Z_{ci}}{\sum y_i V_{ci}} \qquad (8\text{-}24\text{c})$$

$$F_{Pm}^0 = \sum y_i F_{Pi}^0 \qquad (8\text{-}24\text{d})$$

$$F_{Qm}^0 = A\left(\sum y_i F_{Qi}^0 \right) \qquad (8\text{-}24\text{e})$$

$$A = \begin{cases} 1 - 0.01 \left(\dfrac{M_h}{M_l} \right) & M_h / M_l > 9, 且\, y_h < 0.7 \\ 1 & 其他情况下 \end{cases} \qquad (8\text{-}24\text{f})$$

这里， M_h 和 M_l 分别指混合物系统中的最高和最低相对分子质量。

4. 液体黏度的计算

Lucas 状态法在中、低压下的液体黏度变化不明显，但高压下的黏度却变化非常明显，且随温度降低、压力增大而增大。因此 Lucas（1981）提出了三参数对应估算法：

$$\eta_L = \eta_{SL} \frac{1 + D[0.472\,09(p - p^s) / p_c]^A}{1 + C(p - p^s)\omega / p_c} \qquad (8\text{-}25)$$

式中， η_{SL} 、 p^s 、 ω 依次分别为饱和液体黏度、蒸汽压和偏心因子。

$$A = 0.999\,06 - \frac{0.000\,467\,39}{1.052\,28T_r^{-0.038\,77} - 1.051\,34} \tag{8-26a}$$

$$C = -0.079\,206 + 2.161\,58T_r - 13.404\,0T_r^2 + 44.170\,6T_r^3 - 84.829\,1T_r^4 + \\ 96.120\,9T_r^5 - 59.812\,7T_r^6 + 15.671\,9T_r^7 \tag{8-26b}$$

$$D = \frac{0.325\,700}{(1.003\,84 - T_r^{2.573\,270})^{0.290\,633}} - 0.208\,632 \tag{8-26c}$$

Lucas 采用此状态方程对 55 种非极性和极性液体的黏度计算后发现与实验相比，其黏度计算误差小于 10%。

例 8-4　请用 Lucas 三参数状态法计算 500 atm、300 K 下的液态环己烷的黏度，其实验值 $\eta_L = 1.09$ cP。已知，300 K 时液态环己烷饱的饱和蒸汽压 $p^s < 1$ atm，此时其液体对应黏度为 0.68 cP；其临界参数为 $T_c = 572.19$ K、$p_c = 34.7$ atm 和 $\omega = 0.235$。

解：由题已知条件可算得 $T_r = 300/572.19 = 0.524$，因为在 300 K 时的环己烷饱和蒸汽压小于 1 atm，因此计算时 p^s 可以忽略，则此时 $(p - p^s)/p_c = 34.7/500 = 14.4$。将数据分别代入式（8-26）计算相关参数，则有

$$A = 0.999\,06 - \frac{0.000\,467\,39}{1.052\,28 \times (0.524)^{-0.038\,77} - 1.051\,34} = 0.982\,2$$

$$C = -0.079\,206 + 2.161\,58 \times 0.524 - 13.404\,0 \times (0.524)^2 + 44.170\,6 \times (0.524)^3 - 84.829\,1 \times \\ (0.524)^4 + 96.120\,9 \times (0.524)^5 - 59.812\,7 \times (0.524)^6 + 15.671\,9 \times (0.524)^7$$

$$= 0.061\,9$$

$$D = \frac{0.325\,700}{(1.003\,84 - (0.524)^{2.573\,270})^{0.290\,633}} - 0.208\,632 = 0.137\,1$$

再将以上参数值代入式（8-25），得

$$\eta_L = \eta_{SL} \frac{1 + D[0.472\,09(p - p^s)/p_c]^A}{1 + C(p - p^s)\omega/p_c}$$

$$= 0.68 \times \frac{1 + 0.137\,1 \times [0.472\,09 \times 14.4]^{0.982\,2}}{1 + 0.061\,9 \times 14.4 \times 0.235}$$

$$= 1.07 \text{ cP}$$

因此其计算相对误差 $= \dfrac{1.07 - 1.09}{1.09} \times 100\% = -1.83\%$

8.2 流体蒸汽压的估算

作为物质的基础热力学数据，纯物质的蒸汽压数据皆以 Clapeyron 方程为基础建立起来的，它在化工工程计算中十分重要。实际上物质的蒸汽压数据非常的丰富，如果能查到目标物质的数据，根据相关联式进行计算的误差最小，此是最优的方法。本节介绍部分物质蒸汽压的估算方法。

8.2.1 Clapeyron 方程

对于气液两相体系，当其达到两相平衡时，其行为符合第 5 章的 Clapeyron 方程：

$$\frac{\mathrm{d}p}{\mathrm{d}T} = \frac{\Delta H_{\mathrm{v}}}{T \cdot \Delta V_{\mathrm{v}}}$$

由于气液两相的状态方程有 $V^{\mathrm{g}} = Z^{\mathrm{g}}RT/p$，$V^{\mathrm{l}} = Z^{\mathrm{l}}RT/p$，将之代入上式可得

$$\frac{\mathrm{d}p}{\mathrm{d}T} = \frac{\Delta H_{\mathrm{v}}}{T\Delta V_{\mathrm{v}}} = \frac{\Delta H_{\mathrm{v}}}{(RT^2/P)\Delta Z_{\mathrm{v}}} \tag{8-27a}$$

或

$$\frac{\mathrm{d}\ln p}{\mathrm{d}(1/T)} = -\frac{\Delta H_{\mathrm{v}}}{R\Delta Z_{\mathrm{v}}} \tag{8-27b}$$

由此两式可得诸多的物质蒸汽压的计算方程式。

8.2.2 Clausius-Clapeyron 蒸汽压方程

除接近临界点外，函数 ΔH_{v} 及 ΔZ_{v} 均为温度的弱函数，皆要随 T 的升高而减小，故 T 对其的影响可相互抵消，因此式（8-26b）中无因次数 $\Delta H_{\mathrm{v}}/(R\Delta Z_{\mathrm{v}})$ 与温度无关的常数，对此式进行积分，并令积分常数为 A，可得

$$\ln p = A - \frac{B}{T} \tag{8-28}$$

式中 $B = \dfrac{\Delta H_{\mathrm{v}}}{R\Delta Z_{\mathrm{v}}}$。

将临界点 T_{c}、p_{c} 及正常沸点 $p = 1.013\,25$ bar 和 $T = T_{\mathrm{b}}$ 代入上式可得

$$\ln p_{\mathrm{c}} = A - \frac{B}{T_{\mathrm{c}}} \tag{8-29a}$$

$$\ln 1.013\,25 = A - \frac{B}{T_b} \qquad (8\text{-}29b)$$

将此两式合并得

$$\ln p_r = h\left(1 - \frac{1}{T_r}\right) \qquad (8\text{-}30)$$

根据偏心因子的定义式（3-17）代入式（8-30），得

$$h = 5.372\,7(1 + \omega) \qquad (8\text{-}31)$$

式（8-30）和式（8-31）为两参数的蒸汽压对比状态关联式。

Antoine 对(8-28)进行改进后得到 Antoine 经验式(5-20)，即 $\ln p = A - \dfrac{B}{T + C}$，如果 $C = 0$，则又变回式（8-28）。Antoine 使用 p 范围在 $10 \sim 1\,500$ mmHg 之间，某些物质可达临界点。

8.2.3　Riedel 蒸汽压方程

$$\ln p = A + \frac{B}{T} + C\ln T + DT^6 \qquad (8\text{-}32)$$

由于在高 T 下，函数 ΔH_v 与 T 并不呈现线性关系，且 ΔZ_v 为非常数，因此上式写成对比（应）状态方程，得

$$\ln p_r = A^+ - \frac{B^+}{T_r} + C^+ \ln T_r + D^+ T_r^6 \qquad (8\text{-}33)$$

式中，$A^+ = -35Q$，　$B^+ = -36Q$，　$C^+ = 42Q + \alpha_c$，　$D^+ = -Q$，　$Q = 0.083\,8(3.758 - \alpha_c)$，$\alpha_c = \dfrac{0.315\phi_b + \ln p_c - 0.013\,21}{0.083\,8\phi_b - \ln T_{br}}$，$\phi_b = -35 + \dfrac{36}{T_{br}} + 42\ln T_{br} - T_{br}^6$，$T_{br} = \dfrac{T_b}{T_c}$。

Riedel 蒸汽压方程的压力可使用到临界参数 T_c、p_c 和正常沸点 T_b 才能计算。

8.2.4　Lee-kesler 蒸汽压方程

Lee-Kesler 据 Pitzer 展开式提出的三参数蒸汽压计算方程为

$$\ln p_r = f^{(0)}(T_r) + \omega f^{(1)}(T_r) \qquad (8\text{-}34)$$

式中

$$f^{(0)}(T_r) = 5.927\,14 - \frac{6.096\,48}{T_r} - 1.288\,62\ln T_r + 0.169\,34 T_r^6 \qquad (8\text{-}35a)$$

$$f^{(1)}(T_r) = 15.251\,8 - \frac{15.687\,5}{T_r} - 13.472\ln T_r + 0.435\,77T_r^6 \qquad （8\text{-}35b）$$

此法的计算需要临界点 T_c、p_c 值，只需要测定出温度 T–p^s 值就可回归出偏心因子。如果知道偏心因子，就可算出物质的蒸汽压。而缺少数据时，偏心因子可用前文所介绍的方法进行估算。

8.2.5 Erperbeck-Miller 蒸汽压方程

如果不知道物质的临界参数，但却知道其正常沸点 T_b 及 T_b 下的气化焓 ΔH_{vb} 数据，则可用此方程计算其蒸汽压。

$$\ln p = B\left(1 - \frac{T_b}{T}\right) + \ln\frac{1 - CT/T_b}{1 - C} + 0.013\,21$$

$$B = \frac{1.03\Delta H_{vb}}{RT_b} + \frac{C}{1 - C}$$

式中，对于无机物 $C = 0.59$ 为常数，对有机物可用 $C = 0.512 + 4.13 \times 10^{-4}T_b$ 进行计算。

物质蒸汽压计算的方程非常多（如 Riedel-Plank-Miller 方程，Rankine 蒸汽压方程），前面介绍的方法计算精度对有机物大多约在 2 %左右，可根据估算目标体系而选择合适方程进行相关计算。

例 8-5 以两参数的蒸汽压对比状态关联式和 Lee-kesler 蒸汽压方程对乙苯在 347.25 K 下的蒸汽压，其实验值为 13.332 kPa，已知其临界参数为 $T_c = 617.2$ K、$p_c = 3\,609$ kPa、$\omega = 0.299$ 和 $T_b = 409.3$ K。

解： 由已知条件可得 $T_r = \dfrac{T}{T_c} = \dfrac{347.25}{617.2} = 0.562\,6$，因此

（1）两参数的蒸汽压对比状态关联式

$$h = 5.372\,7(1 + \omega) = 5.372\,7 \times (1 + 0.299) = 6.979$$

根据式（8-30）有

$$\ln\frac{p^s}{p_c} = h\left(1 - \frac{1}{T_r}\right)$$

则得

$$p^s = p_c \exp\left[h\left(1 - \frac{1}{T_r}\right)\right] = 3\,609 \times \exp\left[6.979 \times \left(1 - \frac{1}{0.562\,6}\right)\right] = 15.882 \text{ kPa}$$

$$误差 = \frac{15.882 - 13.332}{13.332} \times 100\% = 19.12\,\%$$

（2）Lee-kesler 蒸汽压方程

$$f^{(0)}(T_r) = 5.927\ 14 - \frac{6.096\ 48}{T_r} - 1.288\ 62\ln T_r + 0.169\ 34 T_r^6$$

$$= 5.927\ 14 - \frac{6.096\ 48}{0.562\ 6} - 1.288\ 62\ln 0.562\ 6 + 0.169\ 34 \times 0.562\ 6^6$$

$$= -4.162\ 6$$

$$f^{(1)}(T_r) = 15.251\ 8 - \frac{15.687\ 5}{T_r} - 13.472\ln T_r + 0.435\ 77 T_r^6$$

$$= 15.251\ 8 - \frac{15.687\ 5}{0.562\ 6} - 13.472\ln 0.562\ 6 + 0.435\ 77 \times 0.562\ 6^6$$

$$= -4.869\ 4$$

根据式（8-34）得

$$p^s = p_c \exp[f^{(0)}(T_r) + \omega f^{(1)}(T_r)] = 3609 \times \exp[-4.162\ 6 + 0.299 \times (-4.869\ 4)]$$

$$= 13.100\ \text{kPa}$$

$$误差 = \frac{13.100 - 13.332}{13.332} \times 100\ \% = -0.17\ \%$$

可见这里用 Lee-kesler 蒸汽压方程计算的乙苯在 347.25 K 下的蒸汽压误差更小，结果更精确。

8.3　流体生成焓、生成 Gibbs 自由能和蒸发焓的估算

8.3.1　流体生成焓、生成 Gibbs 自由能的估算

流体标态下的生成焓 $\Delta H_V^{\ominus}$(298.15 K)、生成 Gibbs 自由能 $\Delta H_V^{\ominus}$(298.15 K) 和规定熵是热力学计算的基础，后者通过 Gibbs-Helmholtz 自由能变方程 $\Delta G = \Delta H - T\Delta S$ 可以得到相关的计算数据。因此本节介绍流体标态下的生成焓、生成 Gibbs 自由能的基团贡献法的估算。

1. Joback 法

$$\Delta H_f^{\ominus}(298.15\ \text{K}) = 69.29 + \sum_k N_k \Delta h_f \tag{8-36}$$

$$\Delta G_f^{\ominus}(298.15\ \text{K}) = 53.88 + \sum_k N_k \Delta g_f \tag{8-37}$$

式中，$\Delta H_f^{\ominus}$(298.15 K)、$\Delta G_f^{\ominus}$(298.15 K)、Δh_f、Δg_f 的单位皆为 kJ·mol^{-1}，Δh_f 和 Δg_f 为 Joback 法中的生成焓、生成 Gibbs 自由能的基团贡献值；N_k 为基团

个数。

2. Constuantinous-Gani（C-G）法

$$\Delta G_f^{\ominus}(298.15 \text{ K}) = -14.83 + [\sum_i N_i \Delta g_{fi1} + w \sum_j N_j \Delta g_{fj2}] \tag{8-38}$$

$$\Delta H_f^{\ominus}(298.15 \text{ K}) = 10.835 + [\sum_i N_i \Delta h_{if1} + w \sum_j N_j \Delta h_{fj2}] \tag{8-39}$$

式中，$\Delta H_f^{\ominus}(298.15 \text{ K})$、$\Delta G_f^{\ominus}(298.15 \text{ K})$、$\Delta h_{fi}$、$\Delta h_{fj}$、$\Delta g_{fi}$ 和 Δg_{fj} 的单位皆为 $\text{kJ} \cdot \text{mol}^{-1}$，其中 Δh_{fi} 和 Δh_{fj}、Δg_{fi} 和 Δg_{fj} 分别为一级和二级基团的生成焓、生成 Gibbs 自由能的贡献值；N_i 和 N_j 为一级基团的个数和二级基团的个数。

8.3.2 由 $\Delta H_v^{\ominus}(298.15 \text{ K})$ 计算饱和液体（T、p）的蒸发焓 ΔH_v

蒸发焓 ΔH_v 是相同温度 T 下饱和蒸汽和饱和液体之焓差。由于液体分子之间有互相存在吸引力，产生蒸发的分子能量比分子平均能量高，蒸发后余下的液体分子的平均能量降低了，若要使 T 保持不变则须补充能量；同时蒸发汽化过程会导致体积增大，此时蒸发分子反抗一定的外力要做功，进而消耗了能量，即 $\Delta H_v = \Delta U + p(V_G - V_L)$。饱和蒸汽及饱和液体的性质随着 T 的升高而接近，在临界点时，二者的差别会消失，ΔH_v 随 T 升高而降低，到临界点时 ΔH_v 为零。

由于标态下、298.15 K 下的 ΔH_v 容易通过数据手册或数据库、化工数据等查到，因此任意温度下的 ΔH_v 可以设计路径而计算出。特别要注意的是在化工计算中液体的标准态指 1 atm 常压下的液体和常压下的理想气体。

饱和液体（T、p）等温、等压蒸发后的蒸发焓 ΔH_v，可根据标态下 $\Delta H_v^{\ominus}(298.15 \text{ K})$ 值而求取，此计算过程框图如图 8-1 所示。

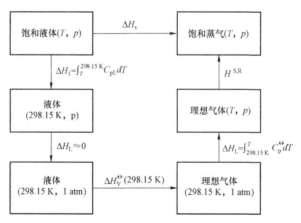

图 8-1　任意 T、p 下液体蒸发焓 ΔH_v 的计算框图

根据图 8-1，有

$$\Delta H_v = \Delta H_1 + \Delta H_L + \Delta H_v^{\ominus}(298.15\ \text{K}) + \Delta H_2 + H^{\text{S,R}}$$

$$= \int_T^{298.15\ \text{K}} C_{pL}dT + \Delta H_v^{\ominus}(298.15\ \text{K}) + \int_{298.15\ \text{K}}^T C_p^{\ominus}dT + H^{\text{S,R}} \qquad (8\text{-}40)$$

$$= \int_{298.15\ \text{K}}^T (C_p^{\ominus} - C_{pL})dT + H^{\text{S,R}} + \Delta H_v^{\ominus}(298.15\ \text{K})$$

式中，C_{pL}、$C_p^{\ominus}$、$H^{\text{S,R}}$ 依次为液体的等压摩尔热容、标态下理想气体等压摩尔热容和饱和蒸汽的剩余焓。

利用此式，基于 $\Delta H_v^{\ominus}(298.15\ \text{K})$ 数据，可求得任意饱和液体（T、p）的蒸发焓 ΔH_v 值。

因此，298.15 K 下流体的蒸发焓 $\Delta H_v^{\ominus}(298.15\ \text{K})$ 的估算就显得非常重要。C-G 基团贡献法和 Joback 法较为实用。

C-G 基团贡献法：

$$\Delta H_v^{\ominus}(298.15\ \text{K}) = 6.829 + \sum_i N_i \Delta h_{vi} + \sum_j N_j \Delta h_{vj} \qquad (8\text{-}41)$$

式中，N_i、N_j、Δh_{vi} 和 Δh_{vj} 分别为一级基团数、二级基团数、蒸发焓的一级基团贡献值和二级基团贡献值。

Joback 法：

$$\Delta H_v^{\ominus}(298.15\ \text{K}) = 15.30 + \sum_k N_k \Delta h_v \qquad (8\text{-}42)$$

N_k 为基团个数，Δh_v 为蒸发焓的基团贡献值。

8.3.3 沸点 T_b 下蒸发焓 ΔH_v 的计算

蒸发焓 ΔH_v 的求取有多种方法。可以用量热法来测量液体的蒸发焓 ΔH_v，但数据较少；根据基团贡献法来估算，此法没有普遍使用；应用对应（对比）状态原理进行估算；由对应温度下的蒸汽压数据求取，此法占绝对地位。

1. 通过蒸汽压方程来求取蒸发焓 ΔH_v

8.2 节所述的流体饱和蒸汽压的估算方法 Clausius-Claperon 蒸汽压方程，由于其 ΔH_v 与 T 无关，故不能用此方法来计算 ΔH_v 值。而 Antoine 方程使用范围不能超过其压力允许范围，因此方程使用受限。故可利用 Riedel 蒸汽压方程、Lee-kesler 蒸汽压方程和其他蒸汽压方程求出对应 T 下的蒸汽压 p^s，再将数据代入 Erperbeck-Miller 蒸汽压方程、Clapeyron 方程等可求出蒸发焓 ΔH_v，或得出 dp / dT 之间的关系，画图以 Clapeyron 方程拟合或理论计算出蒸发焓 ΔH_v。

2. 对应（对比）状态法

对比状态法计算较为简单，但其计算精度依靠临界参数，有物质的临界参数最好。将式（8-27）改写成对比形式。

$$d(\ln p_r) = -\frac{\Delta H_V}{RT_c \Delta Z_V} d\left(\frac{1}{T_r}\right) \tag{8-43}$$

因此，据上式可得

$$\Delta H_V = RT_c \Delta Z_{Vb} T_{br} \frac{\ln p_r}{1 - T_{br}} \tag{8-44}$$

重要的估算方程式（8-44）是其他对应状态方法改进的基础，不同的对应状态方程主要是基于 $\Delta Z_{bv} = p(V_G - V_L)/RT$ 的处理，因为计算的精度取决于 ΔZ_{bv} 计算的精度。

当 p 不高时，相对于 V_G，V_L 可忽略不计，因此蒸汽视为理想性气体，此时 $\Delta Z_{bv} = 1$；当 p 比较高时，随着 p 的增大，饱和蒸汽不能视为理想气体，因此 $\Delta V_b = V_G - V_L$ 随着平衡压力的升高而降低，此时 $\Delta Z_{bv} \neq 1$。若此时饱和对比温度 $T_{br} \geqslant T_r$，可用 $\Delta Z_{Vb} = (1 - p_r / T_r^3)^{0.5}$ 进行计算。

（1）如果 $\Delta Z_{bv} = 1$，可将式（8-44）简化后得 Giacalone 方程：

$$\Delta H_V = RT_c T_{br} \frac{\ln p_r}{1 - T_{br}} \tag{8-45}$$

式（8-45）Giacalone 方程式广泛用于物质的蒸发焓 ΔH_V 的计算，但估算值比实验值略为偏大。

（2）Chen 方程

$$\Delta H_V = RT_c T_{br} \frac{3.978 T_{br} - 3.938 + 1.555 \ln p_r}{1.07 - T_{br}} \tag{8-46}$$

（3）Riedel 方程

$$\Delta H_v = 1.093 RT_c T_{br} \frac{\ln p_r - 1}{0.930 - T_{br}} \tag{8-47}$$

（4）Procopio-Su 法

$$\Delta H_v = 1.024 RT_c T_{br} \frac{[\ln(p_c / 0.101\,325)] \cdot (1 - 0.101\,325 / p_c T_{br})}{1 - T_{br}} \tag{8-48}$$

式（8-45）～式（8-48）的蒸发焓 ΔH_v 单位与 R 有关，T_{br} 为对比沸点，p_c 的单位为 MPa。

3. 由蒸发熵 ΔS_{vb} 求取蒸发焓 ΔH_v

上述诸式需要直接或间接地知道物质的临界值，多数流体的临界参数 T_c、p_c 值查得到或估算到，但某些物质的临界参数得到是困难的，如果求得了沸点下的蒸发熵 ΔS_{vb}，就可求取蒸发焓 ΔH_v。

（1）利用 Trouton 规则求取蒸发焓 ΔH_v

$$\Delta H_v = T_b \Delta S_{vb} = 88 T_b \ \text{J} \cdot \text{mol}^{-1} \tag{8-49}$$

由于蒸发熵 ΔS_{vb} 要随 T_b 的增大而变大，因而 ΔS_{vb} 并不是一个常数，对于缔合性误差达 20%左右，因此用上式计算蒸发焓 ΔH_v 值误差较大。

（2）Kistiakousky 方程式

$$\Delta H_v = T \Delta S_{vb} = T(36.61 + R \ln T_b) \tag{8-50}$$

8.3.4　任意 T 下流体的蒸发焓 ΔH_v 的计算

1. 由已知 ΔH_{v1} 求取任意 T 下流体的蒸发焓 ΔH_{v2}

若已知某温度 T_1 下的流体的蒸发焓 ΔH_{v1}（通常为 $\Delta H_v^{\ominus}(298.15\ \text{K})$ 或 $\Delta H_{v,T_b}$），可用 Watson 方程求取任意 T 下流体的蒸发焓 ΔH_{v2}。

$$\Delta H_{v2} = \Delta H_{v1} \left(\frac{1 - T_{r2}}{1 - T_{r1}} \right)^n \tag{8-51}$$

n 值通常取为 0.375 或 0.38，在化工工程中的计算结果是令人满意的。n 值实际上是随不同物质而不同，为了提高计算的精度，Silverberg 和 Wenzel 建议 n 值取为

$$n = \begin{cases} 0.3 & T_r < 0.57 \\ 0.74 T_{br} - 0.116 & 0.57 < T_r < 0.71 \\ 0.41 & T_r > 0.71 \end{cases} \tag{8-52}$$

2. Pitzer 对应状态法

此法不用计算 ΔZ_{vb}，又能使用灵敏的偏心因子 ω 数。此法计算简便，为对应状态法，适用于对精度要求不高的时候。

$$\frac{\Delta H_v}{RT_c} = \frac{T_r}{R}(\Delta S_v^{(0)} + \omega \Delta S_v^{(1)}) \tag{8-53}$$

此式表示 $\Delta H_v/(RT_c)$ 为 T_r 和偏心因子 ω 的函数。$\Delta S_v^{(0)}$、$\Delta S_v^{(1)}$ 以熵单位表示，仅为 T_r 的函数，Pitzer 将二者函数制作为表。Carruth 和 Kobayaashi 将上式扩展到较低的 T_r，并将 Pitzer 的函数表制作如图 8-2 所示。在 $0.6 < T_r \leqslant 1.0$ 内，其修正式为

高等化工热力学

$$\frac{\Delta H_\mathrm{v}}{RT_\mathrm{c}} = 7.08(1-T_\mathrm{r})^{0.354} + 10.95\omega(1-T_\mathrm{r})^{0.456} \tag{8-54}$$

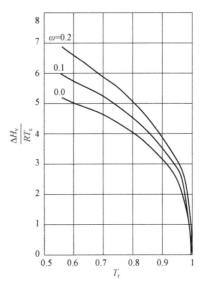

图 8-2　Pitzer 函数蒸气焓关联图

实际上，计算任意 T 下流体的蒸发焓 ΔH_v 的公式比较多，如 CSGC-HW 和 CSGC-HW1 基团对应状态法。

8.4　热容的计算

8.4.1　恒（等）压热容 C_p 和恒（等）容热容 C_v 之间的关系

热容数据分为恒（等）压热容 C_p 和恒（等）容热容 C_v，实验易测定 C_p 值。而 C_v 值不容易通过实验测定，因此测定了 C_p 值，就可计算出 C_v 值。对于理想性气体由第 1 章基础热力学内容可知 $C_\mathrm{p} - C_\mathrm{v} = n\mathrm{R}$，单原子和双原子理想气体的摩尔热容分别为 $C_\mathrm{p} = 5/2\mathrm{R}$、$C_\mathrm{v} = 3/2\mathrm{R}$ 和 $C_\mathrm{p} = 7/2\mathrm{R}$、$C_\mathrm{v} = 5/2\mathrm{R}$。也可通过下式进行换算：

$$C_\mathrm{p} - C_\mathrm{v} = T\left(\frac{\partial p}{\partial T}\right)_\mathrm{V}\left(\frac{\partial V}{\partial T}\right)_\mathrm{p} = -T\left(\frac{\partial p}{\partial V}\right)_\mathrm{T}\left(\frac{\partial V}{\partial T}\right)_\mathrm{p}^2 \tag{8-55}$$

无机化合物、有机化合物的各种气体的热容数据及关联式、基团贡献法计算式，可以查询相关的文献和手册，如兰氏化学手册、化工物性数据简明手册，相关文献列于参考文献中供参考。这里重点介绍液体热容的计算。

256

液体热容在使用中有三种热容：表示等压下随 T 的焓 H 变化的 C_{pL}，表示饱和液体状态下随 T 的焓 H 变化的 $C_{\sigma L}$ 及表示在变 T 下为保持饱和液体状态所需要的能量 C_{psL}。通常实验数据测定的是 C_{psL}，需要估算的是 C_{pL} 和 $C_{\sigma L}$，三者之间关系如下

$$C_{\sigma L} = \frac{\mathrm{d}H_{\sigma L}}{\mathrm{d}T} = C_{pL} + \left[V_{\sigma L} - T\left(\frac{\partial V}{\partial T}\right)_p \right]\left(\frac{\mathrm{d}p}{\mathrm{d}T}\right)_{\sigma L} = C_{pLL} + V_{\sigma L}\left(\frac{\mathrm{d}p}{\mathrm{d}T}\right)_{\sigma L} \quad (8\text{-}56)$$

三者之间可用以下关系进行换算，适用于 $T_r < 0.99$：

$$C_{pL} - C_{\sigma L} = R\exp(20.1 T_r - 17.9) \quad (8\text{-}57a)$$

$$C_{\sigma L} - C_{psL} = R\exp(8.655 T_r - 8.385) \quad (8\text{-}57b)$$

如果 $T_r < 0.8$，则通常认为 $C_{pL} = C_{psL} = C_{\sigma L}$。

8.4.2　热容的计算

液体的热容可以采用估算的方法较多，如 Sternling-Brown、Tyagi 对应状态法，Joback・Constuantinous-Gani（C-G）基团贡献法和各种关联式法等，如有实验值最好采用相关数据关联式来进行估算。

1. Rowlinson-Bondi 对应状态法

$$\frac{C_{pL} - C_p^{ig}}{R} = 1.45 + 0.45(1 - T_r)^{-1} + 0.25\omega[17.11 + 25.2(1 - T_r)^{1/3}T_r^{-1} + 1.742(1 - T_r)^{-1}]$$

$$(8\text{-}58)$$

这里 C_p^{ig} 为理想气体等压热容。

2. Tyagi 对应状态法

Tyagi 对应状态法计算的是饱和液体热容 C_{psL}，他从烃类出发，所有流体皆可计算，其方程适用于 $0.45 < T_r < 0.98$。

$$\frac{C_{psL} - C_p^{ig}}{R} = -6.902\,87 - 29.273\,7T_r^2 - 14.048\,16T_r^6 + p_r(0.286\,517 - 1.136\,4T_r^2 +$$

$$0.031\,008T_r^3 p_r) + \omega(17.403\,0T_r - 0.027\,06T_r^3 p_r^2)$$

$$(8\text{-}59)$$

混合溶液的比热容估算，则可将其比热容乘上其摩尔分数 x_i 或质量分数 x_{wi} 求和得到，即：

$$C_{pL,\,mix} = \sum x_i C_{pL,i} C_{pL} \quad (8\text{-}60a)$$

或

$$C_{pL,mix} = \sum x_{wi} C_{pL,i} \qquad (8\text{-}60b)$$

实际上固体溶解于液体中的混合热容也可按上两式计算。

3. Joback 法

$$C_p^{\ominus}(T) = [\sum\nolimits_k N_k \Delta C_{pA} - 37.93] + [\sum\nolimits_k N_k \Delta C_{pB} + 0.210]T +$$
$$[\sum\nolimits_k N_k \Delta C_{pC} - 3.91 \times 10^{-4}]T^2 + [\sum\nolimits_k N_k \Delta C_{pD} - 2.06 \times 10^{-7}]T^3 \qquad (8\text{-}61)$$

$C_p^{\ominus}(T)$ 单位为 J·(mol·K)$^{-1}$，ΔC_{pA}、ΔC_{pB}、ΔC_{pC}、ΔC_{pD} 为基团贡献值，N_k 为基团个数，T 为热力学温度。

4. Constuantinous-Gani（C-G）法

$$C_p^{\ominus} = [\sum\nolimits_i N_i \Delta C_{pAi1} + W \sum\nolimits_j N_j \Delta C_{pAj2} - 19.777\ 9] +$$
$$[\sum\nolimits_i N_i \Delta C_{pBi} + W \sum\nolimits_j N_j \Delta C_{pBj2} + 22.598\ 1]\theta +$$
$$[\sum\nolimits_i N_i \Delta C_{pCi1} + W \sum\nolimits_j N_j \Delta C_{pCj2} - 10.798\ 3]\theta^2 \qquad (8\text{-}62)$$

式中，$\theta = (T - 298)/700$，$C_p^{\ominus}$ 单位为 J·(mol·K)$^{-1}$，N_i、N_j 分别为一级基团数、二级基团数，ΔC_{pAi}、ΔC_{pBi}、ΔC_{pCi} 和 ΔC_{pAj}、ΔC_{pBj}、ΔC_{pCj} 分别为 C-G 法的热容的一级基团贡献值和二级基团贡献值。

习　题

8-1　基团贡献法有何优点及局限性？

8-2　试使用 Joback 基团贡献法计算 2-乙基苯酚的临界参数 T_c、p_c 和 V_c。已知 $T_b = 477.67$ K。

（答案：$T_c = 698.1$ K、$p_c = 44.1$ bar 和 $V_c = 341.5$ cm^3·mol^{-1}）

8-3　试用 Constuantinous-Gani（C-G）法估算 2-甲基-1-丙醇的临界参数 T_c、p_c 和 V_c。

（答案：$T_c = 548.1$ K、$p_c = 41.9$ bar 和 $V_c = 272.0$ cm^3·mol^{-1}）

8-4　试用 Lucas 法估算 1 bar、550 K 下甲醇蒸汽的黏度及与实验值的误差，实验值为 0.181 cP。

（答案：0.178 cP，百分比误差为 −1.7 %）

8-5　试用 Constuantinous-Gani（C-G）法估算 2-乙基苯酚的热力学性质 $\Delta H_f^{\ominus}(298.15\ \text{K})$、$\Delta G_f^{\ominus}(298.15\ \text{K})$ 及 $C_p^{\ominus}(700\ \text{K})$。

［答案：$\Delta H_f^{\ominus}(298.15\ \text{K}) = 145.56\ \text{kJ} \cdot \text{mol}^{-1}$，$\Delta G_f^{\ominus}(298.15\ \text{K}) = -23.60\ \text{kJ} \cdot \text{mol}^{-1}$，$C_p^{\ominus}(700\ \text{K}) = 286.35\ \text{J} \cdot (\text{mol} \cdot \text{K})^{-1}$］

8-6　试用 Pitzer 状态法式（8-54）估算 321 K 时丙醛的蒸发焓及实验误差。已知丙醛的 $T_c = 496\ \text{K}$、$T_r = 0.647$、$\omega = 0.313$，实验值为 28.28 kJ·mol^{-1}。

（答案：$\Delta H_v = 28.9$ kJ·mol^{-1}，百分比误差为 2.2%。）

附 录

附录一 水蒸气表

表 A 饱和水及饱和蒸汽表

按温度排列

温度 t/℃	压力 p/MPa	比容/m³·kg⁻¹ 饱和液体 v_f	比容/m³·kg⁻¹ 饱和蒸汽 v_g	熵/kJ·(kg·K)⁻¹ 饱和液体 S_f	熵/kJ·(kg·K)⁻¹ 饱和蒸汽 S_g	焓/kJ·kg⁻¹ 饱和液体 H_f	焓/kJ·kg⁻¹ 潜热 H_{fg}	焓/kJ·kg⁻¹ 饱和蒸汽 H_g
0	0.000 611	0.001 000 2	200.278	0.000 1	9.156 5	-0.02	2 501.4	2 501.3
5	0.000 872	0.001 000 1	147.12	0.076 1	9.025 7	20.98	2 489.6	2 510.6
10	0.001 228	0.001 000 4	106.379	0.151	8.900 8	42.01	2 477.7	2 519.8
15	0.001 705	0.001 000 9	77.926	0.224 5	8.781 4	62.99	2 465.9	2 528.9
20	0.002 339	0.001 001 8	57.791	0.296 6	8.667 2	83.96	2 454.1	2 538.1
25	0.008 169	0.001 002 9	43.36	0.367 4	8.558	104.89	2 442.3	2 547.2
37	0.004 246	0.001 004 3	32.894	0.436 9	8.453 3	125.79	2 430.5	2 556.3
35	0.005 628	0.001 006	25.216	0.505 3	8.353 1	146.68	2 418.6	2 565.3
40	0.007 384	0.001 007 8	19.523	0.572 5	8.257	167.57	2 406.7	2 574.3
45	0.009 593	0.001 009 9	15.258	0.638 7	8.164 8	188.45	2 394.8	2 583.2
50	0.012 35	0.001 012 1	12.032	0.703 8	8.076 3	209.33	2 382.7	2 592.1

按压力排列

压力 p/MPa	温度 t/℃	比容/m³·kg⁻¹ 饱和液体 v_f	比容/m³·kg⁻¹ 饱和蒸汽 v_g	熵/kJ·(kg·K)⁻¹ 饱和液体 S_f	熵/kJ·(kg·K)⁻¹ 饱和蒸汽 S_g	焓/kJ·kg⁻¹ 饱和液体 H_f	焓/kJ·kg⁻¹ 潜热 H_{fg}	焓/kJ·kg⁻¹ 饱和蒸汽 H_g
0.004	28.96	0.001 004	34.8	0.422 6	8.474 6	121.46	2 432.9	2 554.4
0.006	36.16	0.001 006 4	23.739	0.521	8.330 4	151.53	2 415.9	2 567.4
0.008	41.51	0.001 008 4	18.103	0.592 6	8.228 7	173.88	2 403.1	2 577
0.01	45.81	0.001 010 2	14.674	0.649 3	8.150 2	191.83	2 392.8	2 584.7
0.02	60.06	0.001 017 2	7.649	0.832	7.908 5	251.4	2 358.3	2 609.7
0.03	69.1	0.001 022 3	5.229	0.943 9	7.768 6	289.23	2 336.1	2 625.3
0.04	75.87	0.001 026 5	3.993	1.025 9	7.67	317.58	2 319.2	2 636.8
0.05	81.33	0.001 03	3.24	1.091	7.593 9	340.49	2 305.4	2 645.9
0.06	85.94	0.001 033 1	2.732	1.145 3	7.532	359.86	2 293.6	2 653.5
0.07	89.95	0.001 036	2.365	1.191 9	7.479 7	376.7	2 283.3	2 660
0.08	93.5	0.001 038	2.087	1.232 9	7.434 6	391.66	2 274.1	2 665.8

续表

按温度排列									按压力排列									
温度 t/℃	压力 p/MPa	比容/$m^3 \cdot kg^{-1}$		熵/kJ·(kg·K)$^{-1}$		焓/kJ·kg^{-1}			压力 p/MPa	温度 t/℃	比容/$m^3 \cdot kg^{-1}$		熵/kJ·(kg·K)$^{-1}$		焓/kJ·kg^{-1}			
		饱和液体 v_f	饱和蒸汽 v_g	饱和液体 S_f	饱和蒸汽 S_g	饱和液体 H_f	潜热 H_{fg}	饱和蒸汽 H_g			饱和液体 v_f	饱和蒸汽 v_g	饱和液体 S_f	饱和蒸汽 S_g	饱和液体 H_f	潜热 H_{fg}	饱和蒸汽 H_g	
55	0.015 76	0.001 014 6	9.568	0.767 9	7.991 3	230.24	2 369.87	2 600.11	0.09	96.71	0.001 041	1.869	1.269 5	7.394 9	405.15	2 265.7	2 670.9	
60	0.019 94	0.001 017 2	7.671	0.831 2	7.909 6	251.15	2 357.69	2 608.85	0.1	99.63	0.001 043 2	16.94	13 026	73 594	417.46	2 258	2 675.5	
65	0.025 03	0.001 019 9	6.197	0.893 5	7.831	272.08	2 345.43	2 617.51	0.15	111.4	0.001 052 8	1.159	1.433 6	7.223 3	467.11	2 226.5	2 693.6	
70	0.031 19	0.001 022 8	5.042	0.954 9	7.755 3	293.02	2 333.08	2 626.1	0.2	120.2	0.001 060 5	0.885 7	1.530 1	7.127 1	504.7	2 201.9	2 706.7	
75	0.038 58	0.001 025 9	4.131	1.015 5	7.682 4	313.97	2 320.63	2 634.6	0.25	127.4	0.001 067 2	0.718 7	1.607 2	7.052 7	535.37	2 181.5	2 716.9	
80	0.047 39	0.001 029 1	3.407	1.075 3	7.612 2	334.95	2 308.07	2 643.01	0.3	133.6	0.001 073 2	0.605 8	1.671 8	6.991 9	561.47	2 163.8	2 725.3	
85	0.057 83	0.001 032 5	2.828	1.134 3	7.544 5	355.95	2 295.38	2 651.33	0.4	143.6	0.001 083 6	0.462 5	1.776 6	6.895 9	604.74	2 133.8	2 738.6	
90	0.070 14	0.001 036	2.361	1.192 5	7.479 1	376.97	2 282.56	2 659.53	0.45	147.9	0.001 088 2	0.414	1.820 7	6.856 5	623.25	2 120.7	2 743.9	
95	0.084 55	0.001 039 7	1.982	1.25	7.415 9	397.96	2 270.2	2 668.1	0.5	151.9	0.001 092 6	0.374 9	1.860 7	6.821 3	640.23	2 108.5	2 748.7	
100	0.101 4	0.001 043 5	1.673	1.306 9	7.354 9	419.1	2 256.47	2 675.57	0.6	158.9	0.001 100 6	0.315 7	1.931 2	6.76	670.56	2 086.3	2 756.8	
110	0.143 3	0.001 051 6	1.21	1.418 5	7.238 7	461.36	2 229.7	2 691.07	0.7	165	0.001 108	0.272 9	1.992 2	6.708	697.22	2 066.3	2 763.5	
120	0.198 9	0.001 060 3	0.891 9	1.527 6	7.129 6	503.71	2 202.6	2 706.3	0.8	170.4	0.001 114 8	0.240 4	2.046 2	6.662 8	721.11	2 048	2 769.1	
130	0.270 1	0.001 059 7	0.668 5	1.634 4	7.026 9	546.31	2 174.2	2 720.5	0.9	175.4	0.001 121 2	0.215	2.094 6	6.622 6	742.83	2 031.1	2 773.9	
140	0.361 3	0.001 079 7	0.508 9	1.739 1	6.929 9	589.13	2 144.7	2 733.9	1	179.9	0.001 127 3	0.194 4	2.138 7	6.586 3	762.81	2 015.3	2 778.1	
150	0.400 8	0.001 090 5	0.392 8	1.841 8	6.837 9	632.2	2 114.3	2 746.5	2	212.4	0.001 176 7	0.099 63	2.447 4	6.340 9	908.79	1 890.7	2 799.5	
160	0.637 8	0.001 102	0.307 1	1.942 7	6.750 2	675.55	2 082.6	2 758.1	3	233.9	0.001 216 5	0.066 68	2.645 7	6.186 9	1 008.4	1 795.7	2 804.2	
170	0.791 7	0.001 114 3	0.242 8	2.041 9	6.666 3	719.21	2 049.5	2 768.7	3.5	242.6	0.001 234 7	0.057 07	2.725 3	6.125 3	1 049.8	1 753.7	2 803.4	
180	3.602	0.001 127 4	0.194 1	2.139 6	6.585 7	763.22	2 015	2 778.2	4	250.4	0.001 252 2	0.049 78	2.796 4	6.070 1	1 087.3	1 714.1	2 801.4	

续表

按温度排列

温度 t/℃	压力 p/MPa	比容/m³·kg⁻¹ 饱和液体 v_f	饱和蒸汽 v_g	熵/kJ·(kg·K)⁻¹ 饱和液体 S_f	饱和蒸汽 S_g	焓/kJ·kg⁻¹ 饱和液体 H_f	潜热 H_{fg}	饱和蒸汽 H_g
190	1.254	0.001 141 4	0.156 5	2.235 9	6.507 9	807.62	1 978.8	2 786.4
200	3.554	0.001 15	0.127 4	2.330 9	6.432 3	852.45	1 940.7	2 793.2
210	1.9	0.001 172 6	0.104 4	2.424 8	6.358 5	897.76	1 900.7	2 798.5
220	2.328	0.001 19	0.086 19	2.517 8	6.286 1	943.62	1 858.5	2 802.1
230	2.795	0.001 208 8	0.071 58	2.609 9	6.214 6	990.12	1 813.8	2 804
240	3.344	0.001 229 1	0.059 76	2.701 5	6.143 7	1 037.3	1 766.5	2 803.8
250	3.973	0.001 251 2	0.050 13	2.792 7	6.073	1 086.4	1 716.2	2 801.5
260	4.688	0.001 275 5	0.042 21	2.883 8	6.001 9	1 134.4	1 662.5	2 796.9
270	5.499	0.001 302 3	0.036 64	2.975 1	5.930 1	1 184.5	1 605.2	2 789.7
280	6.412	0.001 332 1	0.030 17	3.066 9	5.857 1	1 230	1 543.6	2 779.6
290	7.436	0.001 365 6	0.025 57	3.159 4	5.782 1	1 289.1	1 477.1	2 766.2
300	8.581	0.001 403 6	0.021 67	3.253 4	5.704 5	1 344	1 404.9	2 749
320	11.27	0.001 498 8	0.016 49	3.448	5.536 2	1 461.5	1 238.6	2 700.1
340	14.59	0.001 637 9	0.010 8	3.659 4	5.335 7	1 594.2	1 027.9	2 622
360	18.65	0.001 892 5	0.006 945	3.914 7	5.052 6	1 760.5	720.5	2 481
374.1	22.09	0.003 155	0.003 165	4.429 8	4.429 8	2 099.3	0	2 099.3

按压力排列

压力 p/MPa	温度 t/℃	比容/m³·kg⁻¹ 饱和液体 v_f	饱和蒸汽 v_g	熵/kJ·(kg·K)⁻¹ 饱和液体 S_f	饱和蒸汽 S_g	焓/kJ·kg⁻¹ 饱和液体 H_f	潜热 H_{fg}	饱和蒸汽 H_g
4.5	257.5	0.001 269 2	0.044 06	2.861	6.019 9	1 121.9	1 676.4	2 798.3
5	264	0.001 092 6	0.039 44	2.920 2	5.973 4	1 154.2	1 640.1	2 794.3
6	275.6	0.001 318 7	0.032 44	3.026 7	5.889 2	1 213.4	1 571	2 784.3
7	285.9	0.001 361 3	0.027 37	3.121 1	5.813 3	1 267	1 505.1	2 772.1
8	295.1	0.001 384 2	0.023 52	3.206 8	5.743 2	1 316.6	1 441.3	2 758
10	311.1	0.001 452 4	0.018 03	3.359 6	5.614 1	1 407.6	1 317.1	2 724.7
11	318.2	0.001 488 6	0.015 99	3.429 5	5.552 7	1 450.1	1 255.5	2 705.6
12	324.8	0.001 526 7	0.014 26	3.496 2	5.492 4	1 491.3	1 193.6	2 684.9
13	330.9	0.001 567 1	0.012 78	3.560 6	5.432 3	1 531.5	1 130.7	2 662.2
14	336.8	0.001 610 7	0.011 49	3.623 2	5.371 7	1 571.1	1 066.5	2 637.6
15	342.2	0.001 658 1	0.010 34	3.684 8	5.309 8	1 610.5	1 000	2 610.5
16	347.4	0.001 710 7	0.009 306	3.746 1	5.245 5	1 650.1	930.6	2 580.6
17	352.4	0.001 770 2	0.008 364	3.807 9	5.177 7	1 690.3	856.9	2 547.2
18	357.1	0.001 839 7	0.007 489	3.871 5	5.104 4	1 732	777.1	2 509.1
19	361.5	0.001 924 3	0.006 657	3.938 8	5.022 8	1 776.5	688	2 464.5
20	365.8	0.002 036	0.005 834	4.013 9	4.926 9	1 826.3	583.4	2 409.7

表 B　过热水蒸气表

温度 t/℃	0.006 MPa (36.16 ℃) 比容/m³·kg⁻¹	熵/kJ·(kg·K)⁻¹	焓/kJ·kg⁻¹	0.035 MPa (72.69 ℃) 比容/m³·kg⁻¹	熵/kJ·(kg·K)⁻¹	焓/kJ·kg⁻¹	温度/℃	0.070 MPa (89.95 ℃) 比容/m³·kg⁻¹	熵/kJ·(kg·K)⁻¹	焓/kJ·kg⁻¹	0.1 MPa (99.63 ℃) 比容/m³·kg⁻¹	熵/kJ·(kg·K)⁻¹	焓/kJ·kg⁻¹
饱和蒸汽	23.739	8.330 4	2 546.4	4.526	7.715 3	2 631.4	饱和蒸汽	2.365	7.479 7	2 660	1.694	7.359 4	2 675.5
80	27.132	8.580 4	2 650.1	4.625	7.756 4	2 645.6	100	2.434	7.534 1	2 680	1.696	7.361 4	2 676.2
120	30.219	8.784	2 726	5.163	7.964 4	2 723.1	120	2.571	7.637 5	2 719.6	1.793	7.466 8	2 716.6
160	33.302	8.969 3	2 802.5	5.696	8.151 9	2 800.6	160	2.841	7.827 9	2 798.2	1.984	7.659 7	2 796.2
200	36.383	9.139 8	2 879.7	6.228	8.323 7	2 878.4	200	3.108	8.001 2	2 876.7	2.172	7.834 3	2 875.3
240	39.462	9.298 2	2 957.8	6.758	8.482 8	2 956.8	240	3.374	8.161 1	2 955.5	2.359	7.994 9	2 954.5
280	42.54	9.446 4	3 036.8	7.287	8.631 4	3 036	280	3.64	8.316 2	3 035	2.546	8.144 5	3 034.2
320	45.618	9.585 9	3 116.7	7.815	8.771 2	3 116.1	320	3.905	8.450 4	3 115.3	2.732	8.284 9	3 114.6
360	48.696	9.718	3 197.7	8.344	8.903 4	3 197.1	360	4.17	8.582 8	3 196.5	2.917	8.417 5	3 195.9
400	51.774	9.843 5	3 279.6	8.872	9.029 1	3 279.1	400	4.434	8.708 6	3 278.6	3.103	8.543 5	3 278.2
440	54.851	9.963 3	3 362.6	9.4	9.149	3 362.2	440	4.698	8.828 6	3 361.8	3.288	8.663 6	3 361.4
500	59.467	10.134	3 489.1	10.192	9.319 4	3 488.8	500	5.095	8.999 1	3 488.5	3.565	8.834 2	3 488.1

温度 t/℃	0.15 MPa (111.37 ℃) 比容/m³·kg⁻¹	熵/kJ·(kg·K)⁻¹	焓/kJ·kg⁻¹	0.3 MPa (133.55 ℃) 比容/m³·kg⁻¹	熵/kJ·(kg·K)⁻¹	焓/kJ·kg⁻¹	温度/℃	0.5 MPa (151.86 ℃) 比容/m³·kg⁻¹	熵/kJ·(kg·K)⁻¹	焓/kJ·kg⁻¹	0.7 MPa (164.97 ℃) 比容/m³·kg⁻¹	熵/kJ·(kg·K)⁻¹	焓/kJ·kg⁻¹
饱和蒸汽	1.159	7.223 3	2 693.6	0.606	6.991 9	2 725.3	饱和蒸汽	0.374 9	6.821 3	2 748.7	0.272 9	6.708	2 763.5
120	1.188	7.269 3	2 711.4				180	0.404 5	6.965 6	2 812	0.284 7	6.788	2 799.1
160	1.317	7.466 5	2 792.8	0.651	7.127 6	2 782.3	200	0.424 9	7.059 2	2 855.4	0.299 9	6.886 5	2 844.8

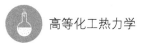

续表

温度 t/ ℃	比容/m³ • kg⁻¹	熵/kJ • (kg • K)⁻¹	焓/kJ • kg⁻¹	比容/m³ • kg⁻¹	熵/kJ • (kg • K)⁻¹	焓/kJ • kg⁻¹	温度/ ℃	比容/m³ • kg⁻¹	熵/kJ • (kg • K)⁻¹	焓/kJ • kg⁻¹	比容/m³ • kg⁻¹	熵/kJ • (kg • K)⁻¹	焓/kJ • kg⁻¹
200	1.444	7.643 3	2 872.9	0.716	7.311 5	2 865.5	240	0.464 6	7.230 7	2 939.9	0.329 2	7.064 1	2 932.2
240	1.57	7.805 2	2 952.7	0.781	7.477 4	2 947.3	280	0.503 4	7.386 5	3 022.9	0.357 4	7.223 3	3 017.1
280	1.695	7.955 5	3 032.8	0.844	7.629 9	3 028.6	320	0.541 6	7.530 8	3 105.6	0.385 2	7.369 7	3 100.9
320	1.819	8.096 4	3 113.5	0.907	7.772 2	3 110.1	360	0.579 6	7.666	3 188.4	0.412 6	7.506 3	3 184.7
360	1.943	8.229 3	3 195	0.969	7.906 1	3 192.2	400	0.617 3	7.793 8	3 271.9	0.439 7	7.635	3 268.7
400	2.067	8.355 5	3 277.4	1.032	8.033	3 275	440	0.654 8	7.915 2	3 356	0.466 7	7.757 1	3 353.3
440	2.191	8.475 7	3 360.7	1.094	8.153 8	3 358.7	500	0.710 9	8.087 3	3 483.9	0.507	7.929 9	3 481.7
500	2.376	8.646 6	3 487.6	1.187	8.325 1	3 486	600	0.804 1	8.352 2	3 701.7	0.573 8	8.195 6	3 700.2
600	2.685	8.910 1	3 704.3	1.341	8.589 2	3 703.2	700	0.896 9	8.595 2	3 925.9	0.640 3	8.439 1	3 924.8
	1 MPa（179.91 ℃）			1.5 MPa（198.32 ℃）				2 MPa（212.42 ℃）			3 MPa（233.90 ℃）		
饱和蒸汽	0.194 4	6.586 5	2 778.1	0.131 8	6.444 8	2 792.2	饱和蒸汽	0.099 6	6.340 9	2 799.5	0.066 7	6.186 9	2 804.2
200	0.206	6.694	2 827.9	0.132 5	6.454 6	2 796.8	240	0.108 5	6.495 2	2 876.5	0.068 2	6.226 5	2 824.3
240	0.227 5	6.881 7	2 920.4	0.148 3	6.662 8	2 899.3	280	0.12	6.682 8	2 976.4	0.077 1	6.446 2	2 941.3
280	0.248	7.046 5	3 008.2	0.162 7	6.838 1	2 992.7	320	0.130 8	6.845 2	3 069.5	0.085	66 245	3 043.4
320	0.267 8	7.196 2	3 093.9	0.176 5	6.993 8	3 081.9	360	0.141 1	6.991 7	3 159.3	0.092 3	6.780 1	3 138.7
360	0.287 3	7.334 9	3 178.9	0.189 9	7.136 3	3 169.2	400	0.151 2	7.127 1	3 247.6	0.099 4	6.921 2	3 230.9
400	0.306 6	7.465 1	3 263.9	0.203	7.269	3 255.8	440	0.161 1	7.254	3 335.5	0.106 2	7.052	3 321.5
440	0.325 7	7.588 3	3 349.3	0.216	7.394	3 342.5	500	0.175 7	7.431 7	3 467.6	0.116 2	7.233 8	3 456.5

续表

温度 t/℃	4 MPa (250.40℃) 比容/m³·kg⁻¹	熵/kJ·(kg·K)⁻¹	焓/kJ·kg⁻¹	6 MPa (275.64℃) 比容/m³·kg⁻¹	熵/kJ·(kg·K)⁻¹	焓/kJ·kg⁻¹	温度/℃	8 MPa (295.06℃) 比容/m³·kg⁻¹	熵/kJ·(kg·K)⁻¹	焓/kJ·kg⁻¹	10 MPa (311.06℃) 比容/m³·kg⁻¹	熵/kJ·(kg·K)⁻¹	焓/kJ·kg⁻¹
500	0.354 1	7.762 2	3 478.5	0.235 2	7.569 8	3 473.1	540	0.185 3	7.543 4	3 556.1	0.122 7	7.347 4	3 546.6
540	0.372 9	7.872	3 565.6	0.247 8	7.680 5	3 560.9	600	0.199 6	7.702 4	3 690.1	0.132 4	7.508 5	3 682.3
600	0.400 11	8.029	3 697.9	0.266 8	7.838 5	3 694	640	0.209 1	7.803 5	3 780.4	0.138 8	7.610 6	3 773.5
640	0.419 8	8.129	3 787.2	0.279 3	7.939 1	3 783.8	700	0.223 2	7.948 7	3 917.4	0.148 4	7.757 1	3 911.7
饱和蒸汽	0.049 78	6.070 1	2 801.4	0.032 44	5.889 2	2 784.3	饱和蒸汽	0.023 52	5.743 2	2 758	0.018 03	5.614 1	2 724.7
280	0.055 46	6.256 8	2 901.8	0.033 17	5.925 2	2 804.2	320	0.026 82	5.948 9	2 877.2	0.019 25	5.710 3	2 781.3
320	0.061 99	6.455 3	3 015.4	0.038 76	6.184 6	2 952.6	360	0.030 89	6.181 9	3 019.8	0.023 31	6.006	2 962.1
360	0.067 88	6.621 5	3 117.2	0.043 31	6.378 2	3 071.1	400	0.034 32	6.363 4	3 138.3	0.026 41	6.212	3 096.5
400	0.073 41	6.769	3 213.6	0.047 39	6.540 8	3 177.2	440	0.037 42	6.519	3 246.1	0.029 11	6.380 5	3 213.2
440	0.078 72	6.904 1	3 307.1	0.051 22	6.685 3	3 277.3	480	0.040 34	6.658 6	3 348.4	0.031 6	6.528 2	3 321.4
500	0.086 43	7.090 1	3 445.3	0.056 65	6.880 3	3 422.2	520	0.043 13	6.787 1	3 447.7	0.033 94	6.662 2	3 425.1
540	0.091 45	7.205 6	3 536.9	0.060 15	6.999 9	3 517	560	0.045 82	6.907 2	3 545.3	0.036 19	6.786 4	3 526
600	0.098 85	7.368 8	3 674.4	0.065 25	7.167 7	3 658.4	600	0.048 45	7.020 6	3 642	0.038 37	6.902 9	3 625.3
640	0.103 7	7.472	3 766.6	0.068 59	7.273 1	3 752.6	640	0.051 02	7.128 3	3 738.3	0.040 48	7.013 1	3 723.7
700	0.111	7.619 8	3 905.9	0.073 52	7.423 4	3 894.1	700	0.054 81	7.281 2	3 882.4	0.043 58	7.168 7	3 870.5
740	0.115 7	7.714 1	3 999.6	0.076 77	7.519	3 989.2	740	0.057 29	7.378 2	3 978.7	0.045 6	7.267	3 968.1

附录二　某些纯物质的基本物性及 Antoine 方程常数

化合物	T_b/K	T_m/K	T_c/K	p_c/MPa	V_c/cm³·mol⁻¹	Z_c	ω	A	B	C	适用范围/K
水	373.2	273.2	647.3	22.05	56.0	0.229	0.344	11.683 4	3 816.44	-46.13	284~441
甲烷	111.7	91.2	190.56	4.599	98.60	0.286	0.011	8.604 1	597.84	-7.16	93~120
乙烷	184.6	101.2	305.32	4.872	145.5	0.279	0.099	9.043 5	1 511.42	-17.16	130~199
丙烷	231.1	85.2	369.83	4.248	200	0.277	0.152	6.829 73	813.2	248	273~373
丁烷	272.7	134.9	425.12	3.796	255	0.274	0.199	9.058 0	2 154.90	-34.42	195~290
异丁烷	261.3	113.6	407.8	3.640	259	0.278	0.177	8.917 9	2 032.73	-33.15	187~280
正戊烷	309.2	143.5	469.7	3 370	311	0.268	0.249	9.213 1	2 477.07	-39.94	220~330
异戊烷	301.0	113.2	460.4	3.384	306	0.271	0.227	9.013 6	2 348.67	-40.05	216~322
新戊烷	282.6	253.7	433.8	3.202	303	0.269	0.197	8.586 7	2 034.15	-45.37	260~305
正己烷	341.9	177.9	507.4	2.969	370	0.260	0.296	9.216 4	2 697.55	-48.78	245~370
正庚烷	371.6	182.6	540.2	2.74	428	0.261	0.351	9.253 5	2 911.32	-56.51	270~400
正辛烷	398.8	216.4	568.7	2.49	492	0.259	0.396	7.372	1 587.81	230.07	293~313
环丙烷	242.15	145.2	398.0	5.54	162	0.272	0.134	6.019 5	859.11	-26.26	183~241
环戊烷	322.35	179.2	511.7	4.51	259	0.275	0.194	9.237 2	2 588.48	-41.79	230~345
甲基环戊烷	344.95	130.8	511.7	4.51	259	0.275	0.194	6.181 99	1 295.54	-34.76	255~373
乙基环戊烷	376.65	135.2	532.7	3.79	318	0.272	0.230	6.008 07	1 296.209	-52.755	302~378
环己烷	353.9	279.7	553.4	4.073	308	0.273	0.213	9.132 5	2 766.63	-50.50	280~380
甲基环己烷	374.1	146.6	572.1	3.48	369	0.270	0.235	6.823 0	1 270.763	221.416	270~400
乙基环己烷	405	161.9	606.9					6.867 28	1 382.466	214.995	294~433

续表

化合物	T_b/K	T_m/K	T_c/K	p_c/MPa	V_c/cm³·mol⁻¹	Z_c	ω	A	B	C	适用范围/K
二氯二氟甲烷(R-12)	243.4	115.2	385.0	4.124	217	0.280	0.176	6.686 19	782.072	235.377	154~243
三氯氟甲烷(R-11)	297.0	162.2	471.2	4.408	248	0.279	0.188	9.231 4	2 401.61	−36.3	240~300
三氯三氟乙烷(R-113)	320.7	238.2	487.2	3.415	304	0.256	0.252	9.222 2	2 532.61	−45.67	250~360
乙烯	169.4	104.1	282.34	5.041	131.1	0.281 5	0.085	8.916 6	1 347.01	−18.15	120~182
丙烯	225.4	87.9	364.9	4.60	184.6	0.279 8	0.142	9.082 5	1 807.53	−26.15	160~240
丁烯	266.9	87.8	419.5	4.02	240.8	0.277 5	0.187	9.136 2	2 132.42	−33.15	190~295
顺2-丁烯	276.9	134.3	435.5	4.21	233.8	0.272	0.203	9.196 9	2 210.71	−36.15	200~305
反2-丁烯	274.0	167.6	428.6	4.10	237.7	0.273 5	0.218	9.197 5	2 212.32	−33.15	200~300
戊烯	303.1	108	464.8	3.56	298.4	0.275	0.233	9.144 4	2 405.96	−39.63	220~325
顺2-戊烯	310.1	121.8	476	3.648	300	0.28	0.240	9.204 9	2 459.05	−42.56	220~330
反2-戊烯	309.5	133	475	3.658	300	0.28	0.237	9.280 9	2 495.97	−40.18	220~330
醋酸	391.1	290.1	594.4	5.786	171	0.200	0.454	10.187 8	3 405.57	−56.34	290~430
丙酮	329.4	178.3	508.1	4.700	213	0.237	0.306	10.031 1	2 940.46	−35.93	241~350
乙腈	354.8	228.2	548	4.833	173	0.184	0.321	9.667 2	2 945.47	−49.15	260~390
乙炔	189.2	191.7	308.3	6.138	112.2	0.268 7	0.187	9.727 9	1 637.14	−19.77	194~202
丙炔	250.0	170.2	402.4	5.63	163.5	0.275	0.216	9.002 5	1 850.66	−44.07	183~267
丁炔	281.3	147.5	440	4.60	208	0.262	0.247	6.270 98	726.768	−18.01	192~308
1,3-丁二烯	268.7	164.3	425	4.32	221	0.270	0.193	9.152 5	2 142.66	−34.30	215~290
异戊二烯	307.2	127.2	484	3.850	276	0.264	0.164	9.234 6	2 467.40	−39.64	250~330

续表

化合物	T_b/K	T_m/K	T_c/K	p_c/MPa	$V_c/cm^3 \cdot mol^{-1}$	Z_c	ω	A	B	C	适用范围/K
甲醇	337.8	175.7	512.6	8.096	118	0.224	0.559	11.9673	3626.55	-34.29	257~364
乙醇	351.5	159	516.2	6.383	167	0.248	0.635	12.2917	3803.98	-41.68	270~369
正丙醇	370.4	148.8	536.7	5.168	218.5	0.253	0.624	10.9237	3166.38	-80.15	285~400
异丙醇	355.4	185.2	508.3	4.762	220	0.248	—	12.0727	3640.20	-53.54	273~374
甲硫醇	279.2	150.2	470	7.23	147	0.272	0.146	6.18991	1030.496	-32.82	222~279
乙硫醇	308.2	125.2	499	5.49	207	0.274	0.192	6.0768	1084.445	-41.776	274~339
二甲硫醚	310.5	175.2	503	5.53	203.7	0.269	0.189	6.10279	1099.374	-39.807	303~375
二乙硫醚	365.3	173.2	557.8	3.90	317.6	0.267	0.294	6.05239	1257.304	-54.552	319~396
乙醚	307.7	156.9	466.7	3.638	280	0.262	0.281	9.4626	2511.29	-41.95	225~340
环氧乙烷	283.5	162.2	469	7.194	140	0.258	0.200	10.1198	2567.61	-29.01	200~310
甲乙酮	352.8	186.2	535.6	4.154	267	0.249	0.329	9.9784	3150.42	-36.65	257~376
苯	3 533	278.7	562.1	4.894	259	0.271	0.212	9.2806	2788.51	-52.36	280~377
甲苯	383.8	178.2	591.75	4.108	316	0.264	0.264	9.3935	3096.52	-53.67	280~410
乙苯	4 093	178.2	617.15	3.609	374	0.263	0.304	9.3993	3279.47	-59.95	300~450
邻二甲苯	417.6	248	630.3	3.732	370	0.263	0.313	9.4954	3395.57	-59.46	305~445
间二甲苯	412.3	225.3	617.0	3.541	375	0.259	0.326	9.5188	3366.99	-58.04	300~440
对二甲苯	411.5	286.5	616.2	3.511	378	0.259	0.326	9.4761	3346.65	-57.84	300~440
丙苯	432.4	173.6	638.35	3.200	440	0.265	0.346	6.95142	1491.297	207.14	316~461
氯苯	404.9	228.2	632.4	4.519	308	0.265	0.249	9.4474	3295.12	-55.60	320~420
苯乙烯	418.3	242.2	647	3.992			0.257	9.3991	3328.57	-63.72	305~460

续表

化合物	T_b/K	T_m/K	T_c/K	p_c/MPa	V_c/cm^3 · mol^{-1}	Z_c	ω	A	B	C	适用范围/K
苯乙酮	474.9	292.8	701	3 850	376	0.250	0.420	9.618 2	3 781.07	−81.15	350~520
萘	491.2	353.4	748.4	4.05	407	0.265	0.302	6.135 55	1 733.71	−71.291	368~523
氯乙烯	259.8	119.3	429.7	5.603	169	0.265	0.122	8.339 9	1 803.84	−43.15	185~290
一氯甲烷	249.1	176.2	416.3	6.68	140	0.271	0.153	6.994 40	902.45	243.61	180~266
二氯甲烷	313	178.2	508.0	6.35			0.192	7.080 3	1 138.910	231.46	229~332
三氯甲烷	334.3	209.7	536.2	5.33	244	0.291	0.213	9.353 0	2 696.79	−46.16	260~370
四氯化碳	349.7	250.4	556.3	4.54	276	0.271	0.193	9.254 0	2 808.19	−45.99	253~374
甲醛	254	181.2	408	6.586			0.253	9.857 3	2 204.13	−30.15	185~271
乙醛	293.6	149.8	461	5.573	154	0.22	0.303	9.627 9	2 465.15	−37.15	210~320
丙醛	321.2	193.2	503.6	504	204	0.246	0.302	6.233 6	1 180	−42.0	250~330
丁醛	348	176.3	522.3	4.41	258	0.262	0.345	5.686 18	994.1	−78.05	293~349
甲酸	374.2	281.5	588					6.502 8	1 563.28	−26.09	283~384
乙酸	391.1	290.2	590.7	5.78	171	0.201	0.462	6.572 9	1 572.32	−46.777	290~396
丙酸	414.7	252.7	598.5	4.67	233	0.219	0.536	6.674 57	615.277	−68.362	328~438
丁酸	436.9	268	615.2	4.06	292	0.232	0.604	11.533 24	5 291.631	128.778	301~358
甲酸乙酯	327.4	193.6	487.2	6.00	172	0.255	0.254	9.540 9	2 603.30	−54.15	240~360
乙酸甲酯	330.1	175	508.4	4.74	229	0.257	0.285	9.509 3	2 601.92	−56.15	245~360
乙酸丁酯	399.2	196.2	575.6	3.14			0.410	6.254 96	1 432.217	−62.214	333~399
氢	4.21	0.95	5.19	0.227	57.3	0.301	−0.387	5.631 2	33.732 9	1.79	3.7~4.3
氖	27.0	26.5	44.4	2.756	41.7	0.311	0.00	7.389 7	180.47	−2.61	24~29

续表

化合物	T_b/K	T_m/K	T_c/K	p_c/MPa	V_c/cm³·mol⁻¹	Z_c	ω	A	B	C	适用范围/K
氩	87.3	83.8	150.8	4.874	74.9	0.291	-0.004	8.6128	700.51	-5.84	81~94
氪	119.8	116.2	209.4	5.502	91.2	0.288	-0.002	8.6475	958.75	-8.71	113~129
氙	165.0	161.4	289.7	5.836	118	0.286	0.002	8.6756	1303.92	-14.50	158~178
氢	20.4	13.95	33.2	1.297	65.0	0.305	-0.22	7.0131	164.90	3.19	14~25
氮	77.4	63.2	126.2	3.394	89.5	0.290	0.040	8.3340	588.72	-6.60	54~90
氧	90.2	55.2	154.6	5.046	73.4	0.288	0.021	8.7873	734.55	-6.45	63~100
氯	238.7	171.7	417	7.701	124	0.275	0.073	9.3408	1978.32	-27.01	172~264
溴	331.9	266	584	10.34	127	0.270	0.132	9.2239	2582.32	-51.56	259~354
氨	239.7	195.2	405.6	11.28	72.5	0.242	0.250	10.3279	2132.50	-32.98	179~261
肼	386.7	287.2	653	14.69	96.1	0.260	0.328	7.77306	1620	218	312~523
一氧化碳	81.7	68.2	132.9	3.496	93.1	0.295	0.049	7.7484	538.22	-13.15	63~108
二氧化碳	194.7	194.7	304.2	7.376	94.0	0.274	0.225	15.9696	3103.39	-0.16	154~204
一氧化氮	121.4	109.6	180	6.485	58	0.25	0.607	13.5112	1572.52	-4.88	95~140
一氧化二氮	184.7	182.4	309.6	7.245	97.4	0.274	0.160	9.5069	1506.49	-25.99	144~200
二氧化硫	263	200.2	430.8	7.883	122	0.268	0.251	10.1478	2302.35	-35.97	195~280
三氧化硫	318	290	491.0	8.207	130	0.26	0.41	14.2201	3995.70	-36.66	290~332
二硫化碳	319.4	161.1	552	7.903	170	0.293	0.115	9.3642	2690.85	-31.62	228~342
氰化氢	298.9	259.2	456.8	5.390	139	0.197	0.407	9.8936	2585.80	-37.15	234~330
硫化氢	212.8	188.2	373.2	8.937	98.5	0.284	0.100	9.4838	1768.69	-26.06	190~230
氟化氢	292.7	238.2	461	6.485	69.0	0.12	0.372	11.0756	3404.49	15.06	206~313
氯化氢	188.1	159	324.6	8.309	81.0	0.249	0.12	9.8838	1714.25	-14.45	137~200

附录三　流体热力学性质的普遍化数据

表 A　$Z^0(p_r, T_r)$ 值

T_r	p_r														
	0.010	0.050	0.100	0.200	0.400	0.600	0.800	1.000	1.200	1.500	2.000	3.000	5.000	7.000	10.000
0.30	0.002 9	0.014 5	0.029 0	0.057 9	0.115 8	0.173 7	0.231 5	0.289 2	0.347 0	0.433 5	0.577 5	0.864 8	1.436 6	2.004 8	2.850 7
0.35	0.002 6	0.013 0	0.026 1	0.052 2	0.104 3	0.156 4	0.208 4	0.260 4	0.312 3	0.390 1	0.519 5	0.777 7	1.290 2	1.798 7	2.553 9
0.40	0.002 4	0.011 9	0.023 9	0.047 7	0.095 3	0.142 9	0.190 4	0.237 9	0.285 3	0.356 3	0.474 4	0.709 5	1.175 8	1.637 3	2.321 1
0.45	0.002 2	0.011 0	0.022 1	0.044 2	0.088 2	0.132 2	0.176 2	0.220 0	0.263 8	0.329 4	0.438 4	0.655 1	1.084 1	1.507 7	2.133 8
0.50	0.002 1	0.010 3	0.020 7	0.041 3	0.082 5	0.123 6	0.164 7	0.205 6	0.246 5	0.307 7	0.409 2	0.611 0	1.009 4	1.401 7	1.980 1
0.55	0.980 4	0.009 8	0.019 5	0.039 0	0.077 8	0.116 6	0.155 3	0.193 9	0.232 3	0.289 9	0.385 3	0.574 7	0.947 5	1.313 7	1.852 0
0.60	0.984 9	0.009 3	0.018 6	0.037 1	0.074 1	0.110 9	0.147 6	0.184 2	0.220 7	0.275 3	0.365 7	0.544 6	0.895 9	1.239 8	1.744 0
0.65	0.988 1	0.937 7	0.017 8	0.035 6	0.071 0	0.106 3	0.141 5	0.176 5	0.211 3	0.263 4	0.349 5	0.519 7	0.852 6	1.177 3	1.651 9
0.70	0.990 4	0.950 4	0.895 8	0.034 4	0.068 7	0.102 7	0.136 6	0.170 3	0.203 8	0.253 8	0.336 4	0.499 1	0.816 1	1.124 1	1.572 9
0.75	0.992 2	0.959 8	0.916 5	0.033 6	0.067 0	0.100 1	0.133 0	0.165 6	0.198 1	0.246 4	0.326 0	0.482 3	0.785 4	1.078 7	1.504 7
0.80	0.993 5	0.966 9	0.931 9	0.853 9	0.066 1	0.098 5	0.130 7	0.162 6	0.194 2	0.241 1	0.318 2	0.469 0	0.759 8	1.040 0	1.445 6
0.85	0.994 6	0.972 5	0.943 6	0.881 0	0.066 1	0.098 3	0.130 1	0.161 4	0.192 4	0.238 2	0.313 2	0.459 1	0.738 8	1.007 1	1.394 3
0.90	0.995 4	0.976 8	0.952 8	0.901 5	0.078 0	0.100 6	0.132 1	0.163 0	0.193 5	0.238 3	0.311 4	0.452 7	0.722 0	0.979 3	1.349 6
0.93	0.995 9	0.979 0	0.957 3	0.911 5	0.805 9	0.663 5	0.135 9	0.166 4	0.196 3	0.240 5	0.312 2	0.450 7	0.713 8	0.964 8	1.325 7
0.95	0.996 1	0.980 3	0.960 0	0.917 4	0.820 6	0.696 7	0.141 0	0.170 5	0.199 8	0.243 2	0.313 8	0.450 1	0.709 2	0.956 1	1.310 8
0.97	0.996 3	0.981 5	0.962 5	0.922 7	0.833 8	0.724 0	0.558 0	0.177 9	0.205 5	0.247 4	0.316 4	0.450 4	0.705 2	0.948 0	1.296 8
0.98	0.996 5	0.982 1	0.963 7	0.925 3	0.839 8	0.736 0	0.588 7	0.184 4	0.209 7	0.250 3	0.318 2	0.450 8	0.703 5	0.944 2	1.290 1
0.99	0.996 6	0.982 6	0.964 8	0.927 7	0.845 5	0.747 1	0.613 8	0.195 9	0.215 4	0.253 8	0.320 4	0.451 4	0.701 8	0.940 6	1.283 5

T_r	p_r														
	0.010	0.050	0.100	0.200	0.400	0.600	0.800	1.000	1.200	1.500	2.000	3.000	5.000	7.000	10.000
1.00	0.9967	0.9832	0.9659	0.9300	0.8509	0.7574	0.6353	0.2919	0.2237	0.2583	0.3229	0.4522	0.7004	0.9372	1.2772
1.01	0.9968	0.9837	0.9669	0.9322	0.8561	0.7671	0.6542	0.4648	0.2370	0.2640	0.3260	0.4533	0.6991	0.9339	1.2710
1.02	0.9969	0.9842	0.9679	0.9343	0.8610	0.7761	0.6710	0.5146	0.2629	0.2715	0.3297	0.4547	0.6980	0.9307	1.2650
1.05	0.9971	0.9855	0.9707	0.9401	0.8743	0.8002	0.7130	0.6026	0.4437	0.3131	0.3452	0.4604	0.6956	0.9222	1.2481
1.10	0.9975	0.9874	0.9747	0.9485	0.8930	0.8323	0.7649	0.6880	0.5984	0.4580	0.3953	0.4770	0.6950	0.9110	1.2232
1.15	0.9978	0.9891	0.9780	0.9554	0.9081	0.8576	0.8032	0.7443	0.6803	0.5798	0.4760	0.5042	0.6987	0.9033	1.2021
1.20	0.9981	0.9904	0.9808	0.9611	0.9205	0.8779	0.8330	0.7858	0.7363	0.6605	0.5605	0.5425	0.7069	0.8990	1.1844
1.30	0.9985	0.9926	0.9852	0.9702	0.9396	0.9083	0.8764	0.8438	0.8111	0.7624	0.6908	0.6344	0.7358	0.8998	1.1580
1.40	0.9988	0.9942	0.9884	0.9768	0.9534	0.9295	0.9062	0.8827	0.8595	0.8256	0.7753	0.7202	0.7761	0.9112	1.1419
1.50	0.9991	0.9954	0.9909	0.9818	0.9636	0.9456	0.9278	0.9103	0.8933	0.8689	0.8328	0.7887	0.8200	0.9297	1.1339
1.60	0.9993	0.9964	0.9928	0.9856	0.9714	0.9575	0.9439	0.9308	0.9180	0.9000	0.8738	0.8410	0.8617	0.9518	1.1320
1.70	0.9994	0.9971	0.9943	0.9886	0.9775	0.9667	0.9563	0.9463	0.9367	0.9234	0.9043	0.8809	0.8984	0.9745	1.1343
1.80	0.9995	0.9977	0.9955	0.9910	0.9823	0.9739	0.9659	0.9583	0.9511	0.9413	0.9275	0.9118	0.9297	0.9961	1.1391
1.90	0.9996	0.9982	0.9964	0.9929	0.9861	0.9796	0.9735	0.9678	0.9624	0.9552	0.9456	0.9359	0.9557	1.0157	1.1452
2.00	0.9997	0.9986	0.9972	0.9944	0.9892	0.9842	0.9796	0.9754	0.9715	0.9664	0.9599	0.9550	0.9772	1.0328	1.1516
2.20	0.9998	0.9992	0.9983	0.9967	0.9937	0.9910	0.9886	0.9865	0.9847	0.9826	0.9806	0.9827	1.0094	1.0600	1.1635
2.40	0.9999	0.9996	0.9991	0.9983	0.9969	0.9957	0.9948	0.9941	0.9936	0.9935	0.9945	1.0011	1.0313	1.0793	1.1725
2.60	1.0000	0.9999	0.9997	0.9994	0.9991	0.9990	0.9990	0.9993	0.9998	1.0010	1.0040	1.0137	1.0463	1.0926	1.1792
2.80	1.0000	1.0000	1.0001	1.0002	1.0007	1.0013	1.0021	1.0031	1.0042	1.0063	1.0106	1.0223	1.0565	1.1016	1.1830
3.00	1.0000	1.0002	1.0004	1.0008	1.0018	1.0030	1.0043	1.0057	1.0074	1.0101	1.0153	1.0284	1.0635	1.1075	1.1848
3.50	1.0001	1.0004	1.0008	1.0017	1.0035	1.0055	1.0075	1.0097	1.0120	1.0156	1.0221	1.0368	1.0723	1.1138	1.1834
4.00	1.0001	1.0005	1.0010	1.0021	1.0043	1.0066	1.0090	1.0115	1.0140	1.0179	1.0249	1.0401	1.0747	1.1136	1.1773

表 B $Z^1(p_r, T_r)$ 值

T_r	\multicolumn{15}{c}{p_r}
	0.010	0.050	0.100	0.200	0.400	0.600	0.800	1.000	1.200	1.500	2.000	3.000	5.000	7.000	10.000
0.30	−0.000 8	−0.004	−0.008 1	−0.016 1	−0.032 3	−0.048 4	−0.064 5	−0.080 6	−0.096 6	−0.120 7	−0.160 8	−0.240 7	−0.399 6	−0.557 2	−0.791 5
0.35	−0.000 9	−0.004 6	−0.009 3	−0.018 5	−0.037	−0.055 4	−0.073 8	−0.092 1	−0.110 5	−0.137 9	−0.183 4	−0.273 8	−0.452 3	−0.627 9	−0.886 3
0.40	−0.001	−0.004 8	−0.009 5	−0.019	−0.038	−0.057	−0.075 8	−0.094 6	−0.113 4	−0.141 4	−0.187 9	−0.279 9	−0.460 3	−0.636 5	−0.893 6
0.45	−0.000 9	−0.004 7	−0.009 4	−0.018 7	−0.037 4	−0.056	−0.074 5	−0.092 9	−0.111 3	−0.138 7	−0.184	−0.273 4	−0.447 5	−0.616 2	−0.860 6
0.50	−0.000 9	−0.004 5	−0.009	−0.018 1	−0.036	−0.053 9	−0.071 6	−0.089 3	−0.106 9	−0.133	−0.176 2	−0.261 1	−0.425 3	−0.583 1	−0.809 9
0.55	−0.031 4	−0.004 3	−0.008 6	−0.017 2	−0.034 3	−0.051 3	−0.068 2	−0.084 9	−0.101 5	−0.126 3	−0.166 9	−0.246 5	−0.399 1	−0.544 6	−0.752 1
0.6	−0.020 5	−0.004 1	−0.008 2	−0.016 4	−0.032 6	−0.048 7	−0.064 6	−0.080 3	−0.096	−0.119 2	−0.157 2	−0.231 2	−0.371 8	−0.504 7	−0.692 9
0.65	−0.013 7	−0.077 2	−0.007 8	−0.015 6	−0.030 9	−0.046 1	−0.061 1	−0.075 9	−0.090 6	−0.112 3	−0.147 6	−0.216	−0.344 7	−0.465 3	−0.634 6
0.70	−0.009 3	−0.050 7	−0.007 7	−0.014 8	−0.029 4	−0.043 8	−0.057 9	−0.071 8	−0.085 5	−0.105 7	−0.138 5	−0.201 3	−0.318 4	−0.427	−0.578 5
0.75	−0.006 4	−0.033 9	−0.116 1	−0.014 3	−0.028 2	−0.041 7	−0.055	−0.068 1	−0.080 8	−0.099 6	−0.129 8	−0.187 2	−0.292 9	−0.390 1	−0.525
0.80	−0.004 4	−0.022 8	−0.074 4	−0.116 0	−0.027 2	−0.040 1	−0.052 6	−0.064 8	−0.076 7	−0.094 0	−0.121 7	−0.173 6	−0.268 2	−0.354 5	−0.474 0
0.85	−0.002 9	−0.015 2	−0.048 7	−0.071 5	−0.026 8	−0.039 1	−0.050 9	−0.062 2	−0.073 1	−0.088 8	−0.113 8	−0.160 2	−0.243 9	−0.320 1	−0.425 4
0.90	−0.001 9	−0.009 9	−0.031 9	−0.044 2	−0.111 8	−0.039 6	−0.050 3	−0.060 4	−0.070 1	−0.084 0	−0.105 9	−0.146 3	−0.219 5	−0.286 2	−0.378 8
0.93	−0.001 5	−0.007 5	−0.020 5	−0.032 6	−0.076 3	−0.166 2	−0.051 4	−0.060 2	−0.068 7	−0.081 0	−0.100 7	−0.137 4	−0.204 5	−0.266 1	−0.351 6
0.95	−0.001 2	−0.006 2	−0.015 4	−0.026 2	−0.058 9	−0.111 0	−0.054 0	−0.060 7	−0.067 8	−0.078 8	−0.096 7	−0.131 0	−0.194 3	−0.252 6	−0.333 9
0.97	−0.001 0	−0.005 0	−0.012 6	−0.020 8	−0.045 0	−0.077 0	−0.164 7	−0.062 3	−0.066 9	−0.075 9	−0.092 1	−0.124 0	−0.183 7	−0.239 1	−0.316 3
0.98	−0.000 9	−0.004 4	−0.010 1	−0.018 4	−0.039 0	−0.064 1	−0.110 0	−0.064 1	−0.066 1	−0.074 0	−0.089 3	−0.120 2	−0.178 3	−0.232 2	−0.307 5
0.99	−0.000 9	−0.003 9	−0.009 0	−0.016 1	−0.033 5	−0.053 1	−0.079 6	−0.068 0	−0.064 6	−0.071 5	−0.086 1	−0.116 2	−0.172 8	−0.225 4	−0.298 9
1.00	−0.000 7	−0.003 4	−0.007 9	−0.014 0	−0.028 5	−0.043 5	−0.058 8	−0.079 2	−0.060 9	−0.067 8	−0.082 4	−0.111 8	−0.167 2	−0.218 5	−0.290 2
1.01	−0.000 6	−0.003 0	−0.006 9	−0.012 0	−0.024 0	−0.035 1	−0.042 9	−0.022 3	−0.047 7	−0.062 1	−0.077 8	−0.107 2	−0.161 5	−0.211 6	−0.281 6

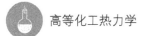

续表

T_r	0.010	0.050	0.100	0.200	0.400	0.600	0.800	1.000	1.200	1.500	2.000	3.000	5.000	7.000	10.000
1.02	-0.000 5	-0.002 6	-0.005 1	-0.010 2	-0.019 8	-0.027 7	-0.030 3	-0.006 2	0.022 7	-0.052 4	-0.072 2	-0.102 1	-0.155 6	-0.204 7	-0.273 1
1.05	-0.000 3	-0.001 5	-0.002 9	-0.005 4	-0.009 2	-0.009 7	-0.003 2	0.022 0	0.105 9	0.045 1	-0.043 2	-0.083 8	-0.137 0	-0.183 5	-0.247 6
1.10	0.000 0	0.000 0	0.000 1	0.000 7	0.003 8	0.010 6	0.023 6	0.047 6	0.089 7	0.163 0	0.069 8	-0.037 3	-0.102 1	-0.146 9	-0.205 6
1.15	0.000 2	0.001 1	0.002 3	0.005 2	0.012 7	0.023 7	0.039 6	0.062 5	0.094 3	0.154 8	0.166 7	0.033 2	-0.061 1	-0.108 4	-0.164 2
1.20	0.000 4	0.001 9	0.004 0	0.008 4	0.019 0	0.032 6	0.049 9	0.071 9	0.099 1	0.147 7	0.199 0	0.109 5	-0.014 1	-0.067 8	-0.123 1
1.30	0.000 6	0.003 0	0.006 1	0.012 5	0.026 7	0.042 9	0.061 2	0.081 9	0.104 8	0.142 0	0.199 1	0.207 9	0.087 5	0.017 6	-0.042 3
1.40	0.000 7	0.003 6	0.007 2	0.014 7	0.030 6	0.047 7	0.066 1	0.085 7	0.106 3	0.138 3	0.189 4	0.239 7	0.173 7	0.100 8	0.035 0
1.50	0.000 8	0.003 9	0.007 8	0.015 8	0.032 3	0.049 7	0.067 7	0.086 4	0.105 5	0.134 5	0.180 6	0.243 3	0.230 9	0.171 7	0.105 8
1.60	0.000 8	0.004 0	0.008 0	0.016 2	0.033 0	0.050 1	0.067 7	0.085 5	0.103 5	0.130 3	0.172 9	0.238 1	0.263 1	0.225 5	0.167 3
1.70	0.000 8	0.004 0	0.008 1	0.016 3	0.032 9	0.049 7	0.066 7	0.083 8	0.100 8	0.125 9	0.165 8	0.230 5	0.278 8	0.262 8	0.217 9
1.80	0.000 8	0.004 0	0.008 1	0.016 2	0.032 5	0.048 8	0.065 2	0.081 6	0.097 8	0.121 6	0.159 3	0.222 4	0.284 6	0.287 1	0.257 6
1.90	0.000 8	0.004 0	0.007 9	0.015 9	0.031 8	0.047 7	0.063 5	0.079 2	0.094 7	0.117 3	0.153 2	0.214 4	0.284 8	0.301 7	0.287 6
2.00	0.000 8	0.003 9	0.007 8	0.015 5	0.031 0	0.046 4	0.061 7	0.076 7	0.091 6	0.113 3	0.147 6	0.206 9	0.282 0	0.309 7	0.309 6
2.20	0.000 7	0.003 7	0.007 4	0.014 7	0.029 3	0.043 7	0.058 0	0.071 9	0.085 7	0.105 7	0.137 4	0.193 2	0.272 0	0.313 5	0.335 5
2.40	0.000 7	0.003 5	0.007 0	0.013 9	0.027 6	0.041 1	0.054 4	0.067 5	0.080 3	0.098 9	0.128 5	0.181 2	0.260 2	0.308 9	0.345 9
2.60	0.000 7	0.003 3	0.006 6	0.013 1	0.026 0	0.038 7	0.051 2	0.063 4	0.075 4	0.092 9	0.120 7	0.170 6	0.248 4	0.300 9	0.347 5
2.80	0.000 6	0.003 1	0.006 2	0.012 4	0.024 5	0.036 5	0.048 3	0.059 8	0.071 1	0.087 6	0.113 8	0.161 3	0.237 2	0.291 5	0.344 3
3.00	0.000 6	0.002 9	0.005 9	0.011 7	0.023 2	0.034 5	0.045 6	0.056 5	0.067 2	0.082 8	0.107 6	0.152 9	0.226 8	0.281 7	0.338 5
3.50	0.000 5	0.002 6	0.005 2	0.010 3	0.020 4	0.030 3	0.040 1	0.049 7	0.059 1	0.072 8	0.094 9	0.135 6	0.204 2	0.258 4	0.319 4
4.00	0.000 5	0.002 3	0.004 6	0.009 1	0.018 2	0.027 0	0.035 7	0.044 3	0.052 7	0.065 1	0.084 9	0.121 9	0.185 7	0.237 8	0.299 4

附录四 简单流体的逸度系数 ϕ^0 和校正值 ϕ^1 表

表 A $\ln\phi^0(p_r, T_r)$ 值

T_r	0.010	0.050	0.100	0.200	0.400	0.600	0.800	1.000	1.200	1.500	2.000	3.000	5.000	7.000	10.000
0.30	−3.708	−4.402	−4.697	−4.985	−5.261	−5.412	−5.512	−5.584	−5.638	−5.697	−5.759	−5.810	−5.782	−5.679	−5.462
0.35	−2.472	−3.166	−3.461	−3.751	−4.029	−4.183	−4.285	−4.359	−4.416	−4.479	−4.548	−4.611	−4.608	−4.531	−4.352
0.40	−1.566	−2.261	−2.557	−2.847	−3.128	−3.283	−3.387	−3.464	−3.522	−3.588	−3.661	−3.735	−3.752	−3.694	−3.545
0.45	−0.879	−1.574	−1.871	−2.162	−2.444	−2.601	−2.707	−2.784	−2.845	−2.913	−2.990	−3.071	−3.104	−3.062	−2.938
0.50	−0.344	−1.040	−1.336	−1.628	−1.911	−2.070	−2.177	−2.256	−2.317	−2.387	−2.468	−2.555	−2.601	−2.572	−2.468
0.55	−0.008	−0.614	−0.911	−1.204	−1.488	−1.647	−1.755	−1.835	−1.897	−1.969	−2.052	−2.145	−2.201	−2.183	−2.095
0.60	−0.007	−0.269	−0.566	−0.859	−1.144	−1.304	−1.413	−1.494	−1.557	−1.630	−1.715	−1.812	−1.878	−1.869	−1.795
0.65	−0.005	−0.026	−0.283	−0.577	−0.862	−1.023	−1.132	−1.214	−1.278	−1.352	−1.439	−1.539	−1.612	−1.611	−1.549
0.70	−0.004	−0.021	−0.043	−0.341	−0.627	−0.789	−0.899	−0.981	−1.045	−1.120	−1.208	−1.312	−1.391	−1.396	−1.344
0.75	−0.003	−0.017	−0.035	−0.144	−0.430	−0.592	−0.703	−0.785	−0.850	−0.925	−1.015	−1.121	−1.204	−1.215	−1.172
0.80	−0.003	−0.014	−0.029	−0.059	−0.264	−0.426	−0.537	−0.619	−0.684	−0.760	−0.851	−0.958	−1.046	−1.062	−1.026
0.85	−0.002	−0.012	−0.024	−0.049	−0.123	−0.285	−0.396	−0.479	−0.544	−0.620	−0.711	−0.820	−0.911	−0.930	−0.901
0.90	−0.002	−0.010	−0.020	−0.041	−0.086	−0.166	−0.276	−0.359	−0.424	−0.500	−0.591	−0.700	−0.794	−0.817	−0.793
0.93	−0.002	−0.009	−0.018	−0.037	−0.077	−0.122	−0.214	−0.296	−0.361	−0.437	−0.527	−0.637	−0.732	−0.756	−0.735
0.95	−0.002	−0.008	−0.017	−0.035	−0.072	−0.113	−0.176	−0.258	−0.322	−0.398	−0.488	−0.598	−0.693	−0.719	−0.699
0.97	−0.002	−0.008	−0.016	−0.033	−0.067	−0.105	−0.148	−0.223	−0.287	−0.362	−0.452	−0.561	−0.657	−0.683	−0.665
0.98	−0.002	−0.008	−0.016	−0.032	−0.065	−0.101	−0.142	−0.206	−0.270	−0.344	−0.434	−0.543	−0.639	−0.666	−0.649
0.99	−0.001	−0.007	−0.015	−0.031	−0.063	−0.098	−0.137	−0.191	−0.254	−0.328	−0.417	−0.526	−0.622	−0.649	−0.633

续表

T_r	p_r														
	0.010	0.050	0.100	0.200	0.400	0.600	0.800	1.000	1.200	1.500	2.000	3.000	5.000	7.000	10.000
1.00	−0.001	−0.007	−0.015	−0.030	−0.061	−0.095	−0.132	−0.176	−0.238	−0.312	−0.401	−0.509	−0.605	−0.633	−0.617
1.01	−0.001	−0.007	−0.014	−0.029	−0.059	−0.091	−0.127	−0.168	−0.224	−0.297	−0.385	−0.493	−0.589	−0.617	−0.602
1.02	−0.001	−0.007	−0.014	−0.028	−0.057	−0.088	−0.122	−0.161	−0.210	−0.282	−0.370	−0.477	−0.573	−0.601	−0.588
1.05	−0.001	−0.006	−0.013	−0.025	−0.052	−0.080	−0.110	−0.143	−0.180	−0.242	−0.327	−0.433	−0.529	−0.557	−0.546
1.10	−0.001	−0.005	−0.011	−0.022	−0.045	−0.069	−0.093	−0.120	−0.148	−0.193	−0.267	−0.368	−0.462	−0.491	−0.482
1.15	−0.001	−0.005	−0.009	−0.019	−0.039	−0.059	−0.080	−0.102	−0.125	−0.160	−0.220	−0.312	−0.403	−0.433	−0.426
1.20	−0.001	−0.004	−0.008	−0.017	−0.034	−0.051	−0.069	−0.088	−0.106	−0.135	−0.184	−0.266	−0.352	−0.382	−0.377
1.30	−0.001	−0.003	−0.006	−0.013	−0.026	−0.039	−0.052	−0.066	−0.080	−0.100	−0.134	−0.195	−0.269	−0.296	−0.293
1.40	−0.001	−0.003	−0.005	−0.010	−0.020	−0.030	−0.040	−0.051	−0.061	−0.076	−0.101	−0.146	−0.205	−0.229	−0.226
1.50	−0.000	−0.002	−0.004	−0.008	−0.016	−0.024	−0.032	−0.039	−0.047	−0.059	−0.077	−0.111	−0.157	−0.176	−0.173
1.60	−0.000	−0.002	−0.003	−0.006	−0.012	−0.019	−0.025	−0.031	−0.037	−0.046	−0.060	−0.085	−0.120	−0.135	−0.129
1.70	−0.000	−0.001	−0.002	−0.005	−0.010	−0.015	−0.020	−0.024	−0.029	−0.036	−0.046	−0.065	−0.092	−0.102	−0.094
1.80	−0.000	−0.001	−0.002	−0.004	−0.008	−0.012	−0.015	−0.019	−0.023	−0.028	−0.036	−0.050	−0.069	−0.075	−0.066
1.90	−0.000	−0.001	−0.002	−0.003	−0.006	−0.009	−0.012	−0.015	−0.018	−0.022	−0.028	−0.038	−0.052	−0.054	−0.043
2.00	−0.000	−0.001	−0.001	−0.002	−0.005	−0.007	−0.009	−0.012	−0.014	−0.017	−0.021	−0.029	−0.037	−0.037	−0.024
2.20	−0.000	−0.000	−0.001	−0.001	−0.003	−0.004	−0.005	−0.007	−0.008	−0.009	−0.012	−0.015	−0.017	−0.012	0.004
2.40	−0.000	−0.000	−0.000	−0.001	−0.001	−0.002	−0.003	−0.003	−0.004	−0.004	−0.005	−0.006	−0.003	−0.005	0.024
2.60	−0.000	−0.000	−0.000	−0.000	−0.000	−0.001	−0.001	−0.001	−0.001	−0.001	−0.001	0.001	0.007	0.017	0.037
2.80	0.000	0.000	0.000	0.000	0.000	0.000	0.001	0.001	0.001	0.002	0.003	0.005	0.014	0.025	0.046
3.00	0.000	0.000	0.000	0.000	0.001	0.001	0.002	0.002	0.003	0.003	0.005	0.009	0.018	0.031	0.053
3.50	0.000	0.000	0.000	0.001	0.001	0.002	0.003	0.004	0.005	0.006	0.008	0.013	0.025	0.038	0.061
4.00	0.000	0.000	0.000	0.001	0.002	0.003	0.004	0.005	0.006	0.007	0.010	0.016	0.028	0.041	0.064

表 B　$\ln\phi^1(p_r, T_r)$ 值

T_r \ p_r	0.010	0.050	0.100	0.200	0.400	0.600	0.800	1.000	1.200	1.500	2.000	3.000	5.000	7.000	10.000
0.30	−8.779	−8.780	−8.782	−8.785	−8.792	−8.799	−8.806	−8.813	−8.820	−8.831	−8.846	−8.883	−8.953	−9.022	−9.126
0.35	−6.526	−6.528	−6.530	−6.534	−6.542	−6.550	−6.558	−6.566	−6.574	−6.586	−6.606	−6.645	−6.724	−6.802	−6.919
0.40	−4.912	−4.914	−4.916	−4.920	−4.928	−4.936	−4.945	−4.953	−4.961	−4.973	−4.994	−5.034	−5.115	−5.194	−5.312
0.45	−3.726	−3.727	−3.729	−3.734	−3.742	−3.750	−3.758	−3.766	−3.774	−3.786	−3.806	−3.846	−3.924	−4.001	−4.115
0.50	−2.838	−2.839	−2.841	−2.845	−2.853	−2.861	−2.868	−2.876	−2.884	−2.896	−2.915	−2.953	−3.027	−3.101	−3.208
0.55	−0.013	−2.164	−2.166	−2.170	−2.177	−2.184	−2.192	−2.199	−2.207	−2.218	−2.236	−2.272	−2.342	−2.411	−2.510
0.60	−0.009	−1.644	−1.646	−1.650	−1.657	−1.664	−1.671	−1.678	−1.685	−1.695	−1.712	−1.746	−1.812	−1.875	−1.967
0.65	−0.006	−0.031	−1.241	−1.245	−1.252	−1.258	−1.265	−1.272	−1.278	−1.288	−1.304	−1.336	−1.397	−1.456	−1.540
0.70	−0.004	−0.021	−0.044	−0.927	−0.933	−0.940	−0.946	−0.952	−0.959	−0.968	−0.983	−1.013	−1.069	−1.123	−1.201
0.75	−0.003	−0.014	−0.030	−0.675	−0.682	−0.688	−0.694	−0.700	−0.705	−0.714	−0.728	−0.756	−0.809	−0.858	−0.929
0.80	−0.002	−0.010	−0.020	−0.043	−0.481	−0.487	−0.493	−0.498	−0.504	−0.512	−0.526	−0.551	−0.600	−0.645	−0.709
0.85	−0.001	−0.006	−0.013	−0.028	−0.321	−0.327	−0.332	−0.338	−0.343	−0.351	−0.364	−0.388	−0.432	−0.473	−0.530
0.90	−0.001	−0.003	−0.009	−0.018	−0.039	−0.199	−0.204	−0.210	−0.215	−0.222	−0.234	−0.256	−0.296	−0.333	−0.384
0.93	−0.001	−0.003	−0.007	−0.013	−0.029	−0.048	−0.141	−0.146	−0.151	−0.158	−0.170	−0.191	−0.228	−0.262	−0.310
0.95	−0.001	−0.003	−0.005	−0.011	−0.023	−0.037	−0.103	−0.108	−0.114	−0.121	−0.132	−0.151	−0.187	−0.219	−0.265
0.97	−0.000	−0.002	−0.004	−0.009	−0.018	−0.029	−0.042	−0.075	−0.080	−0.087	−0.097	−0.116	−0.150	−0.180	−0.223
0.98	−0.000	−0.002	−0.004	−0.008	−0.016	−0.025	−0.035	−0.059	−0.064	−0.071	−0.081	−0.099	−0.132	−0.162	−0.203
0.99	−0.000	−0.002	−0.003	−0.007	−0.014	−0.021	−0.03	−0.044	−0.050	−0.056	−0.066	−0.084	−0.115	−0.144	−0.184
1.00	−0.000	−0.001	−0.003	−0.006	−0.012	−0.018	−0.025	−0.031	−0.036	−0.042	−0.052	−0.069	−0.099	−0.127	−0.166
1.01	−0.000	−0.001	−0.003	−0.005	−0.010	−0.016	−0.021	−0.024	−0.024	−0.030	−0.038	−0.054	−0.084	−0.111	−0.149

续表

T_r	0.010	0.050	0.100	0.200	0.400	0.600	0.800	1.000	1.200	1.500	2.000	3.000	5.000	7.000	10.000
1.02	-0.000	-0.001	-0.002	-0.004	-0.009	-0.013	-0.017	-0.019	-0.015	-0.018	-0.026	-0.041	-0.069	-0.095	-0.132
1.05	-0.000	-0.001	-0.001	-0.002	-0.005	-0.006	-0.007	-0.007	-0.002	0.008	0.007	-0.005	-0.029	-0.052	-0.085
1.10	-0.000	-0.000	0.000	0.000	0.001	0.002	0.004	0.007	0.012	0.025	0.041	0.042	0.026	0.008	-0.019
1.15	0.000	0.000	0.001	0.002	0.005	0.008	0.011	0.016	0.022	0.034	0.056	0.074	0.069	0.057	0.036
1.20	0.000	0.001	0.002	0.003	0.007	0.012	0.017	0.023	0.029	0.041	0.064	0.093	0.102	0.096	0.081
1.30	0.000	0.001	0.003	0.005	0.011	0.017	0.023	0.030	0.038	0.049	0.071	0.109	0.142	0.150	0.148
1.40	0.000	0.002	0.003	0.006	0.013	0.020	0.027	0.034	0.041	0.053	0.074	0.112	0.161	0.181	0.191
1.50	0.000	0.002	0.003	0.007	0.014	0.021	0.028	0.036	0.043	0.055	0.074	0.112	0.167	0.197	0.218
1.60	0.000	0.002	0.003	0.007	0.014	0.021	0.029	0.036	0.043	0.055	0.074	0.110	0.167	0.204	0.234
1.70	0.000	0.002	0.004	0.007	0.014	0.021	0.029	0.036	0.043	0.054	0.072	0.107	0.165	0.205	0.242
1.80	0.000	0.002	0.003	0.007	0.014	0.021	0.028	0.035	0.042	0.053	0.070	0.104	0.161	0.203	0.246
1.90	0.000	0.002	0.003	0.007	0.014	0.021	0.028	0.034	0.041	0.052	0.068	0.101	0.157	0.200	0.246
2.00	0.000	0.002	0.003	0.007	0.013	0.020	0.027	0.034	0.040	0.050	0.066	0.097	0.152	0.196	0.244
2.20	0.000	0.002	0.003	0.006	0.013	0.019	0.025	0.032	0.038	0.047	0.062	0.091	0.143	0.186	0.236
2.40	0.000	0.002	0.003	0.006	0.012	0.018	0.024	0.030	0.036	0.044	0.058	0.086	0.134	0.176	0.227
2.60	0.000	0.001	0.003	0.006	0.011	0.017	0.023	0.028	0.034	0.042	0.055	0.080	0.127	0.167	0.217
2.80	0.000	0.001	0.003	0.005	0.011	0.016	0.021	0.027	0.032	0.039	0.052	0.076	0.120	0.158	0.208
3.00	0.000	0.001	0.003	0.005	0.010	0.015	0.020	0.025	0.030	0.037	0.049	0.072	0.114	0.151	0.199
3.50	0.000	0.001	0.002	0.004	0.009	0.013	0.018	0.022	0.026	0.033	0.043	0.063	0.101	0.134	0.179
4.00	0.000	0.001	0.002	0.004	0.008	0.012	0.016	0.020	0.023	0.029	0.038	0.057	0.090	0.121	0.163

附录五　UNIFAC 基团参数表

表 A　UNIFAC 基团体积参数 R_k 和面积参数 Q_k

主基团编号	主基团	子基团	子基团编号	R_k	Q_k	基团分配示例
1	"CH₂"	CH_3	1	0.9011	0.848	丁烷: 2CH₃, 2CH₂
		CH_2	2	0.6744	0.540	丁烷: 2CH₃, 2CH₂
		CH	3	0.4469	0.228	2-甲基丙烷: 3CH₃, 1CH
		C	4	0.2195	0.003	2,2-二甲基丙烷: 4CH₃, 1C
2	"C=C"	$CH_2=CH$	5	1.3454	1.176	1-己烯: 1CH₃, 3CH₂, 1CH₂=CH
		$CH=CH$	6	1.1167	0.867	2-己烯: 2CH₃, 2CH₂, 1CH=CH
		$CH=C$	7	0.8886	0.676	2-甲基-2-丁烯: 3CH₃, 1CH=C
		$CH_2=C$	8	1.1173	0.988	2-甲基-1-丁烯: 2CH₃, 1CH₂, 1CH₂=C
3	"ACH"	ACH	9	0.5313	0.400	苯: 6ACH
		AC	10	0.3652	0.120	苯乙烯: 1CH₂=CH, 5ACH, 1AC
4	"ACCH₂"	$ACCH_3$	11	1.2663	0.968	甲苯: 5ACH, 1ACCH₃
		$ACCH_2$	12	1.0396	0.660	乙苯: 1CH₃,5ACH, 1ACCH₂
		$ACCH$	13	0.8121	0.348	异丙苯: 2CH₃, 5ACH, 1ACCH
5	"CCOH"	CH_2CH_2OH	14	1.8788	1.664	1-丙醇: 1CH₃, 1CH₂CH₂OH
		$CHOHCH_3$	15	1.8780	1.660	2-丁醇: 1CH₃, 1CH₂, 1CHOHCH₃
		$CHOHCH_2$	16	1.6513	1.352	3-辛醇: 2CH₃, 4CH₂, 1CHOHCH₂
		CH_3CH_2OH	17	2.1055	1.972	乙醇: 1CH₃CH₂OH
		$CHCH_2OH$	18	1.6513	1.352	2-甲基-1-丙醇: 2CH₃, 1CHCH₂OH
6		CH_3OH	19	1.4311	1.432	甲醇: 1CH₃OH
7		H_2O	20	0.92	1.40	水: H₂O

续表

主基团编号	主基团	子基团	子基团编号	R_k	Q_k	基团分配示例
8		ACOH	21	0.895 2	0.680	苯酚: 5ACH, 1ACOH
9		CH₃CO	22	1.672 4	1.488	酮基在第二个碳上: 2-丁酮: 1CH₃, 1CH₂, 1CH₃CO
		CH₂CO	23	1.445 7	1.180	酮基在其他碳上: 3-戊酮: 2CH₃, 1CH₂, 1CH₂CO
10		CHO	24	0.998 0	0.948	乙醛: 1CH₃, 1CHO
11	"COOC"	CH₃COO	25	1.903 1	1.728	乙酸丁酯: 3CH₂, 1CH₃, 1CH₃COO
		CH₂COO	26	1.676 4	1.420	丙酸丁酯: 2CH₂, 3CH₃, 1CH₂COO
12	"CH₂O"	CH₃O	27	1.145 0	1.088	二甲醚: 1CH₃, 1CH₃O
		CH₂O	28	0.918 3	0.780	二乙醚: 2CH₃, 1CH₂, 1CH₂O
		CHO	29	0.690 8	0.468	二异丙醚: 4CH₃, 1CH, 1CHO
		FCH₂O	30	0.918 3	1.1	四氢呋喃: 3CH₂, 1FCH₂O
13	"CNH₂"	CH₃NH₂	31	1.595 9	1.544	甲胺: 1CH₃NH₂
		CH₂NH₂	32	1.369 2	1.236	丙胺: 1CH₃, 1CH₂, 1CH₂NH₂
		CHNH₂	33	1.141 7	0.924	异丙胺: 1
14	"CNH"	CH₃NH	34	1.433 7	1.244	二甲胺: 1CH₃, 1CH₃NH
		CH₂NH	35	1.207 0	0.936	二乙胺: 2CH₃, 1CH₂, 1CH₂NH
		CHNH	36	0.979 5	0.624	二异丙胺: 4CH₃, 1CH, 1CHNH
15		ACNH₂	37	1.060 0	0.816	苯胺: 5ACH, 1ACNH₂
16	"CCN"	CH₃CN	38	1.870 1	1.724	乙腈: 1CH₃CN
		CH₂CN	39	1.643 4	1.416	丙腈: 1CH₃, 1CH₂CN
17	"COOH"	COOH	40	1.301 3	1.224	乙酸: 1CH₃, 1COOH
		HCOOH	41	1.528 0	1.532	甲酸: 1HCOOH
18	"CCl"	CH₂Cl	42	1.465 4	1.264	1-氯丁烷: 1CH₃, 2CH₂, 1CH₂Cl
		CHCl	43	1.238 0	0.952	2-氯丙烷: 2CH₃, 1CHCl
		CCl	44	0.791 0	0.724	2-氯-2-甲基丙烷: 3CH₃, 1CCl

续表

主基团编号	主基团	子基团	子基团编号	R_k	Q_k	基团分配示例
19	"CCl₂"	CH₂Cl₂	45	2.256 4	1.988	二氯甲烷: 1CH₂Cl₂
		CHCl₂	46	2.060 6	1.684	1, 1-二氯乙烷: 1CHCl₂, 1CH₃
		CCl₂	47	1.801 6	1.448	2, 2-二氯丙烷: 2CH₃, 1CCl₂
20	"CCl₃"	CHCl₃	48	2.870 0	2.410	氯仿: 1CHCl₃
		CCl₃	49	2.640 1	2.184	1, 1, 1-三氯乙烷: 1CH₃, 1CCl₃
21		CCl₄	50	3.390 0	2.910	四氯化碳: 1CCl₄
22		ACCl	51	1.562	0.844	氯苯: 5ACH, 1ACCl
23	"CNO₂"	CH₃NO₂	52	2.008 6	1.868	硝基甲烷: 1CH₃NO₂
		CH₂NO₂	53	1.781 8	1.560	1-硝基丙烷: 1CH₃, 1CH₂, 1CH₂NO₂
		CHNO₂	54	1.555 4	1.248	2-硝基丙烷: 2CH₃, 1CHNO₂
24		ACNO₂	55	1.419 9	1.104	硝基苯: 5ACH, 1ACNO₂
25		CS₂	56	2.057	1.65	二硫化碳: 1CS₂

注: A 表示为苯基。

表 B 用于液-液平衡计算的 UNIFAC 基团的相互作用参数 a_{mn} (K)

编号 m \ n		1 CH₂	2 C=C	3 ACH	4 ACCH₂	5 CCOH	6 CH₃OH	7 H₂O	8 ACOH	9 CH₂CO	10 CHO	11 COOC	12 CH₂O	13 CNH₂
1	CH₂	0	−200.0	61.13	76.50	737.5	697.2	1 318	(2 789)②	476.4	(677.0)	232.1	251.5	391.5
2	C=C	2 520	0.00	340.7	4 102	(535.2)	(1 509)	599.6	(1 397)	524.5			289.3	(396.0)
3	ACH	−11.12	−94.78	0.00	167.0	477.0	637.4	903.8	(726.3)	25.77		5.99	32.14	161.7
4	ACCH₂	−69.70	−269.7	−146.8	0.00	469.0	603.3	(5 695)	(257.3)	−52.1		5 688	213.1	
5	CCOH	−87.93	(121.5)	−64.13	−99.38	0.00	127.4	285.4		48.16		76.2	70.00	(110.80)

续表

编号	m \ n	1 CH₂	2 C=C	3 ACH	4 ACCH₂	5 CCOH	6 CH₃OH	7 H₂O	8 ACOH	9 CH₂CO	10 CHO	11 COOC	12 CH₂O	13 CNH₂
6	CH₃OH	16.51	(-52.39)	-50.0	-44.50	-80.78	0.00	-181.0		23.39	306.40	-10.72	(-180.6)	(359.30)
7	H₂O	580.6	511.7	362.3	(377.6)	-148.5	289.6	0	442.0	-280.8	(649.1)	-455.4	-400.6[②]	357.5
8	ACOH	(311.0)		(2 043)	(6 245)	(-455.4)		-540.6	0			-713.2		
9	CH₂CO	26.76	-82.92	140.1	365.8	129.2	108.7	605.6		0.00	-37.36	-213.7	(5.202)	
10	CHO	505.7					-340.2	(-155.7)	128.0		0			
11	COOC	114.8	76.44	85.84	-170.0	109.9	249.6	1 135	853.6	372.2		0.00	-235.7	
12	CH₂O	83.36	(79.40)	52.13	65.69	42.00	(339.7)	634.2[②]		(52.38)		461.3	0	0
13	CNH₂	-30.48	-41.32	-44.85	(223.0)	(-217.2)	(-481.7)	-507.10						0
14	CNH	65.38		-22.31		-243.30	-500.4	-547.7[②]				(136.00)	(-49.30)	(108.8)
15	ACNH₂	5 339	26.09	650.4	3 399	(-245.0)		-339.5						
16	CCN	35.76	(349.2)	(-22.97)	-138.4	-17.59	(168.8)	242.8		-275.1		-297.3		
17	COOH	315.3	(-24.36)	62.32	268.2	368.6	1 020	-292.0	(1 616)	-297.8		-256.3	-338.5	
18	CCl	(91.45)	(-52.71)	(4.68)	(122.9)	601.6	529.0	698.2		(286.3)			225.4	
19	CCl₂	(34.01)	-185.1			491.1	(669.9)	708.7		(423.2)		(-132.9)	(-197.7)	
20	CCl₃	36.7	(-293.7)	288.5	(33.61)	570.7	649.1	826.8		552.1		176.5	-20.93	
21	CCl₄	-78.45		-4.70	134.7	(134.10)	860.1	1 201		372.0		129.5		
22	ACCl	-141.3		(-237.7)	-97.05			920.4				-299.2		203.5
23	CNO₂	-32.69	(-49.92)	10.38			(252.6)	614.2		(-142.6)			(-94.49)	
24	ACNO₂	(5 541)		(1 825)				360.7						
25	CS₂	(11.46)		-18.99		442.8	914.2	1 081		298.7		233.7	79.79	

续表

编号	m＼n	14 CNH	15 $ACNH_2$	16 CCN	17 COOH	18 CCl	19 CCl_2	20 CCl_3	21 CCl_4	22 ACCl	23 CNO_2	24 $ACNO_2$	25 CS_2
26	CH_2	255.7	1 245	612.0	663.5	(35.93)	(53.76)	24.9	104.3	321.5	661.5	(543.0)	(114.1)
27	C=C	273.6		370.9	(730.4)	(99.61)	(337.1)	(4 583)	(5 831)	(538.2)	(542.1)		
28	ACH	122.8	668.2	(212.5)	537.4	(-18.81)		-231.9	3.00		168.1	(194.9)	97.53
29	$ACCH_2$	(-49.29)	612.5	6 096	603.8	(-114.1)		(-12.14)	-141.3		3 629		
30	CCOH	188.30	(412.0)		77.61	-38.23	-185.90	-170.9	-98.66	(290.0)			73.52
31	CH_3OH	(266.0)		(45.54)	-289.5	-38.32	(-102.5)	-139.4	-67.80		(-75.14)		-31.09
32	H_2O	287.0⑨	213.0	112.6	225.4	325.4	370.40	353.7	497.5	678.2	-19.44	399.5	887.1
33	ACOH								(4 894)				
34	CH_2CO			428.5	669.4	(-191.7)	(-284.0)	-354.6	-39.20		(137.50)		162.3
35	CHO												
36	COOC	(-73.50)		533.6	660.2		(108.9)	-209.7	54.47	808.7			162.7
37	CH_2O	(141.7)			664.6	301.1	(137.8)	-154.3			(95.18)		151.1
38	CNH_2	(63.72)							71.23	68.81			
39	CNH	0								(4 350)			
40	$ACNH_2$		0						(8 455)			(-62.73)	
41	CCN			0				-15.62	(-54.86)				
42	COOH				0	44.42	-183.40	(249.20)	212.7				
43	CCl				326.4	0	108.30		62.42				
44	CCl_2			(74.04)	1 821.0	-84.53	0.00	0.00	(56.33)				

续表

编号	m \ n	14 CNH	15 ACNH$_2$	16 CCN	17 COOH	18 CCl	19 CCl$_2$	20 CCl$_3$	21 CCl$_4$	22 ACCl	23 CNO$_2$	24 ACNO$_2$	25 CS$_2$
45	CCl$_3$			(492)		(−157.1)	0	0.00	−30.10				256.5
46	CCl$_4$	91.13	(1 302)		689.0	11.80	(17.97)	51.9	0.00	(475.8)	(490.9)	(534.7)	132.2
47	ACCl	−108.4	(5 250)						(−255.4)	0.00	(−154.5)		
48	CNO$_2$								(−34.68)	794.4	0		
49	ACNO$_2$								(514.6)			0	
50	CS$_2$							−125.8	−60.71				0

注：① A 表示为苯基；② 括弧内值由少量数据回归而得；③ 在全浓度范围内非均可靠。

附录六　*p-T-K* 列线图

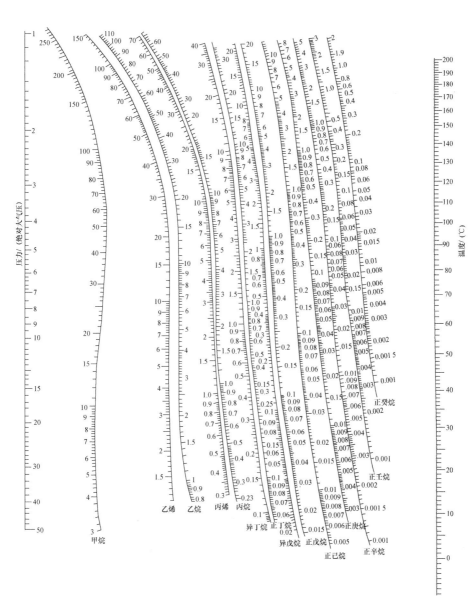

（a）轻烃的 *p-T-K* 列线图高温段（0～200 ℃）

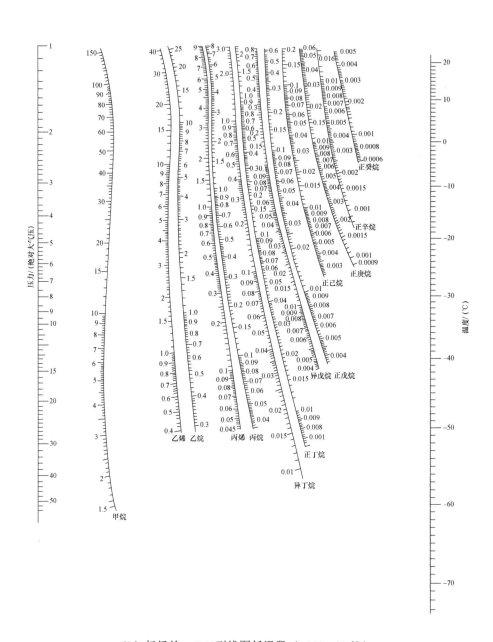

（b）轻烃的 *p-T-K* 列线图低温段（−170～20 ℃）

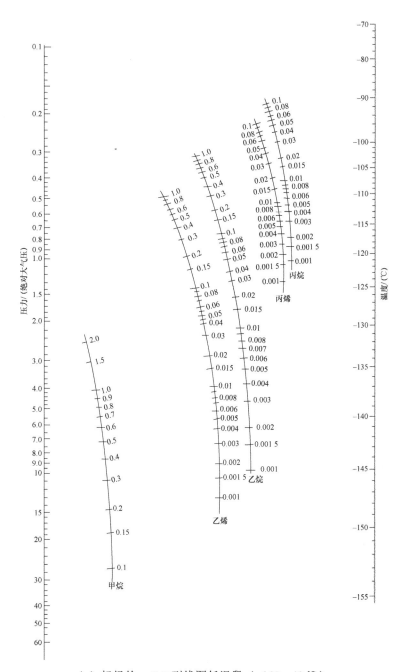

（c）轻烃的 *p-T-K* 列线图低温段（−155～40 ℃）

附录七　重要的人名 Π 数表

使用领域	符号	名称	Π 数	备注
传热过程工程-传热	Bi	Biot number（毕奥数）	hL_s/λ_s	h 为传热系数或热对流系数或膜系数 λ_s 为固体的热导率
	Fo	Fourier number（傅里叶）	at/l^2	a 为热扩散系数
	Gz	Graetz number（格雷茨数）	D_hLRePr	D_h 为任意横截面的管道的水力直径
	Gr	Grashof number（格拉斯霍夫数）	$\beta\Delta Tgl^3/(v^2)$	$\equiv\beta\Delta TGa$
	Ra	Rayleigh number（瑞利数）	$\beta\Delta Tgl^3/(va)$	$\equiv GrPr$
	Nu	Nusselt number（努塞特数）	hl/k	h 为传热系数 k 为热导率
	Pe	Pèclet number（佩克莱数）	ul/a	$\equiv RePr$
	Pr	Prandtl number（普朗特数）	v/a	$a=k/\rho C_p$
	Pr_t	Turbulent Prandtl number（湍流普朗特数）	v_t/a_t	
	St	Stanton（斯坦顿数）	$h/(u\rho C_p)$	$\equiv Nu/(RePr)$
传热过程工程-传质	Bo	Bodenstein number（博登斯泰数）	ul/D_{di}	D_{di} 为分散系数
	Gz	Graetz number（格雷茨数）	D_hLReSc	D_h 为不规则管道截面水力直径或圆管直径 L 为导管长度
	Le	Lewis number（刘易斯数）	a/D	$\equiv Sc/Pr$
	Sc	Schmidt number（施密特数）	v/D	v 为动量扩散率 D 为质量扩散率
	Sh	Sherwood number（修伍尔德数）	kl/D	k 为传质系数
	St	Stanton number（斯坦顿数）	k/u	$\equiv Sh/(ReSc)$ 这里与传热不同
化学反应工程	Arr	Arrhenius number（阿累尼乌斯数）	$E/(RT)$	E 为活化能
	Da		$c\Delta H_R/(T_0\rho C_p)$	$c\Delta H_R$ 为单位时间单位体积的反应热
	Da_I	Damköhler number（达姆科勒数）	$k_1\tau$	k 为反应速率常数 τ 为平均停留时间
	Da_{II}		k_1L^2/D	$\equiv Da_IBo$
	Da_{III}		$k_1\tau c\Delta H_R/(T_0\rho C_p)$	$\equiv Da_IDa$
	Da_{IV}		$k_1c\Delta H_Rl^2/(kT_0)$	$\equiv Da_IReDa$

续表

使用领域	符号	名称	Ⅱ 数	备注
化学反应工程	Hat_1	Hatta number（八田数）	$\sqrt{k_1 D}/k_L$	一级反应
	Hat_2		$\sqrt{k_2 c_2 D}/k_L$	二级反应
	β	Prater number（数）	$\alpha/(\nu \rho C_p)$	$\equiv Nu/(Re pr)$
	Φ	Thiele modulus number（蒂勒模数）	$L\sqrt{k_1 D}$	$\equiv \sqrt{Da_{\text{II}}}$
	Ψ	Weisz modulus number（韦斯模数）	$\eta_p k_1 L^2/D$	$\equiv \eta_p \Phi^2 = \eta_p Da_{\text{II}}$ η_p 为催化剂效率因子
机械过程工程（或流体力学）	Ar	Archimedes number（阿基米德数）	$g\Delta\rho l^3/(\rho v^2)$	$\equiv (\Delta\rho/\rho)\,Ga$
	Bd	Bond number（邦德数）	$\rho g l^2/(\sigma)$	$\equiv We/Fr$
	Br	Brinkman number（布林克曼数）	$u^2\mu/(Jk\Delta T)$	J 为焦耳热当量
	Co	Courant number（库朗数）	$u\Delta t/\Delta x$	Δt 为时间步长 Δx 空间步长
	De	Deborah number（德博拉数）	λn	λ 为松驰时间
	Eu	Euler number（欧拉数）	$\Delta\rho/(\rho u^2)$	u 速度
	Fr	Froude number（费劳德数）	$u^2/(gl)$	u 是特征速度 g 是外力场
	Fr^*		$u^2\rho/(\Delta\rho lg)$	$\equiv Fr\rho/(\Delta\rho)$
	Ga	Galilei number（伽利略数）	gl^3/v^2	$\equiv Re^2/Fr$
	He	Hedström number	$d^2\rho\tau_0/\mu_0^2$	$\equiv Re_0\gamma_0/n$
	Kn	Knudsen number（克努森数）	λ/L	λ 为分子的平均自由程
	La	Laplace number（拉普拉斯数）	$\Delta pd/\sigma$	$\equiv Eu We$
	Ma	Mach number（马赫数）	u/u_s	u_s 为声速
	Ne	Newton number（牛顿数）	$F/(\rho u^2 l^2)$ 或 $P/(\rho u^3 l^3)$	F 为力 P 为功率
	Oh	Ohnesorge number（奥内佐格数）	$\mu/(\rho\sigma l)^{1/2}$	$\equiv We^{1/2}/Re$
	Re	Reynolds number（雷诺数）	$ul/v\,(=du\rho/\mu)$	
	Sto	Stokes number（斯托克斯数）	$\rho_p d_p^2 u/(l/\mu)$	$\equiv Re_p\,(d_p/\mu)$
	Sr	Strouhal number（斯特劳哈尔数）	lf/u	f 为漩涡发生频率
	Vis	Viscosity ratio（黏度比）	μ_w/μ	w 为壁
	We	Weber number（韦伯数）	$\rho u^2 l/\sigma$	σ 为流体的表面张力系数
	Wi	Weissenberg number（魏森贝格数）	N_1/τ	N_1 为法向剪切力

附录八 Joback 基团贡献法对各种性质的基团的贡献值

基团 性质	$\Delta T_f/K$	$\Delta T_b/K$	$\Delta T_c/K$	$\Delta p_c/$bar	$\Delta V_c/cm^3 \cdot mol^{-1}$	$\Delta h_f/kJ \cdot mol^{-1}$	$\Delta g_f/kJ \cdot mol^{-1}$	$\Delta h_v/kJ \cdot mol^{-1}$	$\Delta C_{pA}/J \cdot (mol \cdot K)^{-1}$	$\Delta C_{pB}/J \cdot (mol \cdot K)^{-1}$	$\Delta C_{pC}/J \cdot (mol \cdot K)^{-1}$	$\Delta C_{pD}/J \cdot (mol \cdot K)^{-1}$
CH_3 (1)	-5.10	23.58	0.0141	-0.0012	65	-76.45	-43.96	567	19.500	-8.08×10^{-3}	1.53×10^{-4}	-9.67×10^{-8}
CH_2 (2)	11.27	22.88	0.0189	0.0000	56	-20.64	8.42	532	-0.909	9.50×10^{-2}	-5.44×10^{-5}	1.19×10^{-8}
CH (3)	12.64	21.74	0.0164	0.0020	41	29.89	58.36	404	-23.000	2.04×10^{-1}	-2.65×10^{-4}	1.20×10^{-7}
C (4)	46.43	18.25	0.0067	0.0043	27	82.23	116.02	152	-66.200	4.27×10^{-1}	-6.41×10^{-4}	3.01×10^{-7}
$=CH_2$ (1)	-4.32	18.18	0.0113	-0.0028	56	-9.63	3.77	412	-23.600	-3.81×10^{-2}	1.72×10^{-4}	-1.03×10^{-7}
$=CH$ (2)	3.75	24.96	0.0129	-0.0006	46	37.97	48.53	527	-8.000	1.05×10^{-1}	-9.63×10^{-5}	3.56×10^{-8}
$=C$ (3)	11.14	24.14	0.0117	0.0011	38	83.99	92.36	511	-28.100	2.08×10^{-1}	-3.06×10^{-4}	1.46×10^{-7}
$-C-$ (2)	17.78	26.15	0.0026	0.0028	36	142.14	136.70	636	27.400	-5.57×10^{-2}	1.01×10^{-4}	-5.02×10^{-8}
$\equiv CH$ (1)	-11.18	9.20	0.0027	-0.0008	46	79.30	77.71	276	24.500	-271×10^{-2}	1.11×10^{-4}	-6.78×10^{-8}
$\equiv C$ (2)	64.32	27.38	0.0020	0.0016	37	115.51	109.82	789	7.870	2.01×10^{-2}	-8.33×10^{-6}	1.39×10^{-9}
CH_2 (ss) (2)	7.75	27.15	0.0100	0.0025	48	-26.80	-3.68	573	-6.030	8.54×10^{-2}	-8.00×10^{-6}	-1.80×10^{-8}
CH (ss) (3)	19.88	21.78	0.0122	0.0004	38	8.67	40.99	464	8.670	1.62×10^{-1}	-1.60×10^{-4}	6.24×10^{-8}
C (ss) (4)	60.15	21.32	0.0042	0.0061	27	79.72	87.88	154	-90.900	5.57×10^{-1}	-9.00×10^{-4}	4.69×10^{-7}

续表

性质 / 基团	$\Delta T_f/\text{K}$	$\Delta T_b/\text{K}$	$\Delta T_c/\text{K}$	$\Delta p_c/\text{bar}$	$\Delta V_c/\text{cm}^3 \cdot \text{mol}^{-1}$	$\Delta h_f/\text{kJ} \cdot \text{mol}^{-1}$	$\Delta g_f/\text{kJ} \cdot \text{mol}^{-1}$	$\Delta h_v/\text{kJ} \cdot \text{mol}^{-1}$	$\Delta C_{pA}/\text{J} \cdot (\text{mol} \cdot \text{K})^{-1}$	$\Delta C_{pB}/\text{J} \cdot (\text{mol} \cdot \text{K})^{-1}$	$\Delta C_{pC}/\text{J} \cdot (\text{mol} \cdot \text{K})^{-1}$	$\Delta C_{pD}/\text{J} \cdot (\text{mol} \cdot \text{K})^{-1}$
=CH (ds)(2)	8.13	26.73	0.008 2	0.001 1	41	2.09	11.30	608	-2.140	5.74×10^{-2}	-1.64×10^{-6}	-1.59×10^{-8}
=C (ds)(8)	37.02	31.01	0.014 3	0.000 8	32	46.43	54.05	731	-8.250	1.01×10^{-1}	-1.42×10^{-4}	6.78×10^{-8}
F (1)	-15.78	-0.03	0.011 1	-0.005 7	27	-251.92	-247.19	-160	26.500	-9.13×10^{-2}	1.91×10^{-4}	-1.03×10^{-7}
Cl (1)	13.55	38.13	0.010 5	-0.004 9	58	-71.55	-64.31	1 083	33.300	-9.63×10^{-2}	1.87×10^{-4}	-9.96×10^{-8}
Br (1)	43.43	66.86	0.013 3	0.005 7	71	-29.48	-38.06	1 573	28.600	-6.49×10^{-2}	1.36×10^{-4}	-7.45×10^{-8}
I (1)	41.69	93.84	0.006 8	-0.003 4	97	21.06	5.74	2 275	32.100	-6.41×10^{-2}	1.26×10^{-4}	-6.87×10^{-8}
OH (1)	44.45	92.88	0.074 1	0.011 2	28	-208.04	-189.20	4 021	25.700	-6.91×10^{-2}	1.77×10^{-4}	-9.88×10^{-8}
ACOH (1)	82.83	76.34	0.024 0	0.018 4	-25	-221.65	-197.37	2 987	-2.810	1.11×10^{-1}	-1.16×10^{-4}	4.94×10^{-8}
O (2)	22.23	22.42	0.016 8	0.001 5	18	-132.22	-105.00	576	25.500	-6.32×10^{-2}	1.11×10^{-4}	-5.48×10^{-8}
O (ss)(2)	23.05	31.22	0.009 8	0.004 8	13	-138.16	-98.22	1 119	12.200	-1.26×10^{-2}	6.03×10^{-5}	-3.86×10^{-8}
C=O (2)	61.20	76.75	0.038 0	0.003 1	62	-133.22	-120.50	2 144	6.450	6.70×10^{-2}	-3.57×10^{-5}	2.86×10^{-9}
C=O (ss)(2)	75.97	94.97	0.028 4	0.002 8	55	-164.50	-126.27	1 588	30.400	-8.29×10^{-2}	2.36×10^{-4}	-1.31×10^{-7}
CH=O (1)	36.90	72.20	0.037 9	0.003 0	82	-162.03	-143.48	2 173	30.900	-3.36×10^{-2}	1.60×10^{-4}	-9.88×10^{-8}
COOH (1)	155.50	169.09	0.079 1	0.007 7	89	-426.72	-387.87	4 669	24.100	4.27×10^{-2}	8.04×10^{-5}	-6.87×10^{-8}
COO (2)	53.60	81.10	0.048 J	0.000 5	82	-337.92	-301.95	2 302	24.500	4.02×10^{-2}	4.02×10^{-5}	-4.52×10^{-8}

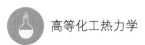
续表

性质 基团	ΔT_f/K	ΔT_b/K	ΔT_c/K	Δp_c/bar	ΔV_c/cm³·mol⁻¹	Δh_f/kJ·mol⁻¹	Δg_f/kJ·mol⁻¹	Δh_V/kJ·mol⁻¹	ΔC_{pA}/J·(mol·K)⁻¹	ΔC_{pB}/J·(mol·K)⁻¹	ΔC_{pC}/J·(mol·K)⁻¹	ΔC_{pD}/J·(mol·K)⁻¹
= O (1)	2.08	-10.50	0.014 3	0.010 1	36	-247.61	-250.83	1 412	6.820	1.96×10^{-2}	1.27×10^{-5}	-1.78×10^{-8}
NH₂ (1)	66.89	73.23	0.024 3	0.010 9	38	-22.02	14.07	2 578	26.900	-4.12×10^{-2}	1.64×10^{-4}	-9.76×10^{-8}
NH (2)	52.66	50.17	0.029 5	0.007 7	35	53.47	89.39	1 538	-1.210	7.62×10^{-2}	-4.86×10^{-6}	1.05×10^{-8}
NH(ss)(2)	101.51	52.82	0.013 0	0.011 4	29	31.65	75.61	1 656	11.800	-2.30×10^{-2}	1.07×10^{-4}	-6.28×10^{-8}
N (3)	48.84	11.74	0.016 9	0.007 4	9	123.34	163.16	453	-31.100	2.27×10^{-1}	-3.20×10^{-4}	1.46×10^{-7}
=N- (2)		74.60	0.025 5	-0.009 9		23.61		797				
=N- (ds)(2)	68 40	57.55	0.008 5	0.007 6	34	55.52	79.03	1 560	8.830	-3.84×10^{-3}	4.35×10^{-5}	-2.60×10^{-8}
=NH (1)						93.70	119.66	2 908	5.690	-4.12×10^{-3}	1.28×10^{-4}	-8.88×10^{-8}
CN (1)	59.89	125.66	0.049 6	-0.010 1	91	88.43	89.22	3 071	36.500	-7.33×10^{-2}	1.84×10^{-4}	-1.03×10^{-7}
NO₂ (1)	127.24	152.54	0.043 7	0.006 4	91	-66.57	-16.83	4 000	25.900	-3.74×10^{-3}	1.29×10^{-4}	-8.88×10^{-8}
SH (1)	20.09	63.56	0.003 1	0.008 4	63	-17.33	-22.99	1 645	35.300	-758×10^{-2}	1.85×10^{-4}	-1.03×10^{-7}
S (2)	34.40	68.78	0.011 9	0.004 9	54	41.87	33.12	1 629	19.600	-5.61×10^{-3}	4.02×10^{-5}	-2.76×10^{-8}
S (ss) (2)	79.83	52.10	0.001 9	0.005 1	38	39.10	27.76	1 430	16.700	4.81×10^{-3}	2.77×10^{-5}	-2.11×10^{-8}

注：① 括号中的数字为基团联接的数目；② (ss) 符号指非芳香环中的基团；③ (ds) 表示芳香环中的基团。

附录九 Constuantinous-Gani (C-G) 法官能团贡献值

表 A CG 法一级基团贡献值

性质\基团	$\Delta T_{\mathrm{f}i}/\mathrm{K}$	$\Delta T_{\mathrm{b}i}/\mathrm{K}$	$\Delta T_{\mathrm{c}i}/\mathrm{K}$	$\Delta p_{\mathrm{c}i}/\mathrm{bar}$	$\Delta V_{\mathrm{c}i}/\mathrm{cm^3 \cdot mol^{-1}}$	$\Delta\omega_i$	$\Delta h_{\mathrm{f}i}/\mathrm{kJ \cdot mol^{-1}}$	$\Delta g_{\mathrm{f}i}/\mathrm{kJ \cdot mol^{-1}}$	$\Delta h_{\mathrm{v}i}/\mathrm{kJ \cdot mol^{-1}}$	$\Delta C_{\mathrm{p}Ai}/\mathrm{(J \cdot mol \cdot K)^{-1}}$	$\Delta C_{\mathrm{p}Bi}/\mathrm{(J \cdot mol \cdot K)^{-1}}$	$\Delta C_{\mathrm{p}Ci}/\mathrm{(J \cdot mol \cdot K)^{-1}}$
C	0.464	0.889 4	1.678 1	0.019 9	0.075	0.296	-45.947	-8.03	4.116	35.115 2	39.592 3	-9.923 2
CH₂ (2)	0.924 6	0.922 5	3.492	0.010 6	0.055 8	0.147	-20.763	8.231	4.65	22.634 6	45.093 3	-15.703 3
CH (3)	0.355 7	0.603 3	4.033	0.001 3	0.031 5	-0.071	-3.766	19.848	2.771	8.927 2	59.978 6	-29.514 3
C (4)	1.647 9	0.287 8	4.882 3	-0.010 4	-0.000 3	-0.351	17.119	37.977	1.284	0.345 6	74.036 8	-45.787 8
CH₂=CH (1)	1.647 2	1.782 7	5.014 6	0.025	0.116 5	0.408	53.712	84.926	6.714	49.250 6	59.384	-21.790 8
CH=CH (2)	1.632 2	1.843 3	7.369 1	0.017 9	0.095 4	0.252	69.939	92.9	7.37	35.224 8	62.192 4	-24.815 6
CH₂=C (2)	1.789 9	1.711 7	6.508 1	0.022 3	0.091 8	0.223	64.145	88.402	6.797	37.629 9	62.128 5	-26.063 7
CH=C (3)	2.001 8	1.795 7	8.958 2	0.012 6	0.073 3	0.235	82.528	93.745	8.178	21.352 8	66.394 7	-29.370 3
C=C (4)	5.117 5	1.888 1	11.376 4	0.002	0.076 2	-0.21	104.293	116.613	9.342	10.279 7	65.537 2	-30.605 7
CH₂=C=CH (1)	3.343 9	3.124 3	9.931 8	0.031 3	0.148 3	0.152	197.322	221.308	12.318	66.057 4	69.393 6	-25.108 1
ACH (2)	1.466 9	0.929 7	3.733 7	0.007 5	0.042 2	0.027	11.189	22.533	4.098	16.379 4	32.743 3	-13.169 2
AC (3)	0.209 8	1.625 4	14.640 9	0.000 2 1	0.039 8	0.334	27.016	30.485	12.552	10.428 3	25.363 4	-12.728 3
ACCH₃ (2)	1.863 5	1.966 9	8.213	0.019 4	0.103 6	0.146	-19.243	22.505	9.776	42.856 9	65.646 4	-21.067

续表

性质 / 基团	$\Delta T_{fi}/K$	$\Delta T_{bi}/K$	$\Delta T_{ci}/K$	$\Delta p_{ci}/bar$	$\Delta V_{ci}/cm^3\cdot mol^{-1}$	$\Delta\omega_i$	$\Delta h_{fi}/kJ\cdot mol^{-1}$	$\Delta g_{fi}/kJ\cdot mol^{-1}$	$\Delta h_{vi}/kJ\cdot mol^{-1}$	$\Delta C_{pAi}/J\cdot(mol\cdot K)^{-1}$	$\Delta C_{pBi}/J\cdot(mol\cdot K)^{-1}$	$\Delta C_{pCi}/J\cdot(mol\cdot K)^{-1}$
$ACCH_2$ (3)	0.417 7	1.947 8	10.323 9	0.012 2	0.101	-0.088	9.404	41.228	10.185	32.820 6	70.415 3	-28.936 1
$ACCH$ (4)	-1.756 7	1.744 4	10.466 4	0.002 8	0.071 2	1.524	27.671	52.948	8.834	19.950 4	81.876 4	-40.286 4
OH (1)	3.597 9	3.215 2	9.729 2	0.005 1	0.039	0.737	-181.422	-158.589	24.529	27.210 7	2.760 9	1.306
$ACOH$ (3)	13.734 9	4.401 1	25.914 5	-0.007 4	0.031 6	1.015	-164.609	-132.097	10.246	39.771 2	35.567 6	-15.587 5
CH_3CO (1)	4.877 6	3.566 8	13.289 6	0.025 1	0.134	0.633	-182.329	-131.366	18.999	59.303 2	67.814 9	-20.994 8
CH_2CO (2)	5.662 2	3.896 7	14.627 3	0.017 8	0.111 9	0.963	-164.41	-132.386	20.041			
CHO (1)	4.292 7	2.852 6	10.198 6	0.014 1	0.086 3	1.133	-129.2	-107.858	12.909	40.750 1	19.69	-5.436
CH_3COO (1)	4.082 3	3.636	12.596 5	0.029	0.158 9	0.756	-389.737	-318.616	22.709	66.842 3	102.455 3	-43.330 6
CH_2COO (2)	3.557 2	3.395 3	13.811 6	0.021 8	0.136 5	0.765	-359.258	-291.188	17.759			
$HCOO$ (1)	4.225	3.145 9	11.605 7	0.013 8	0.105 6	0.326	-332.822	-288.902		51.504 8	44.413 3	-19.615 5
CH_3O (1)	2.924 8	2.253 6	6.473 7	0.020 4	0.087 5	0.442	-163.569	-105.767	10.919	50.560 4	38.968 1	-4.779 9
CH_2O (2)	2.069 5	1.624 9	6.072 3	0.015 1	0.072 9	0.218	-151.143	-101.563	7.478	39.578 4	41.817 7	-11.083 7
$CH-O$ (3)	4.035 2	1.155 7	5.066 3	0.009 9	0.058 7	0.509	-129.488	-92.099	5.708	25.675	24.728 1	4.241 9
FCH_2O (1)	4.504 7	2.589 2	9.505 9	0.009	0.068 6	0.8	-140.313	-90.883	11.227		64.076 8	-21.048
CH_2NH_2 (1)	6.768 4	3.165 6	12.172 6	0.012 6	0.131 3		-15.505	58.085	14.599	57.686 1		
$CHNH_2$ (2)	4.118 7	2.598 3	10.207 5	0.010 7	0.075 3	0.953	3.32	63.051	11.875	44.112 2	77.215 5	-33.508 6
CH_3NH (2)	4.534 1	3.137 6	9.854 4	0.012 6	0.131 5	0.55	5.432	82.471	14.452	53.701 2	71.794 8	-22.968 5

续表

性质 基团	$\Delta T_{fi}/K$	$\Delta T_{bi}/K$	$\Delta T_{ci}/K$	$\Delta p_{ci}/bar$	$\Delta V_{ci}/$ $cm^3 \cdot$ mol^{-1}	$\Delta \omega_i$	$\Delta h_{fi}/kJ \cdot$ mol^{-1}	$\Delta g_{fi}/kJ \cdot$ mol^{-1}	$\Delta h_{vi}/kJ \cdot$ mol^{-1}	$\Delta C_{pAi}/J \cdot$ $(mol \cdot K)^{-1}$	$\Delta C_{pBi}/J \cdot$ $(mol \cdot K)^{-1}$	$\Delta C_{pCi}/J \cdot$ $(mol \cdot K)^{-1}$
CH$_2$NH (3)	6.060 9	2.612 7	10.467 7	0.010 4	0.099 6	0.386	23.101	95.888	14.481	44.638 8	58.504 1	−26.710 6
CHNH (4)	3.41	1.578	7.212 1	−0.000 5	0.091 6	0.384	26.718	85.001				
CH$_3$N (2)	4.058	2.164 7	7.692 4	0.015 9	0.126	0.075	54.929	128.602	6.947	41.406 4	85.099 6	−35.631 8
CH$_2$N (3)	0.954 4	1.217 1	5.517 2	0.004 9	0.067	0.793	69.885	132.756	6.918	30.156 1	81.681 4	−36.144 1
ACNH$_2$ (2)	10.103 1	5.473 6	28.757	0.001 1	0.063 6		20.079	68.861	28.453	47.131 1	51.332 6	−25.027 6
C$_5$H$_4$N (1)		6.28	29.152 8	0.029 6	0.248 3		134.062	199.958	31.523	84.760 2	177.251 3	−72.321 3
C$_5$H$_3$N (2)	12.627 5	5.923 4	27.946 4	0.025 7	0.170 3	1.67	139.758	199.288	31.005			
CH$_2$CN (1)	4.185 9	5.052 5	20.378 1	0.036 1	0.158 3		88.298	121.544	23.34	58.283 7	49.638 8	−15.629 1
COOH (1)	11.563	5.833 7	23.759 3	0.011 5	0.101 9	0.57	−396.242	−349.439	43.046	46.557 7	48.232 2	−20.486 8
CH$_3$Cl (1)	3.337 6	2.963 7	11.075 2	0.019 8	0.115 6		−73.568	−33.373	13.78	48.464 8	37.237	−13.063 5
CHCl (2)	2.993 3	2.694 8	10.863 2	0.011 4	0.103 5	0.716	−63.795	−31.502	11.985	36.588 5	47.600 4	−22.814 8
CCl (3)	9.840 9	2.207 3	11.395 9	0.003 1	0.079 2		−57.795	−25.261	9.818	29.184 8	52.381 7	−30.852 6
CHCl$_2$ (1)	5.163 8	3.93	16.394 5	0.026 8	0.169 5		−82.921	−35.814	19.208	60.826 2	41.990 8	−20.409 1
CCl$_3$ (1)		3.56				0.617			17.574	56.168 5	46.933 7	−31.332 5
CCl$_2$ (2)	10.233 7	4.579 7	18.587 5	0.034 9	0.210 3		−107.188	−53.332		78.605 4	32.131 8	−19.403 3
ACCl (1)	2.733 6	2.629 3	14.156 5	0.013 1	0.101 6	0.296	−16.752	−0.596	11.883	33.645	23.275 9	−12.240 6
CH$_2$NO$_2$ (1)	5.542 4	5.761 9	24.736 9	0.021	0.165 3		−66.138	17.963	30.644	63.785 1	83.474 4	−35.117 1
CHNO$_2$ (2)	4.973 8	5.076 7	23.205	0.012 2	0.142 3		−59.142	18.088	26.277	51.144 2	94.293 4	−45.202 9

续表

基团 \ 性质	$\Delta T_{fi}/K$	$\Delta T_{bi}/K$	$\Delta T_{ci}/K$	$\Delta p_{ci}/\text{bar}$	$\Delta V_{ci}/(\text{cm}^3\cdot\text{mol}^{-1})$	$\Delta\omega_i$	$\Delta h_{fi}/(\text{kJ}\cdot\text{mol}^{-1})$	$\Delta g_{fi}/(\text{kJ}\cdot\text{mol}^{-1})$	$\Delta h_{vi}/(\text{kJ}\cdot\text{mol}^{-1})$	$\Delta C_{pAi}/[\text{J}\cdot(\text{mol}\cdot\text{K})^{-1}]$	$\Delta C_{pBi}/[\text{J}\cdot(\text{mol}\cdot\text{K})^{-1}]$	$\Delta C_{pCi}/[\text{J}\cdot(\text{mol}\cdot\text{K})^{-1}]$
ACNO₂ (2)	8.472 4	6.083 7	34.587	0.015	0.142 6		−7.365	60.161				−10.510 6
CH₂SH (1)	3.004 4	3.291 4	13.805 8	0.013 6	0.102 5		−8.253	16.731	14.931	58.244 5	46.995 8	3.455 4
I (1)	4.608 9	3.665	17.394 7	0.002 8	0.108 1	0.233	57.546	46.945	14.364	29.181 5	−9.784 6	2.433 2
Br (1)	3.744 2	2.649 5	10.537 1	−0.001 8	0.082 8	0.278	1.834	−1.721	11.423	28.026	−7.165 1	
CH=C (1)	3.910 6	2.367 8	7.543 3	0.014 8	0.093 3	0.618	220.803	217.003	7.751	45.976 8	20.641 7	−8.329 7
C≡C (2)	9.579 3	2.564 5	11.450 1	0.004 1	0.076 3		227.368	216.328	11.549	26.737 1	21.767 6	−6.448 1
Cl-(C=C) (3)	1.559 8	1.782 4	5.433 4	0.016	0.056 9		−36.097	−28.148		25.809 4	−5.224 1	1.454 2
ACF	2.501 5	0.944 2	2.897 7	0.013	0.056 7	0.263	−161.74	−144.549	4.877	30.169 6	26.973 8	−13.372 2
HOON (CH₂)₂ (2)		7.264 4				0.5						
CF₃ (1)	3.241 1	1.288	2.477 8	0.044 2	0.114 8		−679.195	−626.58	8.901	63.202 4	51.936 6	−28.630 8
CF₂ (2)		0.611 5	1.739 9	0.012 9	0.095 2				1.86	44.356 7	44.587 5	−23.282
CF (3)		1.173 9	3.519 2	0.004 7					8.901			
COO (2)	3.444 8	2.644 6	12.108 4	0.011 3	0.085 9		−313.545	−281.495				
CCl₂F (1)	7.475 6	2.888 1	9.840 8	0.035 4	0.182 1	0.503	−258.96	−209.337	13.322			
HCClF (1)		2.308 6										
CClF₂ (1)	2.752 3	1.916 3	4.892 3	0.039	0.147 5	0.547	−446.835	−392.975	8.301			
FSpecial (1)	1.962 3	1.008 1	1.597 4	0.014 4	0.037 8		−223.398	−212.718		22.208 2	−2.838 5	1.267 9

性质 / 基团	$\Delta T_{fi}/K$	$\Delta T_{bi}/K$	$\Delta T_{ci}/K$	$\Delta p_{ci}/bar$	$\Delta V_{ci}/cm^3 \cdot mol^{-1}$	$\Delta \omega_i$	$\Delta h_{fi}/kJ \cdot mol^{-1}$	$\Delta g_{fi}/kJ \cdot mol^{-1}$	$\Delta h_{vi}/kJ \cdot mol^{-1}$	$\Delta C_{pAi}/J \cdot (mol \cdot K)^{-1}$	$\Delta C_{pBi}/J \cdot (mol \cdot K)^{-1}$	$\Delta C_{pCi}/J \cdot (mol \cdot K)^{-1}$
CONH₂ (1)	31.278 6	10.342 8	65.105 3	0.004 3	0.144 3		−203.188	−136.742				
CONHCH₃ (1)							−67.778					
CONHCH₂ (1)							−182.096		51.787			
CON(CH₃)₂ (1)	11.377	7.690 4	36.140 3	0.040 1	0.250 3		−189.888	−65.642				
CONCH₂CH₂ (3)							−46.562					
CON(CH₂) (3)		6.782 2				0.428	−344.125	−241.373				
C₂H₅O₂ (1)	5.050 6	5.556 6	17.966 8	0.025 4	0.167 5							
C₂H₄O₂ (2)		5.424 8										
CH₃S (1)		3.679 6	14.396 9	0.016	0.130 2	0.438	−2.084	30.222	16.921	57.767	44.123 8	−9.556 5
CH₂S (2)	3.146 8	3.676 3	17.791 6	0.011 1	0.116 5		18.022	38.346	17.117	45.031 4	55.143 2	−18.777 6
CHS (3)		2.681 2				0.739			13.265	40.527 5	55.014 1	−31.719
C₄H₃S (1)		5.709 3							27.966	80.301	132.778 6	−58.324 1
C₄H₂S (2)		5.826										

表 B CG法二级基团贡献值

基团 \ 性质	ΔT_{fj}/K	ΔT_{bj}/K	ΔT_{cj}/K	Δp_{cj}/bar	ΔV_{cj}/cm³·mol⁻¹	$\Delta\omega_j$	Δh_{fj}/kJ·mol⁻¹	Δg_{fj}/kJ·mol⁻¹	Δh_{vj}/kJ·mol⁻¹	ΔC_{pA}/J·(mol·K)⁻¹	ΔC_{pB}/J·(mol·K)⁻¹	ΔC_{pC}/J·(mol·K)⁻¹
三元环	1.377 2	0.474 5	-2.330 5	0.003 714	-0.000 14	0.175 63	104.800	94.564		8.554 6	-22.977 1	10.727 8
四元环		0.356 3	-1.297 8	0.001 171	-0.008 51	0.222 16	99.455	92.573		3.172 1	-10.083 4	4.967 4
五元环	0.682 4	0.191 9	-0.678 5	0.000 424	-0.008 66	0.162 84	13.782	5.733	-0.568	-5.906 0	-1.871 0	4.294 5
六元环	1.565 6	0.195 7	0.847 9	0.002 257	0.016 36	-0.030 65	-9.660	-8.180	-0.905	-3.968 2	17.788 9	-3.363 9
七元环	6.970 9	0.348 9	3.671 4	-0.009 800	-0.027 00	-0.020 94	15.465	20.597	-0.847	-3.274 6	32.167 0	-17.824
$(CH_3)_3C$	-0.235 5	-0.004 89	-0.514 3	0.001 410	0.005 72	0.019 22	-1.338	-0.399	-0.720	0.322 6	2.130 9	-1.572 8
$CH(CH_3)$ $CH(CH_3)$	0.440 1	0.179 8	1.069 9	-0.001 850	-0.003 98	-0.004 75	6.771	6.342	0.868	0.966 8	-2.076 2	0.314 8
$CH(CH_3)$ $C(CH_3)_2$	-0.492 3	0.318 9	1.988 6	-0.005 200	-0.010 81	-0.028 83	7.205	7.466	1.027	-0.308 2	1.896 9	-1.645 4
$C(CH_3)_2$ $C(CH_3)_2$	6.065 0	0.727 3	5.825 4	-0.013 230	-0.023 00	-0.086 32	14.271	16.224	2.426	-0.120 1	4.284 6	-2.026 2
$CH_n=CH_m-$ CH_p-CH_k m,n,p,k $\in(0,2)$	1.991 3	0.158 9	0.440 2	0.004 186	-0.007 81	0.016 48	-8.392	-5.505	2.057	2.614 2	4.451 1	-5.980 8
$CH_3-CH_m=$ CH_n, m, $n\in$ $(0,2)$	0.247 6	0.066 8	0.016 7	-0.000 180	-0.000 98	0.006 19	0.474	0.950	-0.073	-1.391 3	-1.549 6	2.589 9
$-CH_2-CH_m=$ CH_n, m, $n\in$ $(0,2)$	-0.587 0	-0.140 6	-0.523 1	0.003 538	0.002 81	-0.011 50	1.472	0.699	-0.369	0.263 0	-2.342 8	0.897 5

续表

基团 \ 性质	$\Delta T_{fj}/K$	$\Delta T_{bj}/K$	$\Delta T_{cj}/K$	$\Delta p_{cj}/\text{bar}$	$\Delta V_{cj}/\text{cm}^3 \cdot \text{mol}^{-1}$	$\Delta \omega_j$	$\Delta h_{fj}/\text{kJ} \cdot \text{mol}^{-1}$	$\Delta g_{fj}/\text{kJ} \cdot \text{mol}^{-1}$	$\Delta h_{vj}/\text{kJ} \cdot \text{mol}^{-1}$	$\Delta C_{pAj}/\text{J} \cdot (\text{mol} \cdot \text{K})^{-1}$	$\Delta C_{pBj}/\text{J} \cdot (\text{mol} \cdot \text{K})^{-1}$	$\Delta C_{pCj}/\text{J} \cdot (\text{mol} \cdot \text{K})^{-1}$
CH—CH$_m$=CH$_n$ 或 C—CH$_m$=CH$_n$ $m \in (0,1)$, $n \in (0,2)$	−0.236 1	−0.090 0	−0.385 0	0.005 675	0.008 26	0.027 78	4.504	1.013	0.345	6.514 5	−17.554 1	10.697 7
脂环族侧链 (C)$_R$—C$_m$, $m>1$	−2.829 8	0.051 1	2.116 0	−0.002 550	−0.017 55	−0.110 24	1.252	1.041	−0.114	4.170 7	−3.196 4	−1.199 7
CH$_3$—CH$_3$	1.488 0	0.688 4	2.042 7	0.005 175	0.002 27	−0.112 40	−2.792	−1.062				
CHCHO 或 CCHO	2.054 7	−0.107 4	−1.582 6	0.003 659	−0.006 64		−2.092	−1.359	0.207			
CH$_3$COCH$_2$	−0.295 1	0.022 4	0.299 6	0.001 474	−0.005 10	−0.207 89	0.975	0.075	−0.668	3.797 8	−7.325 1	2.531 2
CH$_3$COCH 或 CH$_3$COC	−0.298 6	0.092 0	0.501 8	−0.002 800	−0.001 22	−0.165 71	4.753		0.071			
Ccyclic=O	0.714 3	0.558 0	2.957 1	0.003 818	−0.019 66		14.145	23.539	0.744			
ACCHO	−0.669 7	0.073 5	1.169 6	−0.002 480	0.006 64		−3.173	−2.602	−3.410			
CHCOOH 或 CCOOH	−3.103 4	−0.155 2	−1.749 3	0.004 920	0.005 59	0.087 74	1.279	2.149				
ACCOOH	28.432 4	0.780 1	6.127 9	0.000 344	−0.004 15		12.245	10.715	8.502	−15.766 7	−0.117 4	6.119 1
CH$_3$OOOCH 或 CH$_3$COOC	0.483 8	−0.238 3	−1.340 6	0.000 659	−0.002 93	−0.266 23	−7.807	−6.208	−3.345			
COCH$_2$COO 或 COCHCOO 或 COCCOO	0.012 7	0.445 6	2.541 3	0.001 067	−0.005 91		37.462	29.181				

基团 \ 性质	ΔT_{fj}/K	ΔT_{bj}/K	ΔT_{cj}/K	Δp_{cj}/bar	ΔV_{cj}/cm³·mol⁻¹	$\Delta \omega_j$	Δh_{fj}/kJ·mol⁻¹	Δg_{fj}/kJ·mol⁻¹	Δh_{vj}/kJ·mol⁻¹	ΔC_{pAj}/J·(mol·K)⁻¹	ΔC_{pBj}/J·(mol·K)⁻¹	ΔC_{pCj}/J·(mol·K)⁻¹
CO—O—CO	-2.359 8	-0.197 7	-2.761 7	-0.004 880	-0.001 44	0.919 39	-16.097	-11.809	1.517	-6.407 2	15.258 3	-8.314 9
ACCOO	-2.019 8	0.088 5	-3.423 5	-0.000 540	0.026 05		-9.874	-7.415				
CHOH	-0.548 0	-05 385.	-2.803 5	-0.004 390	-0.007 77	0.036 54	-3.887	-6.770	-1.398	2.448 4	-0.076 5	0.146 0
COH	0.318 9	-0.633 1	-3.544 2	0.000 178	0.015 11	0.211 06	-24.125	-20.770	0.320	-1.525 2	-7.638 0	8.179 5
$CH_m(OH)CH_n(OH)$, $m.n \in (0.2)$	0.912 4	1.410 8	5.494 1	0.005 052	0.003 97		0.366	3.805	-3.661			
$(CH_m)_R$—OH, $m \in (0.1)$	9.520 9	-0.059 0	0.323 3	0.006 917	-0.022 97		-16.333	-5.487	4.626			
$CH_n(OH)CH_m(NH_p)$, (0.1), $n, p \in (0.2)$	2.782 6	1.068 2	5.486 4	0.001 408	0.004 33		-2.992	-1.600				
$CH_m(NH_2)CH_n(NH_2)$, $m.n \in (0.2)$	2.511 4	0.424 7	2.069 9	0.002 148	0.005 80		2.855	1.858				
$(CH_m)_R$—NH_p—$(CH_n)_{R'}$, $m.n.p \in (0.2)$	1.072 9	0.249 9	2.134 5	-0.005 950	-0.013 80	-0.131 06	0.351	8.846	2.311			
CH_m—O—CH_n=CH_p, $m.n.p \in (0.3)$	0.247 6	0.113 4	1.015 9	-0.000 880	0.002 97		-8.644	-13.167				

续表

基团 ＼ 性质	ΔT_{fj}/K	ΔT_{bj}/K	ΔT_{cj}/K	Δp_{cj}/bar	ΔV_{cj}/cm^3·mol^{-1}	$\Delta \omega_j$	Δh_{fj}/kJ·mol^{-1}	Δg_{fj}/kJ·mol^{-1}	Δh_{vj}/kJ·mol^{-1}	ΔC_{pAj}/J·(mol·K)$^{-1}$	ΔC_{pBj}/J·(mol·K)$^{-1}$	ΔC_{pCj}/J·(mol·K)$^{-1}$
AC–O–CH$_m$, $m.n \in$ (0.3)	0.117 5	−0.259 6	−5.330 7	−0.002 250	−0.000 45		1.532	−0.654				
(CH$_m$) –S–(CH$_n$), $m.n \in$ (0.1)	−0.291 4	0.440 8	4.484 7			−0.015 09	−0.329	−2.091	0.972	−2.740 7	11.103 3	−11.087 8
F–CH$_m$=CH$_n$ $m \in$ (0.1) · $n \in$ (0.2)	−0.051 4	−0.116 8	−0.499 6	0.000 319	−0.005 96							
Br–CH$_m$=CH$_n$ $m \in$ (0.1) . $n \in$ (0.2)	−1.642 5	−0.320 1	−1.933 4	0	0.005 10		11.989	12.373		−1.697 8	1.047 7	0.200 2
I–CH$_m$=CH$_n$ $m \in$ (0.1) · $n \in$ (0.2)		−0.445 3										
ACBr	2.583 2	−0.677 6	−2.297 4	0.009 027	−0.008 32	−0.030 78	12.285	14.161	−7.488	−2.292 3	3.114 2	−1.499 5
ACI	−1.551 1	−0.367 8	2.890 7	0.008 247	−0.003 41	0.000 01	11.207	12.530	−4.864	−0.316 2	2.371 1	−1.482 5
CH$_m$ (NH$_2$) – COOH, $m \in$ (0.2)							11.740					−0.058 4

注：① R– 非芳香烃环；② A– 芳香烃环。

301

附录十　MXXC 双水平基团法官能团贡献值

性质　官能团	$\Delta T_c/K$	$\Delta p_c/bar$	$\Delta V_c/cm^3 \cdot mol^{-1}$	性质　官能团	$\Delta T_c/K$	$\Delta p_c/bar$	$\Delta V_c/cm^3 \cdot mol^{-1}$
CF_3	0.052 4	0.246 8	6.621 6	$(CH)_{AC}$	0.026 2	0.109 5	1.947 2
CF_2	0.036 2	0.158 9	5.323 9	$(=CH-)_A$	0.007 7	0.042 7	2.858 2
CF	0.010 3	0.055 6	4.167 3	$(=C)_A$	0.014 8	0.016 7	1.715 8
$=CF_2$	0.045 3	0.164 3	4.606 9	$(CH_3)_N$	0.029 0		
$=CF-$	0.020 5	0.096 9	−4.056 1	$(=CH)_N$	0.009 9	0.037 1	2.692 6
$(-CF_2-)_R$	0.031 1	0.146 8	4.835 1	$(=C)_N$	0.005 3	0.051 1	2.239 5
$(-F)_{AC}$	0.005 7	0.066 8	1.846 9	NH	0.022 0	0.062 7	
$-CCl_3$	0.045 2	0.227 7	14.018 8	N	(0.011 2)	(0.020 3)	(1.811 2)
$-CCl_2-$	0.028 2	0.158 7	9.280 5	$(-NH-)_R$	0.019 1	−0.033 2	2.333 1
$-CCl-$	0.011 7	0.115 3	5.618 4	$(=NH-)_R$	0.078 6		
$=CCl-$	0.011 4	0.115 3	5.618 4	$(NH_2)_{AC}$	0.049 9	0.118 4	0.319 2
$(-Cl)_{AC}$	0.014 0	0.085 9	2.888 1	$(-NH-)_{AC}$	0.034 0	−0.072 7	
$(-Cl)_F$	0.015 2	0.082 7	3.525 9	$-NH_2$	0.023 5	0.010 6	2.373 1
$(-H)_{F,Cl}$	0.008 1	0.001 6	0.491 6	$(=N-)_A$	0.006 4	−0.001 0	1.549 1
$-Br$	0.008 7	0.078 5	4.718 7	$NH=N-$	(0.516 9)	(−0.008 2)	(11.912 5)
$(-Br)_{AC}$	(0.017 3)	(0.095 2)	(3.976 2)	$-OH$	0.072 6	−0.015 9	1.492 0
$-I$	(0.004 7)			$(-OH)_{RC}$	0.028 2	(−0.063 3)	
$(-I)_{AC}$	(0.016 7)	(0.101 6)	(5.808 1)	$(-OH)_{AC}$	0.026 9	−0.032 4	−0.201 4
$-CH_3$	0.018 4	0.106 8	4.473 5	$-CHO$	(0.046 7)		
$-CH_2-$	0.020 0	0.084 9	3.564 9	$C=O$	0.033 2	0.047 3	2.514 6
CH	0.012 8	0.064 7	2.206 4	$(C=O)_{RC}$	0.035 2	0.075 2	
C	0.004 7	0.036 6	1.073 8	$-COOH$	0.089 8	0.135 7	5.156 4
$=CH_2$	0.011 9	0.096 5	3.617 4	$-COO-$	0.046 9	0.083 7	5.125 8
$=CH$	0.015 9	0.059 0	2.731 2	$O=C-O-C=O$	(0.446 0)	(0.162 6)	
$=C$	0.021 3	0.056 9	1.795 5	$=O$	(0.013 6)	(0.078 9)	(1.770 4)
$=C=$	0.009 2			$-O-$	0.018 3	0.023 3	0.589 3
$\equiv CH$	−0.022 0	0.069 5	2.813 1	$(O-)_R$	−0.000 2	0.004 6	0.879 6

性质 官能团	$\Delta T_c/K$	$\Delta p_c/\text{bar}$	$\Delta V_c/\text{cm}^3 \cdot$ mol^{-1}	性质 官能团	$\Delta T_c/K$	$\Delta p_c/\text{bar}$	$\Delta V_c/\text{cm}^3 \cdot$ mol^{-1}
$\equiv C-$	0.002 0	0.001 8	1.825 5	$(-O-)_{AC}$	0.022 8	0.022 8	
$(-CH_3)_{RC}$	0.005 8	0.122 2	4.558 9	$-SH$	0.003 6	0.010 1	3.513 2
$(-CH_2-)_R$	0.011 0	0.061 3	3.139 8	$-S-$	0.012 4	0.009 7	2.813 3
$(CH)_R$	0.027 8	0.042 1	2.603 6	$(-S-)_R$	0.006 6	-0.017 3	0.938 1
$(=CH-)_R$	0.009 3	0.055 8	2.979 2	$S=O$	(0.050 0)	$(-0.001$ 3)	(7.778 4)
$(-CH_3)_{AC}$	0.020 1	0.125 3	4.378 9	$=S$	$(-0.002$ 3)	(0.018 8)	(3.134 6)
$(-CH_2-)_{AC}$	0.026 9	0.133 6	3.441 4				

参考文献

[1] 陈钟秀，顾飞燕，胡望明. 化工热力学 [M]. 3 版. 北京：化学工业出版社，2016.

[2] 胡英. 近代化工热力学-应用研究的新进展 [M]. 上海：上海科技文献出版社，1994.

[3] 胡英. 流体的分子热力学 [M]. 北京：高等教育出版社，1983.

[4] 天津大学物理化学教研室. 物理化学上册 [M]. 6 版. 北京：高等教育出版社，2017.

[5] 天津大学物理化学教研室. 物理化学下册 [M]. 6 版. 北京：高等教育出版社，2017.

[6] 朱自强，吴有庭. 化工热力学 [M]. 3 版. 北京：化学工业出版社，2021.

[7] 赵广绪，格林肯 R A. 流体热力学-平衡理论的导论 [M]. 北京：化学工业出版社，1984.

[8] 陈新志，胡望明，蔡振云，等. 化工热力学 [M]. 4 版. 北京：化学工业出版社，2015.

[9] Kojima K, Tochigi K. Predition of vapor-liquid equilibria by the ASOG method [M]. Tokyo: Kodansha Lid., 1979.

[10] Fredenslund A, Gmehing J, Rasmussen P. Vapor-liquid Equilibria using UNIFAC, a Group Contribution Method [M]. New Yolk: Elsevier, 1977.

[11] 陈钟秀，顾飞燕. 化工热力学例题与习题 [M]. 北京：化学工业出版社，2011.

[12] Smith J M, Van Ness H C, Abbott M M. Introduction to chemical engineering thermodynamics 6th ed [M]. New York: McGraw-Hill, 2001.

[13] Pedley J B, Naylor R D, Kirby S P. Thermochemical data of organic compounds [M]. 2nd edn. London: Chapman and Hall, 1986.

[14] 朱家文，吴艳阳. 分离工程 [M]. 北京：化学工业出版社，2021.

[15] 袁渭康，王静康，费维扬，等. 化学工程手册·第 1、2 卷 [M]. 3 版. 北京：化学工业出版社，2019.

[16] 马沛生，夏淑倩，夏清. 化工物性数据简明手册 [M]. 北京：化学工业出

版社，2013.

[17] 波林，普劳斯尼茨，奥康奈尔. 气液物性估算手册［M］. 5 版. 赵红玲，王凤坤，陈圣坤，译. 北京：化学工业出版社，2006.

[18] Prausnitz J M, Lichtenthaler R N, de Azevedo E G. Molecular Thermo-dynamics of Fluid-Phase Equilibria［M］. 3rd Ed. Prentice Hall PTR, New Jersey, 1998.

[19] 朱自强，姚善泾，金彰礼. 流体相平衡原理及应用［M］. 杭州：浙江大学出版社，1990.

[20] 施云海. 化工热力学学习指导与模拟试题集［M］. 上海：华东理工大学出版社，2007.

[21] 马沛生，李永红. 化工热力学（通用型）［M］. 2 版. 北京：化学工业出版社，2009.

[22] Majer V, Svoboda V, Kehiaian H. Enthalpies of vaporization of organic compounds: a critical review and data compilation［M］. Boston: Blackwell Scientific Publications, 1985.

[23] Bridgman P W. Dimensional analysis［M］. New Haven: Yale University Press, 1951; New York: Reprint of AMS Press, 1978.

[24] Marko Zlokarnik. 化学工程放大技术［M］. 王涛，朴香兰，赵毅红，译. 北京：化学工业出版社，2007.

[25] 尼尔 G. 安德森. 实用有机工艺研发手册［M］. 胡文浩，郜志农，等译. 北京：科学出版社，2011.

[26] 比索 A，卡贝尔 R L. 化工过程放大-从实验室试验到成功的工业规模设计［M］. 邓彤，毛卓雄，方兆珩，等译. 北京：化学工业出版社，1992.

[27] Speight J G. Lange's handbook of chemistry［M］. New York: McGraw-Hill Professional, 2004.

[28] Renon H, Prausnitz J M. Local compositions in thermodynamic excess functions for liquid mixtures［J］. AIChE Journal, 1968, 14(1): 135-144.

[29] 许文. 高等化工热力学［M］. 天津：天津大学出版社，2004.